경기력 향상을 위한

트레이닝의 이론과 실제

이 책은 2011년도 문화체육관광부에서 선정한 **우수학술도서**입니다.

경기력 향상을 위한

트레이닝의 이론과 실제

2010년 4월 10일 초판 발행
2011년 6월 20일 수정판 발행
2019년 9월 5일 수정판2쇄 발행

지 은 이 | 김 기 영
펴 낸 이 | 이 찬 규
펴 낸 곳 | 북코리아
등록번호 | 제03-01240호
주 소 | 462-807 경기도 성남시 중원구 상대원동 146-8
우림2차 A동 1007호
전 화 | 02) 704-7840
팩 스 | 02) 704-7848
이 메 일 | sunhaksa@korea.com
홈페이지 | www.bookorea.co.kr
ISBN 978-89-6324-062-6 (93470)

값 20,000원

* 이 도서의 국립중앙도서관 출판시도서목록(CIP)은 e-CIP 홈페이지(http://www.nl.go.kr/ecip)에서 이용하실 수 있습니다. (CIP제어번호: CIP2010001214)

경기력 향상을 위한

트레이닝의 이론과 실제

김기영 지음

북코리아

이 책은 스포츠 지도자에게는 선수 지도 지침서, 운동선수에게는 경기력 향상을 위한 트레이닝 참고 서적으로 그리고 대학에서는 트레이닝 방법 강의를 위한 교재로 작성되었다.

저자가 스포츠 지도자 생활을 시작하고 대학에서 트레이닝 방법을 처음 강의하던 1980년 초 열악한 트레이닝 환경과 여건에도 불구하고 스포츠 지도자들은 자기희생과 열정으로 선수를 발굴 육성하였으며 이들이 스포츠 과학을 트레이닝에 적용시키도록 격려와 노력을 아끼지 않았던 초대 스포츠 과학연구소(현 체육과학연구원) 이긍세 소장님과 연구원들의 노력에 힘입어 우리나라 스포츠 트레이닝의 과학화를 위한 토대가 마련되었다.

저자는 스포츠 선수와 지도자 생활을 통하여 스포츠 지도와 스포츠 과학은 선수 중심의 「맞춤형 트레이닝」으로 지도되고 연구될 때 경기력 향상을 기대할 수 있다는 확신을 갖고 이를 위한 조그마한 시도로 『트레이닝의 이론과 실제』를 집필하게 되었다.

이 같은 의도를 이 책에 담기 위해 나름대로 노력은 하였으나 저자의 능력 부족으로 내용에 미진함이 많음을 고백하지 않을 수 없다. 이와 같은 미진한 부분은 앞으로 후학들에 의해 보완되고 연구되어질 것을 확신한다.

이 책이 경기력 향상을 위해 트레이닝 장에서 땀 흘리는 스포츠 지도자와 선수 그리고 체육을 전공하는 학생들에게 트레이닝에 대한 이해에 도움이 되기를 기대하며 출판에 이르기까지 많은 도움을 준 제자들과 북코리아 이찬규 사장님, 그리고 베이징 올림픽 금메달리스트이며 세계선수권대회에서 4회 연속 우승하여 우리나라 여자역도에 새로운 장을 연 장미란 선수에게 고마움을 전한다.

2010년 3월

경포호수가 보이는 연구실에서 저자

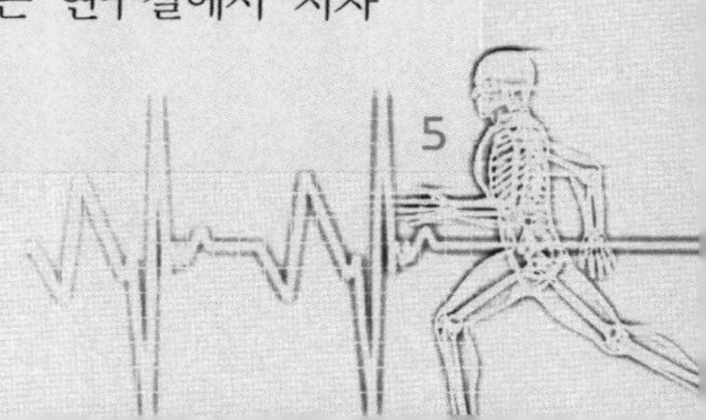

본서의 특성

○ 스포츠 지도자에게는 선수 지도를 위한 지침서로, 운동선수에게는 경기력 향상을 위한 트레이닝 참고 서적으로 그리고 대학에서는 트레이닝 방법 강의를 위한 교제로 작성되었다.

○ 경기력 향상을 목적으로 구성된 이 책은 트레이닝 방법을 이론과 실제로 분리하여 작성하였다. 「이론」 편에서는 스포츠 트레이닝 관련 과학적 이론을, 「실제」 편에서는 스포츠 트레이닝 현장에서 선수 육성에 활용할 수 있는 내용과 사례를 중심으로 구성하였다.

○ 경기 경험과 과학적 이론을 트레이닝에 접목시켜 스포츠 선수 중심의 「맞춤형 트레이닝 방법」을 계발하는 데에 주안점을 두었다.

○ 「실제」 편에서는 각 장에 트레이닝 실시 사례를 부록(예)으로 수록하여 선수지도에 참고하도록 하였다.

○ 62개의 표와 203개의 그림을 수록하여 이 책에 대한 독자들의 이해를 쉽게 하였다.

○ 이 책에서 사용한 용어의 이해를 돕기 위해 「찾아보기」를 수록하였다.

○ 트레이닝 처방요소(훈련량, 훈련강도 및 훈련 빈도)와 트레이닝 계획은 Tudor O. Bompa 박사의 『Theory and Methodology of Training』의 내용 일부를 우리의 트레이닝 현장에 맞게 재구성하여 수록하였다.

○ 각 장에 '연구과제'를 수록하여 학습내용을 파악하고 트레이닝 현장에 적용할 수 있는 트레이닝 지도와 방법에 도움을 줄 수 있도록 하였다.

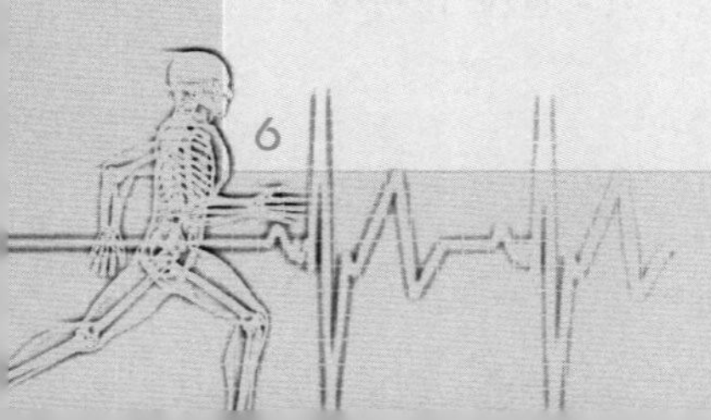

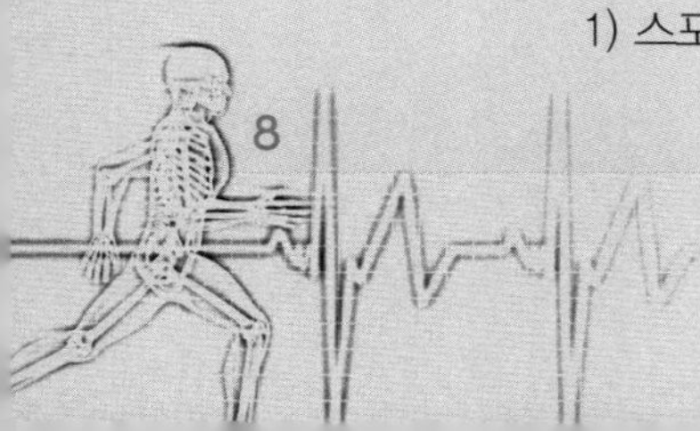

PICTURE CONTENTS

PICTURE CONTENTS

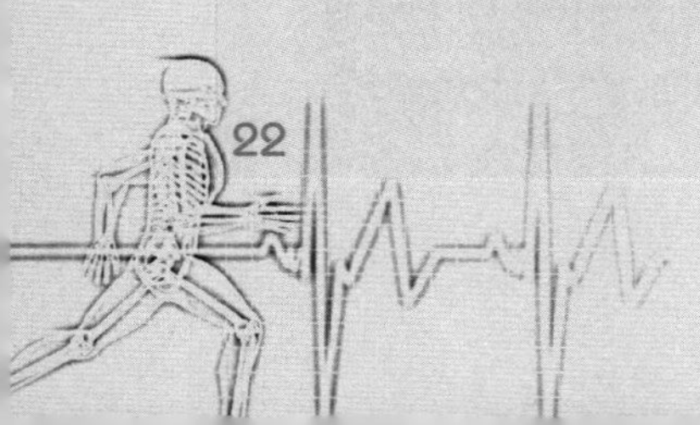

제1장

트레이닝의 기초

TRAINING THEORY & PRACTICE

학습목표

스포츠의 경기력 향상은 스포츠 과학의 주요 과제이며 트레이닝(training)의 목표이기도 하다. 경기력을 향상시킨다는 것은 운동선수의 인체 기능을 개선하여 운동능력을 향상시킨다는 것을 의미하며 이를 위해서는 스포츠에 대한 과학적 이론과 스포츠 현장 경험은 물론 트레이닝의 대상인 운동선수의 효율적 지도를 위한 방법과 계획이 필요하다.

차례

1 트레이닝의 의의

경기력을 향상시키기 위한 트레이닝 방법은 스포츠 과학의 과제이며 스포츠 과학을 스포츠 선수들에게 적용하여 경기력을 향상시키는 실질적인 역할을 담당하고 있다. 트레이닝 방법의 과학적 이론과 정보의 가치는 이를 선수들에게 적용하였을 때 경기력이 향상되었느냐의 여부에 의해 결정된다. 트레이닝 방법에 대한 이해와 스포츠 현장에 성공적 적용을 위해서는 다양한 스포츠 관련 학문은 물론 경기 경험과 지도자의 꾸준한 연구가 필요하다.

트레이닝은 훈련, 단련 또는 연습 등과 같이 유사한 용어로도 사용되지만 인체에 운동자극을 주고 이에 대한 인체의 적응을 이용하여 인체의 기능과 형태를 보다 높은 수준으로 발육·발달시키는 계획적 과정이란 의미를 갖는다. 학자들에 따라 트레이닝에 대한 견해는 크게 두 가지로 나뉘고 있다. 트레이닝에 대하여 소극적 견해를 갖고 있는 Steinhaus(1963)는 운동에 의한 신체의 모든 기관과 기능의 생리적 발달 현상 또는 과정으로 트레이닝을 정의하고, 트레이닝은 에너지 측면의 체력 향상을 위한 프로그램만을 의미하며 스포츠 기술을 발달시키기 위한 프로그램은 연습(practice)영역으로 별도 구별하였다. 즉 연습은 행위를 반복하면 신경계통(neuro-system)에 반복한 행위가 특정 기능으로 형성되고 스포츠 기술로 전환된다. 연습효과는 신경계통 안에 기능적인 운동의 형태를 형성시키며 트레이닝은 반복된 행위가 근세포 또는 기관의 세포를 비대화하여 에너지의 함축 양이 증가된 결과 인체의 운동 발현능력과 지속능력이 증가되는 현상이라 하였다.

이까이(1961)와 Harre(1964)는 트레이닝에 대해 보다 적극적이고 광의적 견해를 갖고 있다. 특히 이까이는 생체공학적 측면에서 에너지(energy) 체계를 강화시켜 체력(근력, 순발력, 근지구력, 전신지구력과 같은 스포츠 발현 또는 지속능력)을 향상시키는 에너지 체계(energy system)는 물론 인체의 자동조절기능(cybernetics)을 향상시키는 체력(스포츠 기술 및 이에 관여하는 평형성, 교치성, 민첩성 또는 유연성과 같은 조정력 등)까지도 트레이닝에 포함된다 하였다. 또한 Harre는 선수의 경기력을 극대화시키기 위한 모든 과정으로서 인간의 신체적, 심리적 또는 기술적 능력을 향상시키기 위한 모든 프로그램이 트레이닝에 포함된다고 정의하였다.

트레이닝의 정의에 대한 여러 학자들의 견해들은 신체의 에너지 체계를 향상시키는 체력 강화 프로그램만을 트레이닝으로 볼 것이냐, 또는 체력 강화 프로그램에 스포츠 기술 향상 프로그램까지도 트레이닝에 포함시킬 것인가에 대한 견해 차이다. 대다수 스포츠 과학자들은 의도적으로 계획된 운동자극을 통해 신체의 체력과 스포츠 기술을 향상시켜 운동능력을 높이는 모든 운동과정을 트레이닝으로 정의하고 있다.

2 트레이닝의 목적

트레이닝은 특정 스포츠 종목 또는 종목 내의 한 가지 분야에서 선수 개인이나 팀이 성취할 수 있는 최대 성과나 새로운 기록 달성을 목표로 하고 이를 위한 대상과 프로그램을 갖춰야 한다.

경기력은 경기에 참여하는 선수의 체력과 수준 높은 스포츠 기술수준에 의해 결정되므로 트레이닝은 선수 개인이나 팀의 체력과 스포츠 기술 향상을 1차 목표로 한다.

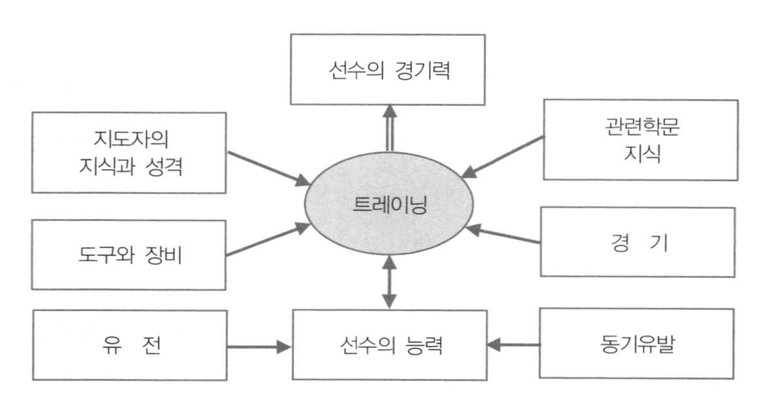

[그림 1-1] 트레이닝에 영향을 미치는 요인

1) 신체의 기능 향상

트레이닝은 인체의 운동능력을 발전시키기 위해 대근(大筋) 중심으로 수행되는 일련의 과정이기 때문에 체격과 체력의 발달 · 증진이 트레이닝의 가장 중요한 목표이다.

모든 스포츠는 종목에 따라 필요로 하는 체력과 운동기능이 다르며 경기력은 이 같은 체력과 운동기능에 의해 결정되기 때문에 트레이닝은 각 스포츠에서 필요로 하는 체력과 운동기능을 최상으로 향상시킬 수 있는 내용으로 구성되어야 한다.

신체적 능력은 경기력에 가장 중요하게 영향을 미치기 때문에 트레이닝에서 가장 강조되는 대상이다. 세계 정상급 선수들의 공통된 특징 중 하나는 선천적으로 타고난 체격과 체력을 자신의 스포츠 종목과 최상의 조건으로 일치시키고 있다. 그렇지 못할 경우 후천적으로 체력을 육성하여 체격의 열세를 극복하여야 한다.

심폐지구력이 주요 체력인 장거리 달리기 선수에게 신장과 체중이 경기력에 큰 영향을 미치지 않지만 신체를 많이 이동시키는 농구와 배구 선수들에게는 [표 1-1]과 같이 신장과 체중이 경기력에 많은 영향을 미친다.

[표 1-1] 구기 종목 우수선수들의 신체 특성(고병규 외, 2004)

측정종목	축구 (n=43)	농구 (n=22)	배구 (n=15)	야구 (n=33)
	M±SD	M±SD	M±SD	M±SD
신장(cm)	178.8±6.4	188.1±6.4	187.6±5.5	180.4±5.2
앉은키(cm)	97.1±3.1	99.8±2.6	100.0±3.3	97.8±2.6
체중(kg)	74.9±7.0	90.8±10.9	83.3±6.0	85.9±8.3
가슴둘레(cm)	97.2±3.8	104.2±4.5	102.6±4.0	100.8±5.7
체지방률(%)	13.0±2.8	18.2±3.5	15.2±2.3	17.0±2.7

2) 스포츠 기술의 향상 및 계발

스포츠의 경기력은 체력과 스포츠 기술(sport skill)에 좌우되기 때문에 스포츠 기술의 수준을 높이거나 새로운 스포츠 기술의 계발이 트레이닝의 주요 목표가 된다. 스포츠 기술이란 최소한의 시간과 에너지를 소비하여 과제를 달성하기 위해 의도된 신체의 효율적 움직임이기 때문에 스포츠 기술은 스포츠와 관련된 특정한 목적을 갖는 의도된 운동이어야 한다.

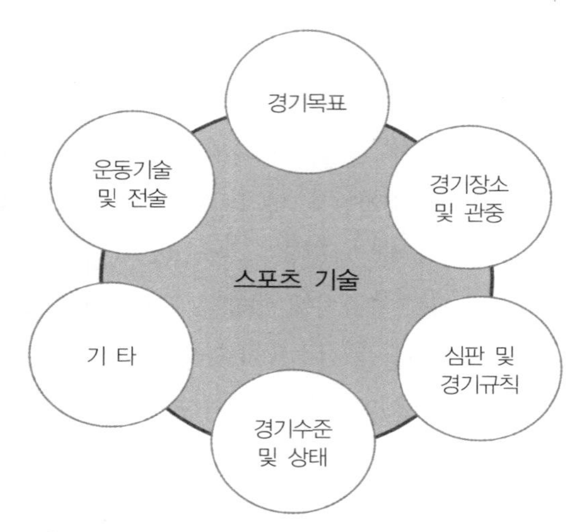

[그림 1-2] 스포츠 기술에 영향을 미치는 요소

스포츠 기술을 구성하는 최소단위로서의 동작은 서로 다른 근육이나 관절 등을 사용하여도 같은 결과를 얻을 수 있는 융통성(flexibility, 왼쪽으로 돌면서 슛하는 동작)과 두 가지 동작이 같은 형태로 이뤄지지만 계속 동일하게 수행될 수 없는 독특성(uniqueness, 숙달된 동작도 가끔 실수를 하는 경우), 똑같은 동작을 다시 재현할 수 있는 일관성(consistency, 동일한 동작의 연속 반복), 그리고 운동수행 중에도 동작을 수정(modifiability, 경기 상황에 따라 동작을 변경)할 수 있는 특성을 갖고 있다.

3) 스포츠 전술의 습득 및 계발

스포츠는 체력과 스포츠 기술 외에도 전술에 의해 경기력이 좌우되는 경우가 많다. 상대와 유사한 수준의 체력과 스포츠 기술에서 경기의 승패를 결정하는 요인은 전술이기 때문에 전술의 계발과 완성이 트레이닝의 주요 목표가 된다. 경쟁관계의 스포츠에서 좋은 성과를 얻기 위해서는 상대선수나 팀보다 우수한 경기력을 필요로 한다. 경기력은 선수 각 개인의 우수한 신체기능이나 스포츠 기술에 의해 좌우되지만 전략과 전술에 의해 자신의 운동능력을 기대 이상으로 발휘하는 경우가 종종 있다.

정상급 선수들이 경기기능 면에서는 별 차이가 없음에도 이들 사이의 승자가 전술에 의해 결정되는 경우가 이 같은 경우이다. 전략과 전술은 군사적 개념으로서 전략은 종합적이고 광범위하며 장기적인 계획 및 운영을, 전술은 일시적이고 단기적이며 부분적인 의미를 갖는다. 트레이닝에서 전략이란 트레이닝 실시 또는 경기에 임하는 목표를 의미하지만 전술은 전략 실현을 위해 실행할 구체적 방법이나 계획을 세우는 것을 의미한다.

4) 심리 및 정신력 강화

인간 능력의 한계 이상을 극복하기 위한 부하(load)로 실시되는 트레이닝과 경기 목표를 달성하기 위해서는 선수의 정신력과 심리상태가 중요하게 작용하며 이 같은 심리상태와 정신력은 트레이닝으로 강화시킬 수 있다. 선수들은 경기에서 우수한 성과를 획득하기 위하여 트레이닝에서 학습된 스포츠 기술과 체력을 최대로 수행하기 위해 노력하지만 정신력의 약화로 기대 이하의 성과를 거두는 경우가 있다.

최고 수준의 경기력은 인체를 구성하고 있는 모든 자원이 발휘할 수 있는 능력과 이를 지배하는 환경적 요인에 좌우되며 이 같은 요인들은 선수의 심리 또는 정신력에 의해 많은 영향을 받기 때문에 선수의 심리 상태와 정신력을 강화하여 경기력을 높이는 것이 트레이닝의 주요 목표 중 하나이다.

5) 준비도 향상

트레이닝으로 향상된 운동능력이 최상의 경기력으로 발휘되기 위해서는 모든 운동능력이 조화를 이뤄 경기력으로 극대화되어야 하며 이를 위해서는 개인과 팀 구성원들의 심리적 안정과 경기를 위한 준비가 중요하다. 따라서 경기를 대비하여 개인과 팀이 우수한 경기 결과를 성취할 수 있도록 준비도(readiness)를 높이는 것도 트레이닝을 통해 이뤄진다.

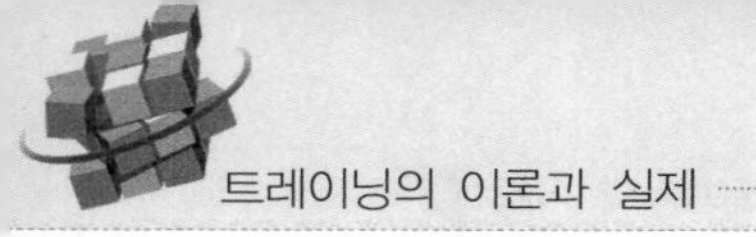

한국 육상에 두 손 든 자메이카 코치

리오 알만도 브라운(53) 코치는 2009년 5월 한국 국가대표 단거리 코치로 대한육상경기연맹과 계약했다. 자메이카 육상 대표 팀에서 선수 훈련 프로그램 개발을 맡았던 그는 30년째 깨지지 않는 100m 한국기록(10초34, 1979, 서말구)에 도전하려 했고, 선수들에게 자메이카식 기술도 가르쳤다. “한국도 할 수 있다”는 것이 7개월 전 그의 소신이었다. 그러나 세계 최강 자메이카의 육상훈련법이 한국에선 실패로 끝난 것이다. 왜 이렇게 됐을까. 브라운 코치는 누군가 한국 육상의 현실을 말해야 할 것 같다며 어렵게 경험담을 털어놓았다. 그의 한국 생활 7개월은 한국적 현실의 투쟁이었다. 그는 한국선수들이 ‘영광스러운’ 대표팀 차출을 기피하고, 태극마크를 달아도 갖은 핑계로 훈련을 거부하거나 심지어 기권하려는 행태가 도무지 이해되지 않았다고 했다. 브라운은 “자메이카에서는 우사인 볼트라 해도 국가를 위해 헌신하지 않으면 대표에서 탈락시킨다. 규율을 위해선 올림픽 금메달도 희생할 수 있다”며 “그러나 한국은 사정이 전혀 달랐다”고 했다. “열심히 훈련하지 않고도 대표가 될 수 있고, 풍족한 월급을 받는 한국의 시스템이 문제”라며 육상선수와 코치들의 정신자세가 바로잡히지 않으면 한국 육상의 꿈은 이뤄지기 어렵다는 요지다. 한국 선수들이 기록 경신에 도전하지 않아도 전국체전에서 괜찮은 등수에만 들면 꼬박꼬박 월급을 받고 대접받을 수 있기 때문에 세계와 경쟁하려는 생각이 별로 없다는 지적이었다.

김동석 기자(2009. 12. 15, ds-kim@chosun.com)

6) 건강 증진

선수가 건강하여야 트레이닝과 경기에서 우수한 능력과 성과를 달성할 수 있다. 선수가 건강하지 못하면 트레이닝을 효과적으로 실시할 수 없음은 물론 경기력 향상을 기대할 수 없다. 따라서 트레이닝으로 선수의 건강이 증진되고 보호되는 것은 트레이닝의 주요 목표이다.

7) 이론 습득

트레이닝과 경기에서 우수한 성과를 얻기 위해서는 스포츠 관련 학문과 경기규칙에 대한 이해가 필요하다. 트레이닝을 계획하고 진행하는 과정에서 뿐 아니라 지도자와 선수가 트레이닝 내용과 방법을 발전시키기 위해서는 생리학이나 운동역학 또는 심리학 등과 같은 스포츠의 과학적 이론은 물론 경기규칙에 대한 이해를 전제로 효과를 높일 수 있다.

지도자는 트레이닝 실시에 앞서 트레이닝이 왜 필요한지를 선수에게 이해시킴으로써 선수는 지도자가 준비한 트레이닝 프로그램에 대한 기대와 동기유발이 높아질 수 있다. 이러한 과정을 통해 트레이닝 프로그램을 효과적으로 실시할 수 있을 뿐 아니라 트레이닝 내용을 수정하거나 보완하여 트레이닝을 발전시켜 나갈 수 있다.

스포츠 관련 이론과 지식을 습득하고 이를 트레이닝에 적용하는 선수들의 능력을 높이는 것은 트레이닝에 대한 동기화는 물론 스포츠 기술과 능력 계발에도 매우 효과적이다. 이와 같은 과정에서 지도자는 트레이닝과 관련하여 자신의 경험과 과학적 지식은 물론 선수에 대한 지도자의 기대와 트레이닝 목표를 선수에게 알리고 눈높이 지도를 통해 선수와 지도자가 트레이닝에 대한 공감대가 형성된다. 뿐만 아니라 선수는 자신의 스포츠 종목에 대한 경기규칙은 물론 유사 종목의 스포츠 기술과 전술을 자신의 스포츠 종목에 적용할 수 있는 응용력을 높일 수 있다.

8) 인성 교육

경기력은 선수의 바람직한 인격과 인성으로 향상될 수 있기 때문에 트레이닝 내용과 과정에 인성교육을 반드시 포함시켜야 한다. 트레이닝 과정에서 전인적(全人的) 인격에 바탕을 둔 도덕적 자세가 선수에게 형성될 때 트레이닝과 경기에서 제기되는 여러 어려운 과제를 능동적으로 해결할 수 있는 선수의 능력이 계발되고 경기력도 향상된다.

윤리적으로 바람직하지 못한 선수에게 경기력 향상을 기대할 수 없는 것은 선수의 집중력과 정신자세가 트레이닝과 경기의 승패에 많은 영향을 미치기 때문이다.

따라서 지도자는 트레이닝과 경기과정에서 나타나는 선수들의 의지, 판단, 의욕 또는 외적 스트레스에 선수들이 적절하게 대처할 수 있는 능력을 평소에 향상시키고 선수들의 정신적·도덕적 요인과 신체적 기능이 조화롭게 통합되어 다양한 스포츠 기술의 습득과 심리적 능력이 배양될 수 있도록 트레이닝을 계획하고 지도하여야 한다.

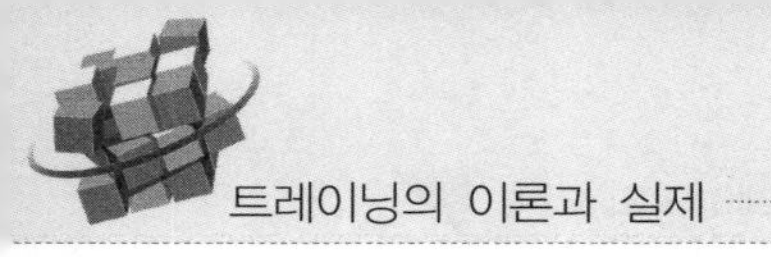

3 트레이닝의 영역과 체계

1) 트레이닝의 영역

트레이닝은 인류가 지구에 존재하기 시작하면서부터 생존을 위한 수단으로서 또는 군사적 목적으로 실시되었다. 당시 트레이닝은 오늘날과 같이 체계적이고 과학적인 배경을 갖지 않고 자연에 적응하고 대항하는 인간의 1차원적 욕구 실현을 위한 생존능력 배양을 목적으로 실시되었다.

BC 776년 고대 올림픽이 시작되고 1886년 근대 올림픽이 부활되면서 일부 공산권 국가에서는 인민들의 생산력 향상을 위한 수단으로 트레이닝이 이용되었으나 자본 국가를 중심으로 스포츠 경쟁시대가 시작되면서 제전의식(祭典儀式) 행사로 거행되었던 고대 스포츠는 인류의 무한한 가치 창조 분야로 재인식되고 평가되면서 스포츠의 경기력 향상을 위한 과학자들의 관심과 연구가 집중되고 있다.

오늘날 트레이닝은 스포츠의 경기력 향상이라는 단순 패러다임을 초월하여 인류의 건강과 평화 가치 창달이라는 새로운 역할까지 담당하고 있다.

2) 트레이닝의 체계

트레이닝은 인간의 신체 능력을 향상시킬 수 있는 가능한 모든 이론과 방법은 물론 축적된 경험까지도 조직화되고 체계화된 교육 과정이다. 뿐만 아니라 트레이닝의 대상인 인간의 인체 활동은 체육, 운동, 레크리에이션은 물론 스포츠 기구의 조직과 운동 체계까지 포함한다.

스포츠 수준이 향상되고 경기력이 극대화되기 위해서는 [그림 1-3]의 피라미드 구조 맨 하위 계층인 유아 체육 교육으로부터 최상위 국가대표급 선수들의 단계별 역할과 구조가 확고하게 유지되어야 한다. 이를 위해서는 피라미드 각 단계에 적합한 트레이닝 내용과 지도가 우수하고 교육적 관리와 지원이 병행되어야 한다. 국가의 경기력 수준과 발전은 피라미드 하위 계층에 참여하는 참여자와 이들에 대한 국가차원의 보호와 지원으로 결정된다.

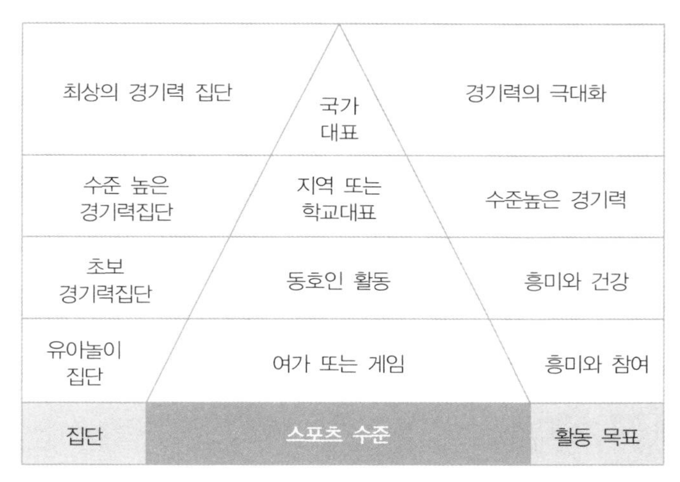

[그림 1-3] 국가의 스포츠 체계

4 트레이닝 적응과 적응제한

1) 트레이닝의 적응

트레이닝에 참여하여 부과된 과제에 적응하면서 운동수행 능력과 경기력 수준이 향상되는 것을 트레이닝 적응(training adaptation)이라 한다. 트레이닝에 대한 적응력이 높으면 높을수록 운동수행 능력은 향상되고 적응에 소요되는 시간은 단축된다.

트레이닝을 구성하고 있는 훈련이 복잡하고 신체 또는 심리적 난이도가 높을수록 선수의 운동기능과 신경근육이 이에 적응하기 위해서는 보다 많은 시간이 필요하다. 뿐만 아니라 신체적 능력의 향상은 심리적 적응과도 깊은 관련을 갖기 때문에 트레이닝에 참여하는 선수들의 심리적 적응은 트레이닝 효과를 높이는데 매우 중요하다.

트레이닝을 일정 기간 실시하면 [그림 1-4]의 (B)단계와 같은 트레이닝 효과 단계에 이르지만, 트레이닝에 참여한 선수가 상해나 질병 등의 요인으로 트레이닝을 중단하여 기대했던 트레이닝 효과를 얻지 못하는 경우(C)와 같은 트레이닝 효과 감소현상이 발생한다. 트레이닝에 적응된다는 것은 내외적 자극으로 골격의 기계적 적응력이 향상되고 크기와 무게도 변화된 결과 경기력이 향상된다는 의미이다.

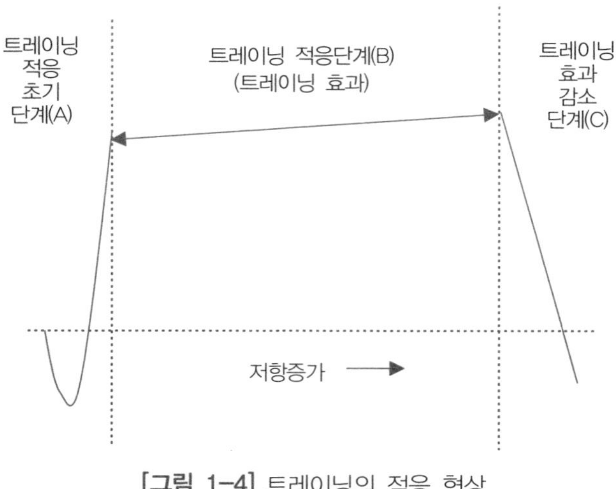

[그림 1-4] 트레이닝의 적응 현상

트레이닝 적응에 대한 이론은 학자들에 따라 초과보상 이론(theory of super-compensation)과 체력-피로 초과보상 이론(theory of fitness-fatigue supercom-pensation), 그리고 심리적 초과보상 이론(theory of psychological supercom-pensation)으로 설명되고 있다.

(1) 초과보상 이론

트레이닝에 참여한 선수가 트레이닝으로 생성된 여러 물질 중 젖산 생성량만으로 트레이닝의 효과를 평가하는 이론이다. 트레이닝 중에 소비된 생화학 물질의 양은 트레이닝 강도와 양에 비례하기 때문에 트레이닝 과정에서 생화학 물질을 많이 소비하였다는 것은 트레이닝을 충실하게 이행하였으며 그 결과 트레이닝 효과가 나타난다는 이론이다. 초과보상 이론(theory of supercompensation)은 트레이닝으로 소비된 생화학 물질의 양과 트레이닝 효과는 상호 비례하는 것으로 간주하고 정립된 이론이다. 즉 트레이닝 효과는 선수들의 신체 적응력이 향상되었음을 의미하며 이 같은 효과는 경기에 대한 준비는 경기 시 사용 가능한 생화학 물질 동원 양의 증가로 평가된다.

예를 들면, 오래달리기나 걷기와 같은 유산소 운동 후 사용된 글리코겐은 휴식 시 산소 섭취로 피로물질이 제거되고 음식 섭취를 통해 사용 전보다 많은 글리코겐을 체내에 축적하여 휴식 전보다 유산소 능력 수준이 향상되는데 이를 초과보상이라 하며 트레이닝 전보다 트레이닝 후 글리코겐 증가에 소요된 시간을 초과 보상 단계라 한다. 이 같은 초과보상 이론은 체력 향상 트레이닝에서는 대부분 인정되지만 스포츠 기술 트레이닝에서는 다소 견해가 다르다.

대부분의 트레이닝은 특정 목표를 달성하기 위한 내용들로 편성된다. 근력 향상이 트레이닝 목표라면 트레이닝 실시 결과 근육 내 글리코겐이나 단백질과 같은 생화학 물질과 신경접합 피로가 증가하여 신경 분비물인 아세틸콜린(acetyl choline)의 분비가 감소되거나 근육 내 젖산이 다량 축적된다. 트레이닝에서 사용된 생화학 물질과 피로 물질은 지속적인 트레이닝 참여와 증가되는 트레이닝 강도(intensity) 및 양(quantity)을 극복하면서 축적이 증가된다. 트레이닝에서 나타나는 이 같은 피로 물질의 증가는 체력이 향상되고 있거나 향상되었음을 나타내며 이 같은 체력 향상은 트레이닝 효과로 간주된다.

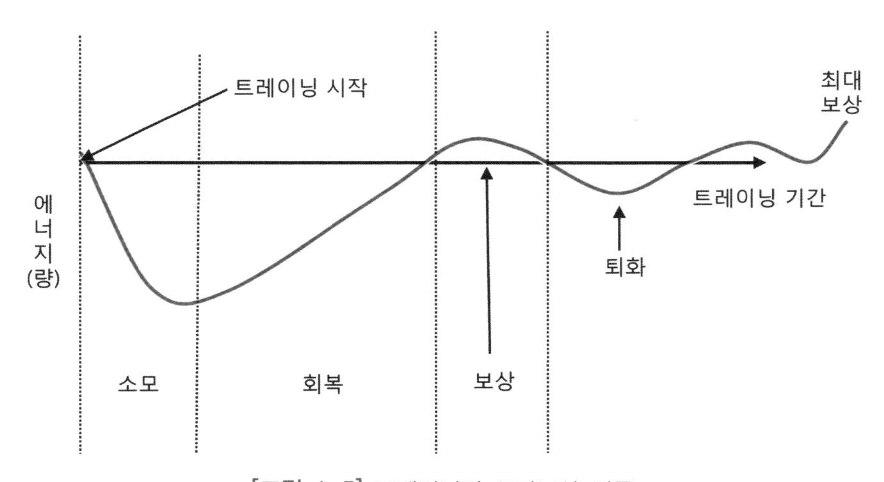

[그림 1-5] 트레이닝의 초과보상 이론

트레이닝을 통해 트레이닝 초기 수준 이상으로 향상된 생화학 물질의 동원 능력을 보상(compensation)이라 하며 [그림 1-5]와 같이 나타낼 수 있다. 이 같은 생화학 물질의 동원 능력은 1회성 트레이닝 중에 나타나는 경우도 있지만 대부분 중·단기 트레이닝 결과에 의해 나타나며 이 같은 보상효과는 운동능력이 향상되었음을 의미한다.

1회 트레이닝에서 나타나는 보상효과는 운동부하와 운동 사이에 실시하는 휴식이 적절하였는지에 따라 좌우되지만 중 · 단기 트레이닝 보상효과는 트레이닝의 전반적인 내용에 대한 종합적인 결과로 나타난다. 1회 트레이닝에서 나타나는 각각의 1회성 보상효과는 결국 중 · 단기 트레이닝 효과를 결정 짓는 중요한 요소가 되기 때문에 총체적인 트레이닝 효과는 1회성 트레이닝이 성공적으로 실시되었느냐에 따라 결정된다.

1회 트레이닝 시 운동 사이에 휴식 시간이 너무 짧거나 휴식 빈도가 너무 낮은 경우 선수들은 다음 운동을 위한 체력이나 심리적 준비가 부족하며, 이에 따라 피로가 누적되고 다음 훈련을 효과적으로 실시할 수 없기 때문에 [그림 1-6]과 같이 트레이닝 보상효과가 점차 저하된다.

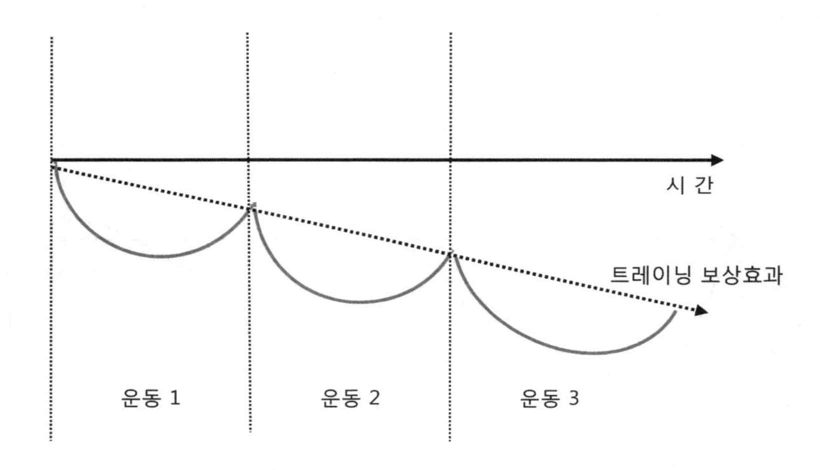

[그림 1-6] 트레이닝 보상효과의 감소 현상(운동 사이 휴식이 너무 짧거나 없는 경우)

반대로 운동 사이에 휴식시간이 너무 길면 운동으로 인한 자극과 반응 강도가 약해 [그림 1-7]과 같이 트레이닝 보상효과를 얻기 어렵다. 운동 사이의 휴식시간과 빈도가 적절하면 선수들의 체력과 심리상태가 다음 운동을 위한 준비가 잘 갖춰지고 이에 따라 운동을 효과적으로 실시할 수 있기 때문에 [그림 1-8]과 같이 보상효과가 높아진다.

트레이닝 효과를 높이기 위해서는 트레이닝 부하가 최상의 상태를 유지하여야 하며 이를 위해서는 부하와 부하 사이에 적절한 휴식 배분이 필요하다. 운동 사이 휴식 시간이 너무 길면 선수들의 체온 유지와 신체의 생화학적 기능 및 이에 따른 신체의 능률 유지가 어렵다. 그러나 휴식시간이 너무 짧을 경우 피로가 누적되어 인체의 기능이 저하됨은 물론 신체 활동에 필수적인 생화학 물질의 보충이 제대로 이뤄지지 않고 트레이닝 효과를 기대하기 어려울 뿐 아니라 오버-트레이닝(over training)이나 스포츠 상해가 초래될 수 있다.

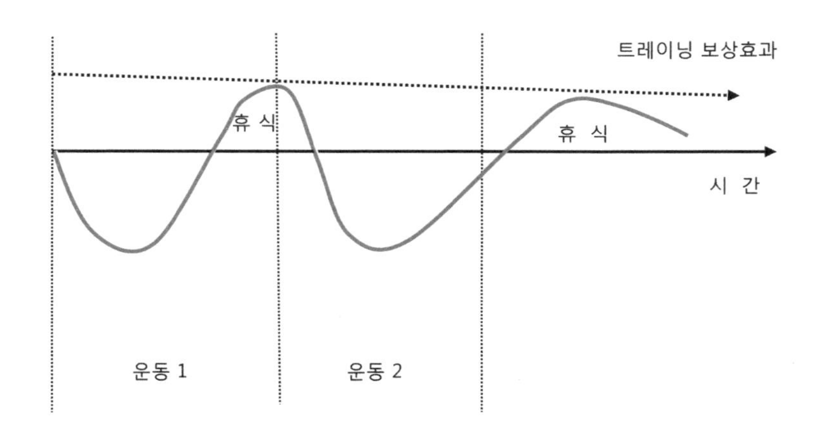

[그림 1-7] 트레이닝 보상효과의 감소 현상(운동 사이 휴식이 너무 긴 경우)

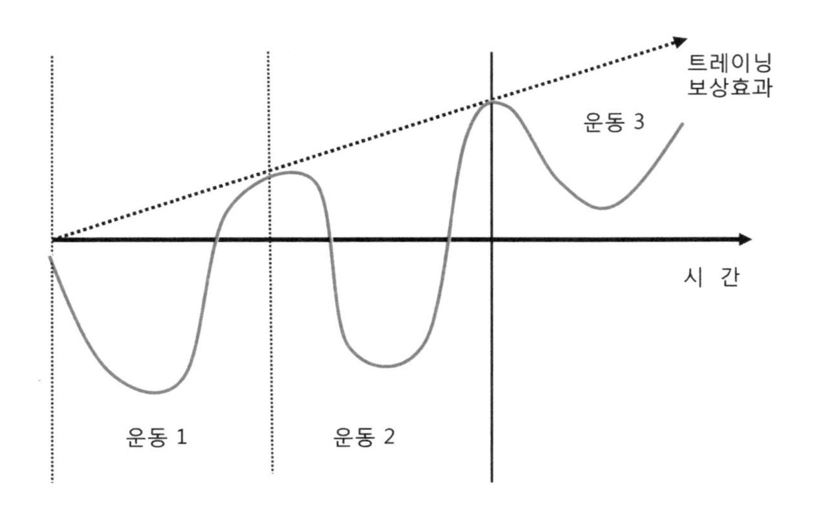

[그림 1-8] 트레이닝 보상효과의 증가 현상(운동 사이 적절한 휴식)

(2) 체력–피로 초과보상 이론

트레이닝 효과는 체력과 스포츠 기술이 향상되고 피로가 얼마나 빠르게 회복되느냐에 의해 평가된다. 효율적인 트레이닝은 선수들에게 경기력 향상에 필수적인 체력과 스포츠 기술을 향상시키고 트레이닝이나 경기에서 누적된 피로를 조기에 회복할 수 있어야 한다. 이를 근거로 체력과 피로의 상호 작용을 트레이닝의 초과보상으로 판정하는 이론을 체력–피로 초과보상 이론(theory of fitness-fatigue supercompensation)이라 한다.

트레이닝으로 향상된 체력과 스포츠 기술은 피로의 상태와 수준에 따라 초과보상이 결정되는데 여기에 시간이라는 요소가 작용 한다. 경기력은 트레이닝으로 향상된 체력과 스포츠 기술이라는 긍정적 효과와 운동수행 중 누적되는 피로라는 부정적 요인의 상호작용에 의한 결과로 [그림 1–9]와 같이 나타낼 수 있다.

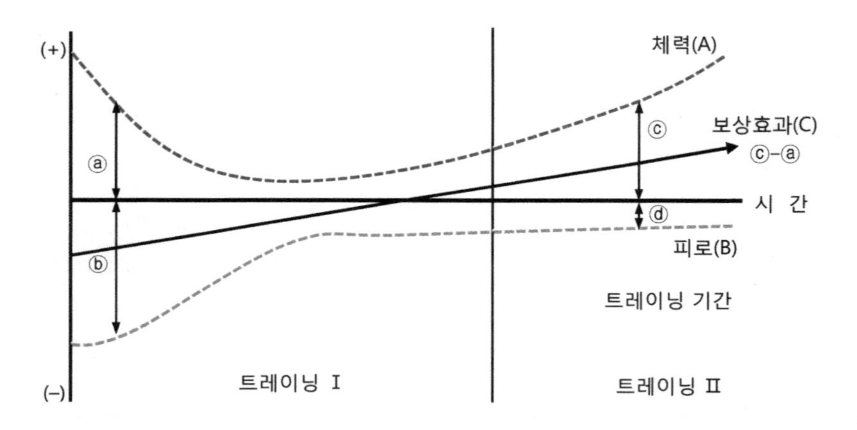

[그림 1–9] 체력–피로 초과보상 이론

트레이닝 I 단계에서 저하된 체력 수준(ⓐ)과 트레이닝 II 단계에서 향상된 체력(ⓒ)의 차(ⓒ－ⓐ)를 [그림 1–9]와 같이 보상효과로 산출할 수 있다. 초기 트레이닝 I 단계는 피로가 체력 수준을 초과하여 보상효과(ⓐ＋ⓑ)는 (－)로 나타나지만, 트레이닝이 지속(트레이닝 II)되면 체력은 향상되고 피로가 감소되어 초과보상(ⓒ＋ⓓ)는 (＋)로 나타난다.

(3) 심리적 초과보상 이론

트레이닝으로 형성된 생리적 초과보상은 심리적으로 안정되면서 자신감이나 동기유발과 같은 심리적 초과보상(theory of psychological supercompensation) 효과가 나타난다. 초기 트레이닝에 참여하는 선수는 트레이닝에 대한 기대로 트레이닝 초기에는 생리적 초과 보상에 앞서 심리적 보상이 (A)단계와 같이 먼저 나타나다가 (B)단계에 이르면 트레이닝에 의한 스트레스와 피로가 누적되면서 심리적 보상이 점차 감소되다가 트레이닝에 적응되면서 체력이 향상되고 피로가 감소되는 [그림 1-10]의 (C)단계와 같은 심리적 초과보상이 나타난다.

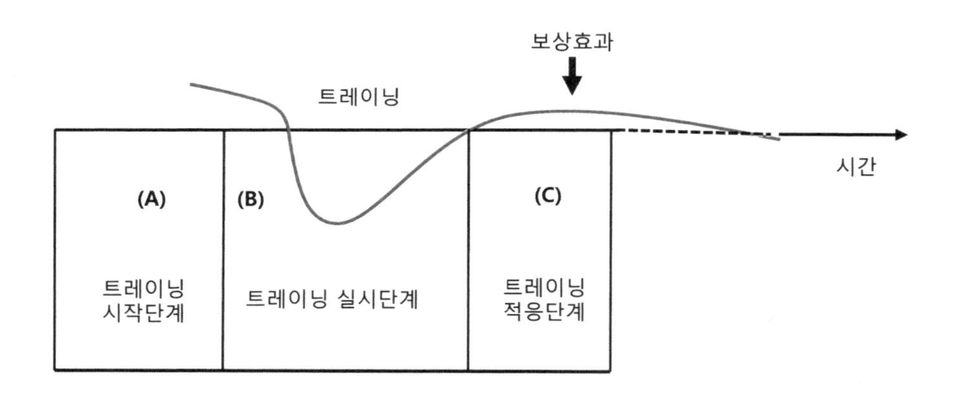

[그림 1-10] 심리적 초과보상 이론

2) 트레이닝의 적응제한

트레이닝에 적응하여 경기력이 향상되기 위해서는 현재보다 많은 운동량(quantity)과 높은 강도(quality)에 대한 적응이 필수적이다. 선수들은 트레이닝 적응을 통해 자신의 신체적 능력과 스포츠 기술을 향상하여 경기력을 발전시킬 수 있으나 모든 선수가 트레이닝에 적응하고 경기력이 발전되는 것은 아니다.

트레이닝에서 일부 선수는 질병이나 트레이닝의 과다 등으로 트레이닝에 적응하지 못하고 트레이닝 효과를 얻지 못하는 경우가 있는데 이를 트레이닝 적응제한(training adaptively-limited)이라 한다. 트레이닝에 적극적으로 참여하여 신체적으로 또는 심리적으로 향상된 선수일지라도 트레이닝을 중단하면 트레이닝 효과는 중단될 수밖에 없다. 트레이닝 중단이 장기화되면 이로 인해 선수의 트레이닝 효과는 감소되고 경기력이 저하되기 때문에 선수와 지도자는 다음과 같은 트레이닝 적응제한으로 나타나는 운동능력의 감소 현상을 최소화하여야 한다.

(1) 트레이닝 과다

트레이닝 효과를 극대화시키기 위해서는 선수의 운동능력과 체력 한계 내에서 적절(optimal)한 부하(load) 트레이닝이 필수적이다. 선수의 운동능력을 극도로 초과하는 트레이닝으로 선수의 트레이닝 효과를 감소시키고 선수의 건강까지도 해치는 경우가 있는데 이 같은 현상을 트레이닝 과다(over training)라 한다.

트레이닝 과다로 나타나는 주요 현상으로는 두통, 탈진, 불면증, 식욕부진 또는 소화장애 등이 있으며 이 같은 신체의 생리적 기능 저하는 체력이나 경기력을 감소시키고 트레이닝을 불가능하게 한다. 트레이닝 과다의 후유증에서 벗어나기 위해서는 트레이닝을 일정 기간 중지하고 완전휴식보다는 가벼운 신체활동으로 신체 상태를 일정 수준으로 유지하다가 회복 후 정상적인 트레이닝에 복귀하여야 한다.

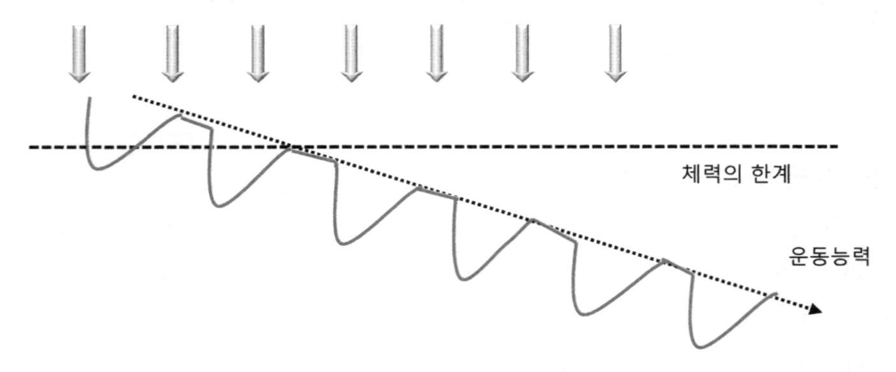

[그림 1-11] 트레이닝 과다

(2) 트레이닝 부족

트레이닝 효과를 높이기 위해서는 선수들의 체력과 운동능력이 적절하게 고려된 적정부하(optimal load)로 트레이닝을 실시하여야 한다. 선수의 운동능력 수준보다 낮은 부하 트레이닝을 실시할 경우 운동능력 향상을 기대할 수 없기 때문에 지도자는 선수들의 체력과 스포츠 기술은 물론 심리 상태까지 고려하여 트레이닝을 실시하여야 한다.

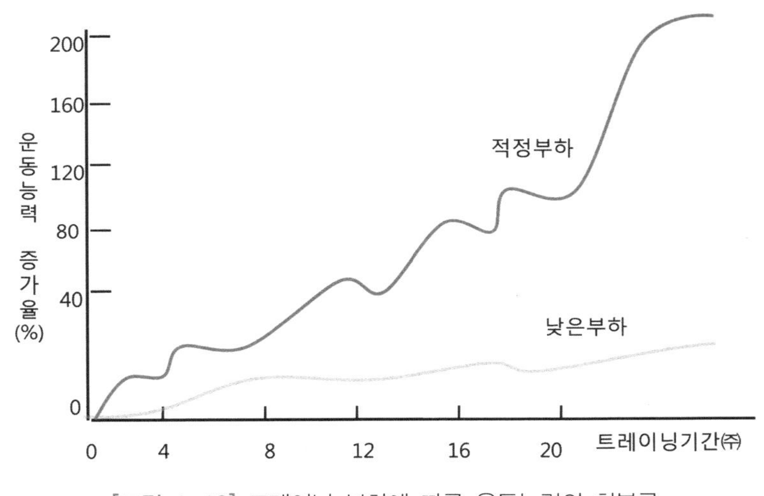

[그림 1-12] 트레이닝 부하에 따른 운동능력의 회복률

(3) 슬럼프

선수의 운동능력에 특별한 문제가 없는데도 불구하고 기타 요인에 의해 경기력이 향상되지 못하는 상태가 일정 기간 계속되는 현상을 슬럼프(slump)라 하며 [그림 1-13]의 ③에 해당된다.

슬럼프 현상은 스포츠 종목과 체력, 선수의 성격 등은 물론 외부 요인에 의해서도 나타난다. 운동 시작 후 짧게는 2~3년 사이에 슬럼프 현상을 처음 경험하는 경우가 대부분이며 운동능력 수준이 높은 선수들도 특별한 이유 없이 체력이 일시적으로 저하되거나 스포츠 기술의 구사 능력이 감소되는 현상이 몇 주 또는 1~2개월 지속되는 경우가 있다.

슬럼프에서 벗어나기 위해서는 먼저 슬럼프 현상에 대한 원인을 발견하고 조치를 취해야 하지만 무엇보다 중요한 것은 슬럼프에 대한 특성과 원인 그리고

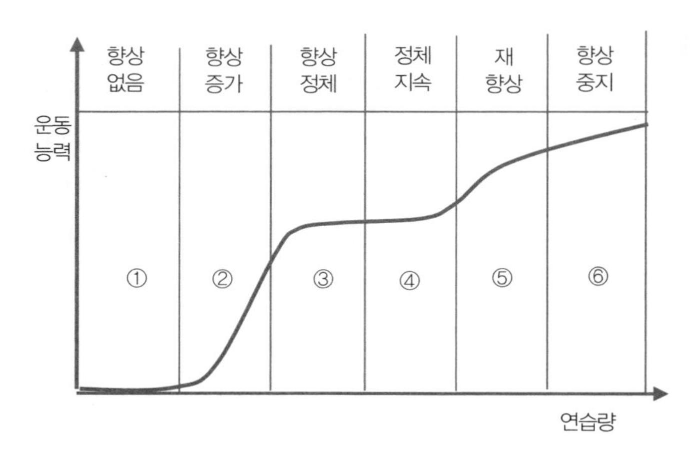

[그림 1-13] 운동능력의 학습곡선과 슬럼프

유사 슬럼프에서 과거에 취하였던 경험을 참고하여 조치하는 것이 효과적이다. 슬럼프 때문에 경기력이 저하되거나 심적으로 긴장되는 후유증에서 벗어나 휴식과 안정을 통해 경기력을 재상승 시키는 기회로 슬럼프를 활용하여야 한다.

(4) 플레토우

트레이닝 초기에는 트레이닝 효과가 빠르게 나타나고 경기력도 향상되지만 일정 기간이 지나면 트레이닝 효과가 일시 정체되는 현상을 플레토우(plateau)라 하며 [그림 1-13]의 ④단계에 해당된다.

트레이닝 초기에는 인체가 트레이닝에 적응하고 의욕이 상승하여 트레이닝 효과가 높게 나타나지만 트레이닝 수준이 높아지고 높은 난이도를 요구하는 트레이닝이 새롭게 실시될 경우 체력의 한계 또는 트레이닝 난이도에 적응이 어려워지면서 트레이닝에 흥미와 집중력이 저하되고 트레이닝 효과가 정체되면서 플레토우 현상이 나타난다. 이와 같은 현상은 기초체력과 스포츠 기술이 습득되고 운동기능이 일정 수준에 이르는 단계로 볼 수 있는 트레이닝 시작 후 2~3년 사이에 주로 나타나며 보통 1~2개월 지속되고 심리적 불안과 기능 저하가 동반된다.

플래토우 현상을 효과적으로 극복하기 위해서는 트레이닝 환경을 변화시켜 기분을 전환하거나 트레이닝의 양(quantity)과 강도(intensity)를 낮추고 기본기에 전념하며 휴식을 취하는 것이 효과적이다.

(5) 트레이닝 중지

심리적 또는 신체적 한계를 초과하는 과부하(over load) 트레이닝, 스포츠 상해 또는 질병 등으로 트레이닝을 중지하는 것을 트레이닝 중지(detraining)라 한다. 트레이닝 중지는 트레이닝으로 향상된 트레이닝 효과를 위축시키고 선수에게 심적 불안과 초조감을 증폭시켜 경기력을 저하시킬 수 있다. 이와 같이 트레이닝을 중지함으로써 트레이닝의 효과가 감소되는 현상은 트레이닝의 양과 강도에 따라 다르게 진행된다.

스포츠 상해 또는 질병으로 선수가 트레이닝을 중지하면 병적 고통은 물론 경기력과 체력이 급격하게 저하되어 선수의 심리적 안정이 위협을 받는다. 뿐만 아니라 트레이닝을 중지하면 근력과 순발력 그리고 근지구력의 손실이 가장 크며 이 같은 현상은 장기간의 침상 휴식 등으로 활동을 완전히 중지했을 경우 더욱 뚜렷하게 나타난다.

근력 트레이닝을 중지한 후 근력이 감소되는 특성으로는 짧은 기간에 급격한 과부하로 향상된 근력은 감소가 빠르지만 오랜 기간 점차적으로 부하를 높이면서 향상된 근력은 트레이닝 중지 후에도 근력 감소가 느리게 진행되는 것은, 트레이닝 효과는 트레이닝 내용과 기간에 따라 감소 진행 속도가 다르며 트레이닝 효과는 영구적이지 않다는 것을 의미한다.

에너지 시스템의 기능이 경기력의 주요 요소로 작용하는 근력, 근지구력 및 심폐지구력과 같은 체력은 오랜 기간의 트레이닝으로 향상되고 트레이닝 중지에 따라 트레이닝 효과가 급격하게 감소되지 않지만 순발력, 민첩성, 교치성 및 협응력과 같은 신경계 기능 체력들은 트레이닝 중지에 따라 트레이닝 효과도 빠르게 감소된다.

이와 유사한 현상은 스포츠 기술에서도 나타난다. 에너지 시스템이 주요 스포츠 기술로 작용하는 마라톤이나 중장거리 또는 역도 경기 등에서는 트레이닝 중지에 따라 스포츠 기술의 감소 현상이 서서히 진행되지만 피겨스케이트, 체조, 골프 등과 같이 신경계 기능이 주요 스포츠 기술인 경기는 트레이닝 중지에 따라 스포츠 기술의 감소 현상이 빠르게 진행된다. [그림 1-14]는 트레이닝 중지에 따른 심혈관 요인들의 변화를 나타내고 있다.

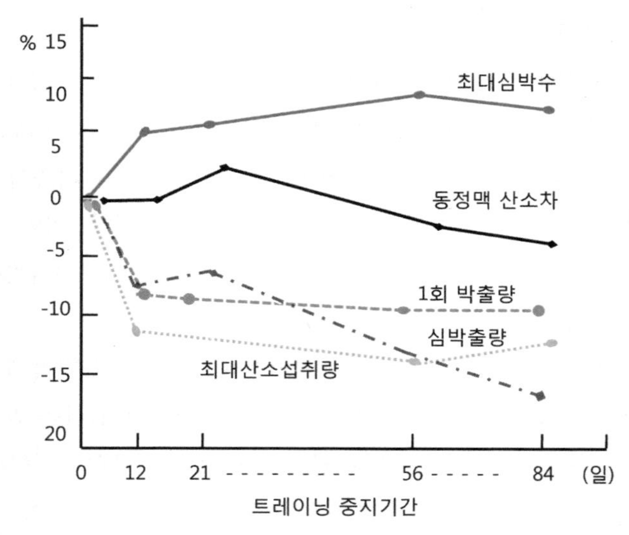

[그림 1-14] 트레이닝 중지에 따른 심혈관 요인의 변화

(6) 리-트레이닝

트레이닝이나 경기 중 부상 또는 질병으로 환부를 테이핑(taping) 또는 깁스(wear a cast)를 하여 장기간 트레이닝을 중지하였다가 트레이닝을 다시 실시하는 것을 리-트레이닝(retraining)이라 한다. 트레이닝을 오랜 기간 실시하지 못하여 운동기능이 전보다 많이 저하되었기 때문에 이전 상태의 운동능력을 회복하는 데에는 많은 시간이 필요하다.

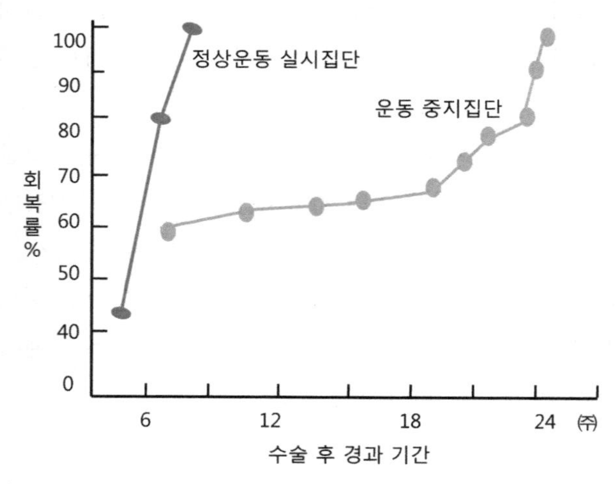

[그림 1-15] 리-트레이닝에 따른 대퇴사두근의 근력 회복률

Sherman(1982)은 20일간의 입원으로 정상적으로 트레이닝을 실시하지 못한 선수들과 훈련을 정상적으로 실시한 선수들의 대퇴사두근 근력 회복률을 [그림 1-15]와 같이 나타냈다. 20일간 트레이닝을 중지한 집단이 정상적으로 트레이닝을 실시한 선수집단이 7주 동안에 향상된 대퇴사두근 근력과 동일수준까지 향상되기 위해서는 24주가 소요되었다.

3주간의 운동 중단으로 산화효소가 13~24%, 최대산소섭취량이 4% 감소되었을 경우 15일간의 리-트레이닝에 의하여 병원 입원 전 수준으로 회복된 것은 최대산소섭취량 뿐이고 산화효소 활성화는 개선되지 않았으며 운동수행 시간도 입원 전보다 9% 저하되었다는 연구 보고가 있다. 몇 주 동안 움직이지 못하고 고정시켰던 근육은 관절의 가동성이 결여되기 때문에 주조물(cast)이 제거된 후에도 근력, 지구력, 유연성이 감소된다. 따라서 트레이닝 중단 중에도 움직일 수 있는 주조물을 사용하여 신체를 움직이면서 환부를 회복시킨다면 환자의 근섬유 횡단면적의 감소를 최소화시킬 수 있고 산화효소도 거의 영향을 받지 않을 수 있다.

고정되었던 관절의 운동 범위가 다시 회복하는 데에는 수개월의 완만한 과정을 통해서 이뤄지기 때문에 깁스 고정 상태에서도 관절의 가동 범위 내에서 근육 기능의 회복에 도움이 되는 최소한의 움직임이 필요하며 이 같은 활동적 치료는 깁스붕대 제거 후 재활 과정을 단축시키고 운동기능 회복에 기대 이상의 효과를 볼 수 있다.

상해나 외과적 수술 후 환자가 주조물 고정 상태에서 움직일 수 있는 범위 내에서 운동 프로그램을 실시하면 회복기 리트레이닝 기간이 단축되고 운동능력도 빠르게 회복한다.

5 트레이닝 역치

신체의 세포나 근육은 일정 수준 이상의 자극을 받으면 반응한다. 세포나 근육 등이 반응을 일으키는 데 필요한 최소한의 트레이닝 자극을 트레이닝 역치(training threshold)라 한다.

트레이닝의 양과 강도를 점차 높이면서 트레이닝을 실시하면 이들 자극에 대한 역치가 높아지고 이에 따라 체력과 경기력이 향상된다. 트레이닝 역치는 트레이닝을 통하여 향상시키고자 하는 근육이나 세포의 수용기가 적합한 반응을 일으킬 수 있는 적절한 자극(adequate stimulus)의 최저치를 의미하며 트레이닝은 역치 이상의 자극에서 효과를 얻을 수 있다. 따라서 동일한 강도의 자극이나 낮은 강도의 부적합 자극(inadequate stimulus)이 지속적으로 가해지면 수용기의 적절한 반응이 어려워 트레이닝 효과를 얻기 어렵다.

평소 1RM을 100kg으로 벤치프레스(bench press)를 실시하던 선수가 20kg으로 벤치프레스를 실시할 경우 가슴(큰가슴근, 넓은등근 등)과 팔(세모근, 큰원근 등)의 근육에 축소된 자극이 주워져 효과적인 근력 향상을 기대할 수 없다. 김기영(1987)은 최대근력의 30~50%를 동적 근력 트레이닝(isotonic training)의 강도역치(threshold of intensity), 정적 근력 트레이닝(isometric training)의 강도역치는 최대근력의 70% 이상일 때 운동효과를 얻을 수 있다 하였다.

또한 단련자의 경우, 심박수가 130회/1분 이하에서는 스피드 지구력 향상을 기대하기 어렵고 최소한 VO_2max가 80% 이상을 스피드 지구력 향상을 기대할 수 있는 역치라 하였다.

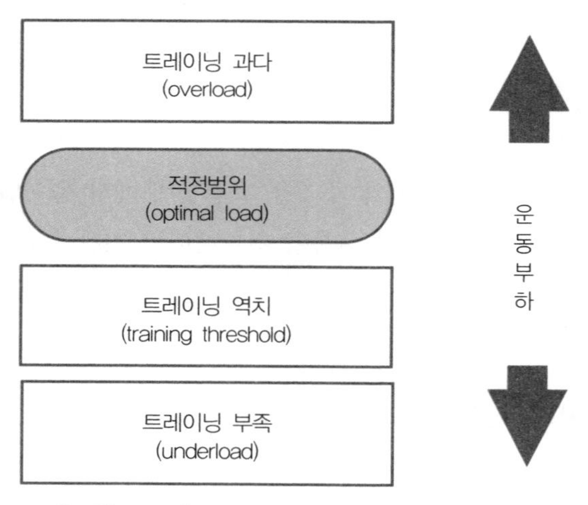

[그림 1-16] 트레이닝 역치의 적정범위

[그림 1-17]의 (A)는 무산소 대사과정(해당작용/glycolysis)으로 에너지가 공급되고 젖산 농도가 급격히 증가되는 시점이며 이 같은 시점을 젖산역치(lactate threshold, 젖산이 만들어지는 속도와 처리되는 속도가 같은 시점)라 하고 젖산역

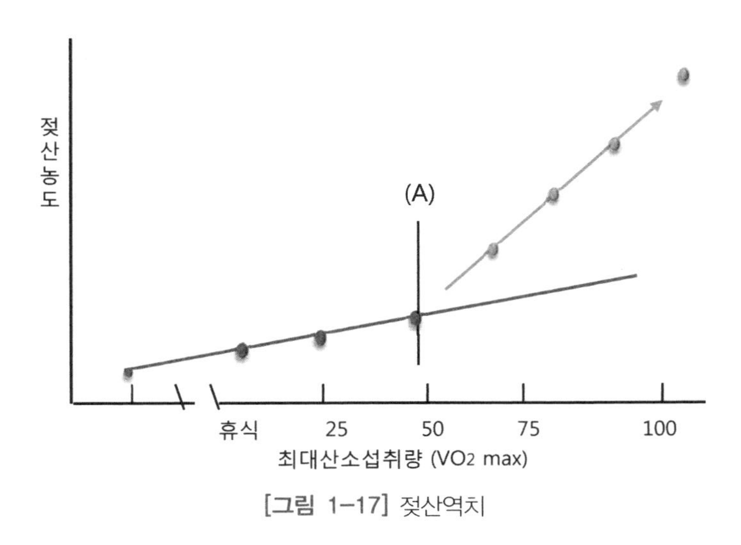

[그림 1-17] 젖산역치

치 이상의 부하가 스피드 지구력 트레이닝의 적정범위에 해당된다.

젖산역치 단계에서 실시하는 트레이닝은 젖산농도가 높아지는 운동일수록 강도가 증가된다는 것을 의미하며 이 단계가 스피드 지구력(speed endurance)을 증가시키기 위한 트레이닝의 출발점이다. 따라서 스피드 지구력의 트레이닝 역치는 유산소 운동부하가 증가되어 체내에 젖산이 빠르게 쌓이기 시작하는 젖산 역치가 시작되는 [그림 1-17]의 (A)지점이다.

6 트레이닝 한계

트레이닝을 실시하면 경기력이 향상되지만 장기간 지속하면 선수에게 심적 스트레스와 피로가 누적되어 신체가 생화학적 한계에 이르러 더 이상 트레이닝 효과가 나타나지 않거나 감소되는 현상을 트레이닝의 한계라 한다. 일반적으로 근력과 근지구력 그리고 심폐지구력은 트레이닝을 실시함에 따라 트레이닝 효과가 오랜 기간 증가되다가 점차 증가폭이 감소되면서 트레이닝 한계에 이른다.

신체적 능력과 트레이닝 기간에 따라 트레이닝 효과에는 개인차가 있지만 근력 트레이닝의 근력 증가 한계는 5년 정도이며 트레이닝의 내용과 강도에 따라 차이가 있다. 이시가와(1987)는 체력의 트레이닝 한계는 약 5년, 스포츠 기술의 트레이닝 한계는 약 10년 전후라 하였지만 스포츠 종목과 체력인자에 따라 트레

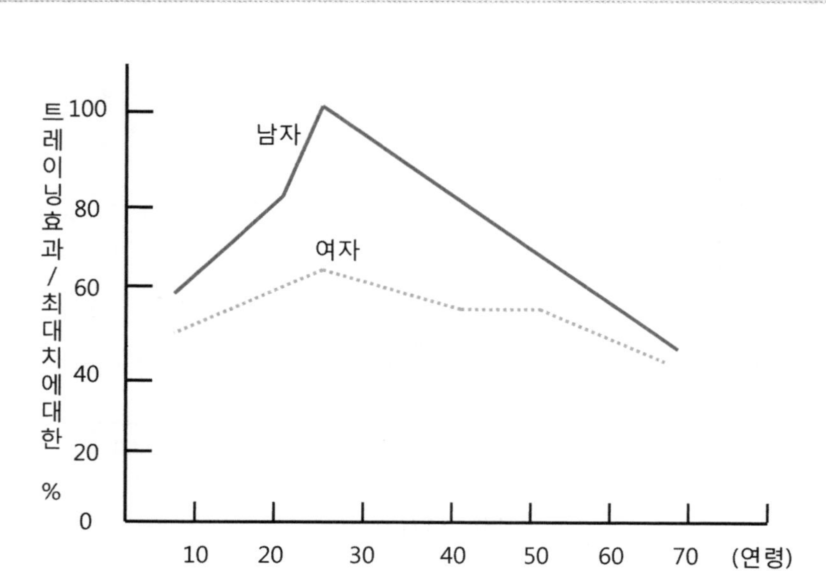

[그림 1-18] 연령 및 성별에 따른 근력 트레이닝 효과

이닝 한계는 서로 다르다.

근육의 양은 출생 이후 사춘기까지 체중과 함께 꾸준히 증가하다가 성인이 되면 체중의 50%까지 증가한다. 이와 같이 연령에 따라 증가되는 근육의 양은 근섬유 수의 증가(hyperplasia)보다 근섬유의 비대(hypertrophy)로 나타난다.

송홍선(2005)은 "운동선수의 성장단계별 표준훈련 지침서 개발"에서 연령과 성별에 따라 근력 트레이닝의 효과를 [그림 1-18]과 같이 나타내면서 운동방법과 식이요법에 따라 근육의 양과 근력을 보다 효과적으로 증가시킬 수 있다고 하였다. 선수가 고령이나 신체장애 등을 제외하고 트레이닝에 대한 적극성과 동기가 없어지거나 약해져 트레이닝 한계에 이르렀을 때는 트레이닝에 대한 동기를 유발시키거나 심리적 치료로 트레이닝 한계를 극복하거나 연장시킬 수 있다.

선수가 자신에게 나타나는 일시적 운동능력의 정체현상을 비과학적 이론에 근거하여 자칫 트레이닝의 한계로 규정하는 오류를 범하고 경기력 향상을 저해 시키는 경우가 있다. 경기력이 일시적으로 정체되는 현상이 나타났을 때에는 트레이닝의 재처방이나 의학적 정밀 검진을 통해 정체현상의 원인을 규명하고 이를 적극적으로 극복하여야 한다.

7 트레이닝 처방

트레이닝 처방은 트레이닝을 과학적이고 체계적으로 실시하여 운동능력을 극대화시키기 위한 목적으로 트레이닝 대상의 트레이닝 요인(체력, 스포츠 기술, 심리적 요인, 전술 등)을 진단하고 진단 결과에 따라 운동부하를 처방하여 트레이닝을 실시하는 일련의 트레이닝 과정이다. 이와 같은 트레이닝 처방은 운동효과를 높일 수 있는 안전한 운동들로 구성하며 트레이닝의 강도(intensity)와 양(quantity)은 물론 빈도(frequency)가 고려되어야 한다. 질적인 면은 트레이닝 강도(intensity), 양적인 면에서는 트레이닝 지속시간(duration)과 빈도 그리고 기간(period)이며 트레이닝 중 운동과 운동 사이 휴식시간이 트레이닝 처방 요소이다.

1) 트레이닝 처방 요소

(1) 운동량

트레이닝에서 운동량(quantity)은 기술적으로나 전술적으로 또는 신체적 기능을 향상시키기 위한 필수요소이다. 운동량은 트레이닝에 소요된 시간과 단위시간에 수행한 거리 또는 들어 올린 중량 외 주어진 시간 내 수행한 연습과 반복횟수와 같이 트레이닝을 통하여 수행된 모든 정량적(定量的) 활동을 의미한다.

경기력의 우수성은 트레이닝을 실시한 전체 트레이닝 양과 비례하며 내 · 외적 저항에 대한 적응력 수준에서 경기력이 좌우되기 때문에 트레이닝의 양은 이를 위한 생리적 기능과 고도의 스포츠 기술을 발달시키는 가장 중요한 요소이다. 운동량을 평가하는 방법으로는 실시한 전체 운동 총량에 대한 상대적 또는 절대적 운동량을 평가하는 두 가지 형태가 있다.

① 상대적 운동량

개인 또는 팀이 단위 트레이닝에서 실시한 트레이닝 총 시간을 상대적 운동량(relative quantity)이라 한다. 상대적 운동량은 선수 개인에게는 의미가 크지 않지만 트레이닝 실시 총시간을 산출하여 개인 또는 팀의 트레이닝 계획이나 주기별(cycle) 트레이닝을 수립하는 데 주요 자료가 된다.

② 절대적 운동량

개인이 단위 트레이닝에서 실시한 실제 트레이닝 총 시간을 절대적 운동량(absolute quantity)이라 한다. 선수 개인의 트레이닝 양은 선수의 경기력 수준과 트레이닝 계획 작성은 물론 트레이닝 방법과 부하를 결정하는 데 중요한 자료가 된다.

(2) 운동강도

운동량과 더불어 운동강도(intensity)는 단위 트레이닝 시간 내에 수행된 트레이닝의 질(quality)을 의미하며 수행된 트레이닝의 양이 많고 질이 높을수록 운동강도는 높다.

운동강도는 트레이닝에 관여한 신경자극의 크기에 따라 평가되고 신경자극의 크기는 트레이닝 부하량, 트레이닝 진행 속도, 트레이닝 사이 휴식 형태 및 시간 그리고 트레이닝에서 받은 심리적 긴장 상태 등에 좌우된다.

[표 1-2] 최대운동수행력과 운동강도

등급	최대운동수행력(%)	운동강도
1	30～50%	낮음
2	50～70%	중간낮음
3	70～80%	중간
4	80～90%	약간높음
5	90～100%	높음
6	100～105%	매우 높음

운동강도는 트레이닝 형태에 의해 측정되며 스피드의 경우 m/s, 저항에 대한 수행력은 kg 또는 kg · m 등으로 나타내거나 단거리 · 중장거리 경기, 사이클 또는 수영과 같은 순환 스포츠(cyclic sports)는 에너지 체계(energy system) 또는 rate/min으로 운동강도가 평가된다.

① 훈련량과 훈련강도의 상호관계

트레이닝에서 훈련의 양과 강도를 이론적으로 구별하기는 어렵지 않지만 실제 어느 요소가 트레이닝에 보다 효과적이었는지를 평가하는 것은 쉽지 않다. 스포츠 종목과 체력에 따라 훈련의 양과 강도가 트레이닝 효과에 미치는 영향이 다르기 때문에 스포츠 종목과 체력의 종류는 물론 선수의 특성과 트레이닝 기간 등을 고려하여 훈련의 양과 강도가 편성되어야 트레이닝의 성과를 높일 수 있다.

강도가 높은 훈련을 오랜 시간 지속하면 에너지의 소모가 증가되고 선수의 심리적 스트레스가 가중되어 훈련 효과를 얻기 어렵다. 그렇다고 훈련의 강도를 낮춰 짧은 시간에 훈련을 마치면 이 또한 훈련 효과를 기대할 수 없다. 마라톤이나 경보 또는 역도 경기와 같이 체력이 경기력에서 차지하는 비중이 큰 스포츠의 훈련은 훈련량이 트레이닝 효과에 미치는 영향이 크지만 체조, 사격 또는 양궁과 같이 체력보다는 스포츠 기술이 중요시되는 스포츠에서는 훈련강도가 트레이닝 효과에 미치는 영향이 크다.

권투, 레슬링 또는 유도경기는 경기의 규정시간이 운동량과 강도를 결정하지만 축구나 야구와 같은 단체경기는 기술과 전략의 복잡성에 따라 운동량과 강도가 결정된다. 운동량과 강도를 적절하게 결합시키는 것은 매우 어렵기 때문에 많은 경험과 과학적 이론을 근거로 선수들의 특성을 충분히 고려하여 트레이닝을 편성하여야 한다. 훈련의 양은 트레이닝 기간과 운동의 반복 횟수 등이 측정방법으로 사용되며 훈련강도는 에너지 소비량이나 심박수(HR)를 측정하는 방법이 활용된다.

② 훈련량과 훈련강도의 증가

국제대회에서 치열한 경쟁은 선수들의 트레이닝 양과 강도를 점차 증가시키는 추세로 나타나고 있다. 스포츠 종목에 따라 차이는 있으나 1960년대 정상급 선수들의 1일 평균 트레이닝 양이 4~5시간, 1주일에 5~6일이였으나 최근에는 1일 6~8시간, 1주일에 6~7일 트레이닝을 실시하는 경우를 고려할 때 경기력은 트레이닝의 양과 강도에 비례하고 있음을 알 수 있다. 경기에서 좋은 성과를 얻기 위

[표 1-3] 훈련량과 훈련강도를 높이는 방법

훈련량(quantity)	훈련강도(intensity)
• 훈련 시간 연장 • 훈련 세트 연장 • 훈련의 반복횟수 증가 • 연습 거리 증가	• 스피드 또는 부하 증가〈m, kg/초, 회〉 • 절대강도 증가 • 운동 사이의 휴식시간 감소 • 훈련 빈도 증가 • 경기 수 증가

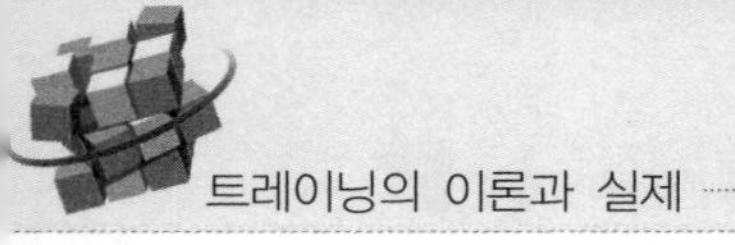

해서는 상대 선수보다 우수한 체력과 스포츠 기술을 발휘하여야 하며 이를 위해서는 보다 많은 시간과 강도 높은 트레이닝이 필수적이다.

(3) 운동밀도

운동밀도(density)는 트레이닝 중에 선수들이 받는 일련의 자극 빈도를 의미한다. 훈련 중 운동과 운동 사이에 취하는 휴식이 운동으로 축적된 피로와 스트레스를 균형 있게 회복시켜 트레이닝 효과를 높일 수 있는 휴식 배정을 위해 운동밀도(빈도)가 고려된다.

운동밀도가 높은 트레이닝은 단위 트레이닝의 운동빈도가 높거나 휴식 빈도가 낮아 선수의 피로가 누적되어 트레이닝 효과를 얻기 어렵다. 따라서 연속적으로 실시되는 트레이닝은 운동의 양과 강도에 따라 휴식시간이 서로 다르게 실시되어야 한다. 강도가 낮은 운동을 실시할 때에는 휴식시간을 짧게 또는 휴식 빈도를 낮게 실시할 수 있지만 강도가 높은 운동은 상대적으로 휴식시간이 길거나 휴식 빈도가 높아야 한다.

심박수(HR)를 이용하여 운동과 휴식 사이의 적정한 밀도율을 제시할 경우, 심폐지구력을 요구하는 운동의 경우 운동시간과 휴식시간의 비율을 1.0 : 0.5~1.0 : 2.0 사이가 권장되며 운동 강도에 따라 1 : 2~1 : 5로 편성하여 휴식시간을 운동시간의 2~5배 사이에서 편성한다. 순발력이나 민첩성을 향상시키는 운동은 1 : 4~1 : 7 범위에서 운동과 휴식시간을 편성하여 운동으로 쌓인 피로가 다음 운동에 지장을 주지 않도록 해야 한다. Tudor(1985)는 전체 운동량과 단계별 운동에서 선수가 수행한 운동량을 백분율로 환산하여 ㉮와 같이 상대밀도(RD)를 나타냈다.

$$RD = AV \times 100 \ / \ RV \quad \cdots\cdots ㉮$$

㉮의 AV는 개인이 수행한 절대적 운동량이며 RV는 개인이 수행한 상대적 운동량 또는 훈련시간을 나타낸다. AV가 95이고 RV가 150인 경우, RD = 95×100/150 = 63%(상대밀도)로 나타내며 이는 63%의 밀도로 트레이닝을 실시했다는 것을 의미한다. 실제 트레이닝에서는 형식적 내용의 상대밀도(RD, 훈련 중 운동과 휴식의 전체빈도)보다는 선수 개인의 실제 운동강도를 나타내는 ㉯의 절대밀도(AD, 훈련 중 선수 개인의 운동과 휴식빈도)가 선수에게 중요한 의미를 갖는

다. 효과적인 트레이닝에 대한 평가는 AV(개인의 절대운동량)에서 VRI(절대운동 중에 취한 전체 휴식시간의 합)를 공제(−)함으로 가능하다.

AD = (AV−VRI) × 100 / AV ·· ㉯

VRI를 26분으로, AV를 102로 했을 때 :

AD = (102−26) × 100 / 102 = 74.5% ·· ㉰

따라서 ㉰에 따라 위 선수는 74.5%의 절대밀도에 해당되는 트레이닝을 실시하였다. 운동밀도는 체력요인이나 스포츠 종목은 물론 계절에 따라 트레이닝 내용이나 운동강도의 조절, 경기를 대비한 선수들의 컨디션 조정을 위한 기초자료로 활용된다.

2) 트레이닝 요인 간 상호관계

트레이닝에 참여한 모든 선수들에게 동일한 양과 강도의 트레이닝을 실시한다면 운동능력이 서로 다른 선수들 사이에 트레이닝 갈등(training conflict, 서로 다른 운동수준과 특성 차이에서 오는 비효율적 트레이닝)이 조성되어 트레이닝 효과를 얻기 어렵다. 지도자는 운동의 양과 강도를 증가시켜 선수들의 적응력을 높여 운동능력을 향상시키지만 실시하는 운동의 양과 강도가 선수들에게 적합한지 여부를 객관적으로 확인하는 것은 쉽지 않다. 현재 실시하고 있는 운동의 양과 강도가 선수들에게 적합한지를 판단하기 위하여 Iliunta와 Dumitrescu(1978)가 제안한 ㉱와 ㉲의 공식을 활용할 수 있다.

OI(트레이닝 전체강도) = Σ(PI×VE)/Σ(VE) ·· ㉱

㉱의 공식에서 PI는 부분적인 운동강도의 %이며 VE는 훈련량이다.

PI(단위 운동강도) = HRP×100/HRmax. ·· ㉲

㉺의 HRP는 훈련 중인 선수의 심박수이고 HRmax는 선수의 최대심박수(220−실시자 연령)이며 OI와 PI는 [표 1-4]와 같다.

[표 1-4] 높이뛰기 선수의 트레이닝에 따른 심박수

운동 순서	운동내용	운동별 강도			심박수/분
		PI(%)	VE (연습량)	PI×VE	
1	준비운동	55	25	1,375	110
2	허들 연속넘기	60	5	300	120
3	박스 점프(높이 30~40cm)	60	5	300	120
4	120m 가속달리기(커브 + 직선) × 5회	70	6	420	140
5	스타트-대시 : 50m×5회	60	5	300	120
6	도움닫기 × 15회	85	6	510	170
7	발구름 × 15회	85	2	170	170
8	서키트 트레이닝	95	3	285	190
9	보강운동	70	15	1,050	140
10	정리운동	40	5	200	80
합(Σ)			77	4,910	

[표 1-4]의 준비운동 단계의 운동강도(PI = 110×100/200)는 55%이며 운동내용별 연습량(VE, 연습시간)을 VE로 나타낼 때 [표 1-4]의 트레이닝 전체 강도(OI = 4,910/77)는 63.8%이다. 트레이닝 전체 강도는 선수 개인보다는 팀 전체에 대한 훈련의 강도를 나타내므로 축구, 배구 또는 야구와 같은 단체경기의 훈련강도 파악에 도움을 준다. 트레이닝의 운동량과 강도에 대한 적응력은 선수 개인의 생체운동능력으로 평가되기 때문에 트레이닝을 통해 증가되는 운동의 양과 강도에 적응하기 위한 선수들의 노력은 곧 경기력 향상으로 이어진다.

Rainer(2004)는 운동능력의 향상에 따라 트레이닝 강도를 증가시킬 때 최대심박수를 기준으로 [그림 1-19]와 같이 단계별 강도를 나타내고 있다.

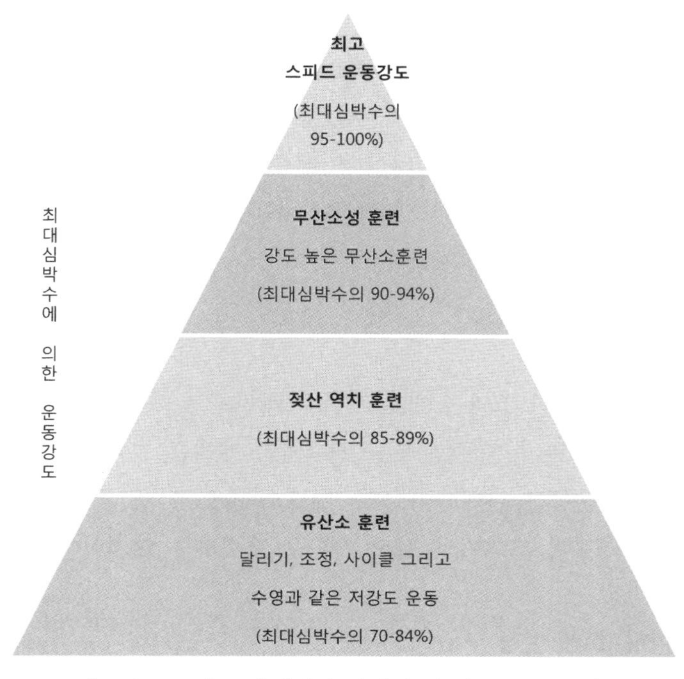

[그림 1-19] 트레이닝의 단계별 강도(HRmax 기준)

3) 트레이닝 처방 절차

트레이닝 처방은 [그림 1-20]과 같이 스포츠 기술, 심리적 요인 또는 전술 등과 같은 트레이닝 요인들에 대한 진단이 먼저 이뤄지고 진단에 의해 운동부하를 처방하며 처방에 따라 트레이닝을 실시한 후 트레이닝에 대한 효과 여부를 판정, 판정한 트레이닝 결과를 검토하여 트레이닝 효과가 미진했던 요인들에 대하여 트레이닝 요인별 부하를 재처방하여 트레이닝을 실시하는 일련의 과정이다.

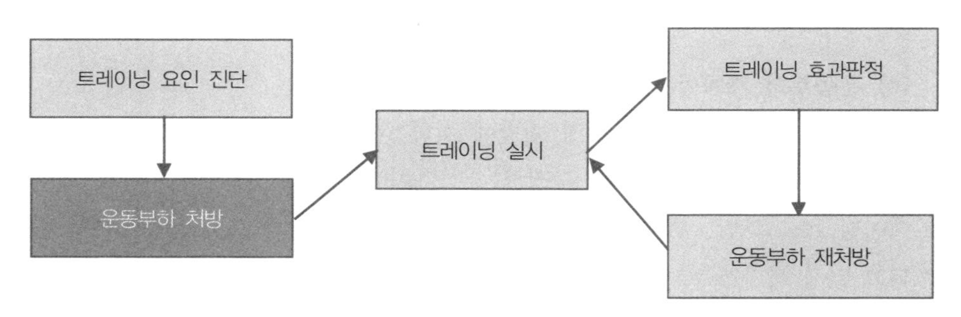

[그림 1-20] 트레이닝의 처방 절차

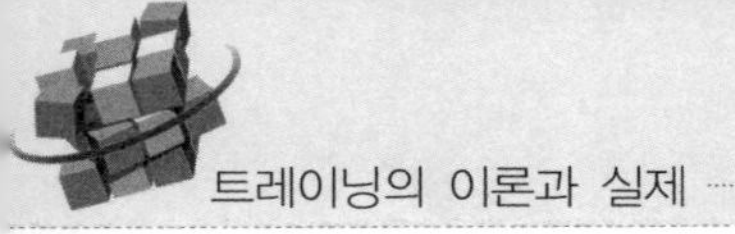

(1) 트레이닝 요인 진단

트레이닝을 실시할 선수의 체력, 스포츠 기술, 전술 또는 심리 등과 같은 트레이닝 요인들의 현재 수준을 측정하고 이를 향상시키기 위한 운동내용과 운동부하를 결정하기 위한 자료를 얻는 절차이다. 선수 개인의 트레이닝 요인별 수준을 무시하고 트레이닝을 실시할 경우 트레이닝 효과를 얻기 어려울 뿐 아니라 자칫 선수의 건강까지 위험해 질 수 있다.

(2) 운동부하 처방

트레이닝 요인별 진단 결과를 기초로 선수 개인의 트레이닝 요인별 수준에 적합한 운동강도, 운동량 및 운동빈도를 선택하고 부하를 부과하는 절차이다. 이 과정에서는 어떤 운동을 선택하여 어느 정도의 강도로 몇 회의 빈도로 실시할 것인지에 대한 구체적 트레이닝 실시 계획을 수립하는 단계이다.

(3) 트레이닝 효과 판정

트레이닝은 인간의 생리적 능력을 강화시킬 수 있는 운동 프로그램으로 구성되어야 트레이닝 요인들의 능력 향상을 기대할 수 있다. 트레이닝 요인별 진단 결과를 토대로 작성한 트레이닝 프로그램이 트레이닝 요인을 얼마나 향상시켰는지를 판정하는 것은 선수의 경기력 향상에 트레이닝 처방이 기여한 효과를 확인하는 절차이다. 트레이닝 효과의 판정은 통계학적 방법을 적용하여 운동 프로그램 수행에 따른 트레이닝 요소별 능력의 향상 정도를 살펴보는 방법으로 트레이닝 처방의 필수절차이다. 트레이닝 효과는 운동성과(physical performance)와 신체자원(physical resources)에 대한 정량적(定量的) 측정 결과에 의하며 운동 프로그램 시작 때 측정한 값과 통계학적 유의성을 검증하여 효과 유무를 판정한다.

(4) 운동부하 재처방

운동부하 재처방이란 트레이닝 처방에 의한 운동효과 유무가 판단되면 이를 근거로 운동부하를 조절하거나 수정하는 절차이다. 보통 트레이닝 처방에 의한 트레이닝 프로그램은 초기에는 운동효과가 높게 나타나다가 점차 운동효과가 감소되고 일정 시기가 지나면 더 이상 효과를 기대할 수 없다. 이와 같이 트레이닝 효과가 정체된 상태에서 동일 운동 프로그램으로 트레이닝을 계속하면 선수의 경기력 향상을 기대할 수 없으므로 트레이닝 프로그램을 재처방하여야 한다. 트레이닝 부하의 재처방은 점진적으로 운동의 양과 강도 그리고 빈도 부하를 높여야 하며 이 같은 재처방은 트레이닝 전 과정을 통해 계속 반복된다.

8 트레이닝 예측

스포츠 지도자는 스포츠 잠재력을 갖고 있는 선수를 발굴하고 트레이닝을 실시하여 운동능력을 계발하여 우수 선수로 육성해야 할 뿐 아니라 현재 지도하고 있는 선수가 달성할 수 있는 성적과 기록을 예측하여야 한다.

트레이닝 결과에 대한 예측에서 가장 중요한 것은 선수가 성취할 수 있는 최고의 경기력에 대한 지도자의 예측이 과학적으로 타당성이 있어야 한다. 경기력 예측은 선수의 경기력 발전과 관련된 모든 요인들이 검토되고 분석된 자료들에 의해 모델이 계발되며 이를 근거로 경기력이 예측된다. 스포츠 종목에 따라 다소 차이는 있으나 지도자는 다음과 같은 내용들을 검토하여 선수의 경기력을 예측한다.

1) 운동소질과 발전 가능성

우수선수는 선천적으로 태어나는지 또는 만들어지는지에 대해서는 스포츠 종목의 특성에 따라 다르다. 우수선수의 경기력은 후천적 요인과 트레이닝도 중요하게 작용하지만 유전적 요인이나 성장 과정은 물론 환경이나 지적능력과 같은 선천적 요인들도 크게 작용한다. 뿐만 아니라 선수의 신체구성과 체력인자(근력, 순발력, 근지구력, 스피드, 유연성 등)는 물론 운동능력의 잠재력에 대한 과학적 평가도 우수선수로의 발전 가능성을 예측할 수 있는 지표로 활용된다.

Jack(1999)은 일란성과 이란성 쌍둥이의 경우 최대산소섭취량뿐 아니라 근섬유의 형태, 최대심박수, 무산소능력, 체중과 신체구성도 유전적으로 영향을 받는다 하였다. 과학적인 트레이닝 프로그램으로 체력을 개선시키고 운동능력을 향상시키는 것도 중요하지만 선수의 운동소질과 경기력을 보다 정확하게 예상하기 위해서는 유전적 요인에 대한 고려가 필요하다.

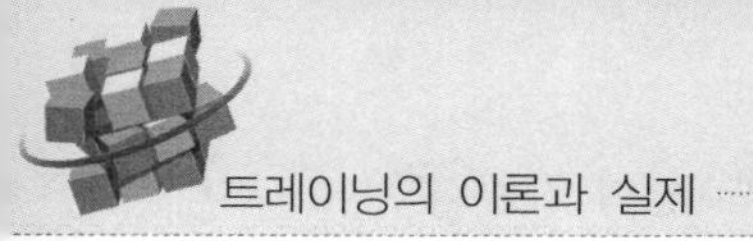

2) 심리적성

경기력은 신체적으로 또는 스포츠에 대한 기능적 요인 외에 심리적 특성에 의해서도 영향을 받기 때문에 선수를 발굴하고 지도함에 있어 선수의 심리적 안정성, 인내, 가치관 또는 승부욕 등을 고려하여야 한다. [그림 1-21]은 구해모(2003)의 "선수발굴을 위한 구기 종목 우수선수들의 심리적 프로파일 분석"에 제시된 구기 종목 선수 발굴을 위한 적용모형이다.

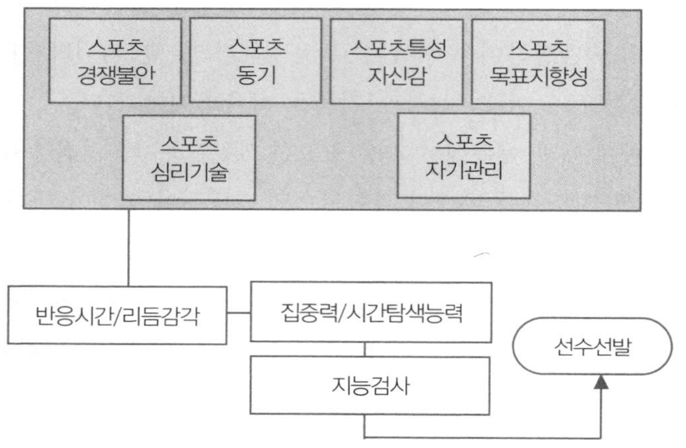

[그림 1-21] 구기 종목 선수 발굴을 위한 심리적 프로파일의 적용모형

3) 트레이닝에 대한 의욕과 동기유발

우수선수로 성장하기 위해서는 어렵고 힘든 트레이닝을 지속적이고 반복적으로 수행하여야 하며 이 같은 과정에는 많은 인내와 노력이 필요하다. 따라서 트레이닝에 대한 선수의 의지와 인내는 물론 참여 동기유발이 트레이닝의 성공을 좌우하는 중요한 요소가 된다. 선수 스스로 트레이닝에 흥미와 성취감을 갖고 의욕적으로 트레이닝을 수행하는 것이 선수 성장에 필수적이기 때문에 선수 발굴에 특히 고려되어야 한다.

9 트레이닝 계획의 주기화

트레이닝이 성공적으로 이뤄지기 위해서는 트레이닝 대상인 선수 개인이나 팀의 운동능력에 대한 정확한 진단과 처방, 트레이닝 프로그램, 트레이닝 환경 그리고 트레이닝 기간 등이 합리적으로 편성되고 체계적으로 실시되어야 한다.

트레이닝 주기화(periodization of training)란 선수가 목표로 하는 가장 중요한 시합에서 최고의 성적을 획득하기 위해 운동능력을 최상(peak)에 이를 수 있도록 훈련을 단계별로 실시하는 트레이닝 계획을 합리적으로 수행하고 조절하는 것을 의미한다. 트레이닝 주기화의 대상은 트레이닝 계획과 트레이닝의 모든 요소가 포함되며 트레이닝 주기화는 트레이닝 계획으로 구체화된다.

정상급 선수가 되기 위해서는 엄격히 절제된 생활과 통제된 트레이닝에 의해 가능하다. 효율적으로 통제된 트레이닝만이 선수의 경기력을 효과적으로 향상시키고 트레이닝의 목표를 달성할 수 있으며 트레이닝의 주기화는 이 같은 트레이닝 목표를 달성하는 데 많은 영향을 준다. 대부분의 세계 정상급 선수들은 트레이닝 계획과 경기일정을 최우선으로 삼고 개인의 사생활을 조절하며 자신의 경기 목표 달성을 위한 계획을 지속적이고 장기적으로 이행하였다는 공통점을 갖고 있다.

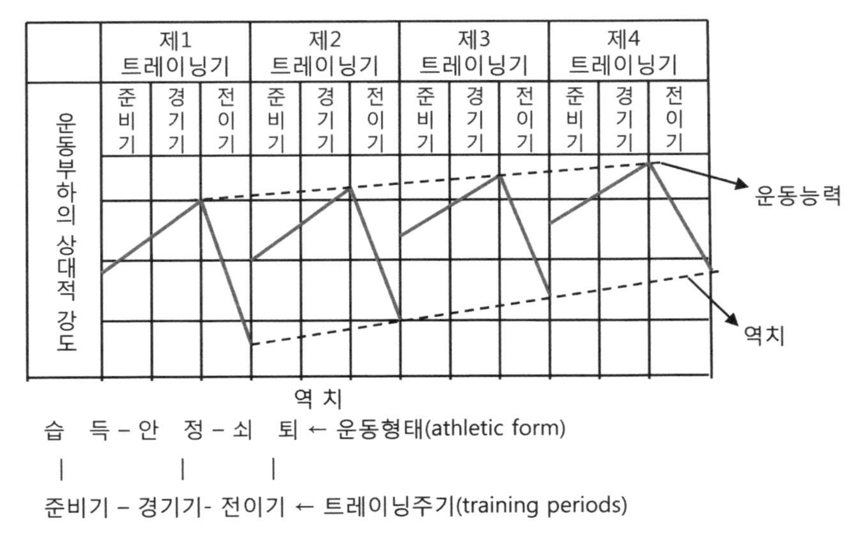

[그림 1-22] 운동형태와 트레이닝 주기

Matwejew(1965)는 [그림 1-22]와 같이 연간 트레이닝 주기(cycle)를 준비기, 경기기 그리고 전이기로 나누고 각 주기에 따른 운동형태를 습득(acquisition)과 안정(stabilization) 그리고 쇠퇴(decline)의 3단계 과정으로 분류하였다. 습득은 선수의 체력이나 의지력과 같은 운동능력이 형성되고 인체의 생리적 상태가 트레이닝 부하를 수용할 수 있도록 전환되는 단계이며 안정은 보다 높은 경기력을 성취하기 위해 모든 요소들이 결합하여 최적의 상태를 형성하는 단계, 쇠퇴는 운동 형태가 일시적으로 상실되어 운동능력이 저하되는 단계라 하였다. 이와 같은 운동 형태의 습득, 안정 그리고 쇠퇴는 경기력의 발전정도에 적합한 트레이닝으로 이뤄진다.

일반적응이론(GAS: general adaptation syndrom)

인간이 스트레스에 적응하는 [그림 1-23]과 같은 Selye(1946)의 3단계 과정을 트레이닝에 적용하여 트레이닝 주기화의 이론적 기초가 개발되었다.

- 제1단계(A) : 경고(alarm) 단계
  트레이닝 초기 운동자극으로 1~2주 동안 근육과 관절에 통증 현상이 나타나면서 운동 수행력이 저하되는 단계이다.
- 제2단계(B) : 적응(adaptation) 단계
  인체가 생화학적, 해부학적 또는 역학적으로 운동자극에 적응하면서 운동 수행력이 향상되는 단계이며 이를 초과보상(supercompensation) 단계라 한다.
- 제3단계(C) : 실패(failure) 또는 재도약(rebound) 단계
  운동자극이 적절치 못하거나 운동 스트레스가 너무 크면 훈련에 권태가 오고 의욕이 상실하면서 운동 수행력이 감소되지만 적절한 휴식과 운동자극의 조절로 운동을 재도약 단계로 전환시킬 수 있다.

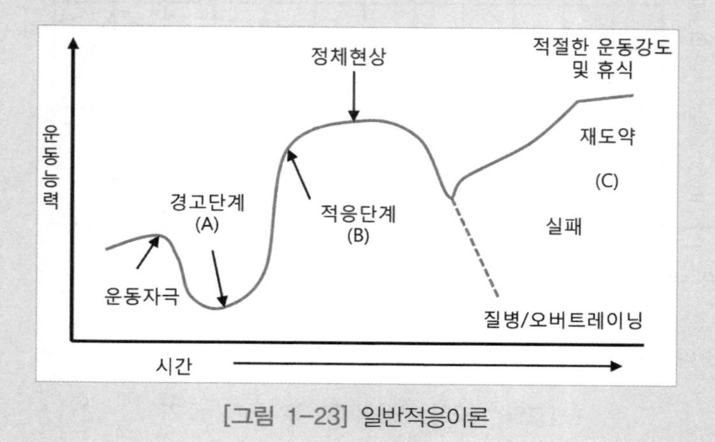

[그림 1-23] 일반적응이론

10 우수선수의 프로파일

스포츠 종목별 우수선수의 경기력 인자(因子)를 추출하고 이를 체계화하여 운동능력을 정량화(定量化)시킨 모형을 우수선수의 프로파일(profile)이라 한다. 스포츠 종목별 우수선수의 프로파일은 체격, 체력 그리고 경기력을 요인별로 분석한 자료이기 때문에 이를 참고로 트레이닝 내용과 방법을 설정하는 지침으로 활용할 수 있다.

1969~1975년 유럽 신기록을 세웠고 1972년 뮌헨 올림픽에서 100m와 200m 종목에서 금메달을 획득했으며 1969~1976년 유럽과 소련의 최고 선수였던 Borzov는 우수선수의 신체적 · 심리적 특성과 생리적 기능 및 유전적 자질의 프로파일을 계발하고 이를 활용하여 성공한 대표적 사례이다. 최근에는 스포츠 종목별 프로파일을 활용하여 전문체력은 물론 스포츠 기술과 정신력을 향상시키는 프로파일이 계발되었다. 정상급 선수들의 프로파일을 참고로 신인 선수의 잠재력과 자질을 계발하고 육성시키기 위한 트레이닝을 계발하거나 선수들의 미래 경기력을 예측하고 장기 트레이닝 계획을 수립하는 데에 활용된다. [표 1-5]는 고병구(2002)가 "선수 발굴을 위한 스포츠 적성 진단 모형 개발"에 제시한 우리나라 남자 대표선수들의 스포츠 종목별 프로파일의 일부이다.

[표 1-5] 한국 남자 우수선수의 프로파일 (M±SD)

항목 / 운동 종목	신장 (cm)	체중 (kg)	제자리 멀리뛰기 (cm)	윗몸 일으키기 (회/50초)	사이드 스텝 (회/20초)	폐활량 (cc/kg)
점프경기	187.3	74.2	281.4	59.2	48.3	5548.9
탁구	173.3	64.9	244.1	54.2	47.4	4612.0
수영	176.5	68.5	237.8	55.9	45.9	5085.6
태권도	181.6	73.1	265.7	59.5	46.7	4992.3
체조	163.9	59.1	254.9	59.8	41.9	4271.6

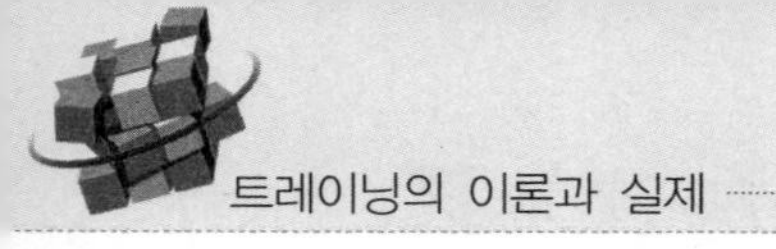

11 트레이닝 원리

트레이닝은 선수의 잠재능력을 계발하고 경기력을 향상시켜 우수선수로 육성하는 것을 1차 목적으로 하는 일련의 교육과정이다.

운동선수들의 신체능력과 스포츠 기술 그리고 전술능력 등을 향상시키기 위해서는 트레이닝 과정과 내용이 보다 합리적이고 체계적으로 편성되어야 하며 이를 실현하기 위해 기본 원리가 필요하다.

1) 과부하 원리

운동능력은 신체의 적응력을 높임으로써 향상되며 신체의 적응력을 높이기 위한 트레이닝의 강도와 양은 자신의 운동능력보다 높은 수준(역치보다 높고 최대 운동강도 이하의 부하)으로 실시해야 한다.

평소 800m를 2분 10초로 5회 반복 달리기로 훈련하는 선수에게 과부하 원리(principle of load)로 트레이닝 효과를 높이려면 2분 10초 미만으로 5회 달리기를 반복하거나 또는 2분 10초의 기록으로 6회 이상 반복 달려야 트레이닝 효과를 기대할 수 있다. 이 같은 현상은 [그림 1-24]의 3단계에 해당되며 이 같은 훈련 부하는 초보자와 단련선수에게 각기 다르게 부과되어야 한다.

일정한 부하가 인체에 가해지면 인체는 특수한 적응 또는 반응을 나타내는데, 이를 SAID(Specific Adaptation to Imposed Demands) 원리라 한다. SAID 원리로 트레이닝 효과를 얻으려면 인체가 반응을 일으킬 수 있는 자극이 가해져야 한다. 즉 인체의 특정 부위에 자극이 가해지면 근육 내 신경회로 기능과 신경물질(acetylcholine)의 분비가 증가되어 근육의 신경소통성(neural facilitation)이 향상되어 근육의 운동기능이 발달하기 때문에 근육의 신경소통성이 반응할 수 있는 운동부하가 부과되어야 트레이닝 효과를 얻을 수 있다. 800m를 2분 10초로 5회 반복 달리기를 실시하고 부하를 증가시키지 않으면 [그림 1-24]의 2단계와 같이 현재 운동능력 수준을 유지는 할 수 있으나 현재보다 우수한 운동능력을 기대할 수 없다. 과부하 트레이닝은 인체의 적응력을 점차 향상시켜 역치 수준을 높이고 그 결과 운동능력을 향상시키는 원리이다.

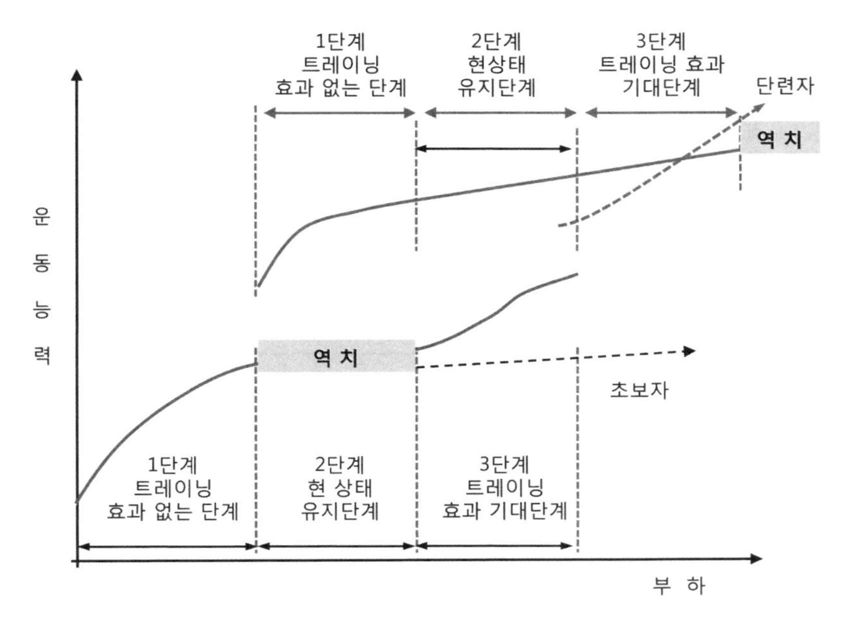

[그림 1-24] 운동부하 증가에 따른 트레이닝 효과의 기대단계

2) 점진적 부하 증가 원리

트레이닝 자극에 대한 인체의 적응력을 높이기 위해서는 인체가 감당할 수 있는 자극의 양과 강도를 점진적으로 증가시키면서 트레이닝을 실시해야 신체 기관이 발달하고 기능이 개선되어 경기력이 향상된다는 이론이다. 점진적 부하(progressive load)란 역치(threshold) 이상에서 최대한계(maximum limit)이하 범위의 트레이닝 부하를 일정 단계를 거치면서 점진적으로 부과하는 방법이다.

트레이닝 부하를 증가시키는 방법으로는 “양의 증가”와 “강도의 높임” 그리고 “양과 강도의 동시 높임”이 있다. 양을 증가시키는 방법으로는 훈련 실시의 목표 횟수를 미리 단계별로 정한 후 목표에 도달하면 다음 단계에서 목표 횟수를 증가시키는 방법이고 강도를 높이는 방법은 일정 기간 동일 부하 트레이닝을 실시하다가 다음 단계에서 질을 높이는 방법이다.

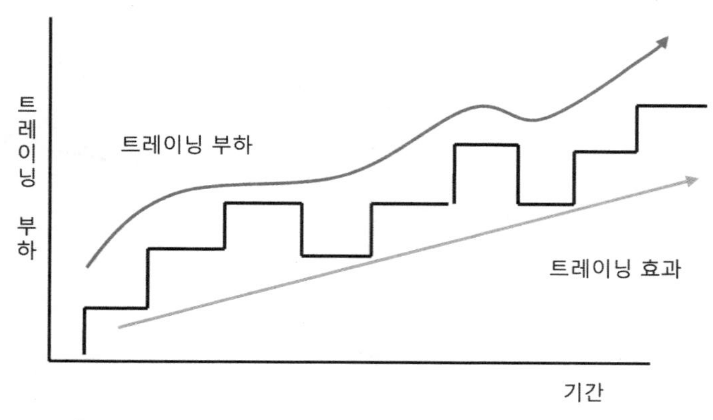

[그림 1-25] 점진적 부하 증가에 따른 트레이닝 효과

3) 다면적 발달 원리

스포츠의 경기력은 몇몇 특정 기관의 체력이나 기능보다는 신체 모든 기관의 체력과 기능이 총체적으로 참여하여 이뤄지는 종합 수행력으로 결정되기 때문에 인체의 모든 신체 기관과 체력을 다양하게 발달시키는 다면적 발달 원리(principle of many sides)에 의한 트레이닝을 실시하여야 경기력이 향상된다. 특히 초보자를 위한 트레이닝은 스포츠 잠재력과 발달 가능한 분야를 분석하고 이를 효과적으로 계발할 수 있도록 여러 종류의 트레이닝을 다양하게 경험시키고 전문 종목과 수준 높은 트레이닝에 적응할 수 있는 트레이닝을 실시하여야 한다.

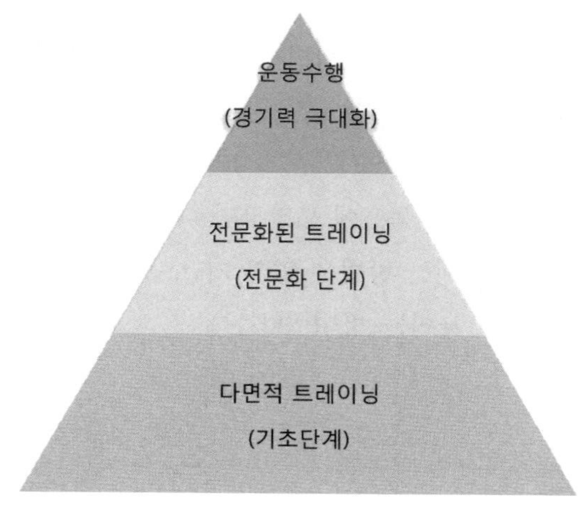

[그림 1-26] 트레이닝의 단계별 특성

[그림 1-26]의 맨 아래(기초단계)는 모든 트레이닝의 기초단계에 해당되며 초보 선수들은 이 단계의 발달을 전제로 다음 단계인 특정 스포츠 종목의 전문화 트레이닝 단계에 이르고 최종적으로 가장 높은 경기력을 극대화시키는 단계에 도달할 수 있다. 모든 인체의 기능과 형태는 생화학적으로 또는 심리학적으로 상호 관련되어 있고 이들은 트레이닝을 통하여 효과와 반응을 다양하고 일관되게 나타낼 수 있다.

4) 특이성의 원리

모든 스포츠는 종목에 따라 형태적으로 또는 기능적으로 특성을 갖고 있으며 이 같은 특성에 따라 트레이닝을 실시하여야 트레이닝의 효과를 높일 수 있다. 특이성의 원리(principle of specificity)란 트레이닝에서 실시하는 운동 형태가 스포츠의 경기 수행에 필요한 체력 및 스포츠 기술과 유사하거나 일치될 때 트레이닝 효과가 높다는 원리이다. 특이성에 의한 트레이닝은 선수의 인체 기관과 체력이 전면적으로 발달된 후에 실시하는 것이 효과적이다.

특이성의 원리는 첫째, 에너지 시스템의 특이성(specificity of energy system)이다. 유산소 에너지 파워를 요구하는 스포츠 종목은 유산소 에너지 파워를 강화시킬 수 있는 트레이닝을 실시하고 무산소 에너지 파워가 필요한 스포츠는 무산소 에너지 파워를 향상시킬 수 있는 트레이닝을 실시하여야 한다. 100m 달리기 선수가 중장거리 선수에게 필요한 유산소 에너지 파워 강화를 위해 600~1,200m 달리기로 훈련한다면 트레이닝 효과를 기대하기 어렵다.

둘째, 트레이닝 형태의 특이성(specificity of mode of training)으로서 평소 연습 형태가 스포츠 종목에서 요구하는 스포츠 기술과 유사하거나 동일할 때 트레이닝 효과를 얻을 수 있다.

육상경기의 단거리 달리기 선수가 스피드 스케이트 선수의 얼음 위 달리기와 같은 방법으로 달리기를 연습한다면 단거리 달리기 선수의 경기력 향상에 도움이 될 수 없다.

셋째, 근군(muscle group)과 운동수행의 특이성이다. 모든 스포츠는 각기 독특한 근육과 활동 특성을 갖고 있으며 이들 근육과 활동은 상호 깊은 관계와 고유성을 갖고 활동한다. 따라서 스포츠 종목에 필요한 근육을 발달시킬 수 있는 훈련을 실시해야 효과를 기대할 수 있다. 수평점프(horizontal jump)로 경기력이 발휘되는 멀리뛰기 선수가 수직점프(vertical jump)를 강화시키는 훈련을 한다면 멀리뛰기의 경기력 향상을 기대할 수 없다.

5) 개별성의 원리

스포츠는 여러 개인들의 기능으로 경기력이 좌우되는 단체경기와 개인의 운동능력만으로 경기력이 결정되는 개인경기로 구분되지만 경기의 주체는 선수 개인이기 때문에 경기의 성과를 높이기 위해서는 선수 각자의 운동능력을 향상시켜야 하며 이를 위해서는 선수 개인의 특성(principle of individuality)이 고려된 트레이닝을 실시하여야 한다. 선수 각자는 한 개인으로서 인격체이면서 서로 다른 신체 특성을 갖는 독립된 존재이므로 단체경기든 개인경기든 선수 각 개인의 능력과 잠재력을 개발하는 것이 경기력 향상에 가장 중요하다.

6) 반복의 원리

스포츠 기술이나 전술 또는 의지력은 반복(principle of repetition)된 연습으로 숙달되고 이 같은 과정으로 경기력이 향상된다. 신체 기관이나 조직의 기능이 개선되고 향상되는 것은 반복된 행위에 의한 조건반사적 동작의 습득으로 가능하다. 반복의 원리가 효과를 얻기 위해서는 트레이닝의 부하와 피로 회복을 위한 휴식의 합리적 배분과 선수의 연령 및 운동 내용이 중요하다. 특정 동작을 반복적이고 지속적으로 실시하면 동작이 뇌와 근육에 기억되어 동작이 불수의적(involuntary, 의지나 의도와 관계없는 운동)으로 발휘되어 동작을 빠르게 반응할 수 있다.

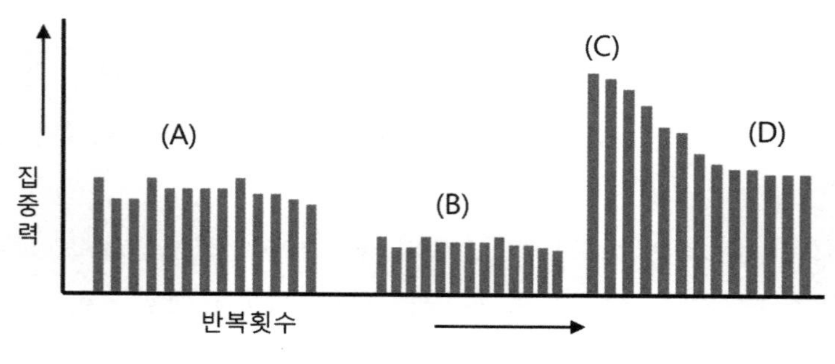

[그림 1-27] 반복횟수와 집중력

[그림 1-27]은 동일 동작을 반복적으로 실시하는 횟수에 따른 집중력의 변화를 나타내고 있다. 초기 훈련단계인 (A)는 선수들의 집중력이 어느 정도 높게 나타나고 있으나 일정기간 트레이닝이 실시된 (B)단계에서는 오히려 선수들의 집중력이 저하되고 운동 효과가 낮게 나타나고 있다. 그러나 선수들이 트레이닝에 익숙해진 (C)단계에서는 선수들의 집중력이 증가되고 있다. 그러나 동일한 동작을 장기간 반복적으로 실시하면 트레이닝에 대한 지루함과 흥미상실 등으로 집중력이 (C)단계보다 감소되어 (D)단계와 같은 수준으로 저하된다.

이 같은 반복트레이닝의 부작용을 최소화시키기 위해 선수들이 실제 경기에 참여한 것과 유사한 환경에서 트레이닝을 실시하는 방법이 있다. 즉 실제 경기와 유사한 방법으로 경기장의 크기(축구 경기의 경우 실제 경기장보다 크게 또는 작은 구장) 또는 참여 선수의 수를 인위적으로 변경(6~8명)하여 경기를 치르게 하는 구조변경법이나 훈련 도중 중요한 부분이나 기술을 특별하게 강조하면서 트레이닝하는 집중법, 트레이닝 시 평소 잘 안 되는 어려운 기술에 도전케 하여 선수들의 도전정신을 격려하고 선수들의 경기력을 강화시키는 강화법 등을 활용하여 집중력을 높일 수 있다.

7) 가역성의 원리

인체는 사용하지 않으면 조직과 기관의 기능은 물론 형태까지도 퇴하되므로 인체에 대한 운동부하를 조절함으로써 트레이닝의 효과를 달리할 수 있는데, 이를 가역성의 원리(principle of reversibility)라 한다. 운동부하를 강하게 또는 약하게 부과하거나 중지하는 등 운동부하를 점진적으로 변화시키면 트레이닝 효과도 각각 다르게 나타난다.

예를 들어 근력 향상 트레이닝 기간이 길면 트레이닝을 중단해도 근력이 느리게 되지만 훈련 기간이 짧으면 근력이 빠르게 저하된다. Hettinger(1953)는 근력 트레이닝을 단기간 매일 실시한 집단(A)과 1주 1회 장기간 실시한 집단(B)의 근력 감소 현상을 [그림 1-28]과 같이 나타내었다. 근력 트레이닝을 매일 단기간 실시하였던 집단(A)은 트레이닝 시 빠르게 근력이 향상되지만 트레이닝 중지 후에는 근력이 급격히 감소되었다. 그러나 1주에 1회 근력운동을 오랫동안 실시한 (B)집단의 근력 향상은 (A)집단보다 저조하였지만 트레이닝 중지 후 근력 감소 현상은 (B)집단이 (A)집단보다 낮았다. 이 같은 현상은 지구력이나 유연성과 같은 체력에서도 유사하게 나타나며 체력 요소에 따라 진행 속도는 다르다. 근력 트레이닝을 중단하면 6주 정도 후에 근력의 약 10% 정도가 상실되며 지구력은 트레이닝 중단 1주일 후부터 감소되기 시작하다가 8주 후에는 30~40%가 상실된다. 트레이닝은 지속적이고 일정하게 빈도를 유지할 때 효과를 기대할 수 있기 때문에 짧은 기간 동안이라도 트레이닝을 중단하지 말고 격일로라도 꾸준히 실시하는 것이 한 번에 몰아서 운동을 하고 장기간 중단하는 것보다 트레이닝 효과를 기대할 수 있다. 따라서 마라톤이나 역도경기와 같이 에너지가 경기 결과에 많은 영향을 미치는 스포츠의 경우 평소 체력을 효과적으로 관리하고 유지하는 것이 경기의 성패를 결정한다.

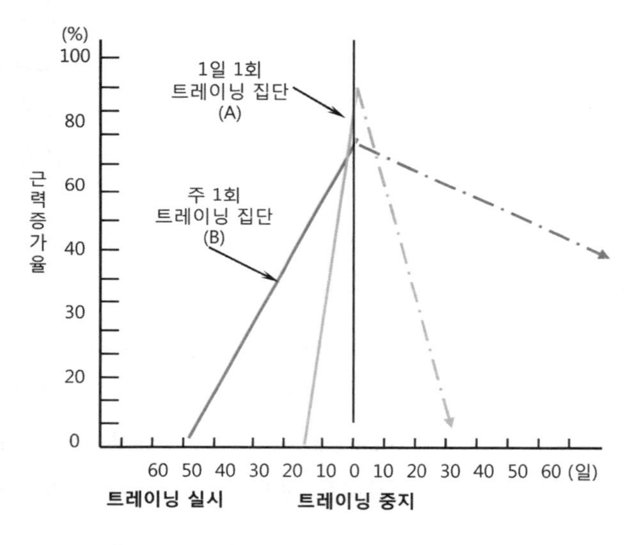

[그림 1-28] 근력 트레이닝의 가역성 현상

8) 연령 적합성의 원리

스포츠 종목에 따라 경기력을 최대로 발휘할 수 있는 적정 연령이 다르다. 스포츠 종목에 따른 경기력 극대화에 적합한 연령을 고려하여 트레이닝을 실시하는 원리이다.

필요한 체력과 스포츠 기술이 다르며 운동부하와 방법도 다르다. 트레이닝에서 부과되는 과제를 쉽게 습득할 수 있는 연령대를 임계기(golden age)라 하며 임계기에 적합한 스포츠 과제를 습득하면 경기력을 효과적으로 향상시킬 수 있다.

선수의 연령과 신체의 발육 상태를 외면하고 트레이닝을 실시하면 경기력을 향상시키기보다는 잠재력과 가능성을 저해시킬 우려가 있다. 따라서 트레이닝을 실시하기 전에 지도자는 스포츠 종목에 대한 트레이닝의 유형을 과학적으로 분석하고 필요한 체력과 스포츠 기술의 난이도가 선수의 연령에 적합한가를 고려한 후 트레이닝을 실시하여야 한다. 송홍선(2005)은 운동선수의 "성장단계별 표준 훈련 지침서 개발"에서 각종 기능별 임계기를 [그림 1-29]와 같이 나타냈다.

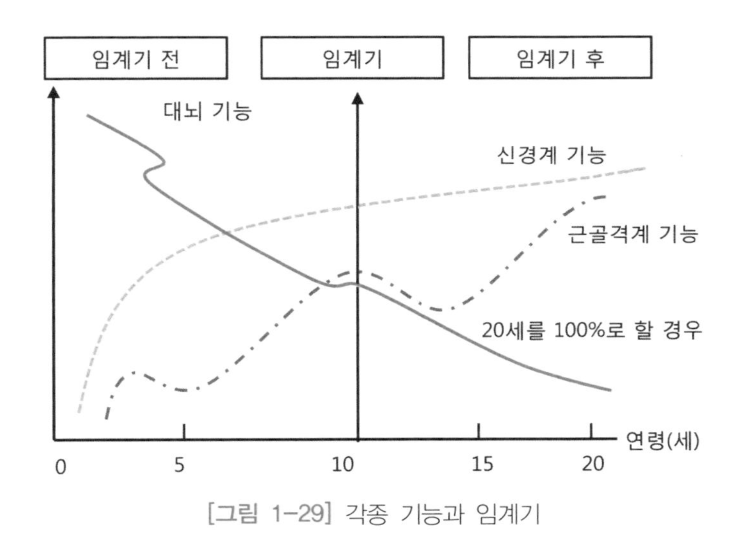

[그림 1-29] 각종 기능과 임계기

9) 다양성의 원리

경기력을 향상시키기 위해서는 트레이닝의 양과 강도를 점진적으로 증가시키고 체력과 심리적 한계를 극복하는 훈련을 지속적이고 반복적으로 실시하는 과정에서 자칫 선수들이 단조로움과 권태 등으로 심적 스트레스를 받고 경기력 향상에 지장이 초래될 수 있다.

이 같은 트레이닝의 단조로움과 스트레스를 극복하고 트레이닝 효과를 높이기 위해서 다양하고 변화 있는(principle of variety) 트레이닝 프로그램을 계발하고 환경을 적절하게 변화시켜 트레이닝에 대한 선수들의 참여 의욕을 높여야 한다.

이상과 같은 트레이닝 원리 외에도 트레이닝 중 선수의 건강이 늘 유지될 수 있도록 지도자가 선수의 건강에 관심을 갖으며 초보 단계에서 실시했던 트레이닝을 체계적으로 발전시키기 위해 "선수 개인별 트레이닝 일지"를 선수가 기록하고 이를 경기력 향상과 트레이닝 계획 작성에 활용하거나 연습경기 또는 기록 등을 정기적으로 실시하여 실전 경험을 높이는 원리 등이 고려되어야 한다.

12 준비운동과 정리운동

운동을 시작하면 심박수와 혈압이 상승하고 혈액 공급이 증가하거나 교감신경계가 긴장되는 등 호흡 순환계 및 자율신경에 급격한 변화가 발생하는데, 이 같은 변화를 신체에 적합하도록 서서히 유도하는 과정을 준비운동(warming up)이라 한다. 준비운동은 심리적 안정, 호흡·순환의 기능 항상, 산소 운반 효율 증대, 근과 건의 단열 방지 및 협응력을 증대시켜 인체의 모든 기능을 운동 적응상태에 효과적으로 이르도록 한다.

정리운동(cooling down)은 운동 시 사용하였던 신체 기관들의 생리적 홍분 상태와 운동으로 축적된 피로물질을 효과적으로 제거시켜 운동 전 안정 상태로 되돌리는 과정이다.

이까이(1977)는 [그림 1-30]과 같이 준비운동에 따른 인체의 체온 변화를 나타

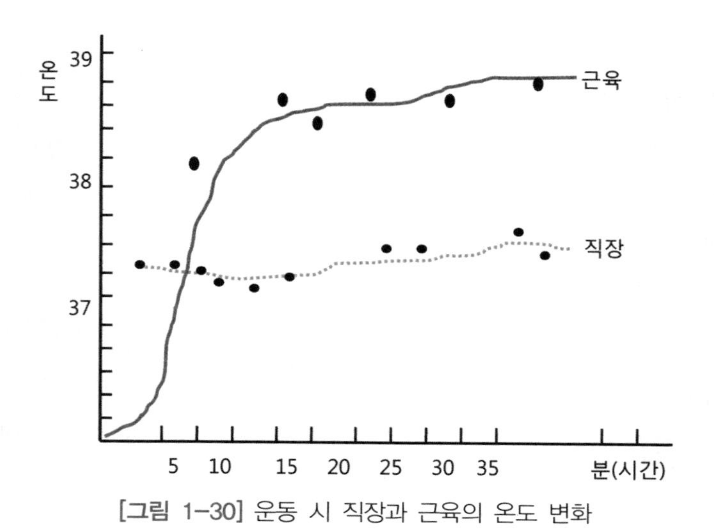

[그림 1-30] 운동 시 직장과 근육의 온도 변화

내었다. 준비운동은 신체 기관 중심으로 운동 순위를 정하되 사지(四肢)에서 시작하여 심장 쪽으로 실시하며 정리운동은 심장에서 사지 방향으로 준비운동 반대 순서로 실시한다. 경기 또는 트레이닝의 특성에 따라 일반 준비운동(general warming up)만으로 부족할 경우 추가로 특별 준비운동(specific event warm-up)을 하는 경우도 있다.

1) 준비운동

(1) 기 능

① 체온 상승

근육 내 에너지의 연소와 발열 반응을 증가시켜 근육 내 혈류 양을 증가시키고 신진대사를 향진하여 준비운동 전보다 체온을 약 1℃ 정도 상승시켜 근육을 효과적으로 수축 이완시킨다.

② 유연성 증가

주운동에 필요한 스포츠 기술과 운동 수행을 위한 관절의 가동 영역을 증가시키고 길항근과 협응근을 충분히 이완시킬 수 있는 유연성 운동이 준비운동에 반드시 포함되어야 한다. 관절의 가동영역이 커지면 운동 시 신체의 활동 능력이 증가되어 운동능력이 향상되고 관절이 유연해져 격렬한 신체 활동에 수반되기 쉬

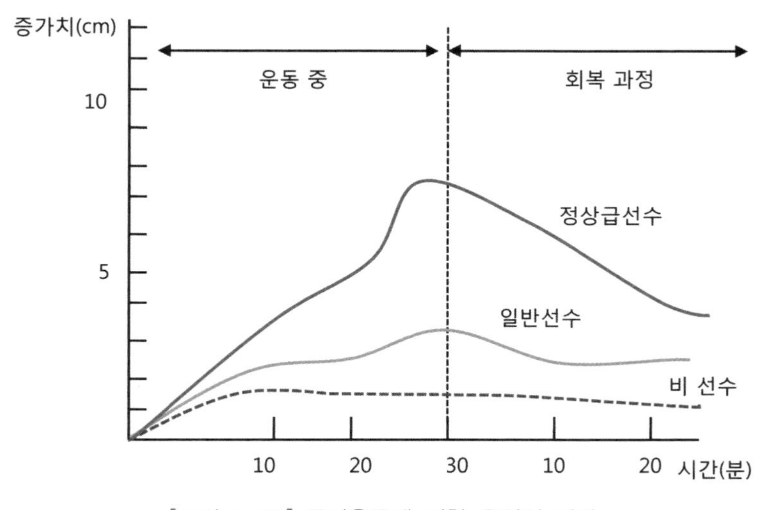

[그림 1-31] 준비운동에 의한 유연성 변화

운 상해를 예방하는 효과가 있다.

오가와(1981)는 비선수와 일반선수 그리고 정상급 선수들의 운동 중, 운동 종료 후 회복과정을 [그림 1-31]과 같이 나타냈다. 정상급 선수들은 운동 중 비선수나 일반선수보다 유연성이 계속 양호하였을 뿐만 아니라 운동종료 후에도 유연성이 우수하였다.

③ 호흡 및 순환기능 향진

안정상태에서 3~5분 동안 운동을 실시하면 환기량이 최고치에 이르지만 산소섭취량은 체온 상승과 혈류량이 증가된 후 최고치에 도달한다. 준비운동 후 주운동을 실시하면 환기량과 산소섭취량은 증가하지만 산소부채량은 크게 감소하고 산소소비량과 산소부채의 합으로 얻어지는 산소 필요량은 오히려 감소되어 단위시간 내 전체 운동량이 증가한다. 이 같은 현상은 준비운동이 신체호흡과 순환기능을 향진시켜 운동 중 산소섭취량을 증가하여 운동 효율을 높였기 때문이다.

④ 신경기능 향진

준비운동은 신경계 특히 척추와 대뇌의 흥분을 증가시켜 반사동작의 정확성과 예민성을 향상시킬 뿐 아니라 반응시간을 단축시킨다. 오가와는 준비운동 후 5분 간격으로 연속반응을 측정한 곡선을 [그림 1-32]와 같이 나타내었다. 즉 준비운동 직후와 15분 후 신경의 반응시간이 현저히 단축되었는데, 이 같은 현상은 대뇌

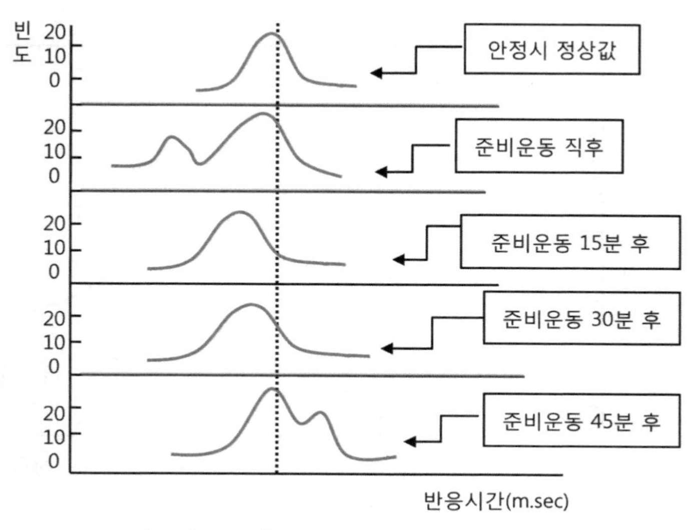

[그림 1-32] 준비운동 전후의 신경반응

흥분이 증가된 결과라 하였다.

⑤ 운동능력 향진

준비운동을 실시하면 체온이 상승하고 혈액의 산소운반 능력이 활성화되어 활동 중인 근육에 많은 산소가 공급되어 신체의 활동력이 증가되고 운동효율도 높아진다.

(2) 구 성

운동능력을 극대화시키기 위한 준비운동의 구체적 방법과 내용에 대한 여러 선행연구들은 서로 다른 견해를 보이지만 준비운동의 내용과 실시방법이 운동능력 발휘에 많은 영향을 준다는 점에는 일치된 견해를 보이고 있다.

인체의 최적 상태를 유지하기 위해 실시하는 준비운동은 계절 또는 기온, 경기의 중요성, 신체의 컨디션 상태 등에 따라 실시 시간과 내용이 다르지만 일반적

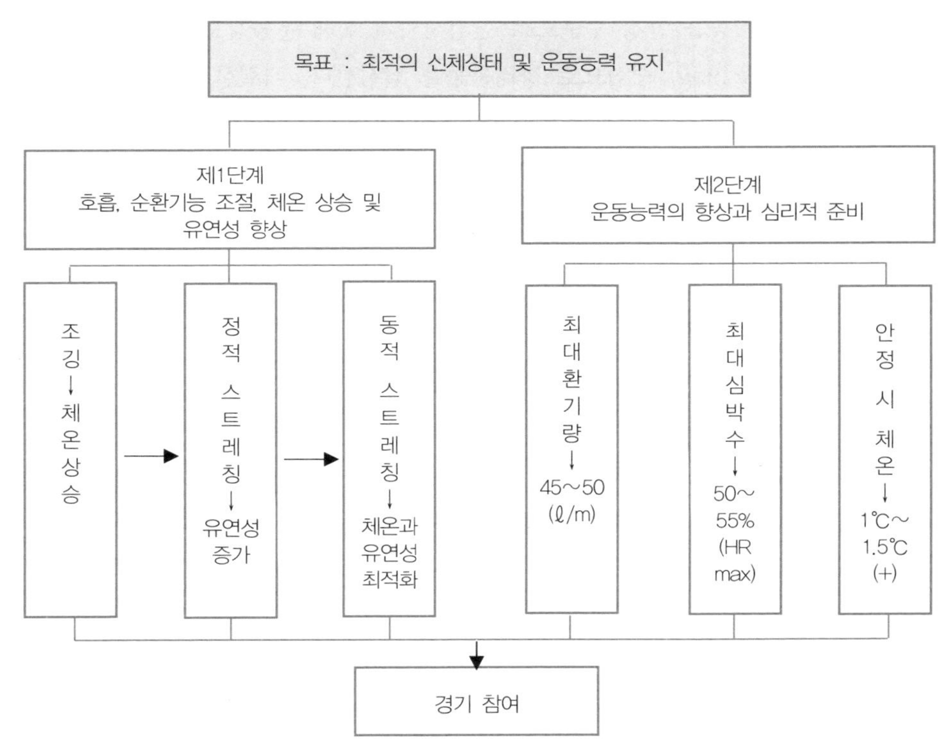

[그림 1-33] 준비운동의 단계별 구성 모형

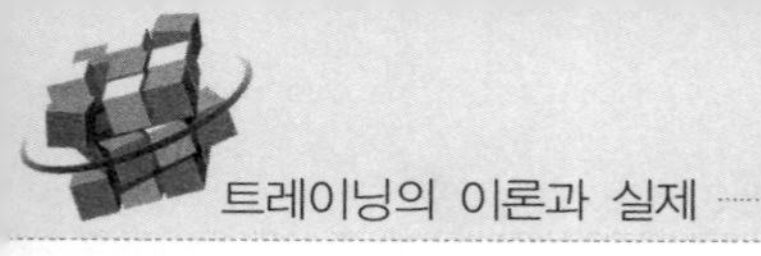

으로 [그림 1-33]과 같이 신체 활동의 최적 상태를 조성하기 위한 신체 조성단계와 운동 기능을 최대로 발휘하기 위한 기능 조성단계로 구성된다.

2) 정리운동

운동으로 상승된 인체의 생리적 기능을 점진적이고 효율적으로 안정 시 수준으로 되돌아오게 하는 과정을 정리운동(cooling down)이라 한다. 정리운동을 하지 않고 운동을 끝낸다면 인체의 흥분상태가 진정되지 않고 구토와 현기증은 물론 심한 피로 등으로 트레이닝 효과가 감소될 뿐 아니라 질병을 유발시키는 경우가 있다. 운동으로 축적된 피로를 충분히 회복시켜야 다음 날로 이어지는 트레이닝의 효과를 증가시킬 수 있다.

(1) 기 능

① 피로물질 제거

향진된 신체 기능을 안정 수준으로 진정시키기 위해 운동강도를 서서히 낮추고 스트레칭(stretching) 중심으로 정리운동을 실시한다. 격렬한 운동 후에는 정적휴식보다 동적휴식으로 정리운동을 실시하면 운동 피로물질인 체내 젖산을 빠르게 제거하고 호흡을 안정시켜 인체의 산성화를 낮출 뿐 아니라 혈류 속도를 서서히 줄여 운동 시 축적되었던 브라디키닌(bradykinin)을 효과적으로 제거하여 근육통증과 근육 경직을 예방할 수 있다.

② 심 · 폐 기능의 정상화

운동 직후 정적휴식을 취하면 운동 중 빠른 혈류의 이동을 급격히 감소시켜 심장의 혈액 공급 기능이 약화될 수 있다. 따라서 정리운동을 실시하여 하체에서 올라오는 정맥이 심장으로 복귀하는 능력을 서서히 증가시켜 혈액이 혈관에 고이는 울혈(pool) 현상을 예방하고 심장의 혈액 공급 능력을 정상화하여 빈혈과 현기증을 예방한다.

(2) 구 성

주운동이 끝나면 안정상태를 빠르게 회복하기 위한 과정이 필요하다. 이를 위하여 주운동에서 주로 사용하였던 활동 부위를 약한 강도로 완만하게 3~4회 맨

손체조 형태의 운동을 하여 피로를 회복시키고 운동 중 초과 섭취한 산소를 운동 전(前) 안정 상태에 이르게 한다. 주운동 후 걷기나 조깅과 같은 가벼운 활동성 운동과 다리 및 허리 부위에 스트레칭 운동을 실시하면 보다 효과적으로 피로를 회복할 수 있다. 정리운동은 준비운동과 동일한 내용을 반대로 [그림 1-34]와 같이 실시한다.

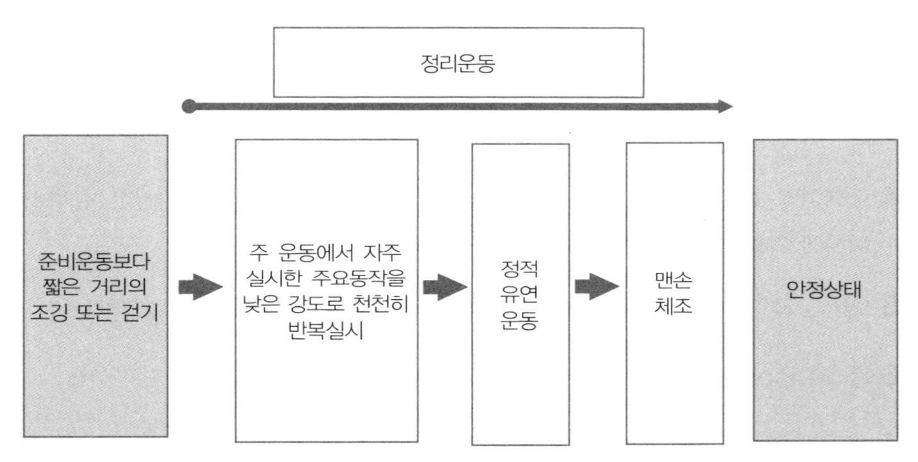

[그림 1-34] 정리운동의 단계별 구성 모형

연구과제

01 우수선수(elite sports man)와 생활 스포츠를 즐기는 일반인의 트레이닝 목적을 비교 설명하시오.

02 운동기술(motor skill)과 스포츠 기술(sport skill)의 차이를 설명하시오.

03 선수의 인성과 성격이 경기력 향상에 영향을 미치는 이유를 설명하시오.

04 트레이닝 초기단계에서 심리적 보상이 높은 경우와 낮은 경우를 심리적 초과보상 이론에 의해 설명하시오.

05 오버 트레이닝(over training)과 과부하(over load) 트레이닝을 비교 설명하시오.

06 플레토우(plateau)와 슬럼프(slump)를 극복하는 방법을 설명하시오.

07 넙다리네갈래근(대퇴사두근) 부상으로 3개월 정도 트레이닝을 중지하였다가 다시 실시할 경우 효율적인 재활 요령을 설명하시오.

08 체력과 스포츠 기술의 트레이닝 한계를 비교 설명하시오.

09 운동량(quantity)과 운동강도(intensity)를 높이기 위한 훈련처방에서 빈도(frequency)의 역할을 설명하시오.

10 우수선수의 프로파일을 활용한 트레이닝 방법을 스포츠 종목의 예를 들어 설명하시오.

11 트레이닝의 특이성 원리에 의한 트레이닝 프로그램을 스포츠 종목을 예로 들어 설명하시오.

12 트레이닝의 단조로움을 개선시키기 위한 방법을 설명하시오.

13 스포츠의 종목별 적정연령(golden age)이 필요한 이유를 설명하시오.

14 동계 및 하계 트레이닝에서 준비운동과 정리운동 실시 방법의 차이를 비교 설명하시오.

제2장
트레이닝과 인체의 생리학적 변화

TRAINING THEORY & PRACTICE

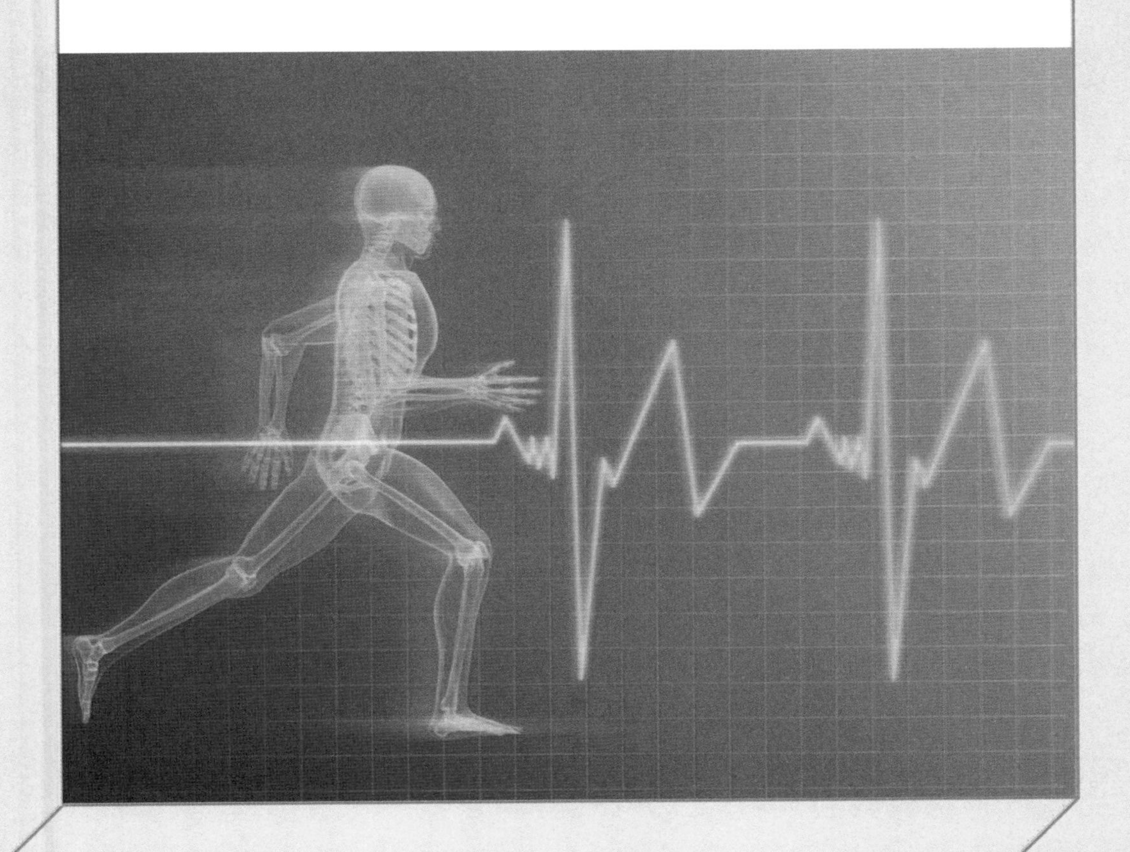

학습목표

인체를 하나의 기계로 보았을 때 인체기계의 모터 힘은 약 3마력이며 모터의 기통(cylinder)은 직경이 0.01~0.1mm, 길이가 1~40mm인 근섬유로 구성되었고 인체를 형성하고 있는 골격근(skeletal muscle)은 434개이며 체중의 40~50%를 차지하고 있다. 근육의 75%는 수분으로 형성되어 있으며 근육의 1cm^{2}당 발휘할 수 있는 근력은 약 5~10kg, 인체기계의 모터 온도는 37℃이다. 인체(human mechanism)는 잘 계획된 트레이닝으로 구조와 기능을 향상시켜 운동능력을 발달시킬 수 있다.

차례

1 운동과 골격근

1) 골격근의 주요 구조와 기능

스포츠와 관련하여 골격근의 가장 중요한 기능은 건(tendon)에 의해 뼈에 부착되어 자유롭게 움직이면서 의도된 동작을 수행할 수 있는 근의 수축력이며 트레이닝으로 골격근의 수축력을 개선시킬 수 있다.

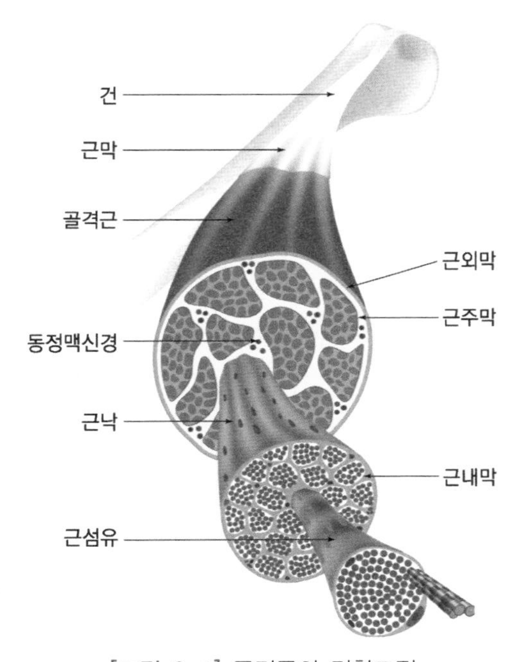

[그림 2-1] 골격근의 결합조직

골격근은 골격(bone)에 붙어 있는 근육이며 수축 시 골격을 끌어 당겨 운동을 일으킨다. 하나의 골격근은 많은 근섬유(muscle fiber)로 이루어져 있으며 하나의 근섬유는 약 1,000~2,000개의 근원섬유(myofilaments)로 구성되어 있고 근육의 수축은 근원섬유에서 이뤄진다.

근원섬유는 액틴(actin)과 미오신(myosin)이라는 단백질로 이뤄져 척수반사 현상으로 관절각을 작게 하는 굴근(flexor muscle)과 관절 각도를 크게 하는 신근(extensor muscle)으로 구성되어 있다.

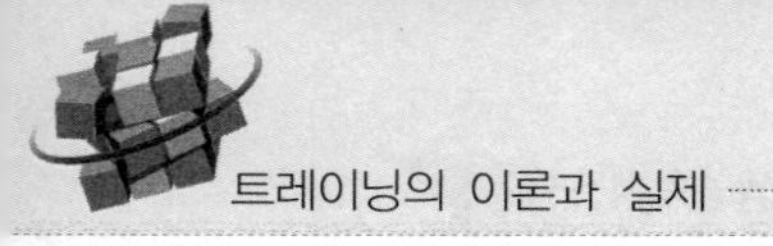

(1) 골격근의 주요 구조

골격근을 형성하고 있는 근세포는 가늘고 길기 때문에 일반적으로 근섬유(muscle fiber)라 부른다. 골격근은 인체 체중의 약 40~50%를 차지하며 근의 기본단위인 근섬유와 이를 결합하는 결합조직으로 구성된다. 근섬유는 다발을 이루고 있는데, 이 근섬유 다발을 근섬유속(fasciculus)이라 하며 개개의 근섬유를 둘러싸고 있다. 이들 근섬유를 함께 묶어서 근섬유속을 이루는 결체조직을 근내막(endomysium)이라 한다.

여러 개의 근섬유속은 다시 근주막(perimysium)에 의해 서로 연결되어 있으며 외측은 근외막(epmysium)과 근막(fasica)이라는 결체조직(동물의 조직 사이를 결합하여 기관을 형성하는 조직)으로 둘러싸여 있다. 근막은 모든 근섬유와 근섬유 다발을 함께 묶어 근육을 이루고 건(tendon)으로 뼈에 부착되어 있다. 건은 근육을 뼈에 부착시키는 결체조직이고 인대(ligament)는 뼈 또는 연골 사이를 연결하는 섬유성 결체조직이다. 건(tendon)은 수분을 제외하면 전체의 약 70%가 콜라겐(collagen)이다.

David(1984)는 골격근을 형성하고 있는 결체조직의 구조를 [그림 2-2]와 같이 나타냈다.

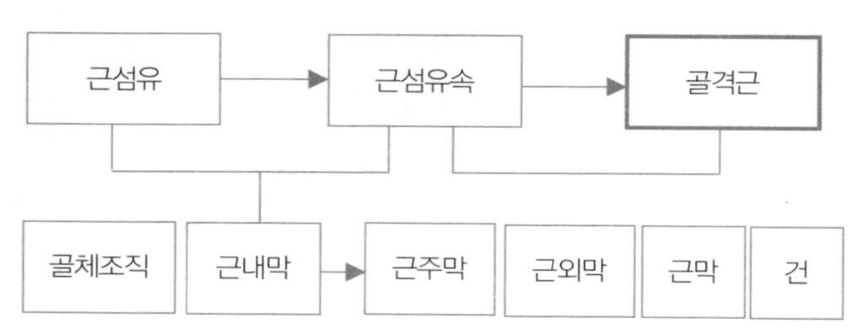

[그림 2-2] 골격근을 형성하고 있는 결체조직의 구조

① 근섬유

개개의 근섬유(muscle fiber)는 근내막(endomysium) 아래에 근초(sarcolemma)라는 얇은 탄성막에 의해 독립된 세포로 외부와 경계를 이루고 있다. 근초는 근형질막(plasma membrane)과 기저막(basement membrane)으로 구성되어 있으며 근형질막은 2열의 인지질 구조로 되어 있고 근섬유 표면을 통해 전기적 파장을 전도한다.

기저막은 건의 외막에 있는 콜라겐(collagen) 섬유와 융합하며 근형질막과 기저막 사이에는 위성세포(satellite cell)로 알려진 근형질 줄기세포가 있다. 이 세포는 세포의 재생산과 운동으로 인한 자극 손상을 회복시키는 기능을 갖고 있다.

근섬유는 내부에 수백에서 수천 개의 규칙적으로 배열된 실린더 모양의 근원섬유(myofibril)를 갖고 있으며 근육의 수축운동은 근원섬유에서 이뤄진다.

② 근원세사

근원섬유는 여러 개의 미세한 단백질 섬유인 근원세사(myofilament)로 구성되어 있으며 근원세사는 다시 가는 세사(thin filament)와 굵은 세사(thick filament)로 나누어진다.

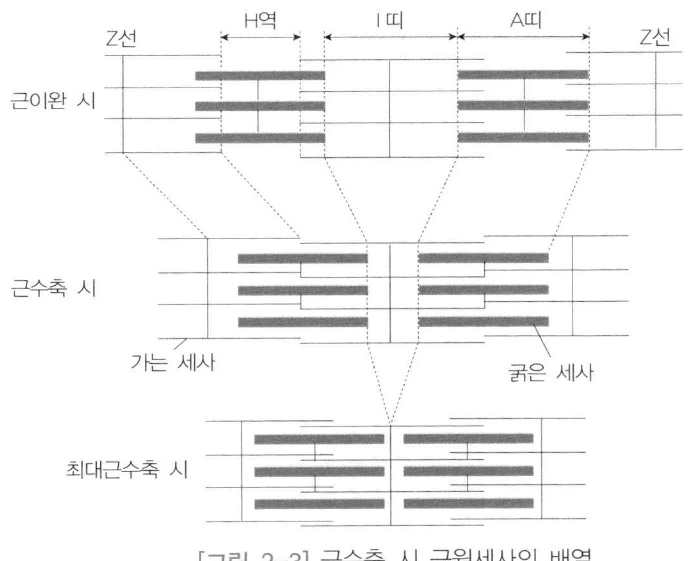

[그림 2-3] 근수축 시 근원세사의 배열

근조직을 엷게 잘라 염색한 후 현미경으로 관찰하면 어두운 부분의 A띠(A band)와 밝은 부분 I띠(I band)로 근원세사가 규칙적으로 배열되어 있는 모습을 [그림 2-3]과 같이 볼 수 있다. I띠는 대부분 가는 세사로 되어 있기 때문에 밝게 나타지만, A띠는 가는 세사와 굵은 세사가 서로 겹쳐 있어서 어둡게 보인다.

이완된 상태의 근섬유는 어두운 A띠의 중앙 부위에 약간 더 밝게 보이는 부분이 있는데, 이것은 가는 세사가 A띠의 중앙부분에 겹쳐지지 않은 상태이기 때문이다. 어두운 A띠의 중간 부분에 약간 밝게 나타나는 부분을 H역(H zone)이라

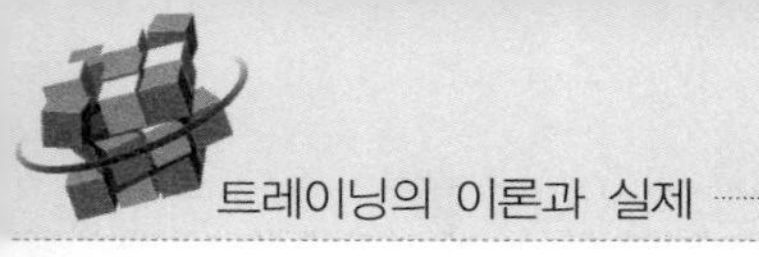

한다. 근육이 수축할 때에는 가는 세사와 굵은 세사가 A띠의 중앙 부분에서 서로 겹치기 때문에 H역은 사라진다.

각각의 I띠는 가는 세사를 고정하고 있는 Z선(Z line)에 의해 양분되어 있는데, 이 Z선과 Z선 사이를 근절(sarcomere)이라 한다. 근수축 시에는 Z선 사이의 거리가 단축되어 근절이 짧아진다. 근원세사 중 굵은 세사는 미오신(myosin)이라는 수축성 단백질로 되어 있으며 미오신은 여러 개의 돌기가 튀어나와 있는데, 이를 미오신 머리(myosin head)라 한다.

가는 세사 역시 수축성 단백질인 액틴(actin), 트로포미오신(tropomyosin) 그리고 트로포닌(troponin)으로 이루어져 있다. 액틴은 두 줄의 구슬모양 사슬이 나선형으로 감겨져 있고 트로포미오신은 두 줄의 액틴 사슬에 의해 형성된 홈에 길게 붙어서 액틴의 결합부위(actin binding site)를 막고 있다. 트로포닌은 액틴의 결합부위를 차단하고 있는 트로포미오신을 액틴사슬의 홈 안으로 끌어당겨 액틴의 결합부위를 열어주어 미오신이 액틴과 결합할 수 있게 한다.

(2) 골격근의 주요 기능

① 근 수축 및 이완

근섬유가 수축할 때 A띠의 길이는 변하지 않지만, I띠는 짧아지고 A띠의 중앙 부분인 H역은 사라진다. 이 같은 현상은 A띠의 중앙부분에서 가는 세사(thin filament)가 서로 활주(sliding)하면서 교차하여 움직이기 때문이며 이 같은 이론을 근활주설(sliding filament theory)이라 한다.

② 근섬유의 종류와 특성

골격근을 형성하고 있는 근섬유는 오랫동안 자세를 유지하기 위해 장시간 수축하는 다리의 근섬유와 짧은 시간에 점프를 하기 위해 사용하는 다리의 근섬유와는 서로 다른 특성을 갖고 있다.

근섬유는 전기 자극에 대하여 얼마나 빠르게 수축반응을 일으키느냐에 따라 지근섬유와 속근섬유로 분류된다. 지근섬유는 미오글로빈(myoglobin) 함량이 높아서 붉은색을 띠고 있어 적근(red muscle)이라 부르며 상대적으로 미오글로빈의 함량이 적은 속근섬유(fast fiber)는 백근(white muscle)이라 하고 수축반응 속도가 적근보다 두 배 이상 빠르다.

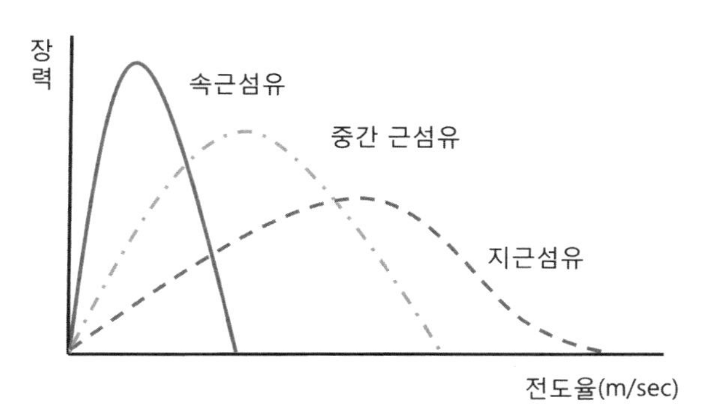

[그림 2-4] 근섬유의 장력 비교

속근섬유(FG: fast twitch glycolytic fiber, Type II b) 중에는 지근섬유의 대사적 특성을 많이 가지고 있는 중간근섬유(FOG: fast twitch oxidative glycolytic fiber, Type II a)가 있다. 이에 반해 수축 속도는 느리지만 지구력이 뛰어난 섬유를 지근섬유(SO: slow twitch oxidative fiber, Type I)라 한다. Powers(1990)는 근 섬유의 종류별 장력과 전도율을 [그림 2-4]와 같이 나타냈다.

속근섬유는 수축 속도가 빠른 대신 지근섬유보다 쉽게 피로해지며 지근섬유는 속근섬유보다 적은 힘을 발휘하지만 에너지 효율이 높아 동일한 에너지로 속근섬유보다 더 많은 힘을 생산한다. 인체의 근육은 부위에 따라 근섬유의 구성비가 다르다.

골격근을 형성하고 있는 근섬유의 종류와 운동수행 능력과의 관계는 성별 또는 연령에 따른 차이는 없지만 단거리 선수와 같은 파워 운동선수들의 속근 비율은 중 · 장거리 지구성 운동선수들보다 높으며 지구력을 많이 필요로 하는 운동선수들은 단거리 선수보다 지근섬유 비율이 높다. David(1984)는 근섬유의 유형별 특성을 [표 2-1]과 같이 분류하였다.

지속적으로 트레이닝을 실시하면 속근섬유가 지근섬유로 변화되었다는 연구 보고가 있지만 운동능력에 영향을 미칠 정도는 아니다. 지근섬유와 속근섬유가 우리 몸에 차지하는 비율은 사람마다 다르며 지근섬유는 트레이닝을 통해 극히 적은 양을 증가시킬 수 있지만 속근섬유는 선천적으로 고정되어 있다.

[표 2-1] 근섬유의 유형별 특성

특 성	지근섬유	속근섬유
수축속도	느리다	빠르다
사립체	강하다	약하다
미오글로빈	많다	적다
인원질	많다	적다
글리코겐	많다	적다
ATP 분해효소(myosin-ATPase)	적다	많다
근형질세망(Ca^{++}저장)	적다	많다
분포된 운동신경 크기	약하다	발달
신경섬유 1개가 지배하는 근섬유의 피로에 대한 내성	낮다	높다
모세혈관 밀도	많다	적다

③ 근수축의 종류와 특성

신체가 움직이면 근육이 수축하는데, 근육이 수축할 때 근육 내 장력(tension)이 증가되고 관절에 변화가 일어나면서 근육이 수축하는 현상을 등장성(isotonic) 또는 동적(dynamic) 수축이라 한다.

동적 수축에는 신체의 일부가 움직이고 근육의 길이가 짧아지면서 근력이 발휘되는 단축성 수축(concentric)과 근육의 길이가 늘어나면서 장력(tension)이 발생하는 신장성 수축(eccentric)이 있다.

이와는 반대로 골격근의 크기는 변하지 않으면서 근력이 발휘되는 근수축을 등척성(isometric) 또는 정적(static) 수축이라 한다. 등척성 수축은 신체의 자세를 유지하고 서 있거나 앉아 있는 동작과 같이 정적상태에서 신체의 위치를 유지하는 근수축 형태이다.

동적 수축의 일종인 등속성 수축(isokinetic contraction)은 관절각이 정해진 속도(60~300°/초)로 운동하는 근수축이다. 등장성 근수축에서는 관절각도에 따라 발휘되는 장력(힘)과 빠르기를 일정하게 조절하기 어려운 단점이 있지만 등속성 수축은 특별히 고안된 장비(cybex, biodex)를 이용하여 움직임의 빠르기(각속도)가 일정하게 유지되기 때문에 최대의 속도로 동작할 때 동작 전범위에 걸친 근육이 최대의 근력을 발생하여 움직임을 일정한 빠르기로 유지시킬 수 있다.

[표 2-2] 근수축의 종류와 특성

특 성	근수축의 종류		
	등장성	등척성	등속성
근력 개선 효과	우수	낮다	보통
전관절 범위에 따른 근력개선	매우 우수	우수	매우 우수
훈련 소요시간	보통	많다	적다
훈련장비 관련 비용	고가	보통	고가
훈련의 용이성	보통	어렵다	쉽다
훈련의 평가	쉽다	쉽다	어렵다
특정운동에의 적용	우수	보통	낮다
근육통 발생	많다	낮다	낮다
심장 위험	적다	아주 적다	보통

근섬유의 변화

속근섬유(fast twitch)는 신경 자극을 받으면 지근섬유(slow twitch)보다 반응이 빠르고 반응에 참여하는 근섬유의 수도 300~800개로 지근섬유의 10~180개보다 많기 때문에 신경지배 세포도 상대적으로 많다. 정상급 단거리 선수들의 근섬유 분포는 속근섬유 75%, 지근섬유 25% 비율로 구성되어 있고 장거리 선수들은 80%가 지근섬유로 구성되어 있다. 근섬유의 형태는 출생 몇 년 사이에 결정되기 때문에 트레이닝을 통해 지근섬유를 속근섬유로 또는 속근섬유를 지근섬유로 변화시키는 것은 사실상 불가능하다. 단지 트레이닝으로 속근섬유의 기능을 강화하여 근육의 무산소 능력을 향상시키거나 지근섬유의 유산소 능력을 향상시켜 경기력을 높이고 방법이 트레이닝에서 실시되고 있다.

2) 트레이닝에 의한 골격근의 주요 변화

골격근은 신경자극에 의해 수축과 이완을 반복하면서 필요한 근력을 생성하고 근육의 양과 비례하여 근력이 증가한다. 근력운동은 근육 내 근형질을 발달시켜 근섬유가 비대해지고 비활동 근섬유가 활성 근섬유로 전환된다. 근력운동을 지속적으로 실시할 경우 30% 이상의 비활성 근섬유가 활성 섬유로 전환되고 원활한 산소와 영양 공급을 위해 모세혈관이 45% 증가되었다는 연구 결과가 있다. 뿐만 아니라 근력운동을 지속적으로 실시하면 근육 내 대사기능이 활발해져 영양소와

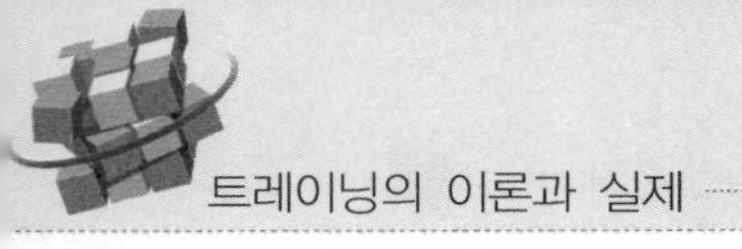

산소 공급이 운동전보다 더 많이 필요해지고 근육 내 모세혈관의 분포와 혈류량이 증가된다. 이에 따라 모세혈관이 확대되어 산소와 글리코겐과 같은 많은 에너지원이 근육에 공급되어 운동으로 발생되는 이산화탄소와 젖산을 효율적으로 제거시켜 운동능력을 향상시킨다.

(1) 근수축의 효율성 향상

근섬유의 최대근력은 근 횡단 면적당 발휘하는 힘의 양으로 나타내며 장력(specific tension = 근력/근 횡단면적)을 근섬유의 크기로 나눈 값이다.

근섬유의 수축속도는 각 섬유의 최대 수축속도(Vmax)로 평가되며 최대 수축속도는 근섬유가 최고 빠르기로 수축할 때이다. 근섬유는 십자형가교 움직임에 의하여 수축하기 때문에 최대 근수축 속도는 십자형가교 주기(cycle)의 비율에 의해 결정된다. 근섬유의 최대 수축속도를 결정하는 생화학적 요인은 미오신 ATPase(ATP 분해효소) 효소의 활동에 좌우되며 속근섬유처럼 높은 미오신 ATPase(ATP 분해효소) 효소를 갖고 있으면 최대 수축속도가 높아지지만 지근섬유처럼 낮은 미오신 ATPase 효소를 갖고 있으면 근수축 속도가 낮아진다.

근섬유의 효율성은 섬유의 경제성으로 평가되며 효율적인 근섬유는 일정한 운동을 하는데 필요한 에너지가 비효율적인 근섬유보다 에너지 소모가 적다. 지속적으로 트레이닝을 실시하면 체력과 스포츠 기술이 향상되어 근섬유의 효율성도 함께 높아진다.

(2) 근 수축력의 증대

골격근의 수축력을 증대시키기 위해서는 근육의 양을 증가시키거나 근력 발휘에 참가하는 운동단위(motor unit, 근 섬유를 지배하는 운동신경)의 수를 증가시켜야 한다.

① 근 단면적의 확대

근력 트레이닝으로 근육의 양이 증가되어 근 부위가 굵어지는 현상을 근비대(hypertrophy)라 하며 근섬유의 비대는 근력의 증가를 의미한다. 이와 같은 근비대 현상은 근섬유가 굵어지는 데에만 기인하는 것으로 지금까지 알려져 왔으나 최근에는 근섬유 수의 증가(근비후, hyperplasia)도 한 요인이라는 주장이 제기되고 있다. 근의 수축력 증가를 목적으로 실시하는 동적(isotonic) 웨이트 트레이닝에서는 속근섬유(fast twitch)가 지근섬유(slow twitch)보다 빠르게 근육을 확대시킨다.

근력운동 초기에는 신경계가 빠르게 근비대에 적응하면서 운동단위(motor unit) 수가 증가되어 근력도 향상되지만 운동 기간이 길어지면 운동단위의 증가보다는 근 횡단 면적이 확장되면서 근력이 증가된다. 근비대 현상은 등척성(isometric) 근력운동과 단축성(concentric) 근력운동보다 신장성(eccentric) 근력운동에서 보다 크게 나타난다. 훈련 초기 신장성 근운동에서 나타나는 근 활동은 근육의 미세조직에 손상을 초래하지만 점차 손상이 회복되고 근육이 훈련부하에 적응하면서 근육이 양적으로 비대해져 근력이 증가한다. 근력 트레이닝을 실시하면 [그림 2-5]와 같이 근력 발휘에 동원되는 근섬유가 커지고 근력 발휘에 참가하는 근섬유의 수가 증가되면서 근력이 향상된다.

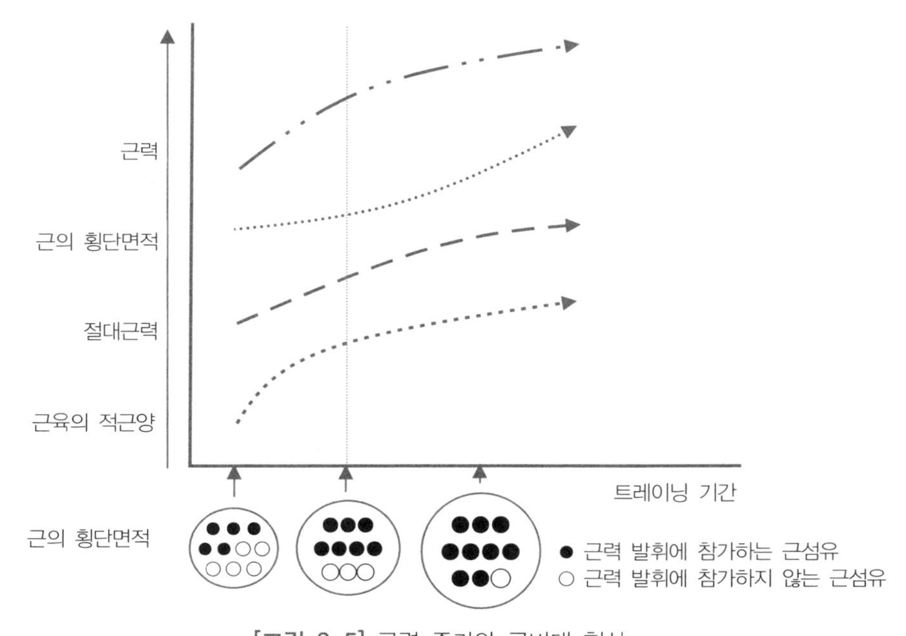

[그림 2-5] 근력 증가와 근비대 현상

② 운동단위 수의 증가

근력 트레이닝으로 근육의 양이 증가되지 않았음에도 근력이 증대되는 것은 근육을 수축시키려는 신경계에 운동단위(motor unit) 수가 증가되었기 때문이다. 트레이닝 전에는 근 수축에 참가하지 않았던 운동단위까지도 근수축 트레이닝에 의해 근력 발휘에 참가하여 근력이 증가된 현상이다. 운동단위는 3종류로 분류할 수 있다. 즉 1개의 운동단위는 같은 종류의 근섬유를 지배한다. 가장 작은 알파 운동 신경세포는 붉은 근섬유를 지배하며 느리게 수축하는 운동단위를 이루고 큰 알파 운동 신경세포는 흰 근섬유를 지배하여 순간적으로 수축하고 쉽게 피로해지는 FF 운동단위(속근, FG)를 이룬다. 중간 크기의 알파 운동신경세포는 중간섬유를 지배하며 쉽게 피로하지 않으면서 빨리 수축하는 FR 운동단위(속근과 백근의 중간 근섬유, FOG)를 형성한다.

[그림 2-6]은 골격근의 운동단위를 나타내고 있다. 중추신경계(A)로부터 하나의 운동신경은 운동종판(B/신경근 연접)을 통해 몇 개의 근섬유에 분포되어 있다. 하나의 운동단위에 의해 모든 근섬유에 신경자극이 전달되면 일제히 수축(C)한다. 이와 같이 근력은 근육의 비대와 근력 발휘에 참가하는 운동단위가 증가하면서 신경계의 효과도 향상된다.

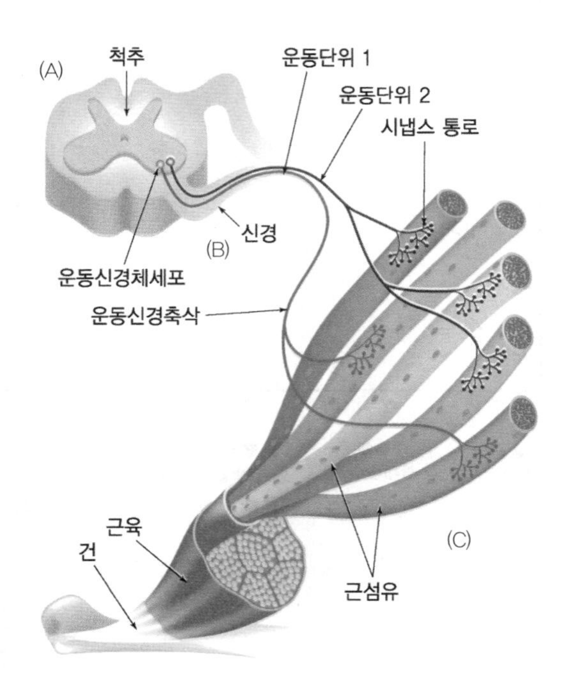

[그림 2-6] 운동단위

(3) 기 타

① 모세혈관 밀도의 증가

지구력 트레이닝은 골격근의 모세혈관(capillary vessel) 밀도를 증가시킨다. 모세혈관의 밀도가 증가되면 산소와 영양소 공급 그리고 이산화탄소를 포함한 노폐물이 효과적으로 배출된다. 운동선수들의 모세혈관 밀도는 일반인들에 비해 20~50% 정도 높은데, 이 같은 현상은 모세혈관 밀도의 증가가 근비대 현상에 영향을 미치고 있음을 의미한다.

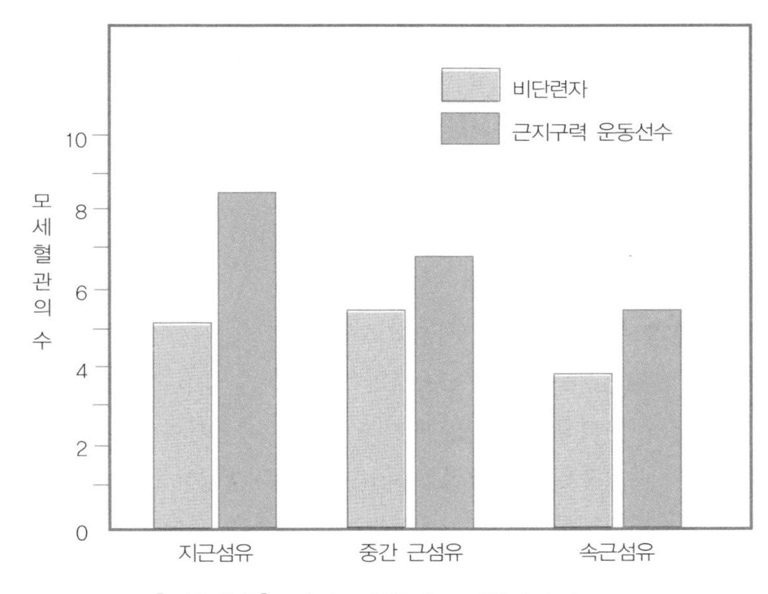

[그림 2-7] 1개의 근섬유와 모세혈관의 수

② 골밀도의 증가

신체활동은 골밀도(bone mineral density)를 증가시키며 신체구성은 골밀도에 중요한 영향을 미치는데, 특히 제지방량(FFM: free fat mass)이 골밀도 증가에 가장 중요한 요인으로 작용한다. 특정 부위의 근육량과 근력은 그 부위의 골밀도와 관련이 있는데, 이 같은 현상은 근력이 발휘되면서 기계적 스트레스가 골격에 가해질 때 스트레스가 전기 자극으로 전환되어 조골세포(osteoblast, 척추동물의 뼈를 만드는 세포)의 활동을 자극하여 골격으로 칼슘(Ca) 유입을 촉진하기 때문이다. 근력 중 굴근력(屈筋力)보다는 신근력(伸筋力)이 골밀도와 더 높은 상관관계

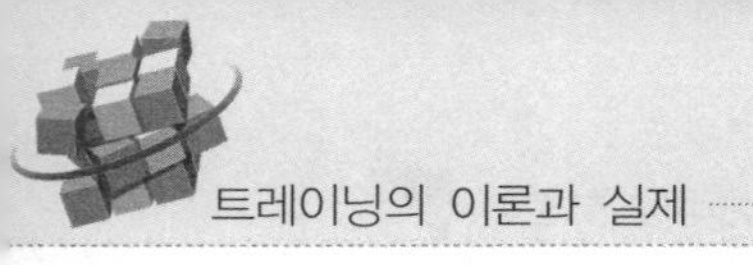

를 나타내는 것은 골격의 장축에 따라 기계적 스트레스가 작용하기 때문이다.

③ 미오글로빈 함량 및 미토콘드리아의 증가

미오글로빈(myoglobin)은 세포 내 산소의 임시 저장소 역할을 하며 지구성 훈련은 미오글로빈 함량을 증가하여 유산소 대사능력을 개선시킨다.

미토콘드리아(mitochondria)는 산소를 이용하여 글루코스나 지방산과 같은 에너지원을 분해시켜서 얻은 에너지로 ATP를 합성하는 곳이다. 지구성 훈련에 의한 미토콘드리아 수와 크기의 증가는 골격근의 유산소 에너지 생성 능력 개선에 가장 중요할 뿐 아니라 골격에 부착되어 있는 인대와 건의 탄력성을 증대시킨다. 이 같은 현상은 근력을 증가시켜 더 큰 강도의 스트레스에 견딜 수 있게 하여 부상을 감소시키는 효과도 있다.

2 운동과 호흡계

1) 호흡계의 주요 구조와 기능

호흡은 외호흡(pulmonary respiration, 폐호흡)과 내호흡(cellular respiration, 세포호흡)으로 구분되고 외호흡은 대기와 폐내 모세혈관의 기체 교환(O_2와 CO_2)으로 이뤄지며 내호흡은 영양물질로부터 에너지를 생성하는 동안 O_2를 사용하고 CO_2를 생산하는 미토콘드리아 안에서의 대사과정을 포함한다.

호흡계의 주 기능은 외부와 인체 사이의 기체 교환이다. 혈액을 통해 인체에 산소를 공급하고 이산화탄소를 배출시켜 폐와 혈액 사이의 산소와 이산화탄소의 교환은 호흡과 확산으로 이뤄진다. 평상시 사람의 호흡수는 16~20회/분이며 1회 호흡하는 공기의 양은 남자의 경우 약 500mℓ, 여자는 450mℓ 정도이고 1분 동안에 호흡하는 공기의 양(분당 환기량)은 5~8ℓ이다. 격렬한 운동 시에는 안정 시보다 10~20배의 산소가 더 필요하며 이 때 1회 환기량은 2~3ℓ로 늘어나고 1분 동안의 호흡수도 30~60회로 증가되어 분당 환기량이 100~180ℓ까지 증가한다.

운동을 하면 산소를 소모하고 이로 인해 생성된 많은 탄산가스를 배출하므로 호흡은 깊고 빨라진다. 이때 산소섭취량은 평상 시 약 200~250mℓ/분이며 운동 시에는 약 3~4ℓ/분까지 증가한다.

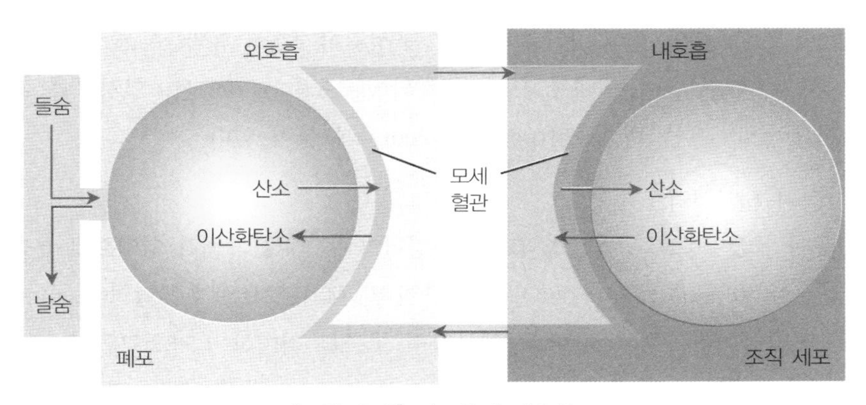

[그림 2-8] 외호흡과 내호흡

(1) 호흡계의 주요 구조

호흡계는 코, 비강, 인두, 후두, 기관, 기관지들로 구성된 기도(air pathway)와 폐로 구성되며 이들은 공기를 정화시키고 정화된 공기를 폐로 운반하는 통로 역할을 수행한다. 호흡계는 기능별로 공기를 전달하는 전달영역(conducting zone)과 호흡영역(respiratory zone)으로 구성되며 폐포(alveoli)라 불리는 폐의 미세한 공기주머니에서 기체교환이 이뤄진다.

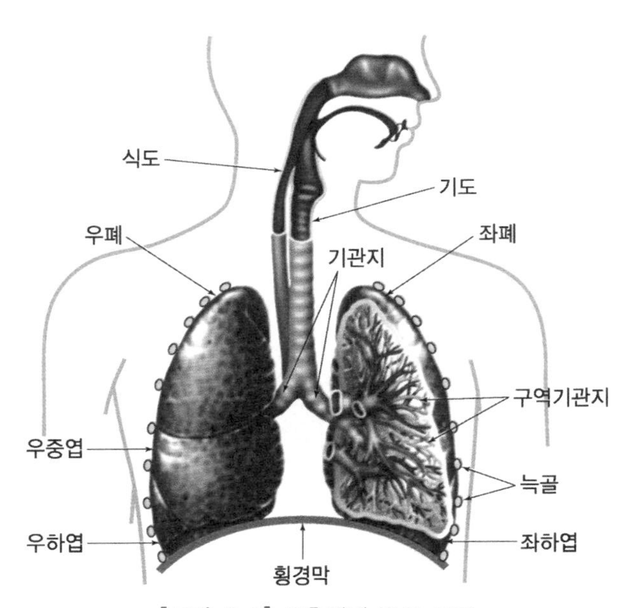

[그림 2-9] 호흡계의 주요 구조

폐는 [그림 2-9]와 같이 좌 · 우측 폐로 구성되어 2개의 흉막(pleura)으로 쌓여 있고 폐의 바깥 면에는 내장 또는 폐흉막(visceral pleura)이, 횡경막과 흉벽(thoracic walls)에는 벽측흉막(parietal pleura)이 붙어 있다.

① 공기 전달영역

호흡계의 공기통로는 전달영역과 호흡영역의 두 가지 기능적 영역으로 분리된다. 전달영역(conducting zone/기관, 기관지 및 세기관지)은 호흡영역(respiratory zone)까지 공기가 전달되는 모든 해부학적 구조를 의미하며 가스교환이 일어나는 호흡기관지(bronchiales)와 폐포낭(alveolar sacs)은 호흡영역으로 분류된다.

② 호흡영역

폐의 가스교환은 3억 개의 작은 폐포(직경 0.25~0.50mm)를 통해 이뤄지며 이와 같이 엄청난 양의 폐포는 확산을 통해 가스 교환의 효과를 위해 폐의 표면적을 확장시키는데, 이와 같이 폐포의 확산에 의해 넓어지는 폐의 총 표면적은 60~80m^2로 테니스 코트 크기와 같다.

폐포의 구조는 기체교환을 위해서는 이상적이지만 일부는 파괴되고 재합성되면서 지속적으로 기체 교환의 기능을 수행한다. 파괴되는 폐포의 재합성은 계면활성제(surfactant, 폐포 상피세포가 생산하는 지단백질, 칼슘이온, 단백질의 혼합물로서 표면활성제라고도 하며 용액의 계면에 흡착하여 표면장력을 감소시키는 물질)가 방출되어 이 물질이 폐포의 표면장력(surface tension)을 낮춰 폐포의 파괴를 방지한다.

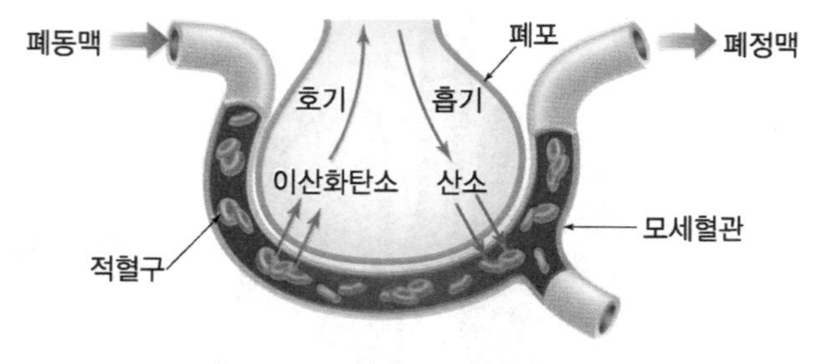

[그림 2-10] 폐포의 가스교환

(2) 호흡계의 주요 기능

① 호 흡

외부로부터 많은 공기가 전달영역을 통하여 폐로 이동하는 것을 폐환기라하며 이 같은 현상은 공기통로 양쪽 끝의 압력 차이에 의한다. 즉 흡기(들숨: inhalation, 외부의 기체를 폐로 빨아들임)는 폐의 압력이 대기의 압력을 초과했을 때 모든 흡기 근육이 동원되어 가슴의 용적을 증가시키면서 외부의 공기가 폐의 내부로 흡입된다.

호기(날숨: expiration, 폐에 있는 공기를 밖으로 내보냄)는 흡기와는 달리 호기 근육의 작용이 특별히 필요하지 않기(능동적 호기 시에는 복부근과 내늑간근이 작용) 때문에 정상적이고 안정상태의 호흡인 경우 호기는 수동적으로 일어난다. 호기의 이 같은 수동적 현상은 폐와 흉곽의 벽이 탄력을 가지고 있기 때문에 흡기에서 확장된 흡기 근육들이 다시 안정 시 평형상태로 전환되려는 경향 때문이다.

[표 2-3] 안정 시와 운동 시 주요 호흡근육의 작용

안정 시 작용근육	운동 시 작용근육	주요 작용	호흡작용
횡경막 외늑간막	횡경막, 외늑간막, 사각근, 흉쇄유동근	• 평평해짐 • 늑골이 바깥쪽 위로 움직임 • 제1, 제2 늑골이 바깥쪽 위로 움직임 • 흉골이 바깥쪽으로 움직임	흡기
없음	복부근, 내늑간근	• 늑골이 안쪽 아래로 움직임 • 하위늑골이 안쪽으로 움직임 • 횡경막이 흉강 쪽으로 움직임	호기

② 환 기

외부로부터 공기를 폐 속으로 빨아들이고 폐로부터 공기를 밖으로 내보내는 과정을 환기(換氣)라 하며 1분 동안 흡기되거나 또는 호기되는 공기의 양을 분당 환기량(minute ventilation)이라 한다. 분당 환기량은 2가지 모두를 합친 값이 아니며 흡기량과 호기량 중 1가지 값을 의미한다.

$$\text{분당 환기량} = \text{1회 호흡량} \times \text{분당 호흡수}$$

환기량은 호흡수와 1회의 흡기 중에 폐에 들어가는 공기량의 곱이다. 보통 호흡은 약 500mℓ의 공기가 폐 속으로 들어가고 호흡수는 1분간에 평균 16회이므로 환기량은 약 8ℓ(500mℓ × 16회 = 8,000mℓ)이지만 격심한 운동을 할 때는 호흡수가 늘어 폐 환기량은 50∼60ℓ에 이른다. 정상적으로 흡입되는 공기량을 1회 환기량이라 하며 그 다음에 다시 더 약 1.7ℓ의 공기를 흡입할 수 있는데 이 흡입 공기량을 흡기예비량(吸氣豫備量), 호기 다음에 다시 1ℓ의 공기를 폐에서 낼 수 있는데, 이것을 호기예비량(呼氣豫備量)이라 한다.

가능한 공기를 많이 들이마시고 가급적 많이 내쉬면 약 4.5ℓ의 공기가 출입하게 되는데, 이 공기량을 폐활량(肺活量)이라 한다. 최대 호흡 후 약 1.5ℓ의 공기가 폐에 남아 있는 것을 잔기량(殘氣量)이라 한다.

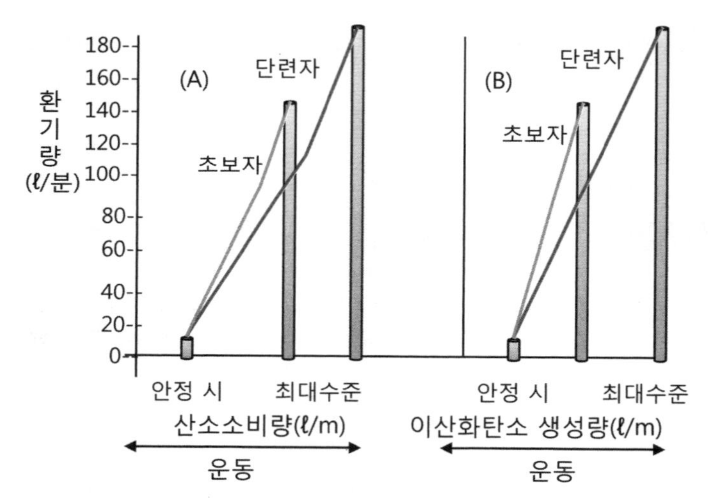

[그림 2-11] 운동 시 초보자와 단련자의 환기량 변화

③ 가스교환

폐포와 모세혈관, 조직세포와 모세혈관 사이의 가스교환은 폐포 속 또는 혈액 내에 있는 혼합된 가스 중 각각의 단일 가스의 압력으로 나타내는 분압(partial pressure)의 차에 의해 이뤄지는 확산(diffusion)이라는 물리적 과정으로 일어난다. 분압이 높은 가스분자는 분압이 낮은 가스분자보다 높은 운동성을 갖기 때문에 분압이 높은 곳에서 낮은 곳으로 확산된다. 가스분압은 그 가스가 속해 있는 혼합가스의 전체 압력에 그 가스의 농도를 곱하여 산출한다. 즉 해수면의 대기압

은 760mmHg인데, 질소가 79.04%, 산소가 20.93%, 이산화탄소가 0.03%로 구성되어 있으므로 해수면에서 각 가스의 분압은 다음과 같다.

- 질소 분압(PN_2) ⟹ 0.7904 × 760 = 600.7mmHg
- 산소 분압(PO_2) ⟹ 0.2093 × 760 = 159.1mmHg
- 이산화탄소분압(PCO_2) ⟹ 0.0003 × 760 = 0.2mmHg

2) 트레이닝에 의한 호흡계의 주요 변화

(1) 폐활량의 증가

트레이닝의 양과 강도가 증가되면 보다 많은 에너지가 필요하고 에너지를 인체 각 기관에 공급하기 위해서 많은 산소가 필요하다.

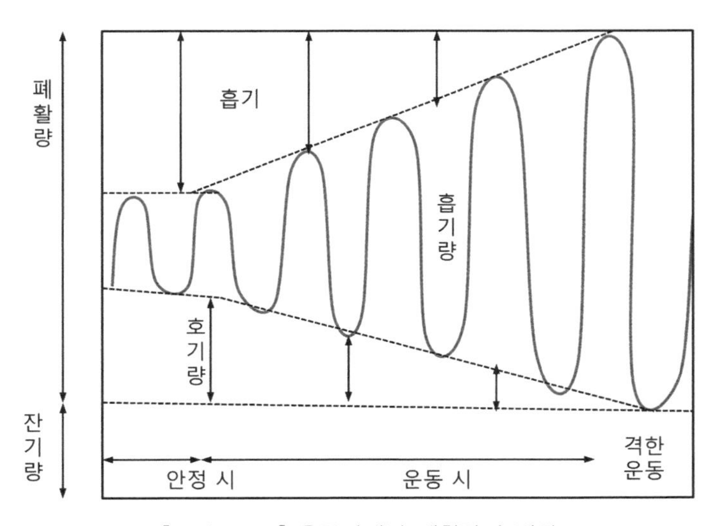

[그림 2-12] 운동단계별 폐활량의 변화

공기를 외부로부터 흡입하여 체내 각 기관에 산소를 원활하게 공급할 수 있는 폐의 기능은 경기력을 좌우하는 체력이기 때문에 폐의 용적을 확장시키고 폐활량을 증가시키기 위한 심폐지구력이나 유산소 에너지 생성 능력을 강화시키는 트레이닝이 필요하다. 지구성 체력을 요구하는 마라톤이나 중·장거리 달리기와 수영 또는 사이클 경기는 물론 집중력을 극도로 필요로 하는 양궁이나 사격과 같은 스포츠에서도 폐활량은 경기력 향상에 필수적인 체력이다.

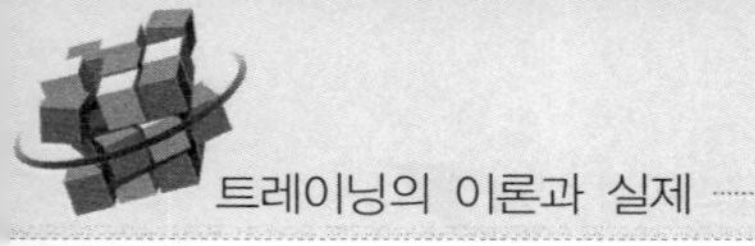

(2) 호흡수의 감소

일반 성인 남자의 안정 시 호흡량은 약 0.5ℓ/1회, 호흡수는 16회/1분, 최대운동 시는 2.0ℓ/1회와 60회/분까지 도달하여 환기량은 0.5ℓ×16회/분에 의해 8ℓ에서 2.0ℓ×60회/분의 120ℓ까지 이르며 운동선수 중에는 폐환기량이 200ℓ/분까지 이르는 경우도 있다. 최대 작업 시 호흡의 효율은 저하되지만 수치는 선수나 일반인이 탈진(all out) 시점에서는 거의 동일하다. 이 같은 호흡 효율의 저하 원인은 호흡수의 증가와 1회 환기량의 감소에 따라 폐의 내부에 산소 확산이 불충분하기 때문이다. 즉 호흡수가 60회/분을 넘으면 호흡 자체가 약해지고 체내 산소 공급이 부족해지며 이에 따라 호흡이 불규칙해져 운동을 오래 지속할 수 없다. 그러나 이 같은 호흡계의 한계를 극복하기 위한 트레이닝을 지속적으로 실시하면 증가되는 호흡수와 호흡량에 폐가 적응하면서 폐기능이 활발해지고 호흡이 깊어져 폐의 용적이 커지고 환기량도 늘어나 호흡의 효율도 커지며 폐포의 수도 증가하여 호흡량이 증가하면서 호흡수가 줄어든다.

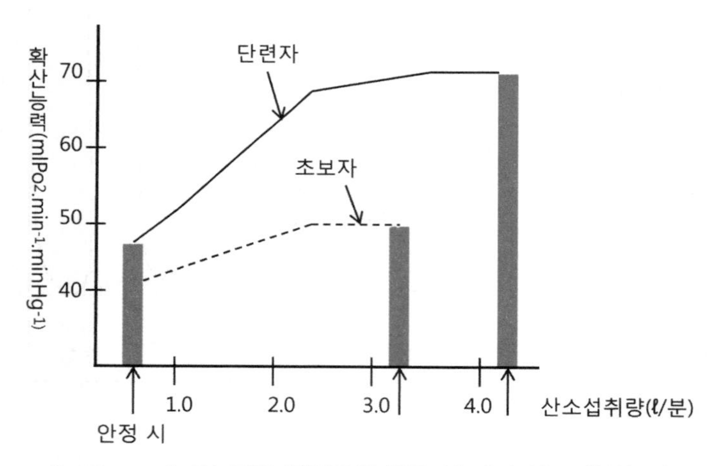

[그림 2-13] 초보자와 단련자의 운동 시 폐의 산소 확산능력

(3) 최대산소섭취량(VO_2max)과 젖산역치의 증가

심폐지구력이 향상되면 호흡 효율이 높아진다. 호흡 효율은 산소섭취량과 환기량의 비(比)인데, 산소섭취율이 하나의 지표가 되며 분당 산소섭취량(mℓ)/분당 환기량(ℓ)으로 산출된다. 산소섭취율은 최대산소섭취량(VO_2max)의 50~60%에 해당되는 유산소 훈련을 3주간 실시하여도 개선될 수 있으며 7주 후에 최대 효과

를 얻을 수 있다. 이 같은 훈련으로 매분 환기량은 15~23.5% 감소하였고 산소섭취율은 12.0~18.5% 증가되었다는 연구보고가 있다. 산소섭취량은 작업 강도와 비례하여 증가하다가 강도가 일정 수준 높아지면 산소섭취량이 더 이상 증가되지 않는 지점에 이르는데, 이 지점의 산소섭취량을 최대산소섭취량이라 한다.

최대산소섭취량은 유산소과정에서 방출할 수 있는 단위시간 당 에너지로서 최대 유산소 파워(maximal aerobic power)와 같은 의미로 사용된다. 따라서 최대산소섭취량이 큰 사람은 작은 사람에 비해 같은 수준의 부하에서도 힘들이지 않고 쉽게 운동을 수행할 수 있는 능력을 가진 사람으로 평가된다. 심폐지구력 향상에 관여하는 최대산소섭취량은 호기의 산소함량, 폐환기량 및 폐포공으로부터 헤모글로빈의 산소 확산에 영향을 받기 때문에 지구력 트레이닝으로 최대산소섭취량을 증가시키는 것은 심폐지구력 향상과 밀접한 관계가 있다. 고강도 운동으로 탈진(all-out)에 이르면 산소섭취량은 [그림 2-14]의 LT(젖산역치)의 오른쪽 비직선형으로 증가하지만, 혈중 젖산농도는 젖산역치가 시작되는 최대산소섭취량의 50~60%(초보자), 70~80%(단련자) 까지는 큰 변화를 보이지 않다가 이후부터 직선형으로 증가한다. 즉 단련자(B)는 초보자(A)에 비해 젖산역치가 시작되는 지점을 지연시킴으로써 더 오랜 시간동안(B−A) 운동을 효율적으로 실시할 수 있다.

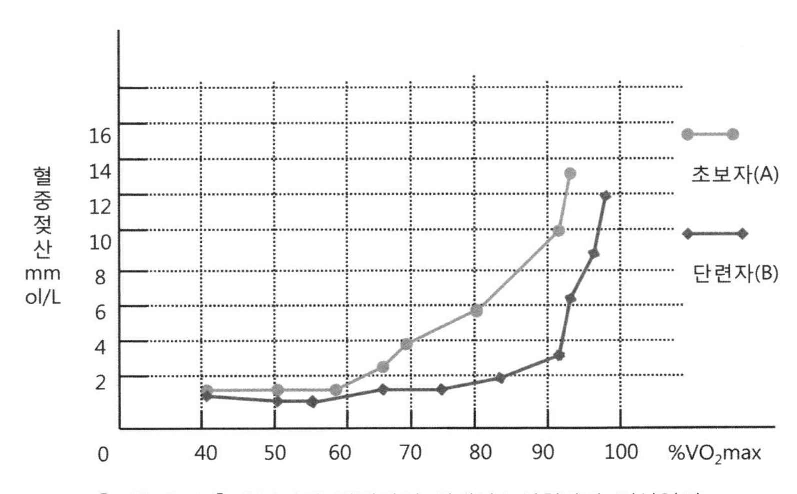

[그림 2-14] 초보자와 단련자의 최대산소섭취량과 젖산역치

옆구리 통증(side stitch)과 평정상태(second wind)

- 옆구리 통증(side stitch) : 초보자의 운동 초기 또는 달리는 도중 오른쪽 옆구리(늑골 밑)에 통증이나 복통이 오는 경우가 있다. 횡경막에는 간을 포함한 여러 내장들이 인대로 연결되어 있기 때문에 달리기를 할 때 이들 내장들이 위, 아래로 움직이거나 숨을 내 쉴 때 횡경막이 위로 올라갈 때 압력이 만들어지면서 경련이 발생한다. 오른쪽 옆구리에서 경련이 주로 발생하는 것은 간이 오른쪽에 있기 때문이다. 스트레스, 잘못된 호흡, 식사 후 너무 빠른 운동, 부족한 준비운동 등이 주원인이며 통증을 느낄 때에는 달리는 속도를 줄이거나 복식호흡 또는 팔을 머리 위로 몇 초간 들었다가 내리면 통증이 줄어든다.
- 평정상태(second wind) : 격심한 운동 초반에는 호흡곤란, 가슴통증 또는 두통 등으로 운동을 중단하고 싶은 느낌이 들다가(사점, dead point) 이 시점이 지나면 호흡이 순조로워지면서 운동을 계속할 의욕이 생기는데 이 같은 현상을 평정상태라 한다. 보통 운동초기 호흡과 순환이 적응하지 못해 나타나는 일시적 현상으로서 운동으로 생성된 젖산이 혈액의 증가로 산화되고 땀과 소변으로 제거되면서 차차 운동에 적응된다.

(4) 환기량의 증가

운동강도에 따라 폐포환기량과 산소소비량은 [그림 2-15]와 같이 밀접하게 비례한다. 운동강도가 높으면 높을수록 폐의 환기량은 증가하고 이에 따라 체내에서 소비하는 산소의 양도 증가하지만 운동강도가 낮아지면 환기량은 감소하다가 운동이 끝나면 안정상태 수준으로 회복된다. 안정상태의 환기량으로 회복되는 데 소요되는 시간은 실시하는 운동의 강도와 운동량에 의해 좌우된다. 강도 높은 트레이닝을 장기간 실시한 경험이 많은 단련자는 트레이닝 과정에서 높은 환기 경

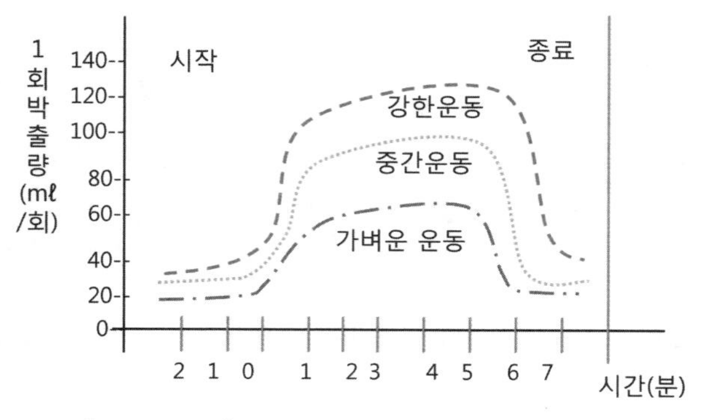

[그림 2-15] 운동강도에 따른 환기량의 변화

험과 이로 인한 폐포의 환기능력 증가 때문에 강도 높은 트레이닝이나 경기에서 산소섭취량이 초보자보다 많아 경기 종료 후 안정상태의 환기량으로 회복되는 시간이 짧다.

3 운동과 순환계

1) 순환계의 주요 구조와 기능

순환계는 체내 모든 조직에 혈액을 순환시키는 폐쇄회로이며 심장은 심근의 펌프작용으로 혈액을 순환계에 순환시키는 데 필요한 압력을 만든다. 혈액은 동맥을 통해 심장으로부터 신체 각 기관과 조직에 이동되고 정맥을 통해 심장으로 되돌아온다. 인체 내 혈액은 혈관을 통해 각 기관을 순환하면서 영양 공급, 호흡, 노폐물 배설은 물론 체온조절 등의 중요한 기능을 수행한다.

심장은 심방과 심실로 이루어져 있으며 심방은 혈액을 받아들이고 심실은 혈액을 내 보내는 일련의 순환을 통해 영양 공급, 노폐물 제거, 호흡, 배설 및 체온조절 등의 주요 기능을 수행한다. 정맥 혈관을 통해 심장으로 들어오는 혈액은 우심방에서 우심실을 거쳐 폐순환으로 가며 폐에서 걸러진 깨끗한 혈액은 좌심방에서 좌심실을 거쳐 전신순환계로 이동한다.

(1) 순환계의 주요 구조

① 심 장

심장(heart)은 혈액 양을 조절하여 신체 각 기관에 보내는 작용을 한다. 심장으로부터 나온 혈액이 동맥을 지나 모세혈관을 거쳐 정맥을 통해 다시 심장으로 돌아오면 한 차례의 순환이 끝난다. 심장은 자신의 주먹 크기 근육으로 흉강 내에 위치하고 정중선에서 볼 때 2/3가 좌측으로 치우쳐 있고 하부 말단인 심첨(apex)은 제5늑골과 제6늑골 사이에 있다. 이 같은 심장은 4개의 방(chambers)으로 나누어져 있으며 2개의 펌프(pump)를 가지고 있는데, 오른쪽 펌프는 우심방(right atrium)과 우심실(right ventricle)로, 좌측 펌프는 좌심방(left atrium)과 좌심실(left ventricle)로 이루어져 있다. 심장의 오른쪽은 심실중격(interventricular septum)이라는 근육을 사이로 좌측과 나누어져 있으며 중격(septum)은 심장의 좌측과 우측의 혈액이 서로 혼합되는 것을 방지한다. 심장 내에서 혈액의 이동은 심방에서 심실로, 그리고 심실에 있는 혈액은 동맥(artery)으로 펌프된다. 혈액의 역류를 방지하기 위해 심장은 4개의 판막(valve)을 갖고 있다.

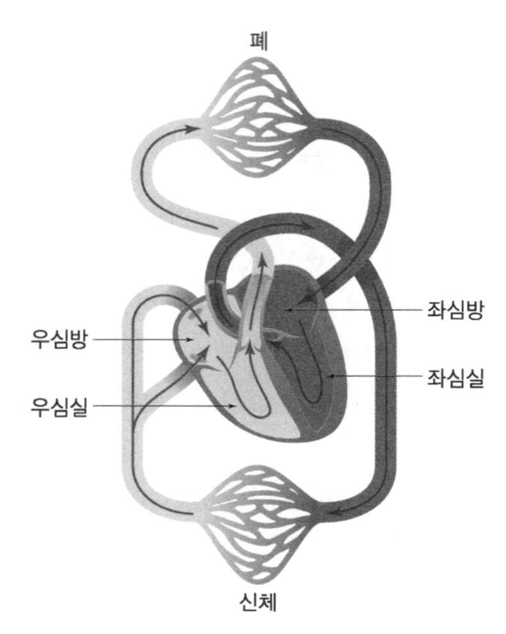

[그림 2-16] 심혈관계의 조직도

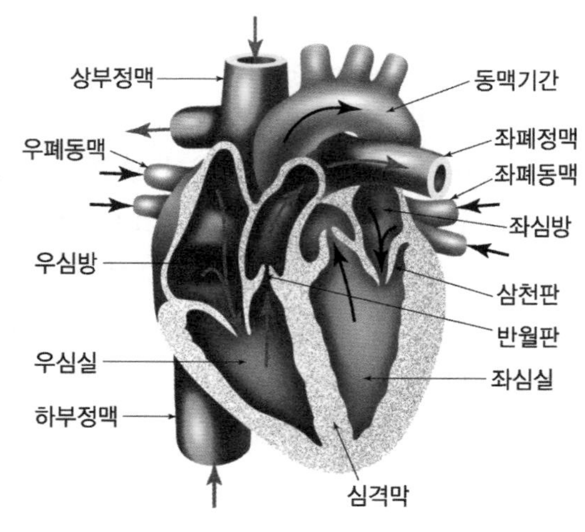

[그림 2-17] 심장의 구조

② 심 근

심장은 생명이 지속되는 한 일정한 속도의 수축운동으로 혈액을 펌프질하여 신체 각 조직에 혈액을 보낼 수 있는 것은 심근(myocardium) 고유의 특성 때문이다. 심근은 결절조직(nodal tissue), 퍼킨제 섬유(purkinje fiber) 및 횡문근 등의 조직으로 구성되어 있다. 심근 섬유는 중간원판(intercalated disk) 부위에서 다른 근섬유와 연결되는데, 중간원판 부근에는 조직액이 없으며 전기적 저항이 매우 낮아 흥분 시 생성되는 국소전류가 인접한 심근세포로 쉽게 전달된다. 이 같은 현상은 특정 지점에 흥분이 발생하면 모든 심근 섬유로 흥분이 빠르게 전도되어 마치 하나의 세포처럼 행동하는 심근의 기능적 합포체(functional syncytium) 때문이다.

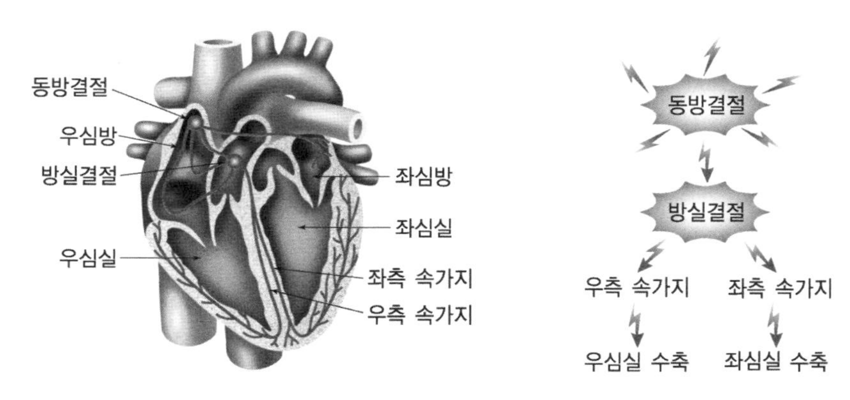

[그림 2-18] 심근의 자극 전달

③ 심장주기

심장주기(cardiac cycle)는 심장 박동 시 발생하는 기계적 · 전기적 및 청각적 현상으로 수축기(systole)와 이완기(diastol)로 나뉜다. 수축기는 심실이 수축하여 혈액이 동맥계로 구출(驅出)되는 시기이고 이완기는 심실이 이완하여 혈액이 심실에 충만할 때이다. 좌우심방이 동시에 수축하여 심방의 혈액이 심실로 흘러 심방이 비워지게 된다. 심방 수축 후 약 0.1초 동안 심실이 수축하며 체순환과 폐순환 모두에 의해 혈액을 전달한다. 안정 시 심실이 수축하여 심실에 있는 혈액의 2/3가 분출되며 심실에는 약 1/3의 혈액이 남아 있고 심실의 혈액은 다음 이완기 중에 채워진다. 심장주기는 「심방수축기 → 심실의 등용적성 수축기 → 급속심실

구축기 → 감소된 심실 구출기 → 등용적성 이완기 → 급속심실 충만기 → 감소충만기」 단계로 이뤄진다.

(2) 순환계의 주요 기능

① 심박출량

심박출량(cardiac output)은 박출량(stroke volume, 1회 박동 시 분출되는 혈액의 양)과 심박수(heart rate)의 곱으로 결정되며 운동 중 이들의 변화 양상으로 심장기능을 평가할 수 있고 심박출량은 심박수나 박출량의 상승에 의해 증가된다.

$$심박출량 = 1회\ 박출량 \times 심박수$$

[표 2-4] 초보자와 단련자의 심박수, 박출량 및 심박출량

	대 상	심박수 (회/분)	박출량 (mℓ/회)	심박출량 (ℓ/분)
안정 시	초보자(남)	72	70	= 5.04
	초보자(여)	75	60	= 4.50
	단련자(남)	50	100	= 5.00
	단련자(여)	55	80	= 4.40
최대 부하 운동 시	초보자(남)	200	110	= 22.0
	초보자(여)	200	90	= 18.0
	단련자(남)	190	180	= 34.2
	단련자(여)	190	125	= 23.9

Powers(1990)는 초보자와 고도로 지구력 훈련을 받은 단련자 간의 안정 시와 최대하 부하 운동 시 심박수, 박출량 그리고 심박출량을 [표 2-4]와 같이 나타냈다. 성별에 따라 박출량과 심박수가 다른 것은 성에 따라 신체적 여건이 다르기 때문이다.

② 심박수

운동 시 심장에서 펌프되는 혈액의 양은 골격근이 필요로 하는 산소량에 따라 다르다. 동방결절(sinoatrial node, A node/전기 자극을 생성하여 포유동물의 심장이 수축되고 심장 박동의 리듬을 결정하는 심장의 한 부분)은 심박수(heart rate)를 조절하기 때문에 심박수의 변화는 종종 동방결절에 영향을 미치는 요인

들이 포함된다. 심박수에 영향을 미치는 주요인은 교감신경계와 부교감신경계인데, 자극이 전달되면 신경종판(nerve endings)에서 아세틸콜린(acetylcholine)이 방출되며 이로 인해 과분극(hyperpolization)이 발생하여 SA결절(동방결절)과 AV결절(방실결절/심방의 흥분이 전달되고 방실 속을 통해 푸르키네 섬유로 전달된다)의 활동이 감소된다. 부교감 신경계는 심박수를 낮추는 제동역할을 하며 안정 시에도 미주신경을 SA와 AV결절에 자극을 전달하는데, 이 같은 현상도 부교감성 긴장(parasympathetic tone)과 관련이 있다. 부교감성 활동은 심박수의 감소를 유발한다. 예를 들면, 심장의 부교감성 긴장이 감소되면 심박수가 상승하는 반면 부교감성 활동이 증가하면 심박수는 감소한다. David(1984)는 휴식기, 운동 시 그리고 회복기의 심박수에 영향을 주는 인자를 [그림 2-19]와 같이 나타냈다.

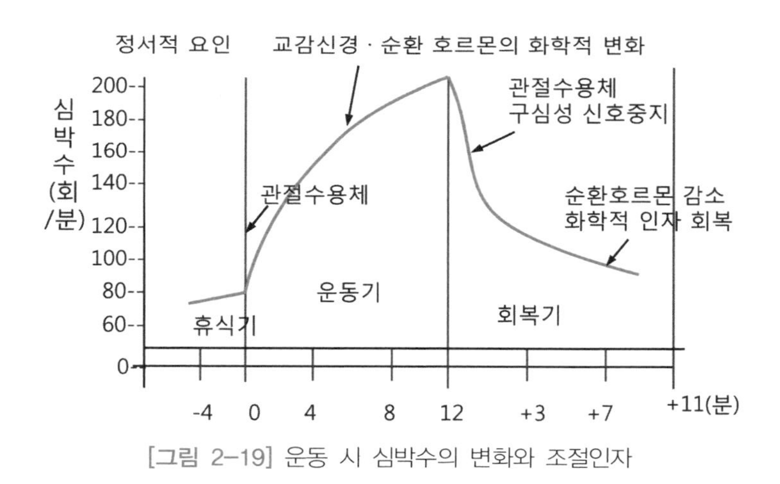

[그림 2-19] 운동 시 심박수의 변화와 조절인자

③ 1회 박출량

Powers(1990)는 안정 시 또는 운동 시 1회 박출량(stroke volume)의 조절인자를 이완기 종료기의 혈액량인 이완말기량(EDV: end-diastolic volume)과 평균대동맥압력(average aortic blood pressure) 그리고 심실수축력(strength of venticular contraction) 3가지 변인으로 설명하고 이를 [그림 2-20]과 같이 나타냈다.

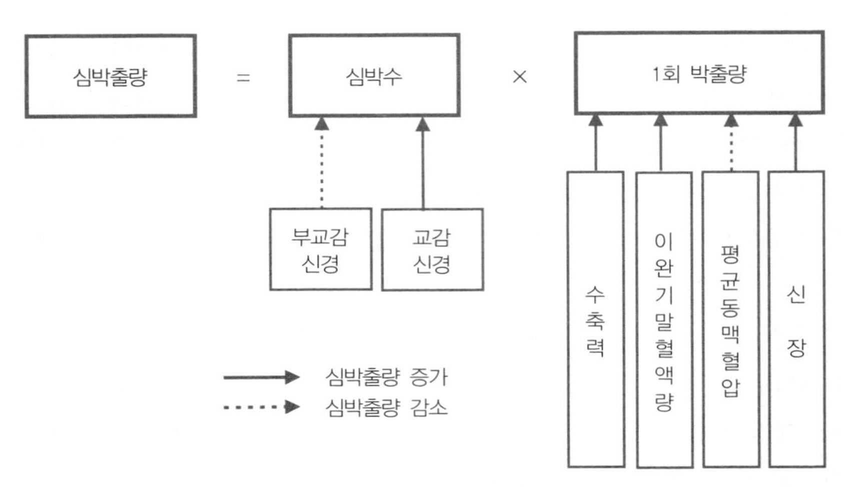

[그림 2-20] 심박출량의 조절인자

2) 트레이닝에 의한 순환계의 주요 변화

(1) 심박수의 감소

심박수는 맥박수라고도 하며 심장이 1분 동안 펌프 작용을 하는 횟수를 의미하고 성인의 1회 박출량은 60~80mℓ, 분당 심박수를 70회/분으로 할 때 「심박출량=심박수×1회 박출량」에 따라 분당 심박출량은 4,200~5,600mℓ/분이다.

운동을 통해 심장 기능이 발달하면 심박수가 줄어든다. 단련된 장거리 선수들의 안정 시 심박수는 50회/분이며 운동 시 심박수는 부하의 크기와 산소섭취량의 증가에 비례하고 최대심박수는 단련된 선수가 초보자보다 낮다. 18~30세의 최대 심박수는 200회/분 이상이며 연령이 높아질수록 감소한다. 일반적으로 최대

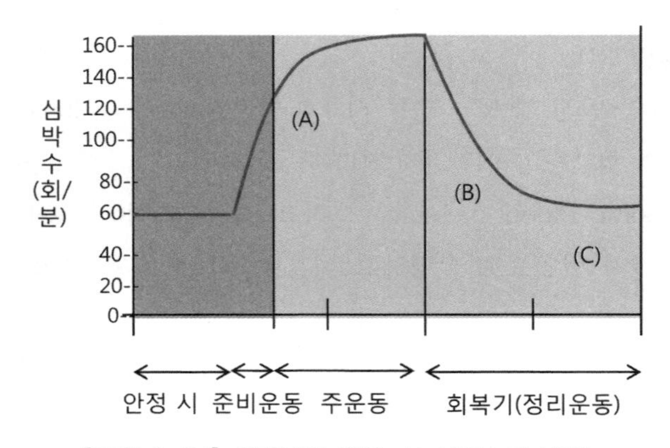

[그림 2-21] 최대부하 운동 시 심박수의 변화

부하의 40~60%에서 최대 심박출량이 도달하면 이후의 심박출량은 심박수 증가에 비례한다. 최대 강도의 운동 시 상대적으로 남성보다 여성은 주어진 강도에서 높은 심박수를 나타내는데 이것은 여성이 동일한 산소섭취량에서 심박출량이 많고 남성보다 1회 박출량이 적기 때문이다.

안정 시 정상적인 심박수는 60~80회/분이지만 지구력 트레이닝으로 35회/분 또는 그 이하로 감소되는 경우도 있다. 정상급 장거리 선수의 안정 시 심박수가 28회/분인 경우도 있는데 이와 같이 안정 시 심박수가 낮은 것은 교감신경계 활동이 감소되고 미주신경을 통한 부교감신경계의 자극이 증가한 결과이다. 지구력 운동을 지속적으로 실시하면 안정 시 심박수는 감소되고 1회 박출량은 증가한다. 일반인들의 심박수는 70회/분 정도지만 장시간 강도 높은 트레이닝을 받은 운동 선수는 약 40회/분 정도이다. 운동선수에게 나타나는 심박수 감소를 운동성서맥(bradycardia)이라 하며 부교감신경 자극의 증가와 교감신경 자극의 감소에 의해 일어나고 체력이 우수할 때 감소의 폭이 크다.

운동단계에서 심박수는 두 단계의 회복 형태를 나타낸다. [그림 2-21]의 (A)와 같이 주운동 초기단계에서 심박수는 급격히 증가하다가 최대부하의 주운동이 종료된 직후(B)에는 심박수가 빠르게 감소하고 10분 정도 지나면 운동 전 심박수(C) 수준으로 감소한다.

(2) 심박출량의 증가

심박출량은 심장의 1회 펌프 작용으로 내보내는 혈액의 양(1회 박출량)과 심박수에 의해 결정된다. 운동 중에 심박출량이 증가하는 것은 운동 중에 신체가 많은 산소를 필요로 하기 때문이다.

안정 시 일반인의 1회 심박출량은 약 60~80mℓ이며 훈련으로 단련된 선수들은 평균 90mℓ/1회가 되는데 이는 심실강이 커져서 심실이 확장될 때 보다 많은 혈액의 유입이 가능하기 때문이다. 일반적으로 단련된 선수들의 심장은 비단련자 심장에 비해 약 15% 크다.

지구력 운동선수의 심장이 일반인에 비해 심장의 용적이 크고 심근이 두터운 이유는 운동 때문에 심실벽 두께가 변화되었기 때문이기 보다 좌심실(left ventricle) 강(腔)의 크기가 증대되어 심장의 용적과 심장벽이 튼튼해지고 수축력이 증가되어 심장 기능이 발달하였기 때문이다.

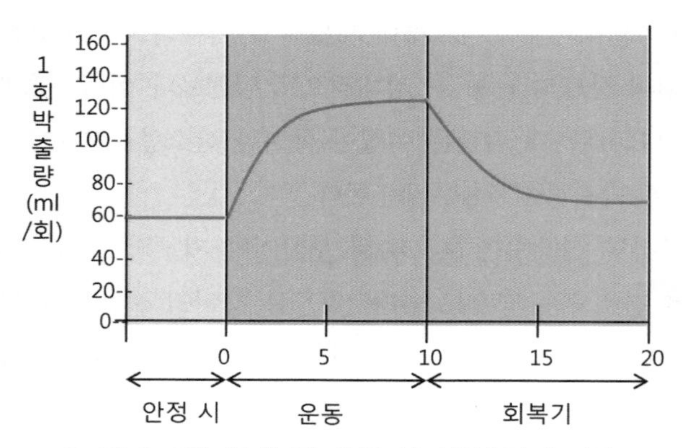

[그림 2-22] 최대부하 운동 시 심박출량의 변화

일반인의 휴식 시 심박수가 보통 70회이고 1회 박출량이 70mℓ이므로 70회×70mℓ=4,900mℓ/분, 즉 4.9ℓ의 혈액을 1분 동안에 순환시키지만 운동선수는 박출량이 약 90mℓ/1회 심박수가 약 50회 정도이므로 50회×90mℓ=4,500mℓ로 운동선수가 일반인에 비하여 심박출량에 있어서는 1분에 20mℓ의 박출량이 많고 심장은 분당 약 20회 적게 박동하므로 하루에 28,800회의 심장 박동이 일반인보다 적어 심장의 피로가 감소되어 심장의 효율성이 높다.

[그림 2-23]은 단련자와 운동을 하지 않는 일반인의 혈관의 크기를 비교하여 나타낸 것이다.

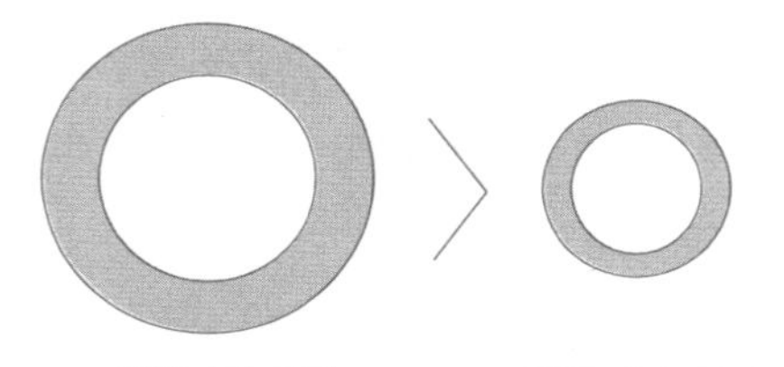

[그림 2-23] 운동으로 단련된 사람과 비운동자의 혈관 비교

스포츠 심장과 심비대심근증

유산소 운동을 하면 근육에 많은 혈액이 필요하고 심장은 심박수와 수축력을 증가시켜 근육에 혈액 공급량이 증가된다. 특히 운동을 장기간 실시하면 심장 근육에 스트레스(자극)가 가해지면서 좌심실(left ventricle)의 크기가 넓어져 혈액을 체내로 내보내는 박출능력이 향상되고 혈액 공급이 증가된다. 이 같은 상태가 지속적으로 진행되면 심장은 운동 시 인체 각 기관에 혈액을 효율적으로 공급할 수 있도록 형태적, 기능적으로 변화를 하며 이 같이 변화된 심장을 스포츠 심장(athletic heart)이라 한다. 스포츠 심장은 순간적으로 최대 근력을 발휘하는 역도 또는 단거리 선수들에게서도 나타나지만 이들 종목의 운동형태는 지속적이라기보다는 순간적 근력이나 순발력의 반복훈련에 치중되기 때문에 이들 종목의 스포츠 심장은 좌심실 심장벽의 심근이 두터워지고 좌심실의 공간 넓이에는 큰 변화가 없다. 심장질환이나 고혈압 환자에게 나타나는 심장중벽(좌심실과 우심실을 나누는 근) 비대는 심장근육에 섬유질조직이 형성되어 심장은 비대해지지만 기능이 약해지는 심비대심근증이 나타난다. [그림 2-24]에서 스포츠 심장의 좌심실은 전체적으로 용적이 넓지만 심비대심근증의 심장은 좌심실과 우심실을 나누는 중벽만이 비대한 것으로 나타나 있다.

[그림 2-24] 스포츠 심장과 심비대심근증

4 운동과 신경계

1) 신경계의 주요 구조와 기능

신경계는 우리가 움직이는 데 필요한 수많은 세포들의 활동과 상호 협력이 빠르고 효과적으로 이뤄질 수 있도록 체내 빠른 통신체재를 제공하기 때문에 신경계의 활동은 신체 기능 발휘에 매우 중요하다. 신경계는 내 · 외부의 환경에서 일어나는 사건에 반응하고 인식하는 몸의 전달체계인데, 신경계의 수용기(receptor, 자극을 받는 체내 모든 세포)는 몸의 환경 변화와 관련된 접촉, 통증, 온도 변화 그리고 화학적 자극을 감지하여 중추신경계(CNS)에 정보를 보내고 중추신경계는 이러한 자극에 반응한다. 신경계는 신체활동을 통합하고 수의적 움직임을 조절하는 기능 외에 사전에 경험한 반응의 형태를 파악하고 인지하여 저장하는 역할을 한다.

운동자극은 「① 수용기에서 흥분 발생 → ② 중추신경계로 흥분 전달 → ③ 신경망에 흥분이 전해져 원심성 신호 형성 → ④ 중추신경계에서 출발한 신호가 근육에 전달 → ⑤ 근의 흥분」과 같은 과정에 의해 근육이 물리적으로 변화되는 일련의 잠복과정이 진행되는데 ③의 과정이 반응의 빠르기를 결정하는 가장 중요한 단계이다.

(1) 신경계의 주요 구조

신경계는 크게 중추신경계(CNS)와 말초신경계(PNS: peripheral nervous system)로 구성되며 중추신경계는 뇌와 척수를 포함하는 신경계이고 말초신경계는 중추신경계를 제외한 신경세포(neuron)로 구성된다. 말초신경계는 [그림 2-25]와 같이 운동신경(motor nerve)과 감각신경(sensory nerve)으로 구성되며 감각신경은 수용기(receptor)로부터 중추신경계까지 신경충격(neural impulse)을 전달한다. 이와 같이 말초신경계를 향하여 정보를 전달하는 신경섬유(nerve fiber)를 구심성 섬유(afferent fiber)라 한다. 말초신경계의 운동신경은 골격근을 자극하는 체성신경(somatic motor)과 소화관 그리고 내분비선과 같은 평활근(smooth muscle) 기관의 불수의적 움직임을 조절하는 자율운동신경(autonomic motor)으로 나뉘며 자율신경은 다시 교감신경과 부교감신경으로 구분된다. 중추신경계로부터 자극을 받아 전달하는 신경섬유를 원심성 섬유(efferent fiber)라 한다.

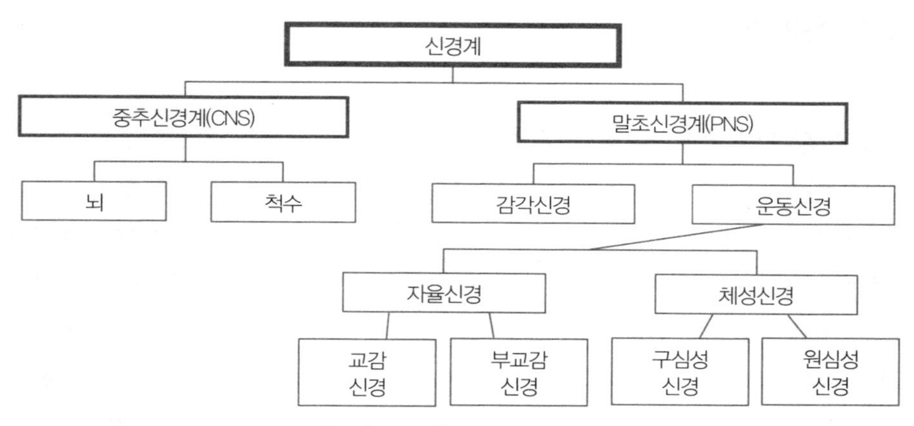

[그림 2-25] 신경계의 구조

① 신경세포

신경세포(neuron)는 [그림 2-26]과 같이 세포체(cell body), 수상돌기(dendrites: Gr.dendron, tree) 그리고 축색(axon)의 3부분으로 나누어진다. 뉴런의 중심 부위에는 핵(nucleus)을 포함하고 있는 세포체(cell body, soma)가 있으며 세포체에서 뻗어나와 가는 나뭇가지 모양의 단백질로 이루어져 세포질(cytoplasma)에 부착되어 있는 것을 수상돌기라 하며 세포체 쪽으로 전기 자극을 전달하는 역할을 한다.

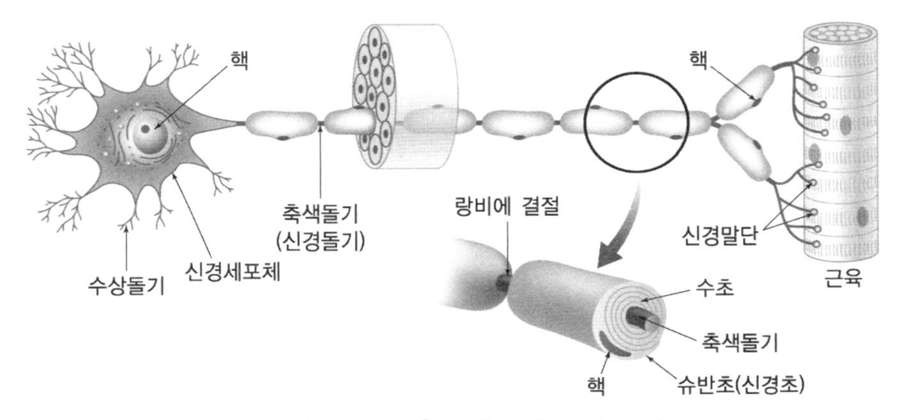

[그림 2-26] 신경세포의 구조

세포체로 들어온 전기 자극을 다른 뉴런이나 효과기관(effector organ)으로 보내는 역할은 1mm~1m의 크기의 다양한 축색에 의해 이뤄진다. 각 뉴런은 1개의 축색(axon/신경세포의 자극을 다른 신경세포에 전달하는 긴 섬유)만을 가지며 축색은 다른 뉴런이나 근세포(muscle cell) 또는 선(glands) 끝 부위에 몇 개의 가지가 평행을 이루고 나뉘어 있다. 한 개의 뉴런 축색과 다른 뉴런이 접촉되어 있는 지점을 신경연접이라 한다.

② 말초신경계

말초신경계(PNS)는 12쌍의 뇌신경과 31쌍의 척수신경으로 구분된다. 뇌신경은 중추신경인 뇌에서 직접 빠져 나오는 신경이며 척수신경은 역시 중추신경인 척수로부터 빠져나와 인체 각 부위에 분포되는 신경이다. 즉 뇌신경은 뇌에서 직접 출발하여 각 기관에 분포된 말초신경이며 두개골을 빠져나와 주로 머리 부위에 분포되어 운동과 감각을 맡는다.

척수신경은 척수의 양측에 출입하는 31쌍의 말초신경이며 신경근이 빠져나가는 척추에 따라서 명칭을 부른다. 즉 척수신경은 경신경(8쌍), 흉신경(12쌍), 요신경(5쌍), 천골신경(5쌍), 미골신경(1쌍)으로 구성된다.

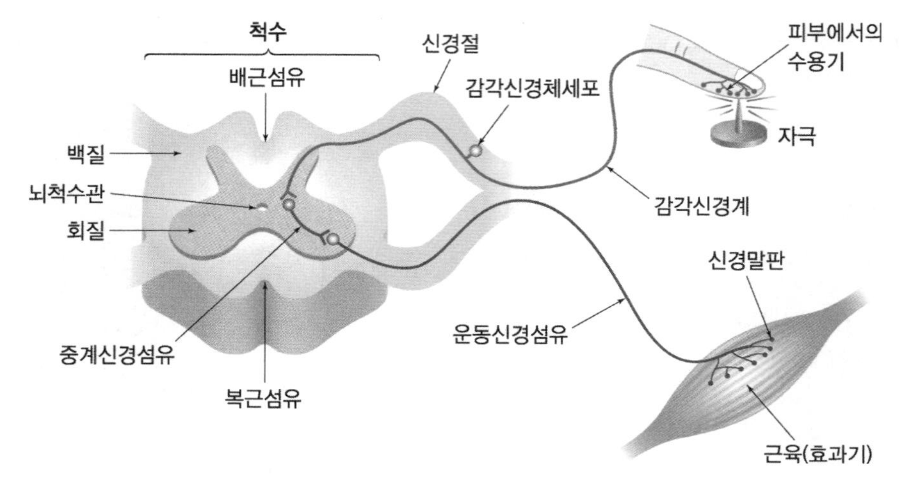

[그림 2-27] 척수에서 말초신경의 연결 구조

③ 시냅스

신경자극은 2개의 신경섬유 사이의 연접인 시냅스(synapse)를 통해 전달이 가능하다. 축색의 말단은 다른 신경섬유의 세포체나 수상돌기와 연접을 이루어 자극을 전달한다. 시냅스를 이루기 전에 자극을 전달해 주는 신경섬유를 시냅스 전섬유라 하고 시냅스를 통해 자극을 받는 신경섬유를 시냅스 후섬유라 한다.

시냅스는 자극을 전달하는 쪽의 세포막인 시냅스 전막과 자극을 받아들이는 쪽의 세포막인 시냅스 후막 그리고 시냅스 전막과 후막 사이의 시냅스 간극(synaptic cleft)으로 구성되어 있다. 시냅스 전섬유의 축색종말은 약간 부풀어 오른 주머니 모양을 하고 있는데, 그 안에는 신경 전달물질을 저장하고 있는 소포(vesicle)가 있다.

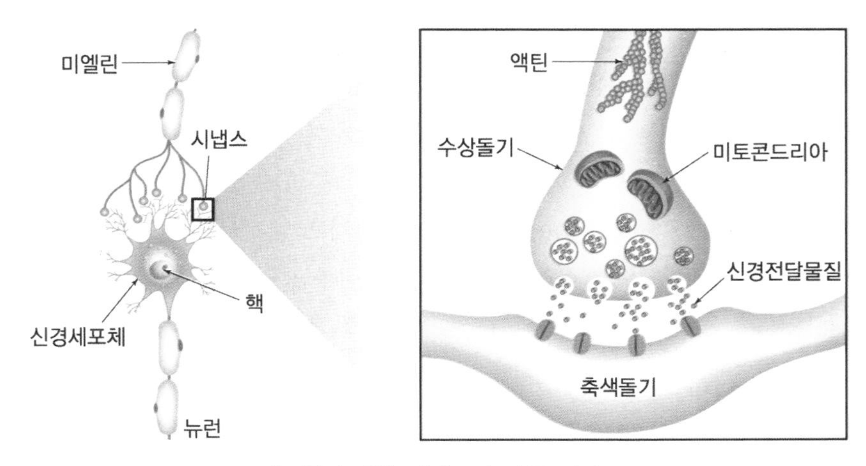

[그림 2-28] 시냅스의 자극 전달

(2) 신경계의 주요 기능

① 신경자극

전기적 에너지 형태로 감각신경과 운동신경에 전달되는 정보를 신경자극(nerve impulse)이라 한다. 신경자극은 자극 지점에서 하나의 전기적 혼란에 의해 축색 전체에서 발생하는 자가 전파 형태로 전달된다.

이 같은 신경자극의 실제적 의미는 자극(stimulus)에 대한 반응이며 전기적 자

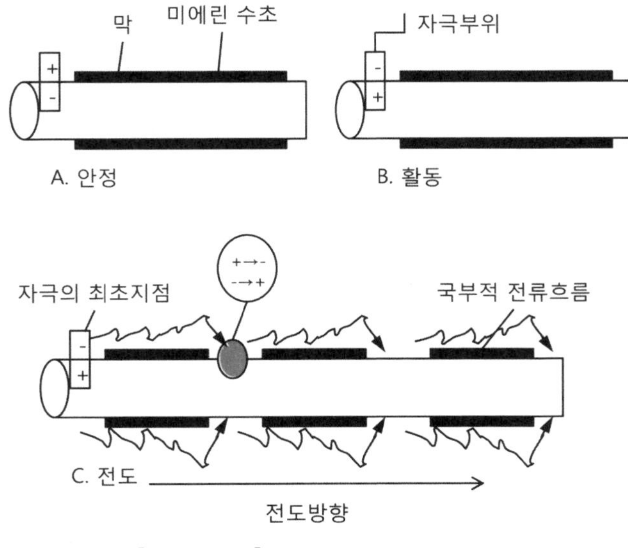

[그림 2-29] 신경자극의 생성과 전도

극의 발생과 전파가 이에 해당된다. 신경세포 내부와 외부 간에는 전기적 기울기 또는 차이가 존재하며 이를 안정 시 막전위(resting membrane potential)라 한다.

충분한 자극이 신경에 집중되면 신경세포막은 탈분극(depolarization, 축색돌기가 자극을 받으면 나트륨 이온이 들어오며 이때 세포막 안팎의 전위차가 생겨 신경세포가 활동을 일으킨다)이 일어나고 신경세포 내부로 많은 나트륨 이온이 들어가 신경세포의 외부는 음(−)전기를 띠고 내부는 양(+)전기를 띠면서 [그림 2-29]와 같이 신경자극이 생성되어 → 방향으로 전도된다.

② 흥분과 억제

수용기의 신경근연접(neuromuscular junction) 부위에서 전달되는 흥분성 전달물질의 일종인 아세틸콜린(ACH: acetylcholine)과 노르에피네피린(norepinephrine), 도파민(dopamine) 및 세로토닌(serotonin)이라는 화학물질에 의해 신경에 흥분이 발생하지만 이들 중 도파민(아미노산의 일종으로 뇌신경 세포의 흥분을 전달하는 기능)과 세로토닌은 감마-아미노뷰트릭산(γ-aminobutyric acid: GABA)에 의해 분비가 억제된다.

대부분의 신경들은 이와 같은 흥분과 억제에 의한 충격을 받으며 상반된 두 가지 형태의 자극들의 합에 의해 신경 흥분이 결정된다. 즉 후 시냅스 신경을 흥분시킬 수 있는 흥분성 자극의 정도가 역치 수준을 초과하여 억제성 자극보다 높을 경우 후 시냅스 신경계는 활동전위가 발생하며 이때 생성된 자극은 지속적으로 다른 방향으로 가해진다. 만약 이러한 두 가지 유형의 자극들이 역치 수준에 도달할 정도로 높지 않으면 신경세포는 흥분이 발생하지 않을 뿐만 아니라

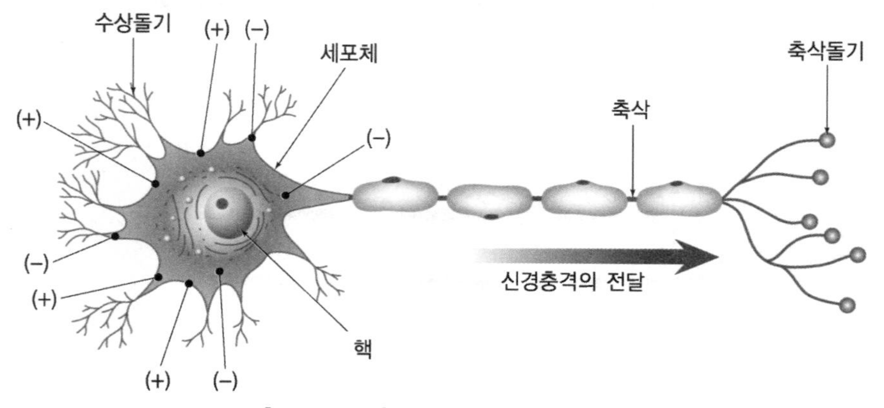

[그림 2-30] 신경계의 흥분과 억제

다른 방향으로 자극이 전달되지 않는다.

이와 같이 신경계가 받은 교차적(+: 홍분, −: 억제) 자극은 양 자극 합의 결과에 의해 반응하므로 [그림 2-30]에서는 「(−)를 억제, (+)를 홍분으로 하여 : −4 +4 = 0」, 따라서 홍분은 대수적으로 0이므로 억제되어 반응하지 않는다.

③ 전달과 반사

수용기에서 받은 자극과 신호가 신경섬유를 따라 중추신경에 전달되고 효과기에서 이에 대한 적절한 반사를 하는 일련의 과정을 전달과 반사라 한다.

반사경로는 수용기로부터 중추신경까지와 중추신경에서 운동신경을 따라 움직임을 일으키는 효과기까지의 신경전달 과정이다. 골격근은 감각 정보에 의해 근수축이 일어날 수 있으며 대뇌 중추신경계의 자극에 전적으로 의지하지 않는다. 반사 신경의 주요 목적은 자극(impulse)으로부터 신체의 움직임을 빠르게 반응하는 것이다.

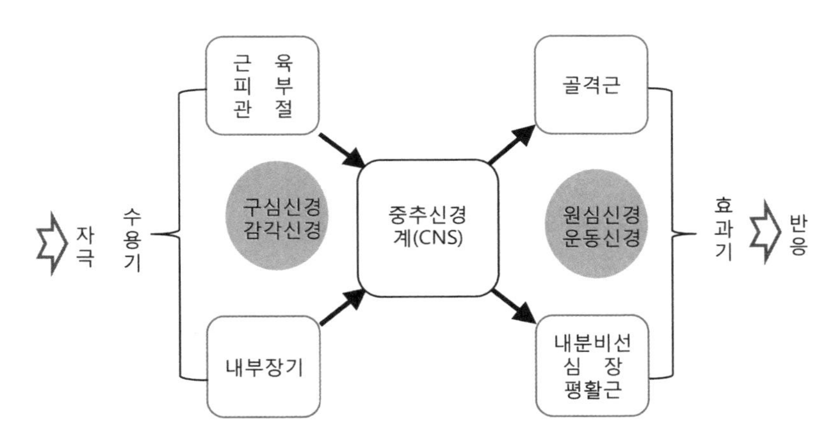

[그림 2-31] 중추신경계와 말초신경계의 자극과 반응과정

이 같은 신경반사의 전달과정은 감각신경이 척수에 신경자극을 전달하고 척수 내의 연결신경이 홍분되어 운동신경을 자극하며 홍분된 연결신경은 전달받은 최초의 자극에 대해 반응을 일으키는 일련의 과정이다.

④ 통 합

척수는 필요한 움직임을 실행하기 위하여 척수중추를 준비함으로서 움직임 조절에 영향을 미친다. 수의적 움직임에 의한 척수기전(spinal mechanism)이 운동하는데 적합한 근육 활동으로 전환되는 것을 척수조율(spinal turning)이라 한다. 운동체계의 뇌 중추는 일반 움직임의 변수와 관련이 있으며 특이한 움직임에 대한 사항은 뇌 중추와 척수신경의 상호작용으로 척수에서 결정된다.

수의적인 운동을 실행하는 첫 단계는 피질하와 피질의 지각 영역에서 발생하며 이는 지각작용(consciousness)에 매우 중요한 역할을 한다. 이러한 지각작용은 연합피질 영역에 신호를 보내어 저장된 하위체제로부터 실행할 운동정보를 형성한다. 실행할 운동에 대한 정보는 [그림 2-32]와 같이 뜨거운 컵에 닿은 손가락은 통각수용기가 자극을 받고 이 자극은 구심성(감각) 신경섬유를 통해 척수의 소뇌와 대뇌 반구에 위치한 신경접합체인 기저핵(basal ganglia)에 전달된다. 척수에 전달된 자극은 운동신경의 세포체에 전달되어 압정에 찔린 손을 빠르게 움츠리게 할 수 있는 반응을 근육에 전달한다. 이러한 구조는 대략적인 움직임을 정확한 시간과 공간에 실행할 수 있는 프로그램으로 바꾼다. 소뇌는 빠른 운동을 행하는데 중요한 영향을 미치지만, 기저핵은 느리고 신중한 운동을 관장한다. 소뇌와 기저핵의 정확한 운동 프로그램은 시상을 통하여 운동피질에 보내지며 이는 다시 척수에 보내져 척수 조율 과정을 거쳐 골격근으로 전달된다.

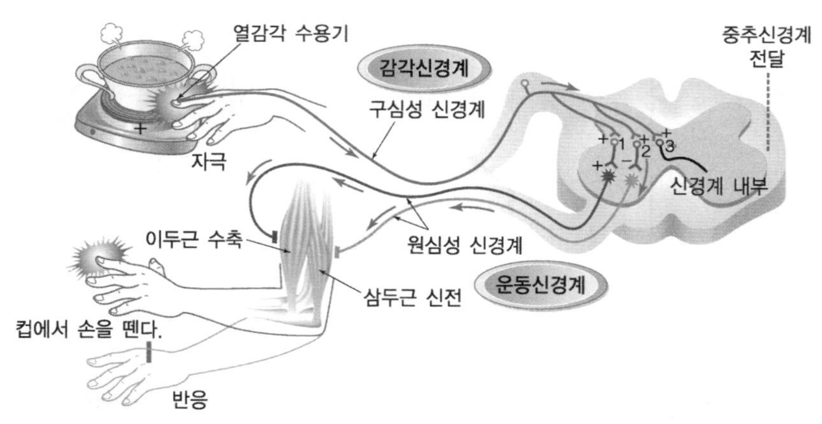

[그림 2-32] 수의적 움직임 과정

2) 트레이닝에 의한 신경계의 주요 변화

트레이닝을 실시하면 많은 시공간 또는 청각 등의 정보를 인체가 받아들이고 종합·분석하여 적절하게 정보를 판단하는 대응 능력을 개선시킬 수 있다. 경기 또는 트레이닝 시눈과 귀, 피부 등과 같은 감각기는 통해 순간적으로 전달되는 정보를 뇌에 전달하며 사령탑인 뇌에서는 전달된 정보를 순식간에 종합하고 분석하여 신경경로를 통해 효과기(effector)인 골격근에 명령을 내려 인체가 적절하게 움직이도록 한다. 이 같은 과정은 0.1~0.3초 사이에 이루어지며 이 과정에서 가장 중요한 과정은 뇌에서 이루어지는 정보처리 과정이다. 트레이닝에서 나타나는 활동들은 뇌에서 이루어지는 수많은 정보처리의 연습기회를 제공해 줄 뿐만 아니라 적절한 신경지배 경로를 형성해 주는 신경훈련 과정이기도 하다. David(1984)는 뇌에서 전달된 정보가 통합되고 분석되어 적절한 대응을 골격근에 전달하는 과정을 [그림 2-33]과 같이 나타냈다.

[그림 2-33] 스포츠에서 정보처리와 실행과정

(1) 협응력의 향상

협응력(coordination)은 민첩성 · 평형성 · 교치성(skill, 신체를 부드럽고 정확하게 조절하는 능력) 등과 상관성이 높은 운동 신경계의 복합적 능력이다. 귀 안쪽의 전정기관(vestibular organ, 신체가 움직이면 귀 안의 물질이 같이 움직여 중력에 의해 위치를 자각하여 몸의 자세를 유지시키는 기관)의 수용기는 머리의 위치나 운동 방향에 매우 민감하여 머리의 움직임을 수용기에서 중추신경계로 전달한다. 특히 직선속도와 각속도에 관한 정보를 제공하여 체조나 다이빙과 같은 운동 회전 시 신체의 균형을 유지하는 데 도움을 준다.

높은 수준의 기술을 필요로 하는 운동일수록 협응력이 많이 요구된다. 빠르고 재치 있는 동작과 정확한 동작들을 복합적으로 잘 수행하기 위해 협응력이 중요한 것은 신경과 근육의 협조가 원활하게 이뤄져야 운동(자극과 반응)이 효율적으로 이뤄질 수 있기 때문이다.

(2) 반응시간의 단축

운동은 감각기관에서 수용한 자극이 중추신경에 전달되고 중추신경계에서 이 같은 자극에 대한 통합 과정을 거쳐 근수축이 일어나는 일련의 과정이며 이 같은 과정에 소요되는 0.12~2초를 반응시간(reaction time)이라 한다. 반응 운동을 반복적으로 실시하면 중추신경계의 정보처리와 자극 전달이 원활해져 신경계의 기능이 반사동작으로 바뀌는 시간이 단축되어 반응 전달 속도가 빨라진다. 뿐만 아니라 지속적인 트레이닝은 근섬유의 신경소통성(neural facilitation)을 확대 형성하여 운동 초기 동일 자극에 대한 운동단위(motor unit)의 수를 증가시켜 반응의 강도를 높인다.

(3) 근력의 향상

근력이 향상되기 위해서는 보다 많은 운동단위(motor unit)가 동원되고 동원된 운동단위가 보다 큰 힘을 발휘하여야 한다. 이 같은 2가지 요인 중에서 보다 많은 운동단위(motor unit)가 동원되기 위해서는 신경계의 역할이 중요하다.

[그림 2-34]는 근력 트레이닝에서 나타나는 신경계의 활성화와 근비대(hypertrophy)가 근력을 증가시키고 있음을 나타내고 있다. 근력 트레이닝 실시 8~10주 동안에는 신경요인이 근력 향상에 많은 영향을 미치지만 이후 서서히 감소되고 있다. 반면에 근비대가 근력 향상에 미치는 영향은 트레이닝 초기에는 미미하다가 트레이닝 실시 10주 이후부터는 중요한 요인으로 작용하고 있는 이론적 모델을 나타내고 있다. 또한 [그림 2-34]는 장기간에 걸쳐 근력 트레이닝을 실시하면 신경요인이 근력에 미치는 영향이 다시 증가되고 있음을 나타내고 있다.

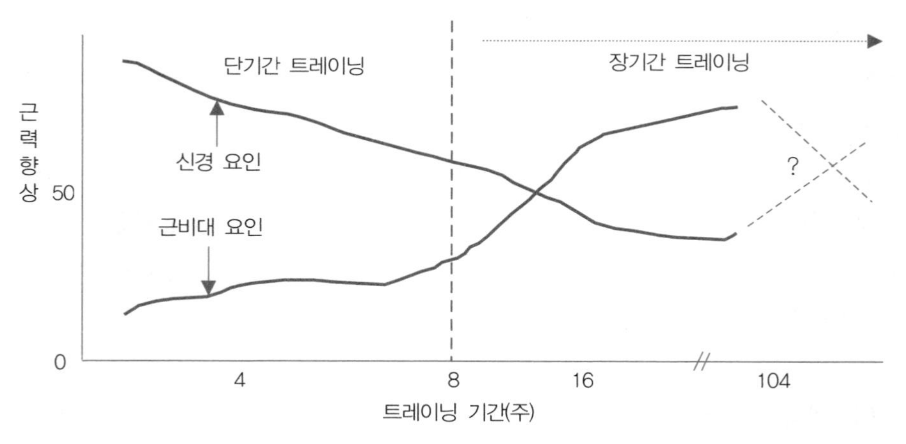

[그림 2-34] 근력 트레이닝에서 신경 요인과 근비대의 상호관계

연구과제

01 근섬유의 종류와 특성을 설명하시오.

02 근수축의 종류와 특성을 설명하시오.

03 체내 근섬유의 분포 비율을 트레이닝으로 변화시킬 수 있는지를 설명하시오.

04 근의 수축과 이완 단계를 설명하시오.

05 운동단위(motor unit)의 구조를 설명하시오.

06 운동 실시단계(운동전, 운동중, 운동후)에 따른 환기량의 변화를 설명하시오.

07 젖산역치(lactate threshold)를 높이기 위한 트레이닝 모형을 설명하시오.

08 젖산역치(lactate threshold)와 무산소역치(anaerobic threshold)의 차이를 설명하시오.

09 스포츠 심장(sport heart)의 특성을 설명하시오.

10 운동의 「자극 → 반응」 형성 과정을 설명하시오.

제3장

트레이닝과 영양 및 에너지 체계

TRAINING THEORY & PRACTICE

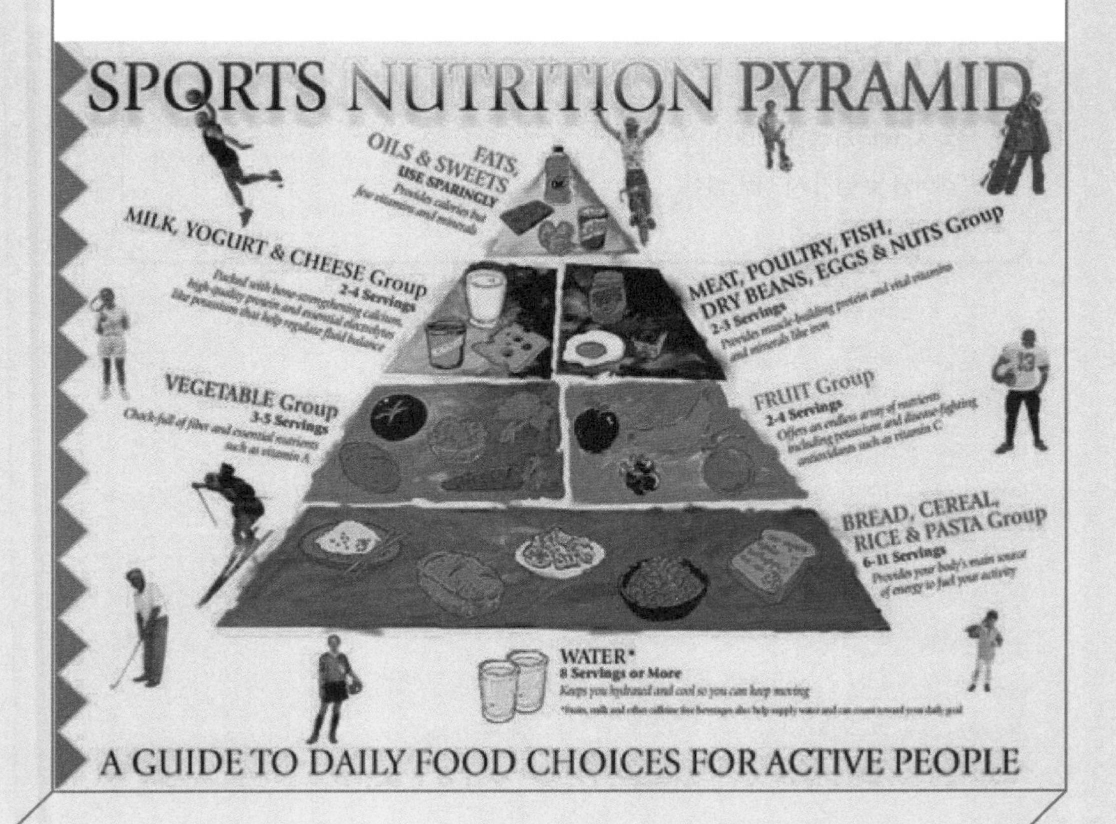

학습목표

스포츠 경기력은 인간의 신체적 능력에 좌우되며 신체적 능력은 유전적 소질과 트레이닝으로 결정되고 이들의 극대화는 적절한 영양 섭취를 통하여 가능하다. 운동능력을 극대화시키기 위한 식품의 선택과 영양소 섭취는 인체의 잠재된 유전적 특성을 계발하고 트레이닝 효과를 높이기 위해 필수적이다.

차례

1 영 양

사람이 생명을 유지하고 정상적으로 기능을 발휘하기 위해서는 하루에 물 1.5~2.5ℓ, 산소 350~600ℓ, 그리고 40여 종의 영양소가 필요하다. 인체(human mechanism) 한계능력 이상의 활동을 요구하는 스포츠에서 영양관리는 운동능력을 좌우하는 중요한 요인이다.

인체에는 탄수화물(carbohydrate), 단백질(protein), 지방질(fat), 비타민(vitamin), 무기질(mineral)의 5대 영양소를 포함하여 물이 중요한 영양소이며 탄수화물과 지방 및 단백질은 에너지원으로, 단백질과 무기질 그리고 물은 몸의 구성성분으로, 비타민과 무기질은 인체 대사의 조절물질로서 작용한다. 운동선수의 영양인자 개선은 단순히 생리학적 또는 영양학적 측면 이상으로 트레이닝과 경기력 향상에 초점이 맞추어져 실시되어야 한다.

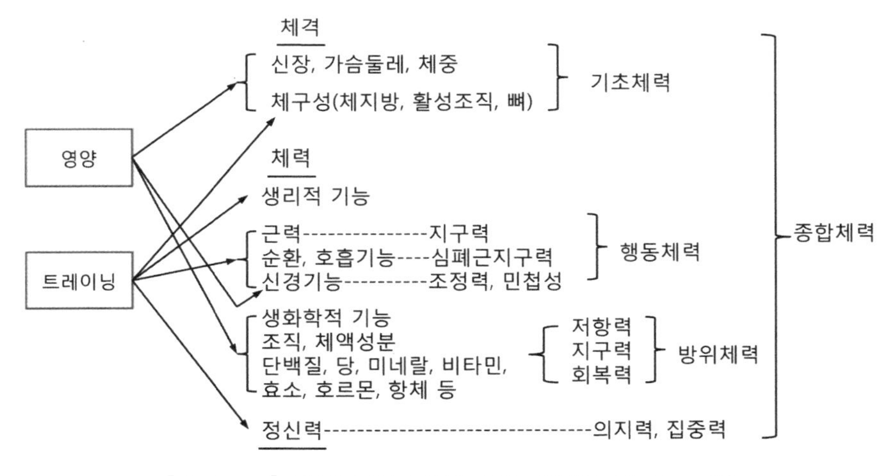

[그림 3-1] 트레이닝과 영양이 각종 인자에 미치는 영향

1) 스포츠와 영양

(1) 탄수화물

탄수화물(carbohydrate)은 탄소와 물의 화합물로서 인체 내 가장 중요한 영양소이며 단당류와 다당류로 분류된다. 단당류 중 가장 중요한 포도당(glucose)은 탄수화물 대사의 중심 화합물로서 한 분자 당 38개의 ATP를 합성할 수 있다. 인

체 내에서 포도당은 대부분 에너지 생성에 이용되지만 간이나 근육에 글리코겐(glycogen)으로 저장되어 인체 내 탄수화물 대사의 주요 원료로 사용된다. 간에 저장된 글리코겐은 혈류를 통해 뇌와 신체 각 기관에 에너지원으로서 공급되지만 활동 중인 근육은 저장된 포도당을 사용하기 때문에 근육에 저장된 글리코겐의 양은 근육의 운동효율을 결정한다.

탄수화물은 식사를 통해 필요한 대부분이 섭취되고 1g당 4kcal의 열량으로 인체 내 전체 에너지원의 60%를 차지하기 때문에 스포츠 에너지원으로서 가장 중요하다. 인체가 이용할 수 있는 탄수화물의 총 저장량은 일반인의 경우 개인차를 고려하여 약 450g이지만 트레이닝으로 단련된 운동선수는 750g 정도이다. 인체에서 탄수화물이 에너지 대사로 이용될 수 있는 최대 에너지 소비량은 1,800~3,000kcal에 불과하기 때문에 마라톤이나 레슬링과 같이 강도 높은 스포츠에서 경기력을 높이기 위해서는 탄수화물의 에너지 이용 비율을 높여야 한다.

근 글리코겐은 모든 스포츠의 운동부하에서 중요한 역할을 담당하고 있다. 30초 이하의 순간적 힘을 이용하는 스포츠의 최대 부하 강도에서는 산소를 필요로 하지 않는 무산소 상태에서 에너지가 생산된다. 근육의 운동 속도가 빠르면 산소 소비를 수반하지 않는 해당계(glycolysis, 산소를 필요로 하지 않는 에너지 생산 과정)에 의해 포도당이 고에너지 인산인 아데노신 3인산(ATP)과 크레아틴 인산(CP)으로 분해되며 이와 같은 반응은 부하를 받지 않는 상태에서도 일정 시간 진행된다.

장시간의 지구력이 필요한 3,000m 장애물 경기, 10km 달리기, 경영 1,500m 등의 에너지 생산은 주로 유산소 에너지 대사에 의존하며 트레이닝이나 경기 결과는 근조직에 축적된 글리코겐의 양에 좌우된다. [그림 3-2]는 1일 섭취 열량의 40%를 탄수화물에 의해 공급받는 저탄수화물 섭취 운동선수 그룹과 70%를 공급받는 고탄수화물 섭취 운동선수 그룹이 하루 2시간의 강도 높은 훈련을 3일 동안 지속하면서 근조직에 축적된 글리코겐의 소비와 회복 상태를 나타내고 있다. 저탄수화물 섭취 그룹은 트레이닝이 지속되면서 근조직 내 글리코겐의 함유량이 계속 감소되고 있지만 고탄수화물 섭취 운동선수 그룹은 트레이닝의 지속과 거의 무관하게 근조직 내 글리코겐의 함유량이 일정 수준에서 유지되고 있다. 이 같은 현상은 지구력 운동선수의 경기력이 지속적으로 유지하고 발휘되기 위해서는 고탄수화물 음식을 섭취하는 것이 바람직하다는 것을 의미한다.

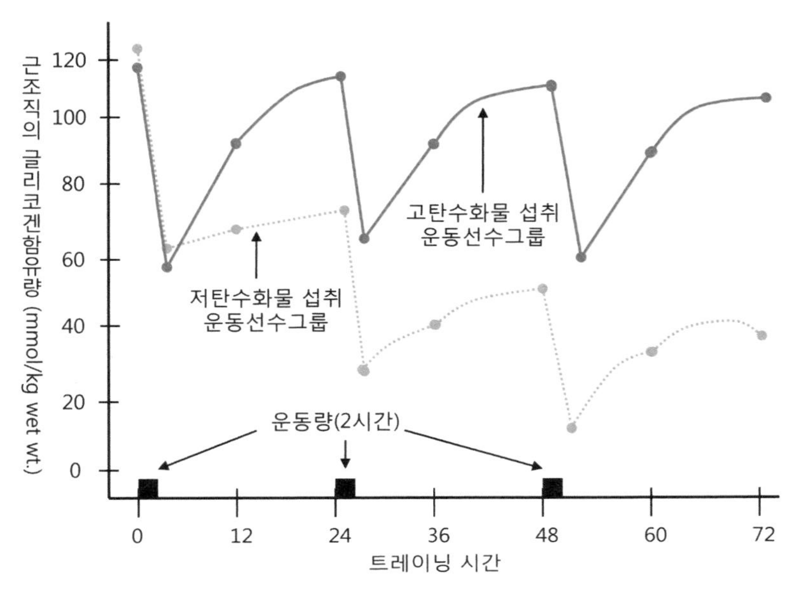

[그림 3-2] 트레이닝 시 탄수화물 섭취에 따른 근육 내 글리코겐 축적 양의 변화

10,000m를 28분에 완주하는 선수의 에너지 소비량을 약 800kcal로 가정하고 이것을 탄수화물로만 공급할 경우 약 200g의 글리코겐이 필요한데, 이때 에너지는 심근, 호흡근 및 운동에 관여된 근조직에서 소비되지만 부하를 가장 많이 받는 다리 근육에서 대부분 소비된다. 10,000m를 완주하고 휴식 없이 다음날 같은 거리를 전날과 동일한 수준으로 달리는 것이 불가능한 것은 휴식 없이 소비된 글리코겐의 재충전 없이 우수한 운동능력을 발휘할 수 없기 때문이다.

이 같은 지구력 운동의 경우, 혈당 유지에 이용되는 근 글리코겐은 근육 운동에 직접 에너지로 관여하며 지방(fat)도 에너지로 일부 이용된다. 즉 장시간 운동부하에 소모되는 에너지는 근에 저장된 글리코겐이 먼저 사용되다가 저장량이 감소되면 지방이 에너지원으로 공급된다. 따라서 경기가 후반에 가까워지면 동원 가능한 글리코겐의 양이 경기의 승패를 결정하는 커다란 요인이 된다. 운동 부하 시간이 1시간을 넘는 마라톤, 20km 및 50km 경기, 20km 자전거 경기, 스키의 30km 및 50km 경기, 20km 이상의 바이애슬론 등과 같은 스포츠는 많은 양의 에너지가 필요하므로 체내에 저장된 글리코겐만으로는 에너지 요구량에 부족하고 부족한 에너지 요구량을 지방 에너지가 글리코겐 대신 공급되어 지속적으로 운동을 가능하게 한다.

따라서 체내 글리코겐이 충분히 저장되어 있으면 경기 후반까지 글리코겐의 공급량이 많아 지방 공급량이 줄어들지만 체내 글리코겐 축적량이 적으면 상대적으로 지방 공급량이 클 수밖에 없다.

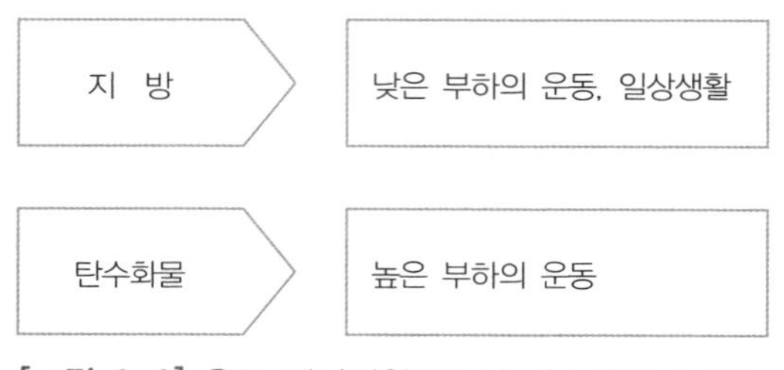

[그림 3-3] 운동 에너지원으로서 탄수화물과 지방

① 글리코겐의 추가 섭취

글리코겐(glycogen)은 운동의 강도와 지속시간에 밀접한 관계가 있다. 운동시간이 길어지고 강도가 높아지면 인체 내 글리코겐이 감소되고 저혈당이 초래되어 경기력이 저하될 수 있기 때문에 1~2시간 동안 고강도 운동을 실시할 때 운동 중간 중간에 글리코겐을 추가로 섭취하여 경기력 저하를 예방하여야 한다.

글리코겐을 추가로 섭취하여 체내 글리코겐을 일정 수준으로 유지하여야 높은 부하 상태에서도 경기력을 지속적으로 유지할 수 있다. [표 3-1]은 운동 지속시간을 3단계로 나누고 각 단계에 따라 글리코겐의 추가 섭취 효과를 나타내고 있다.

[표 3-1] 글리코겐의 추가 섭취 단계와 효과

추가 섭취단계	운동부하와 지속시간	효과
Ⅰ단계	20분 이하의 높은 부하 운동	변화 없음
Ⅱ단계	30~90분의 높은 부하 운동	50분 이후의 경기력 유지
Ⅲ단계	90분 이상의 높은 부하 운동	후반부 경기력 유지

[표 3-1]과 같이 높은 부하로 20분 이하에서 실시되는 Ⅰ단계 운동은 글리코겐을 추가로 섭취해도 운동 수행력에 변화가 없으나 Ⅱ단계의 경우 30~90분간 고강도 운동을 실시하는 경우 운동 중 추가 섭취한 탄수화물이 운동 후반에서 효과를 나타내고 있다. 특히 Ⅲ단계의 90분 이상 고강도 간헐적 운동이나 축구, 아이

스하키 경기처럼 전 · 후반으로 나뉘어 체력을 많이 요구하는 운동에서 글리코겐을 추가로 섭취하였을 경우 후반전에서도 전반전과 유사한 수준의 체력과 경기력을 유지할 수 있다.

이와 같이 글리코겐의 추가 섭취는 지속적으로 실시하는 높은 강도의 트레이닝이나 경기에서 운동능력을 유지하는 데 효과가 높다.

[표 3-2] 글리코겐 추가 섭취 요령

단계	경기 4시간 전	경기 1시간 전	경기 중	경기 종료 후
섭취 요령	체중 1kg당 4~5g	체중 1kg당 1~2g	15~20분 간격으로 15~20g의 탄수화물 함유 음료 섭취	고탄수화물 식품, 탄수화물과 단백질을 함께 섭취

단기간 글리코겐을 추가로 섭취하는 요령은 [표 3-2]와 같이 경기 시작 4시간 전, 1시간 전, 경기 중간 중간 그리고 경기 종료 후와 같이 4단계로 구분할 수 있다.

4시간 전에 글리코겐을 추가로 섭취할 경우 포도당 종합체 또는 주스 분말로 제조된 음식이 권장되며, 1시간 전에는 저 탄수화물 음식이나 포도당 종합체 음식 섭취, 경기 중간 중간에는 스포츠 음료를 섭취하여 글리코겐의 고갈을 방지하며, 경기 종료 후에는 글리코겐의 재충전을 위하여 고탄수화물 식품이나 글리코겐을 단백질과 함께 섭취하면 경기력과 체력을 지속적으로 유지하거나 피로를 효과적으로 회복할 수 있다.

② 글리코겐 로딩

마라톤과 같이 장시간 유산소 지구력이 요구되는 경기에서 체력과 운동능력을 지속적으로 발휘할 수 있도록 근육과 간에 글리코겐을 저장하여 에너지원을 증가시키는 방법을 글리코겐 로딩(glycogen loading)이라 한다.

[표 3-3] 글리코겐 로딩의 단계별 내용

단 계	글리코겐 로딩 내용
I	운동 24시간 전에 다당류 섭취
II	운동 30분~1시간 전에 단당류 섭취
III	트레이닝, 경기 중간중간에 단당류 섭취

탈진(all out)에 이를 정도까지 운동을 지속할 경우 근육 내 글리코겐의 이용률과 함량은 운동 수행력에 많은 영향을 미친다. 마라톤이나 크로스컨트리 스키 선수들을 대상으로 실시된 몇 몇 연구는 글리코겐 로딩을 실시한 집단 선수들의 경기 성적이 우수하였으며 90분 이상 지속되는 지구성 스포츠 종목에서도 근피로 현상을 지연시키는 효과가 있었다고 보고하였다.

글리코겐 로딩은 [표 3-3]과 같이 I 단계는 24시간 전에 다당류를 섭취하고 II 단계는 운동 30분 전에 단당류를 섭취하며 III단계에서는 트레이닝 사이사이에 단당류를 조금씩 섭취하여 에너지원을 보충하고 운동 수행력을 지속시킬 수 있다. 글리코겐 로딩은 경험이 많은 우수선수들에게는 효과적이지만 운동 초보자나 당뇨 환자, 고지혈증 또는 콜레스테롤 수치가 높은 사람들에게는 부작용의 위험이 있다. 글리코겐 로딩 중에 설사나 메스꺼움 또는 근육 경직이 발생하면 글리코겐 로딩을 중지하여야 한다.

마라톤 ○선수의 글리코겐 로딩

마라톤 ○선수는 시합 1주일 전에 글리코겐 로딩을 시작한다. 로딩 3일 동안에는 저탄수화물 식사 중심으로 트레이닝 강도를 높이면서 글리코겐을 단계적으로 고갈시킨다. 경기 전 3일 동안은 고탄수화물 중심 식사를 하되 트레이닝 양을 대폭 줄여 글리코겐 양을 평소보다 2~3배로 증가 섭취하여 글리코겐 로딩을 실시한다.

○선수와 같이 글리코겐 로딩에 익숙해지기 위해서는 자신의 몸에 맞는 맞춤형 글리코겐 로딩 방법이 필요하며 이를 위해서는 많은 경험과 시행착오가 뒤따른다. [표 3-4]와 같은 글리코겐 로딩 방법에 적응된 ○선수는 글리코겐을 체내에 축적한 후 경기에 출전하여 경기 중반까지 지방을 주 에너지 원으로 사용하다가 마지막 스퍼트(spurt)에서 축적된 글리코겐을 폭발적으로 사용하여 경기력을 최대로 발휘한다.

[표 3-4] 마라톤 ○선수의 경기 7일 전 글리코겐 로딩

월	화	수	목	금	토	일
운동강도↑			운동강도↓			시합 당일
지방을 뺀 고기 15% 미만의 저탄수화물 섭취			고탄수화물 70~80% 섭취			

(2) 지 방

지방(fat)은 신체를 구성하고 체온을 유지시키며 주요 장기를 보호하여 성장을 촉진시키거나 혈중 콜레스테롤 농도를 감소시키는 리놀레산(linoleic acid)과 같은 필수 지방산을 공급하고 호르몬의 대사조절에도 관여한다.

지방은 9.45kcal/g 정도로 탄수화물 2배의 열량을 공급하고 신체 피하조직이나 근조직에 충분히 축적되어 탄수화물에 이은 에너지원으로서 각종 운동과 부하 상태에서 거의 무제한으로 이용되며 고갈되지 않는다.

신체 기관의 에너지는 대부분 지방을 연소시켜 에너지를 공급받기 때문에 탄수화물의 소비가 억제된다. 낮은 운동 부하에서 최대산소섭취량 이상으로 운동부하가 높아지면 주 에너지원은 지방에서 탄수화물로 서서히 전환된다.

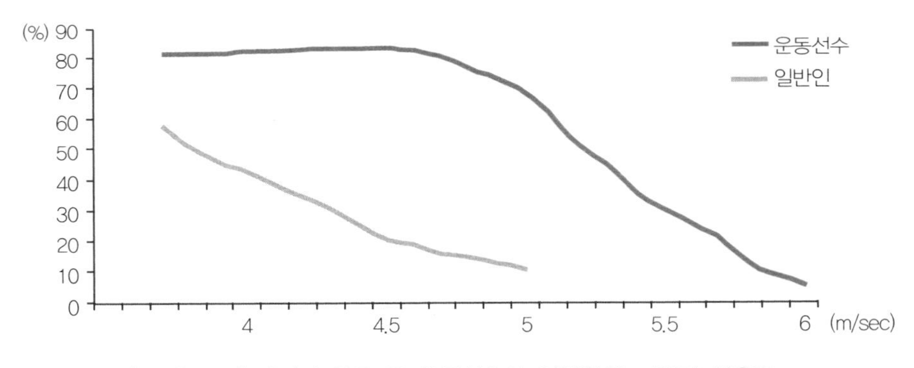

[그림 3-4] 달리기 운동 중 운동선수와 일반인의 지방질 사용률

지방이 다량 함유된 음식물 섭취는 일반인에게는 비만을 초래할 수 있으나 장기간 매일매일 트레이닝을 실시하는 운동선수들에게 비만은 거의 초래되지 않는다. 트레이닝 중에 저지방을 섭취한 운동선수 집단이 고지방을 섭취한 운동선수 집단보다 지구성 운동 종목에서 운동능력이 향상되었다는 연구보고가 있는데, 이 같은 연구는 지방을 과다 섭취하면 강도 높은 운동에서 에너지 대사의 효율성이 저하되어 섭취한 음식물의 지방 비율이 증가되고 이에 따라 탄수화물과 단백질의 이용 비율이 떨어져 운동능력이 저하되기 때문이다. 따라서 운동선수들은 에너지 대사의 효율성을 높이기 위하여 전체 에너지 섭취량의 30% 이내로 지방 섭취를 조절하여야 한다.

(3) 단백질

인체를 구성하고 있는 단백질(protein)은 약 20여 종의 아미노산(amino acid)으로 구성되며 이들은 서로 다른 배열과 빈도로 결합되어 무수한 변이체를 만든다. 단백질은 인체 내에서 서로 다른 주요 기능을 담당하고 상호 작용에 의해 생명 활동에 필요한 현상을 나타내며 인체의 구조체, 효소의 구성성분으로 뿐 아니라 에너지원으로의 역할을 담당한다.

인체의 생리적 현상이 최적 상태가 되기 위해서는 체내 질소의 소비와 공급이 평형을 이루는 최저 단백질 섭취만으로는 부족하다. 건강과 운동능력을 향상시키기 위해서는 체중 1kg당 최소 1g의 단백질 섭취가 필수적이다.

단백질의 에너지 효율은 탄수화물이나 지방에 비교할 수 없을 정도로 낮지만 인체 활동 시 부하에 관계없이 아미노산이 포도당으로 전환되어 에너지 대사에 참여한다. 그러나 단백질 연소는 근 조직과 같은 인체 구성을 파괴하는 위험이 수반될 수 있기 때문에 운동 시 단백질이 에너지 생성에 참여하지 않도록 하여야 한다.

근 단백질에 관여하는 효소나 호르몬의 기능을 높이면 트레이닝 효과를 높일 수 있기 때문에 많은 운동선수들이 고단백질이 함유된 식품을 적극적으로 섭취하는 경향이 있다. 단백질 섭취가 부족하면 운동수행에 대한 집중력이 저하되고 체세포 구성과 기능에 이상이 초래될 수 있기 때문에 운동선수들은 전체 에너지 섭취량의 약 12~20%의 단백질 섭취가 필요하다.

지구력이 요구되는 운동선수는 체중 1kg당 하루에 1.5~2.0g, 순발력을 요구하는 운동선수는 체중 1kg당 하루에 2.0~2.5g의 단백질 섭취가 필요하며 섭취 전체 단백질의 2/3는 동물성 단백질을, 1/3은 식물성 단백질이 이상적이다. 강력한 근수축이 필요한 운동은 전체 에너지 소비량의 20%를 단백질에서 공급 받는 것이 바람직한데, 이는 격렬한 근운동으로 피로해진 근 단백질을 회복시키기 위해 충분한 단백질이 필요하기 때문이다. 특히, 순발력을 요구하는 스포츠에서 단백질 섭취 양을 증가시켜야 하는 것은 근비대화(hypertrophy)로 근력을 향상시키기 위해서이며 이 같은 경우에는 동물성 단백질이 효과적이다.

[그림 3-5]는 근력 트레이닝 시 단백질 섭취가 근력 향상에 미치는 영향을 나타내고 있다. 체중 1kg당 1.0g의 단백질 섭취를 2.0g으로 증가하였을 때 근력이 보다 효과적으로 증가되고 있음을 나타내고 있다.

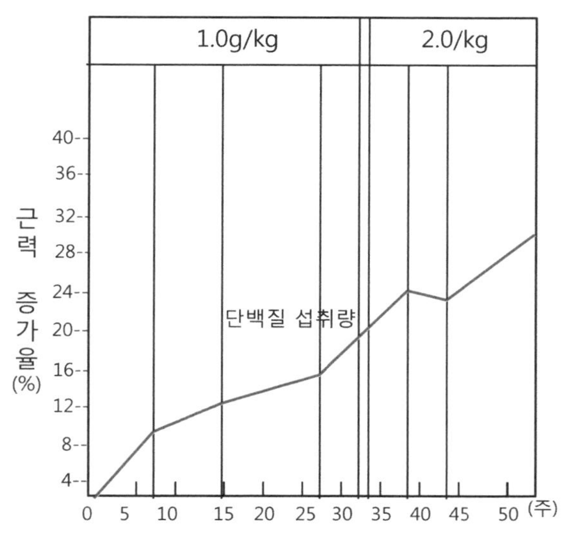

[그림 3-5] 단백질 섭취량과 근력 트레이닝의 효과

(4) 비타민

비타민(vitamin)은 그 자체가 에너지를 생성하지 않고 체내 합성이 불가능하기 때문에 음식물로 섭취하여야 한다. 신체의 원활한 기능 수행과 3대 영양소의 분해 과정에 비타민이 밀접하게 관련되어 있다.

비타민 B_1은 탄수화물의 분해 특히 피루브산(pyruvic acid) 과정에서 두드러진 기능을 발휘한다. 탄수화물이 분해되는 과정은 무산소 해당과정(glycolysis)과 유산소(aerobic) 분해로 나눌 수 있으며 그 접점에 피루브산(pyruvic acid)이 형성된다. 특히 고탄수화물 공급이 중요하게 작용하는 지구성 스포츠 선수는 탄수화물 양과 비례하여 비타민 B_1의 섭취 요구량이 증가하는 것은 탄수화물이 에너지로 형성되는 과정에 비타민 B_1이 필요하기 때문이다. 일반인의 비타민 B_1의 소요량은 1일 1~2mg이지만 탄수화물 섭취가 많은 일부 스포츠 선수들은 하루에 10mg 이상을 필요로 하는 경우도 있다.

비타민 B_1은 과잉 섭취하여도 부작용이 발생하지 않기 때문에 트레이닝 양이 많거나 시합 직전 평소보다 많은 비타민 B_1을 섭취하여 유산소 기능이나 최대산소섭취량의 상승을 기대할 수 있다.

비타민 C는 비타민 B_1과 마찬가지로 운동 시 대사와 직접적인 관계는 없지만 비타민 섭취 증가에 따라 운동능력이 향상되었다는 실험 결과가 있으며 특히 강도 높은 트레이닝을 할 때 비타민 C의 소요량이 현저히 증가한다. 특히 비타민 C의 잠재적 결핍 상태가 발생하기 쉬운 겨울에는 준비운동에 지장이 초래되거나 감염증이 유발되기 쉽기 때문에 강도 높은 트레이닝을 겨울에 실시할 때에는 비타민 C의 섭취량을 다른 계절보다 증가시켜야 한다. 비타민 C는 섭취량을 증가시켜도 부작용이 발생하지 않기 때문에 겨울에 실시하는 트레이닝의 경우 운동선수의 비타민 C의 섭취량을 하루에 500mg까지 증가시키는 것이 바람직하다.

[표 3-5] 체력 요인별 소모 비타민 (단위: mg)

비타민의 종류	체력요소		일반인
	지구력	순발력	
A	2~3	2~3	0.8
B_1	6~8	6~8	1.5
B_2	6~8	812	1.8
B_6	6~8	10~15	2.0
B_{12}	5~6	5~6	3.0
niacin	20~30	30~40	20
C	400~800	300~500	60
E	30~50	20~30	15

비타민 B 또는 C 외에 비타민 A 및 니아신(niacin) 등도 운동 시 섭취량을 평소보다 증가시켜 트레이닝의 효과를 높일 수 있다. 비타민은 다른 비타민과 일정한 양적 관계를 유지하면서 섭취하는 것이 바람직하며 특정 비타민을 장기 섭취함으로써 발생할 수 있는 부작용을 예방하기 위하여 복합 비타민(비타민 종합영양제) 섭취가 바람직하다. 인체에 필요한 비타민은 10종류 이상이고 각각의 기능이 다르기 때문에 한 종류라도 섭취가 부족하면 결핍증을 일으킬 수 있다.

비타민은 물에 녹는 수용성 비타민과 기름에 녹는 지용성 비타민으로 크게 나눌 수 있다. 수용성 비타민의 섭취는 체내에 축적되지 않고 소변으로 배출되지만 지용성 비타민은 지방과 같이 소화관에서 흡수되어 상당 양이 간에 축적되기 때문에 수용성 비타민은 자주 섭취하지 않으면 결핍증에 걸리기 쉽다. 그러나 비타민 A와 D와 같은 지용성 비타민의 다량 섭취는 과잉 섭취에 따른 부작용이 발생할 수 있다.

(5) 무기질

무기질(mineral)은 체중의 약 4%를 차지하고 있는 결정체의 화학원소로서 합성되거나 분해되지 못하고 이온(ions)상태 또는 여러 유기성 물질과 혼합되어 있다. 체내 무기질은 식품이나 음식 섭취에 의존하며 일반인이 하루 필요한 무기질의 양은 0.1g 이상의 다량원소(macro-element)와 0.01g 이하인 미량원소(micro-element)가 있고 무기질의 함유량은 세포내 · 외 성분은 물론 조직 사이에 서로 다르다.

뼈는 많은 칼슘(Ca)과 인(P)으로 구성되며 근세포는 높은 함유량의 칼륨(K)과 마그네슘(Mg)을 보유하고 혈액과 간질액은 나트륨(sodium)과 염화물(chloride)의 함유량이 높다. 체내에서 무기질의 주요 기능은 신체의 골격을 형성하고 체내 대사에 필요한 효소의 구성성분으로 생화학 기능에 필수적이며 삼투압 유지, 아미노산, 호르몬의 구성성분, 항산화제 등의 중요한 역할을 담당하여 체액의 구성성분 및 산과 염기의 평형을 조절하는 기능을 가지고 있다.

격렬한 신체 활동으로 체내에서 필요로 하는 무기질의 섭취가 부족할 경우 헤마토크리트(hematocrit, 혈구용적)수와 적혈구수가 감소되고 이로 인해 혈중 헤모글로빈(hemoglobin)이 정상 이하로 떨어져 빈혈(anemia)이 발생한다. 특히 혈구손실, 혈구파괴(용혈), 혈구 및 헤모글로빈 신생 억제 등의 주요 원인으로 운동선수에게 나타나는 빈혈을 스포츠 빈혈 또는 운동성 빈혈이라 한다. 스포츠 활동

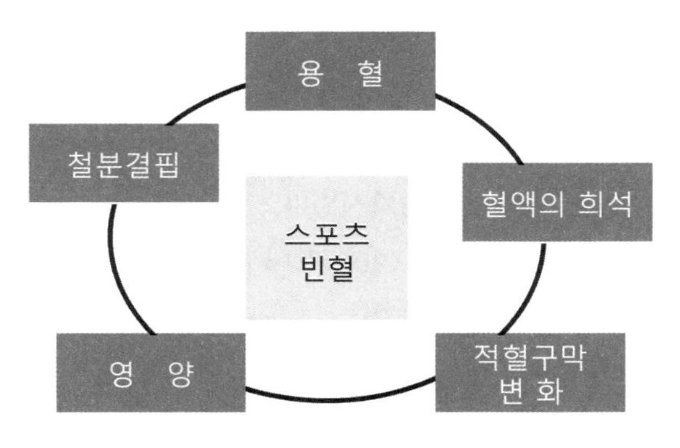

[그림 3-6] 스포츠 빈혈의 원인

[표 3-6] 주요 무기질과 운동능력

무기질	주요기능	운동과 작용	권장섭취량 및 함유식품	기 타
칼륨 (K)	• 당질대사 및 단백질 합성에 관여 • 근수축 및 이완 관여 • 신경자극 전달	• 근수축 반복 시 근육의 칼륨농도 감소 • 글리코겐의 과다 사용 시 근세포로부터 칼륨 손실 초래	• 2~3.5g/1일 • 바나나, 오렌지, 토마토, 밀	혈장 칼륨 수치가 높으면 심장질환 위험
마그네슘 (Mg)	• ATP 구조 안정 및 에너지 대사 관여 • 신경자극 전달 및 근육 긴장 조절	• 격렬한 운동 후 24시간 지나면 마그네슘 손실 • 마그네슘 손실은 에너지 대사의 약화 및 근피로 유발	• 200~300mg/1일 • 코코아, 견과류, 콩	신경근 전달과 활성화에 주요 역할
칼슘 (Ca)	• 골격 형성 및 유지 • 체내 대사조절(신경전달, 근수축 및 이완, 세포대사 등)	• 근수축 시작을 위한 필수물질 • 여자 선수들의 칼슘 부족은 골다공증 초래	• 700mg/1일 • 우유, 치즈, 요구르트, 생선뼈	혈장 칼슘의 흡수 및 분비는 골 대사를 조절하는 호르몬에 의해 유지
인 (P)	• 골격 및 인체구성 • 에너지대사 관여	• 운동 강도와 양에 따라 혈장 수치 증가	• 1,500mg/1일 • 모든 식품에 존재	골형성 시 칼슘의 대응물로 이용

에 따른 빈혈의 요인으로는 땀과 소변 또는 변으로 헤모글로빈 내의 철분(Fe) 손실, 발바닥 충격에 의한 용혈(오래 걸을 때 나타나는 혈색소뇨증), 운동 급성기에 발생하는 혈액 희석에 의한 외견상의 빈혈, 부적당한 영양 또는 극도의 절식에 의한 철분 섭취 부족을 들 수 있다.

빈혈은 운동능력을 저하시키고 각종 자각증상으로 나타나 운동선수의 경기력 향상이나 건강을 저해시키는 질병으로 취급될 뿐 아니라 근조직의 지구성 능력에 장애가 초래되어 젖산 생산량을 증가시킨다.

운동선수들에게 나타나는 스포츠 빈혈의 대부분은 철분의 결핍에서 초래된다. 헤모글로빈(hemoglobin) 수치가 남자는 13.0g/dℓ 미만(정상적인 남자의 혈색소 수치: 13.5~17.5g/dℓ), 여자는 11.0g/dℓ 미만(여자의 정상적인 혈색소 수치: 12.0~16.0g/dℓ)일 때 트레이닝의 강도와 양을 감소시키거나 휴식을 취하여 스포츠 빈혈을 사전에 예방하여야 한다.

헤모글로빈(hemoglobin) 수치가 남자 11.0g/dℓ 이하, 여자 10.0g/dℓ 이하일 때 1일 100g의 단백질이나 평소 섭취량에 체중 1kg당 2g의 단백질을 추가로 섭취하여야 한다.

(6) 물

일반 성인의 하루 권장 수분 섭취량은 음식물에 포함된 수분을 포함하여 3,000mℓ이고 소변과 땀으로 2,000mℓ 정도 배출된다. 운동선수들은 일반인보다 왕성한 신체 활동을 하고 대사의 활성화 때문에 보다 많은 양의 수분이 필요하다.

음식물 섭취로 축적된 에너지가 근 수축이나 특정 기능의 활동으로 전환되기 위해 이용되는 에너지는 일반 에너지의 25~30%이고 나머지는 열로 방출되기 때문에 운동 중 체외로 방출되는 에너지를 최소화시키기 위해 적절한 수분 섭취가 운동선수에게 필요하다.

인체는 자동차가 냉각수를 필요로 하는 것과 같이 적절한 체온을 유지하기 위해 수분의 섭취와 상실이 상호 균형을 유지하여야 한다. 수분이 극도로 상실되면 순환계가 정상적으로 기능을 발휘하지 못하기 때문에 피부의 혈류량이 저하된다. 발한이 계속되면 혈액 속의 수분 양이 감소되어 혈액 순환에 이용될 수 있는 혈액량이 감소되어 근에 공급되는 에너지가 줄어들고 피부를 통해 열의 체외 방출이 어려워진다. 이 같은 현상으로 혈장량이 감소하면 심장 1회 박동 시 혈액량이 저하되고 심박수가 상승하여 피부의 혈류량이 감소된다.

발한이 감소되면 체온 감소 현상이 저하되지만 운동을 계속하면 체온이 41℃까지 상승하다가 열성 피로가 발생하여 최악의 경우 사망에 이르는 경우도 있다. 따라서 인체의 활동 강도와 양이 발한과 어느 정도 비례하는 것이 체온의 정상적 유지를 위해 바람직하다.

사람은 체중의 60%, 뇌와 근육의 75%, 뼈의 25%가 물로 되어 있기 때문에 물은 인간에게 매우 중요한 영양소이다. 체내 수분의 주요 기능은 노폐물 배설, 체온 조절, 장기 보호, 몸 속 성분 용해 등이며 체내 수분 가운데 4%만 손실되어도 운동능력이 저하되고 10% 이상 손실되면 탈수증을 일으키며 20%가 초과되면 사망에 이른다.

운동과 수분섭취

경기 중 수분 섭취는 체력과 경기력을 유지할 수 있을 뿐 아니라 경기 후 피로를 회복시키는데 효과적이다. 따라서 운동선수들은 평상시 또는 트레이닝 시 수분 섭취를 습관화 하여야 한다. 물과 음료는 5℃ 정도에 위에 빠르게 흡수되지만 물의 온도와 당분 농도가 높으면 위에서 흡수 속도가 느리기 때문에 운동 중에는 당분이 첨가되지 않았거나 농도가 낮은 음료를 섭취하여야 한다.

수분 섭취는 혈액 전해질의 점도를 낮춰 심장과 근육에 가해지는 부하를 감소시키고 피로를 줄이기 때문에 1시간 이상 지속되는 트레이닝이나 경기 전후 또는 경기 중에 수분을 섭취하는 것은 경기력 유지에 효과적이다. 운동 후 15분 이내에 운동 전 섭취한 수분이 모두 흡수되지 않도록 운동 직전 400~700㎖의 음료를 섭취하며 운동 후 15~20분(마신 물은 위에 20분 정도 머물다 장에서 흡수)마다 소비된 100~150㎖의 음료를 추가 섭취하여 탈수현상을 예방하고 체내 수분 상태를 정상적으로 유지하면 경기력이 수분 부족으로 저하되지 않는다. 일반적으로 스포츠 음료는 신체 활동 중 소비되는 전해질이 충전된 음료수이기 때문에 강도 높은 운동을 지속적으로 실시할 때에는 전해질의 부족 현상을 예방하기 위해 스포츠 음료(글루코스 8%내외 또는 소디움 포함)를 섭취하는 것이 효과적이다.

Thomas(1986)는 [그림 3-7]에서 2시간 동안의 사이클 훈련 중 스포츠 음료를 섭취한 (A)그룹 선수와 위약(placebo, 스포츠 음료와 동일한 향미가 있는 순수 물)을 섭취한 (B) 그룹 선수들의 운동 수행력의 변화를 나타내고 있다. 스포츠 음료를 섭취한 선수들과 위약 섭취 선수들의 운동 수행력은 90분이 경과될 때까지는 유사하게 나타나지만 90분 이후부터는 스포츠 음료 섭취 선수들의 운동수행력이 위약 섭취 선수들보다 높아지고 있다.

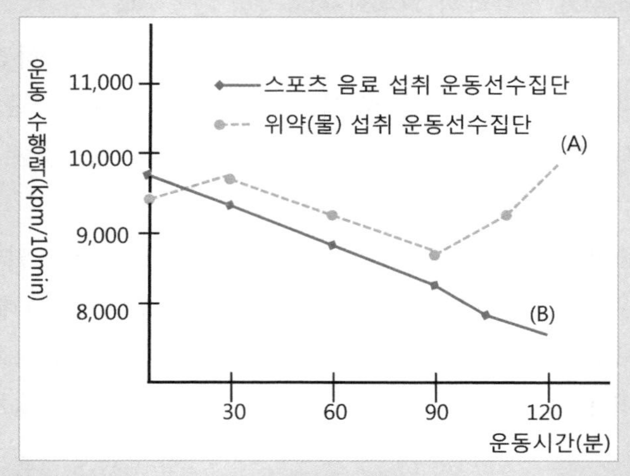

[그림 3-7] 스포츠 음료 섭취집단과 위약 섭취집단의 운동수행력

2) 체력과 영양

(1) 근 력

근육의 약 70%는 수분, 19%는 단백질로 구성되어 있기 때문에 근육의 비대나 근의 크기는 근육을 구성하고 있는 단백질의 양과 상태에 비례한다. 근력 트레이닝 시 근의 주요 수축성 단백질인 미오신(myosin, 단백질의 약 60%)의 양이 증가되면 근력이 향상되고 근의 이완에 직접 관여하는 미오스트로민(myostromin)이 증가한다.

[그림 3-8]은 Popowa(1962)가 트레이닝 시킨 동물과 트레이닝 경험이 없는 동물의 근력, 질량 그리고 근육의 글리코겐(glycogen) 양의 변화를 비교한 것이다.

미오신은 근육을 수축시킬 뿐 아니라 근수축의 에너지원인 ATP의 분해효소로서 화학적 에너지를 동원하여 근 활동에 필요한 물리적 에너지로 전환시키는 효소 기능을 갖고 있다. 트레이닝이 진행되는 동안 근육 내 미오신의 양이 증가하면 ATP의 활성화가 높아져 근력이 강화된다. 이와 같은 근조직의 강화는 근육의 수축 지원인 근 단백질의 양과 에너지원으로서 근육 내에 저장되어 있는 화합물의 빠른 동원과 에너지로의 전환 능력에 따라 결정된다.

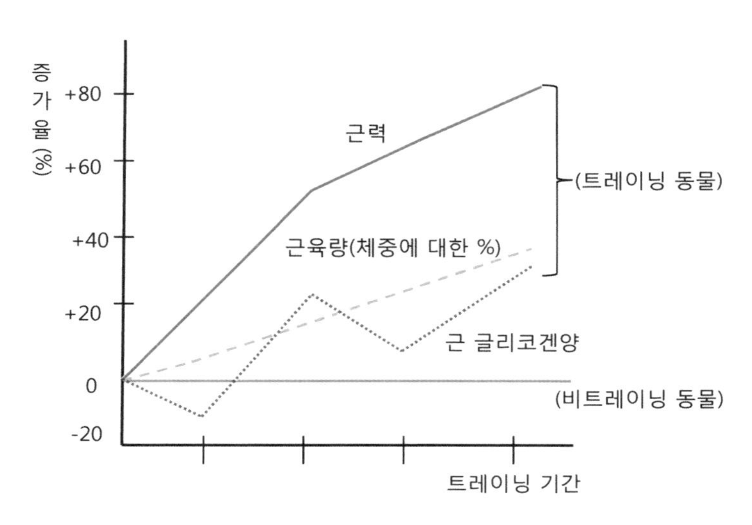

[그림 3-8] 트레이닝에 의한 동물의 근력, 근육량 및 글리코겐 변화

(2) 심폐지구력

심폐지구력을 효과적으로 향상시키기 위해서는 글리코겐이 풍부한 음식을 섭취하는 것이 중요하다. 글리코겐을 충분히 섭취하면 강도 높은 신체활동을 효과적으로 수행할 수 있을 뿐 아니라 근의 피로도 감소된다. 글리코겐은 산소 공급이 충분하면 물과 이산화탄소로 분해되지만 운동강도가 높고 산소 공급이 충분하지 못한 무산소대사 상태에서는 완전 분해되지 못하고 체내에 피루브산(pyruvic acid)과 젖산(lactic acid)으로 축적된다.

최대 산소섭취량은 일반 성인은 2~3ℓ/분당, 일반 운동선수는 3~4ℓ, 단련된 선수는 5ℓ 이상도 가능하다. 운동 중 섭취한 산소의 양을 산소 섭취량, 운동 중 부족했다가 운동 후 충당하는 산소를 산소부채(O^2debt), 산소섭취량과 산소부채의 합을 산소수요량이라 하며 산소수요량은 글리코겐을 분해하여 운동 에너지를 만드는 데 사용된 산소의 양으로 나타낸다.

Bergstrom(1989)은 9명의 피험자들에게 탄수화물과 지방 함량이 다른 3종류의 식사를 3일 동안 섭취시킨 후 최대산소섭취량의 75% 수준으로 자전거 에르고미터 운동을 탈진(all out) 상태까지 실시한 후 운동 지속 시간과 운동 실시 전 근육 글리코겐 양의 관계를 조사한 결과 [그림 3-9]와 같이 운동 지속시간과 골격근의 글리코겐 양은 상호 비례하고 있음을 알 수 있다.

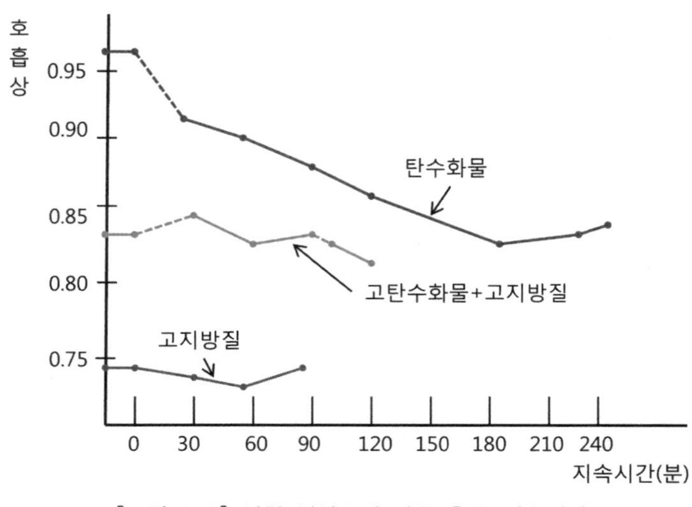

[그림 3-9] 섭취 영양소에 따른 운동 지속시간

Christensen(1983)도 자전거 에르고미터에서 운동을 했을 때 고탄수화물(90%의 당질)을 섭취한 피험자들이 고지방질(95%가 지방)을 섭취한 피험자들보다 작업 능력이 높다는 연구 결과를 발표하였다.

(3) 순발력, 스피드 및 민첩성

근수축의 빠르기는 근섬유 내 화학적 에너지를 물리적 에너지로 전환시키는 능력의 크기와 빠르기로 결정되기 때문에 근수축의 빠르기는 신경에서 근육으로의 흥분 전달 속도와 ATP 분해 속도에 좌우된다.

민첩성은 근육의 수축과 에너지 지원의 상호 작용으로 이뤄지므로 근수축이 이뤄질 때까지 소비한 ATP가 재합성되어야 다음 동작을 수행할 수 있다. ATP가 완전 소모될 정도의 운동 수행과 근 수축을 위한 에너지 공급이 지속적으로 이루어지지 않는 상태에서는 연속적인 민첩성 수행은 불가능하며 자칫 근육이 경련 상태에 이를 수 있다. 순발력, 스피드 및 민첩성은 화학적 에너지를 물리적 에너지로 전환하는 능력이 얼마나 빠르게 이뤄지느냐에 따라 결정된다.

2 에너지원과 시스템

인체는 흡수된 영양소를 효소작용으로 산화시켜 필요한 에너지를 얻는다. 에너지의 대부분은 1개의 아데노신(adenosine)과 3개의 무기인산(Pi)으로 구성된 아데노신 3인산(ATP)에서 얻으며 인체 내에서 직접 에너지원으로 이용되는 물질도 아데노신 3인산(ATP: adenosine triphosphate)이다. 아데노신 3인산은 아데노신 2인산(ADP: adenosine diphosphate)과 인산(Pi)으로 분해되면서 근육 수축에 필요한 에너지를 방출한다. 식품으로 섭취한 탄수화물과 지방 그리고 단백질은 아데노신 3인산의 공급원이며 아데노신 3인산이 근세포에 공급되는 방법으로는 ATP-PC(ATP: adenosine triphosphate-phosphocreatine) 시스템, 젖산(lactic acid) 시스템 그리고 산소 또는 유산소(O_2)시스템의 3가지이다.

1) 에너지원

근육 내 존재하는 에너지원인 ATP는 그 양이 극히 적어서 1초 이상의 근 수축에 사용될 수 없음에도 장시간 운동을 지속할 수 있는 것은 ATP가 ADP와 Pi로 분해되면서 근 수축에 필요한 에너지를 방출하기 때문이다.

ATP가 ADP로 분해되면서 방출하는 에너지는 근 수축을 비롯한 모든 생화학 작용을 수행하는데 사용된다. 인체가 ATP를 합성하는 방법은 산소의 이용 유무에 따라 무산소과정(anaerobic process)과 유산소과정(aerobic process)으로 구분된다. 무산소과정은 산소를 이용하지 않고 ATP를 세포 내 미토콘드리아에서 합성하는 과정이며 유산소과정은 산소를 이용해 ATP를 합성하는 과정이다. 무산소과정은 근 내부에 저장된 인산크레아틴(PC: phosphocreatine)을 연료로 사용하는 인원질과정(ATP-PC)과 근육 내 당(glycogen 또는 glucose)이 젖산으로 분해되는 해당과정(glycolysis)에서 얻어지는 에너지를 이용하여 ATP를 재합성하는 젖산시스템으로 구분된다. 유산소과정은 근육에서 음식물을 분해하고 미토콘드

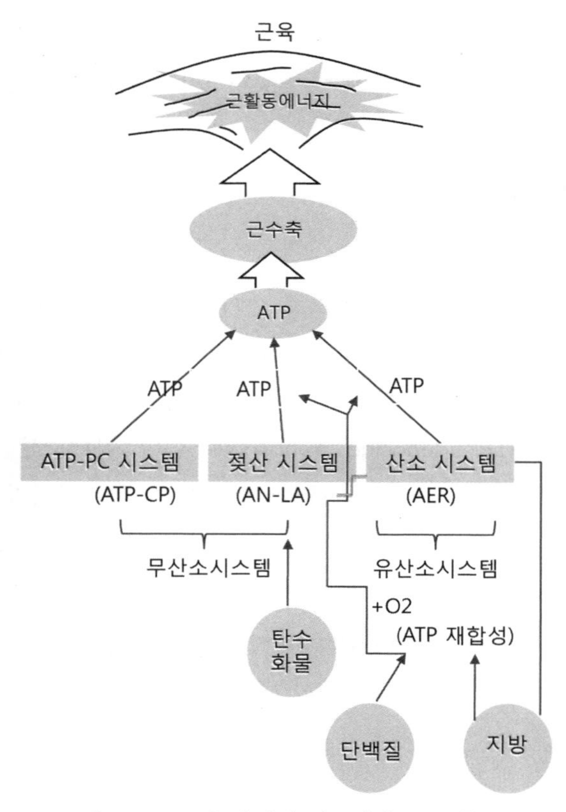

[그림 3-10] 에너지 시스템과 근 수축

리아에서 산소를 이용하여 탄수화물과 지방을 연소시켜 많은 ATP를 생산하며 물과 탄산가스를 부산물로 배출한다.

2) 에너지 시스템

인체 내 모든 에너지는 음식 섭취로 획득한 탄수화물과 지방을 분해하여 대부분 충당하며 운동 중 젖산 시스템과 유산소 시스템의 상대적 역할은 선수의 운동량식과 트레이닝 방법 또는 운동 수행자가 평소 섭취하는 음식물의 종류에 따라 결정된다.

(1) ATP-PC 시스템

인산크레아틴(PC: phosphocreatine)도 ATP와 같이 근육 내에 저장되어 있으며 ATP와 마찬가지로 PC에서 인산(Pi)과 크레아틴(C: creatine)으로 분해될 때 많은 에너지를 방출하고 방출된 에너지(㉮)가 ADP와 Pi를 결합시켜 ATP로 재합성하는데 필요한 에너지(㉯)로 사용하는 일련의 과정들이 동시 다발적으로 진행

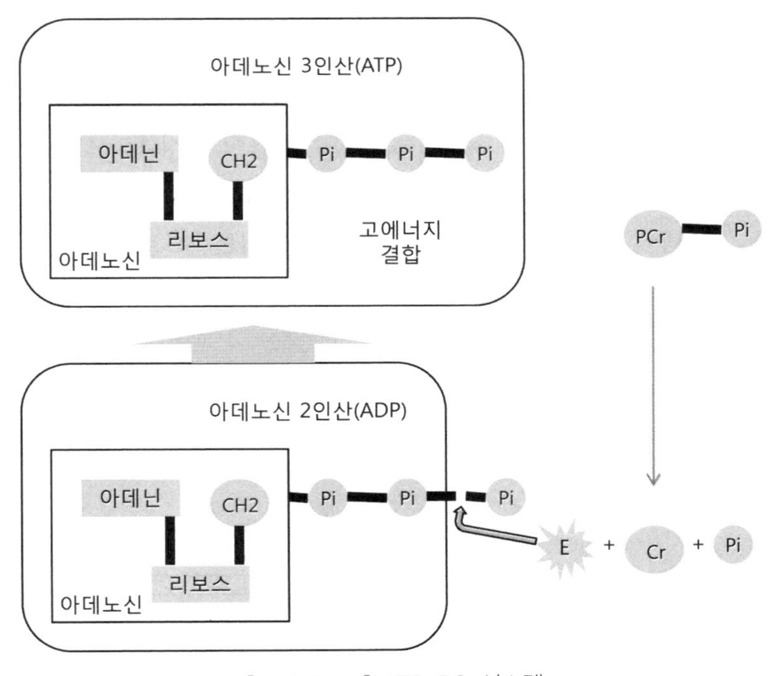

[그림 3-11] ATP-PC 시스템

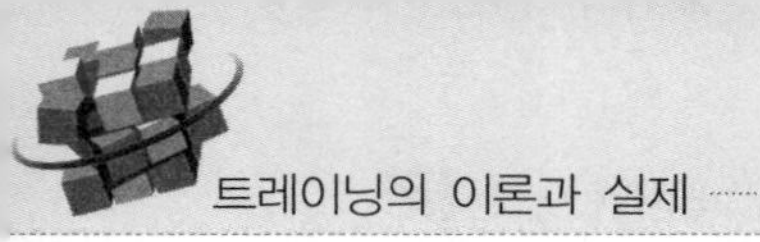

되며 이때 생성된 에너지를 사용하여 움직인다.

〈무산소 에너지 생성과정〉

PC → Pi → C + Energy(㉮) ⇔ Energy(㉯) + Pi + ADP → ATP

ATP와 PC는 인체 근육에서 가장 먼저 사용할 수 있는 에너지원으로 7.7초 이내에 강하고 힘찬 순발력이 필요한 100m 달리기, 포환이나 원반던지기, 다이빙과 같은 운동 수행에 사용되는 에너지이다.

(2) 젖산 시스템

강도 높은 운동이 계속되면 ATP-PC 시스템에 의한 에너지가 고갈되고 이 후에는 음식물이 연소되어 제공되는 에너지로 ATP를 합성한다. 이 과정에는 근육과 혈액 내에 있는 당분(glycogen)이 우선 사용되며 당분은 해당작용(glycolysis)을 거쳐 초성포도산으로 분해되면서 에너지를 생산한다. 이 과정에서 산소가 부족하면 당분이 불완전하게 분해되어 젖산이 부산물을 생성하면서 적은 양의 에너지를 생성하는데, 이때 생성되는 에너지에 의한 최대 운동한계는 약 33초이다.

젖산 시스템(lactic acid system)은 ATP-PC 시스템 다음으로 빠르게 에너지를 생산할 수 있는 장점은 있지만 젖산이 축적될수록 몸이 산성화되고 근육에 피로가 쌓이기 때문에 제한적으로 이용되는 단점이 있다.

무산소 시스템에 의한 에너지 공급 가능 한계는 이론적으로 41초(ATP-PC 시스템에 의해 7.7초, 젖산 시스템의 33초) 내외이므로 젖산 시스템은 400m나

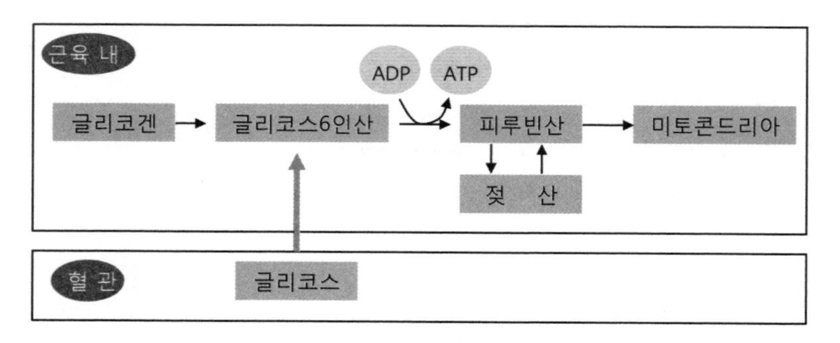

[그림 3-12] 젖산 시스템

800m 달리기와 같이 1~3분 사이에 최대의 운동을 수행하는 스포츠에 에너지를 공급할 때 사용된다.

(3) 유산소 시스템

근육과 간에 저장된 글리코겐은 산소가 충분히 공급되면 많은 양의 ATP를 생성하면서 이산화탄소와 물로 분해되면서 에너지를 생성하는 시스템을 유산소 또는 산소 시스템(O_2 System)이라 한다. 유산소 시스템은 ATP-PC 시스템이나 젖산 시스템과 달리 산소를 이용하여 섭취한 음식물을 탄수화물이나 지방질로 연소시키면서 에너지를 지속적으로 공급할 수 있다.

산소를 근육까지 운반하는 호흡계와 순환계의 능력이 제한되어 많은 양의 탄수화물과 지방을 짧은 시간내 연소시켜 많은 ATP를 생산할 수 없기 때문에 유산소 시스템은 강도가 낮은 운동에 필요한 ATP를 지속적으로 공급은 가능하지만 강도가 높은 운동에 필요한 ATP는 무산소 시스템으로 에너지를 공급 받는다.

유산소 시스템은 세포의 미토콘드리아(mitochondria)에서 글리코겐 180g을 이산화탄소와 물로 완전 분해하여 39몰(mole)의 ATP를 생성할 수 있으며 대사과정에서 젖산과 같은 피로물질을 생산하지 않는다. 이 과정에서 생산된 물은 세포내에서 사용되고 이산화탄소는 근육 세포로부터 혈액 속에 자연스럽게 전달되며 폐로 운반되어 체외로 배출된다.

유산소 시스템에서 음식물을 분해하여 에너지를 생성하는 과정의 효율은 섭취한 음식의 종류와 밀접한 관계가 있다. 유산소 시스템은 무산소 해당과정에서 산소의 공급으로 젖산이 생성되지 않고 초성포도산으로 변화되고 초성포도산이 크랩스 회로(Krebs cycle)나 전자전달계(ETC: electron transport system)와 같은 화학반응을 거치면서 유산소적으로 분해되어 이산화탄소와 물을 생성하면서 인체 운동의 대부분에 사용되는 ATP를 방출한다.

① 크랩스 회로

크랩스 회로(Krebs cycle)는 TCA회로 또는 구연산회로라 불리며 세포의 미토콘드리아 내에서 일어나는 화학반응이다. 탄수화물과 지방 그리고 단백질이 분해되어 에너지로 이용되는 과정은 3단계로 나뉜다.

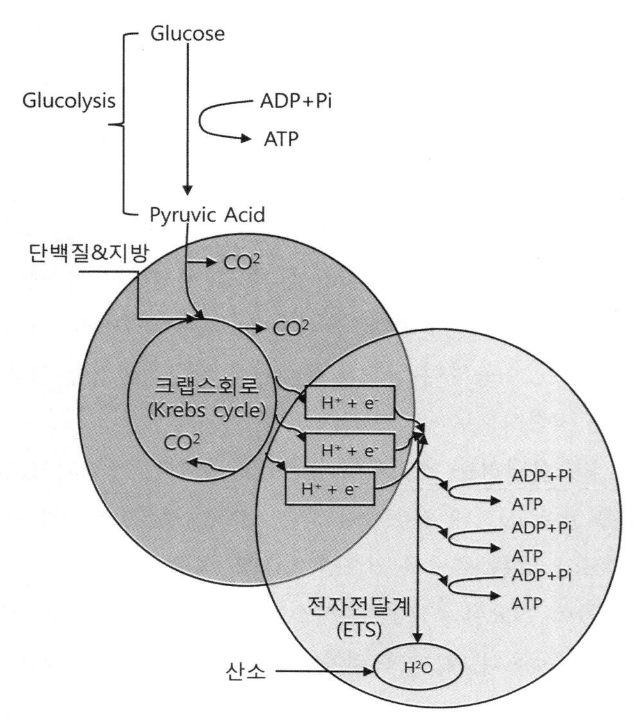

[그림 3-13] 크랩스 회로와 전자전달계

제1단계는 탄수화물과 지방 그리고 단백질과 같은 고분자 물질이 포도당이나 지방과 아미노산으로 분해되며 제 2단계에서 이들이 해당과정(glycolysis), β 산화(β-oxidation), 아미노기전이(transamination) 등을 거치면서 아세틸 보조효소 A(acetyl-CoA)가 되고 최종 3단계에서 아세틸 보조효소 A(acetyl-CoA)가 TCA 회로에서 완전히 산화되면서 ATP를 생성한다.

탄수화물, 지방, 단백질의 대사 생성물은 최종적으로 피루브산(pyruvic acid)이 된 후 활성 아세틸 보조효소 A(acetyl-CoA)가 되고 다시 CO_2와 H_2O로 산화되는 크랩스 회로와 전자전달계는 모두 미토콘드리아(mitochondria)의 기질(matrix)과 내막에 존재하는 효소들에 의해 일어난다.

② 전자전달계

유산소 에너지 생성과정에서 최종 생산물인 H_2O는 크랩스 회로에서 이동된 전자와 수소 그리고 산소로 형성된다. 물이 형성되는 일련의 반응을 전자전달계(ETS) 또는 호흡연쇄라 하며 미토콘드리아에서 진행된다.

전자전달계에서 발생하는 모든 현상들은 반드시 일련의 효소 반응에 의해 수소이온과 전자가 산소로 이동되어 최종 산물인 물을 형성한다. 즉 4개의 수소이온과 4개의 전자와 산소가 합쳐져 2개의 물 분자를 만든다.

$$4H^{+} + 4_{e} + O_2 \rightarrow 2H_2O$$

ATP는 수소이온(H)과 전자(e)가 전자전달계에 수송되어 물이 형성될 때 전자 이온에서 방출되는 에너지의 결합 반응으로 동시에 형성된다. 이때 방출되는 에너지는 ATP를 형성하는 반응(ADP + Pi → ATP)에 사용된 에너지의 양과 동일하다.

3 운동과 에너지 시스템

인체가 활동할 때 탄수화물과 지방이 분해되어 생성되는 에너지는 대부분 사용된다. 모든 스포츠는 에너지 대사와의 상대적 관계에 따라 유산소 시스템과 무산소 시스템으로 분류되는데 이 같은 에너지 시스템은 스포츠 종목과 선수의 여러 요인에 의해 달라질 수 있지만 대부분의 스포츠는 2종류의 에너지 시스템을 상호 보완적으로 사용하면서 신체활동에 필요한 에너지를 공급한다.

운동 중 무산소 에너지와 유산소 에너지 시스템의 상대적 역할은 운동 형태, 트레이닝 수준, 선수의 숙련도 및 섭취하는 음식물에 따라 결정되며 어떤 시스템을 사용하여도 모든 시스템에서 생성되는 에너지원은 ATP이다. 에너지는 모든 인체 활동에 반드시 필요한 요소이며 특히 높은 수준의 수행력을 요구하는 스포츠에서 에너지의 효율적 생성과 축적 그리고 이를 위한 신체 기관의 생리적 기능을 최상의 상태로 유지 또는 향상시키는 것은 경기력 발휘를 위해 필요하다.

1) 안정 시 에너지 시스템

안정 시 산화되는 음식물의 2/3는 지방이고 나머지 1/3은 글루코스(glucose)이며 단백질은 연료로서는 가치가 없다. 안정 시에는 인체 모든 세포에 산소가 충분히 공급되어 활동하는데 필요한 ATP를 생성한다. 안정 시 에너지원을 생성하는 유산소 과정에서는 혈액 100mℓ당 10mg 내외의 적은 젖산이 일정하게 생성되지만 무산소 과정이 진행되지 않기 때문에 생성된 젖산이 인체 내에 축적되지 않는다.

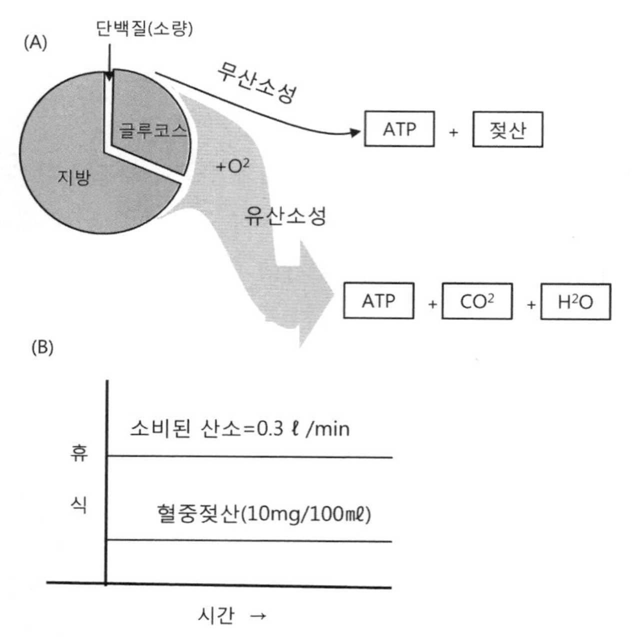

[그림 3-14] 안정 시 유산소 에너지 시스템(A)과 혈중 젖산(B)

[그림 3-14]의 (A)는 안정상태에 필요한 모든 ATP를 유산소 에너지 시스템에서 공급하고 있음을 나타내며 (B)는 안정상태에서는 분당 0.3ℓ의 산소가 일정하게 소비되기 때문에 혈중젖산이 10mg/100mℓ 이내에서 유지되고 있음을 나타내고 있다.

2) 운동 시 에너지 시스템

운동 시에는 유산소 시스템과 무산소 시스템 모두가 ATP를 공급하며 수행하는 운동 형태가 유산소 운동이냐 또는 무산소 운동이냐에 따라 에너지 시스템이 결정된다.

(1) 무산소 운동

100~400m 내외의 단거리 달리기와 같이 최대부하로 3분 이내에 수행하는 스

포츠는 산소 공급 없이 에너지를 공급 받는다. 이 같은 스포츠는 글루코스가 주요 에너지원이며 지방과 단백질은 극히 소량 사용되어 에너지 생성에 거의 영향을 미치지 않는다. 운동 중 충분한 ATP를 유산소 과정만으로 공급하는 데에는 한계가 있다. 이 같은 한계는 산소를 산화시켜 에너지를 생성하는 인체 기관들의 최대 유산소 능력에 한계가 있기 때문이다. 정상급 운동선수들의 유산소 능력은 3.0~5.0ℓ/m에 비해 초보자의 경우는 2.2~3.2ℓ/m이다. 이 정도의 산소 소비량으로는 45~60ℓ/m의 유산소 능력을 필요로 하는 단거리 달리기 ATP 공급에 많이 부족하다.

운동수행 초기단계에서는 에너지 생성에 필요한 산소 공급이 어느 정도 가능하지만 강도 높은 운동에 필요한 수준까지 산소 섭취량을 증가시키려면 인체 기관과 조직이 생화학적 변화에 적응해야 하는데, 이 같은 적응은 운동 후 2~3분의 시간이 소요된다. 이 같은 현상은 휴식 후 강도 높은 운동을 시작하거나 낮은 강도에서 높은 강도의 운동으로 전환하는 경우에도 발생한다. 산소결핍 상태에서 운동에 필요한 대부분의 ATP는 ATP-PC 시스템과 젖산 시스템으로 공급 받는다. 이와 같은 산소결핍 상태가 지속되면 젖산 축적량이 안정시의 20배까지 증가하

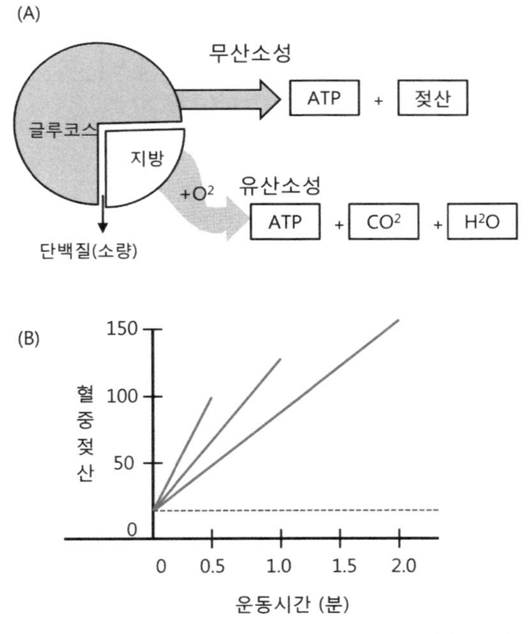

[그림 3-15] 무산소 운동 시 무산소 에너지 시스템(A)과 혈중 젖산(B)

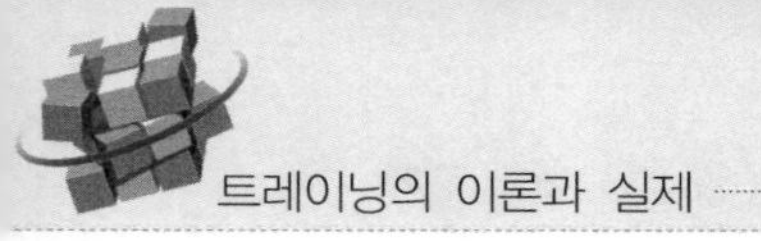

여 혈중 젖산 농도가 높아진다.

[그림 3-15]의 (A)는 탈진(all out) 상태에서 단기간 운동을 실시하는 동안 ATP - PC 시스템으로 ATP의 대부분을 공급하는 과정이며 (B)는 탈진상태에서 30초 ~2분 동안 축적되는 혈중젖산을 나타내고 있다.

(2) 유산소 운동

보통 5분 이상 지속되는 운동 에너지원의 주요 영양소는 글루코스와 지방이지만 1 시간 이상 지속되는 운동 초기에는 글루코스가 주요 영양소로 사용되다가 후반에 지방이 산화하여 에너지를 공급한다. ATP-PC와 젖산 시스템에 의한 에너지는 운동 초기 산소 소비량이 안정 상태에 도달할 때까지만 공급된다.

운동시작 후 2~3분 내 산소 소비량이 안정상태에 도달하면 필요한 에너지가 충분히 공급되어 젖산이 많이 축적되지 않으며 무산소 에너지 시스템은 안정상태가 되면 기능이 중지되고 이 과정에서 생성된 소량의 젖산은 운동 종료 후 휴식을 통해 분해된다.

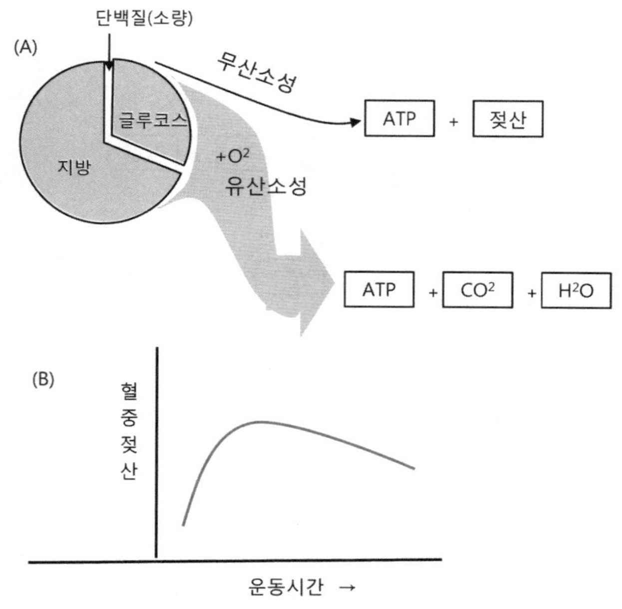

[그림 3-16] 유산소 운동 시 에너지 시스템(A)과 젖산 축적(B)

[그림 3-16]의 (A)는 최대 한계의 운동을 지속적으로 하는 동안에는 ATP의 주 공급원이 유산소 에너지 시스템이며 (B)는 산소 결핍 상태에서 축적된 소량의 젖산은 운동이 종료된 후에도 일정량이 남아 있음을 나타내고 있다.

4 운동 시 에너지 공급과 대사

1) 에너지 공급

운동 시 근 수축에 필요한 에너지는 무산소 시스템과 유산소 시스템에 의해 공급되며 20초 이내 높은 강도로 이뤄지는 운동은 ATP-PC 시스템에서 생성되는 에너지를 대부분 사용하고 45초~3분 45초 사이는 글리코겐을 80~90% 사용한다.

ATP-PC 시스템은 에너지 생성시간이 짧고 근육 내 축적된 ATP가 에너지로 사용되기 때문에 젖산이 축적되지 않지만 해당과정(glycolysis)에서는 산소를 사용하지 않기 때문에 젖산이 생성된다. 체중 1kg당 ATP와 PC의 에너지 용량은 100cal이고 이 에너지를 생산하는 속도는 약 13cal/kg/초이므로 체중 1kg이 100cal의 에너지를 생산하는데 소요되는 시간은 100cal ÷ 13cal = 7.7sec 이다. 따라서 인체가 최대로 에너지를 생성하였을 경우 이론적으로 7.7초가 경과되면 ATP와 PC에서 생성된 에너지는 고갈된다. 에너지로 소비된 ATP와 PC가 회복되는 데에는 약 2~3분이 소요되며 에너지 생성을 위하여 소모된 산소는 운동 종료 후 짧게는 10~60초 후 보충된다.

근육에 저장되어 있는 글리코겐은 300~400gr(gr = 0.064g)이고 간장에는 40~70gr이 저장되어 있다. 이중 일부가 해당 작용으로 ATP를 생성하며 이때 근육 내 축적된 젖산은 근육 1kg당 2.0~2.3gr이고 근육 전체에는 60~70gr 정도이다. 해당작용으로 생성된 ATP는 근육 1kg당 33~38mmol이고 전체 근육 내에는 1.0~1.2mole(1mole = 1,000mmol)이 축적되므로 해당 작용에 의한 에너지 생성 총량은 230cal/kg이고 생산 속도는 7cal/kg · 체중/초이므로 근육이 최대 빠르기로 에너지를 동원하여 사용할 수 있는 시간은 230cal/kg÷7cal/kg · 초≒33초이다.

따라서 ATP와 PC가 해당 작용으로 생성된 에너지의 지속시간은 7.7sec + 33sec ≒ 41초가 되고 이 같은 지속시간으로 수행할 수 있는 스포츠는 400m 달리기이다. 이와 같은 에너지 대사 시스템으로 운동을 하였을 경우 고갈된 글리코겐을 완전히 보충하기 위해서는 고탄수화물 식사를 전제로 46시간이 필요하다. 또한 30~35초 내외의 높은 강도에 의한 반복 또는 인터벌 트레이닝(interval training)의 경우 운동부하와 실시자의 특성에 따라 다를 수 있으나 최소한 24시간이 경과되어야 소모된 글리코겐을 보충할 수 있다.

운동강도가 낮고 산소를 충분히 공급 받는 트레이닝에서는 초성포도산이 크랩스 회로(Krebs cycle)를 거쳐 미토콘드리아 내에서 일련의 산소 반응에 의해 물과 탄산가스로 완전 분해되어 에너지를 생성한다.

유산소 기전(aerobic mechanism)은 많은 양의 ATP가 재합성되며 이 때 산소 공급만 충분하다면 무한대의 에너지가 재합성되기 때문에 트레이닝을 통해 선수의 최대산소 섭취량을 향상시키는 것은 유산소 운동능력을 높이는 것과 직·간접으로 관련이 있다. 3분 이상 지속되는 스포츠나 트레이닝의 주 에너지원은 글루코스와 지방이며 유산소 시스템에 의해 에너지가 공급된다. 1시간 또는 2시간 이상 지속적으로 달리는 스포츠에서 초기에는 글루코스가 사용되지만 후반에는 지방을 주 에너지원으로 사용한다.

O_2 시스템에서 1mole의 ATP를 만들기 위해서는 글루코스 1mole과 3.5ℓ의 산소가 필요하지만 같은 경우 지방질은 1mole과 산소 4.0ℓ가 필요하다. 장거리 달리기의 경우 달리는 속도에 따라 소모되는 에너지와 산소 섭취량이 다르기 때문에 평소 고탄수화물이 함유된 음식물 섭취가 필요하다.

Prutt(1972)는 유산소 트레이닝에서 지구력은 근육 내 글리코겐의 축적 수준에 좌우되고 고탄수화물 섭취가 지방 섭취보다 지구력 향상에 필요한 에너지 생성에 보다 효과적이라고 하였다.

Devries(1980)는 [표 3-7]에서 70% VO_2max 운동부하에서 고지방은 그 효과가 50%이지만 고탄수화물은 60%라 하였다. 이 같은 점을 고려할 때 강도 높고 지속적인 운동능력을 향상시키기 위해서는 고탄수화물 섭취가 바람직하다.

[표 3-7] 섭취 음식과 운동강도 지속시간

운동강도	평소식사	고지방	고탄수화물
50% VO_2max	40%	35%	50%
70% VO_2max	53%	50%	60%

2) 에너지 대사

높은 부하의 운동으로 내·외적 환경을 극복하기 위해 트레이닝을 실시하는 선수들이 자신의 하루 소비열량을 알고 필요한 열량을 적절하게 섭취하는 것은 트레이닝 효과를 높이고 경기력을 향상시키기 위해 필요하다.

일반적으로 운동이나 작업에 필요한 에너지 대사율(relative metabolic rate: R×M×R)은 [R×M×R=운동 시 대사량−정시 대사량/기초 대사량]으로 산출할 수 있다. 운동선수의 에너지 소비량은 휴식기와 단련기는 물론 시합기에 따라 각기 다르다.

[표 3-8] 스포츠 종목과 예상 소비열량

소비열량(Cal)	스포츠 종목
2,500~3,000	체조, 탁구, 수영다이빙, 펜싱, 스키 점프, 요트, 마술
3,000~3,500	육상(단·중거리 달리기, 뛰기), 야구, 테니스, 복싱
3,500~4,000	축구, 하키, 농구, 육상(장거리),
4,000~4,500	육상(마라톤, 던지기), 수영, 럭비, 풋볼, 사이클, 레슬링(경량급), 복싱(중량급)
4,500~5,000	보트, 스키, 레슬링(중량급), 유도(중량급)
5,000~	레슬링(중량급), 씨름

신체가 에너지를 이용하여 운동을 수행하는 마지막 과정은 산화이며 이 과정에는 반드시 산소의 섭취와 공급이 필요하다. 특히 운동을 연속적으로 수행하기 위해서는 각 동작에 필요한 적절한 양의 산소 섭취가 필요하다. [그림 3-17]은 (A), (B), (C) 3단계 운동에 필요한 에너지 공급과 산소섭취량의 변화를 나타내고 있다. 최초 (A)운동은 다음 단계 운동보다 최대산소섭취량이 우수한 상태에서 에너지를 충분히 공급 받으면서 운동을 수행할 수 있으나 (B)와 (C)로 이어지는 운동들은 점차 산소섭취량이 감소되고 이에 따라 에너지의 공급량도 줄어들기 때문에 운동 수행력도 점차 줄어든다. 일정수준의 운동을 지속적으로 수행하기 위해서는 필요한 에너지와 산소의 충분한 공급과 섭취가 반드시 필요하다.

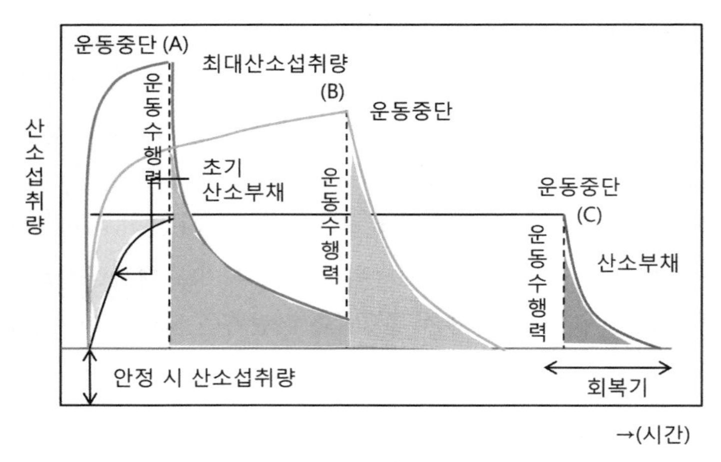

[그림 3-17] 에너지 공급과 산소섭취량

5 트레이닝 및 경기 시 식품 섭취

격렬한 신체활동과 저항으로 수행되는 트레이닝이나 경기에 대비해서 체력을 충분히 발휘할 수 있는 영양소와 칼로리를 섭취하는 것은 신체능력을 효율적으로 발휘하는데 도움이 된다. 식품은 인체에 에너지를 공급하고 대사작용을 하며 신체조직을 형성하거나 유지하는 주요 기능을 수행하는 영양소의 공급원이기 때문에 신체 활동에 따른 적절한 식품 섭취는 인체의 운동능력 수준을 결정한다. 뿐만 아니라 영양 상태에 따라 경기력 향상의 주요 요인이 되는 선수의 유전적 소질과 트레이닝의 효율성이 결정된다.

1) 트레이닝 시 식품 섭취

트레이닝 중에는 에너지 소비가 증가하기 때문에 평소보다 500~1,000kcal의 추가 열량과 필수영양소 섭취가 필요하다. 특히 트레이닝 초기 특수 기관과 조직의 활동에 적합한 에너지 체계의 적응과 트레이닝의 효율성을 극대화시키기 위해서는 특정 식품의 섭취가 필요하며 이는 장기 트레이닝의 효과를 결정하는 주요 요인이다.

예를 들면 중 · 장거리 선수의 경기력을 향상시키기 위해서는 혈중 헤모글로빈(hemoglobin)과 근 세포의 미오글로빈(myoglobin)을 증가시켜야 하는데 이를 위해서는 장기적인 체력 트레이닝과 병행하여 철분이 함유된 식품 섭취가 필요하다. 운동능력과 체력에 대한 구체적 목표를 정하고 다음과 같은 요령으로 식품을 섭취하면 트레이닝 효과를 높일 수 있다.

- 트레이닝에서 예상되는 소요 열량을 파악한다.
- 섭취 열량과 영양소의 균형을 유지하고 식물성 지방 섭취 양을 증가시킨다.
- 단백질은 체중 1kg 당 1~2g을 섭취하되 40% 이상을 동물성 단백질로 한다.
- 탄수화물, 지방, 단백질의 섭취비율은 4:0.7~1.0:1로 한다.
- 소디움(sodium), 칼슘(Ca), 철분(Fe)과 비타민 B_1, B_2, C를 충분히 섭취한다.
- 식사와 간식 횟수를 트레이닝 사이에 적절하게 배분하고 1회 식사양은 적게 섭취하고 횟수는 늘린다.
- 격렬한 신체 활동 시에는 소화가 빠른 식품을 섭취한다.

[표 3-9]는 2009년 3월29일부터 2009년 4월 4일까지 태릉선수촌 국가대표 선수들의 주간 식단표이다. 하루 총 섭취 열량은 5,000kcal 기준의 뷔페로 아침식사는 1,200kcal, 점심식사는 2,000kcal 그리고 저녁식사는 1,800kcal 이상의 열량 섭취를 권장하고 우유와 과일을 간식으로 제공하고 있다.

[표 3-9] 태릉선수촌 국가대표 선수들의 주간 식단표

	일	월	화	수	목	금	토
아침	밥, 아욱감자국, 꽁치 얼갈이조림, 어묵버섯조림, 달걀말이, 햄, 맛살피망볶음, 치키리오 애무침, 김치, 우유, 식빵	밥, 쇠고기무국, 칼치구이, 도토리묵무침, 냉이된장부침, 불고기, 낚지전골, 호두멸치볶음, 연두부, 깍두기, 우유, 감자양파조림, 매치니코프, 식빵	호박죽시리얼, 베이컨, 오렌지, 파인애플, 프라이에그, 스크램블에그, 토스트, 매니쉬롤, 러러스샐러드, 김치, 우유, 야쿠르트, 창란젖, 오이장아찌, 밥, 김치콩나물 (오뎅)	밥, 사골뼈국, 삼치김치조림, 두부조림, 달걀장조림, 얼갈이겉절이, 명란젓무침, 고추장아찌, 김치, 우유, 요플레	녹두죽, 시리얼 그랜드소시지, 치즈, 파인애플, 토마토 햄에그 샌드위치, 소보로, 후라이에그, 치즈오믈렛, 그린샐러드, 밥, 얼갈이된장국, 오이지무침, 김구이, 김치, 우유	밥, 얼갈이, 쑥국(냉이), 조기양념구이, 완자전, 느타리 버섯나물, 달걀찜, 달래무침, 오징어당근 채무침, 김구이, 김치, 우유, 식빵, 매치니코프	전복죽, 시리얼, 매샘뽀득, 베이컨, 파인애플, 방울토마토, 보일드에그, 스크램블에그, 핫케이크, 토스트, 래터드샐러드 김구이, 무말랭이무침, 김치, 우유, 시금치, 콩나물국, 슈퍼100
점심	어묵국수, 햄버그 스테이크, 야채샐러드, 보일드에그, 치킨칩, 모둠빵, 우유, 모둠과일	짬뽕, 스테이크, 콥보샐러드, 새우튀김, 감자그라탕, 집새우, 단무지, 양파, 브로콜리, 초장, 빵 모둠, 우유, 모둠과일	메밀, 로우스트빅프, 유란기, 컴비네이션 샐러드, 김치, 후라이라이스, 에그후잉, 캔디드스윗포테이토, 후르츠샐러드, 양상추, 고기볶음, 바게트피자, 단무지, 피클빵, 우유, 모둠과일, 스포츠바	열무부추 비빔밥, 홍합탕, 텐더로인 스테이크, 그린샐러드, 비프쉐달라, 매시드 포테이토, 연어카나페, 표고버섯 채볶음, 교자만두, 단무지, 양파, 빵모둠, 우유, 과일모둠	치킨라이스, 등심스테이크, 코슬로피너츠 샐러드, 새우소금구이, 스팀스위트 감자, 버섯순대, 포테이토 샐러드, 콘샐러드, 왕만두, 빵모둠, 우유, 미숫가루, 모둠과일, 스포츠바	잔치국수, 밥, 소시지 스테이크, 케이준샐러드, 후라이드 쉬쿼드, 새우불 마요네즈, 피자롤, 단무지/양파 빵모둠, 우유, 후루츠칵테일, 모둠과일	카레라이스 로스트치킨, 야채샐러드, 포테이토 샐러드, 시푸드그라탕, 피자롤, 프라이드휘시, 버터드아스파라과스, 빵모둠, 우유, 모둠과일
저녁	밥, 버섯찌개, 삼겹살구이, 닭튀김, 파생채, 무초절임 이면수구이, 김치, 배추겉절이, 잡채, 김치, 우유, 오렌지	비빔밥, 미역국, 제육보쌈, 모둠나물, 보쌈속겉절이, 고기볶음, 달걀프라이, 건꼴뚜기조림, 해파리냉채, 양장피잡채, 열무김치, 우유, 모둠과일	밥, 조밥, 대구지리, 오리 주물럭볶음, 열무겉절이, 떡볶이, 김치, 우유, 골뱅이소면, 야채모둠, 모둠과일 새우튀김, 오징어불고기	밥, 현미쌀밥, 육개장, 목살고추장 양념구이, 소고기탕수육, 야채모둠, 달걀치즈말이 부추잡채, 낚지볶음, 마늘강정, 순대, 삼색나물, 김치, 우유, 유부초밥, 과일모둠	밥, 오곡찰밥, 설렁탕, 등심마늘구이, 깐풍기, 미역초장, 코다리강정, 야채건모둠, 파생채, 감자조림, 버섯, 김치, 우유, 모둠과일	밥, 콩나물밥 꽃게탕, 불고기, 치킨테리야끼, 곱창전, 해물찜, 두부김치 두루치기, 야채튀김, 영양부추무침, 어리굴젓무침, 김치, 우유, 김밥, 모둠과일	밥, 콩밥, 두부된장찌개, 돈육 고추장볶음, 사태편육, 찐만두, 김치볶음, 새끼 갑오징어회, 오이미역냉채, 고추부각, 김치, 우유, 모둠과일
간식	찐빵, 주스	오뎅, 밀감	빵, 키위	찐고구마, 스포츠음료	김밥, 후르츠칵테일		

2) 경기 시 식품 섭취

트레이닝이나 경기에 필요한 영양소를 섭취하고 평소와 같이 피로를 회복하는 것은 균형 잡힌 일반식만으로 충분하지만 격렬한 활동이 요구되는 경기 시에는 소모되는 열량 보충을 위해 단백질, 비타민, 무기질 또는 수분의 추가 섭취가 필요하다. 특히 거의 매일 경기(예선, 준결승 및 결승 등)를 치르는 경우, 고탄수화물의 추가 섭취가 반드시 필요하다. 경기 시 음식 섭취의 1차 목표는 신체 컨디션 조정, 충분한 에너지원의 공급, 에너지 생성의 용이, 피로물질 축적의 최소화에 있으며 다음과 같은 사항들이 고려된다.

- 경기 5~7일 전 신체 컨디션의 극대화를 위해 트레이닝 강도와 섭취 열량을 감소한다.
- 체급 경기는 체중조절을 위해 탄수화물과 지방 섭취를 감소한다.
- 장시간의 레이스를 필요로 하는 경기는 고탄수화물 섭취를 증가한다.
- 경기 당일 식사는 경기에 적합한 열량과 비타민 및 미네랄을 충분히 섭취한다.
- 경기 전 2~3시간 전에 식사한다.
- 장시간 레이스나 경기(마라톤, 경보, 축구, 럭비 등)의 경우 혼합 영양소를 섭취하는 것이 바람직하다.
- 경기 중 흥분성 음료는 섭취하지 않는다.

[표 3-10] 경기 중 중식(500~600kcal 기준)

식사 A	식사 B
오렌지 주스 1잔 오트밀 1그릇 젤리 토스트 2조각 탈지우유와 복숭아 1조각	저지방요구르트 1컵 바나나 1개 토스트 베이글 1개 칠면조 가슴살 1온스 건포도 1/2컵

연구과제

01 유산소 운동과 무산소 운동의 에너지 공급 시스템을 비교 설명하시오.

02 고탄수화물 식품의 종류를 설명하시오.

03 심폐지구력이 중요한 스포츠에서 글리코겐의 추가 섭취가 경기력에 영향을 미치는 이유와 섭취 요령을 설명하시오.

04 지방(fat)을 2차 에너지원이라 부르는 이유를 설명하시오.

05 근력 트레이닝에서 단백질 섭취의 중요성을 설명하시오.

06 비타민 C가 운동능력에 미치는 영향을 설명하시오.

07 무기질이 운동 반응에 미치는 영향을 설명하시오.

08 트레이닝이나 경기 중에 수분섭취를 권장하는 이유를 설명하시오.

09 안정 시와 운동 시 주 에너지 시스템을 비교 설명하시오.

10 무산소 에너지시스템의 에너지 공급 능력을 설명하시오.

11 경기 시 음식 섭취 요령을 설명하시오.

제4장

운동과 피로회복

TRAINING THEORY & PRACTICE

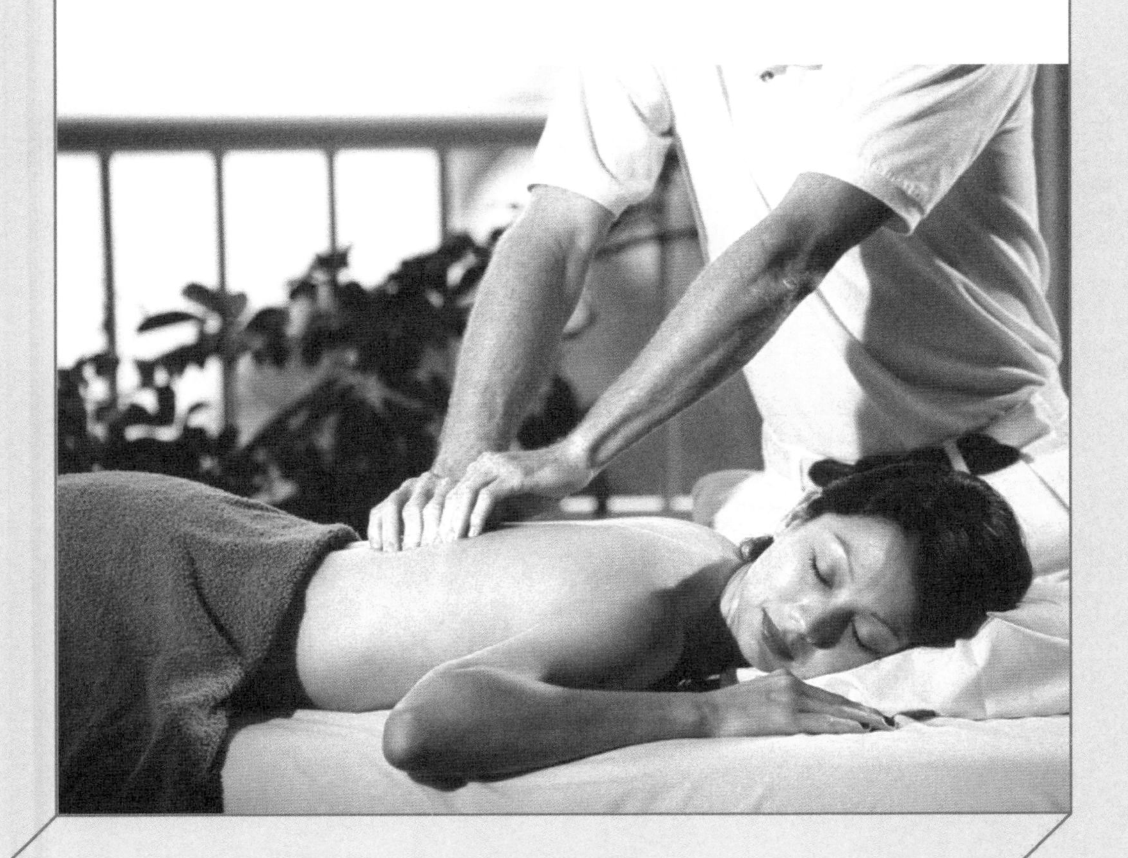

학습목표

신체활동으로 나타나는 피로가 체력과 운동능력 향상에 장애가 되지 않도록 트레이닝과 휴식을 효율적으로 배합하는 것은 선수의 경기력 증진과 건강 유지를 위해 중요하다. 선수들이 피로를 짧은 시간에 효과적으로 회복하여 많은 양과 높은 강도의 트레이닝을 실시한다면 경기력을 크게 향상시킬 수 있다.

차례

1 피로의 원인

피로는 운동에 따른 부하의 양과 강도, 운동의 형태 또는 환경과 대인관계, 의욕 · 흥미부족, 기능미숙, 심신의 부적절 상태 등으로 나타나는 생리적 현상이다.

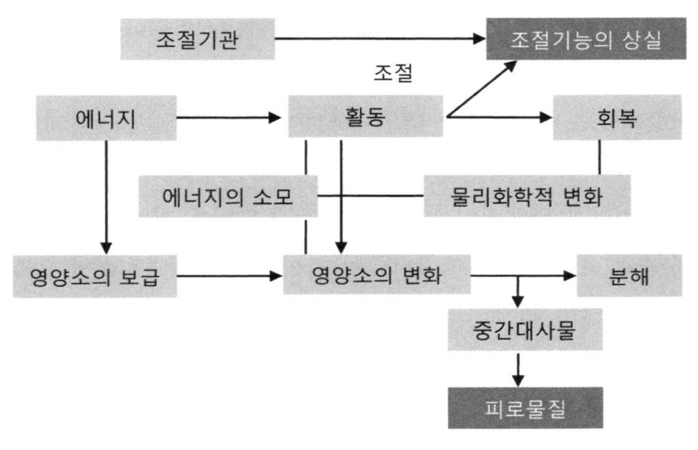

[그림 4-1] 피로 과정

트레이닝으로 나타나는 피로의 주요 원인은 체내 에너지원 또는 산소의 소모와 물질대사 산물의 축적으로 근의 기능이 저하되고 체내 물리적 또는 화학적 항상성(homeostasis)의 상실에서 비롯된다.

피로는 과도한 트레이닝이나 스포츠 활동으로 야기되는 장애로부터 신체를 보호하려는 인간의 본능적 자기 방어 조절기능 현상이므로 피로는 빨리 회복하는 것이 운동능력과 건강 보호에 효과적이다.

2 피로의 종류

1) 에너지원의 소모

근육의 에너지원은 아데노신삼인산(ATP), 크레아틴인산(CP) 그리고 글리코겐(glycogen)이며 이 같은 물질이 과다 소모되면 근육은 수축력을 잃는다. 공복 상태에서 허기를 느끼거나 기운이 없는 것은 음식물을 섭취하지 않음으로써 혈액 속에 혈당이 감소하여 근육과 조직에 에너지 공급이 원활하지 못하기 때문이다.

간장에 저장되었던 글리코겐은 혈액에 당분으로 공급되며 간장에는 많은 양의 글리코겐이 저장되어 있다. 혈액의 당분이 감소되면 글리코겐이 동원되고 글리코겐이 감소하면 지방과 단백질이 에너지원으로 동원되어 신체 활동에 필요한 에너지의 적정 수준을 유지하려는 메커니즘이 가동되지만 에너지원이 부족하거나 소모가 과다하면 인체는 이와 같은 기능을 발휘할 수 없다.

(1) 유산소운동과 피로

운동강도가 비교적 낮은 유산소운동에 의한 피로는 근육과 간의 글리코겐 부족, 혈액 내 당분 소진, 체온 상승 등이 주요요인이다. 장거리 달리기의 경우에는

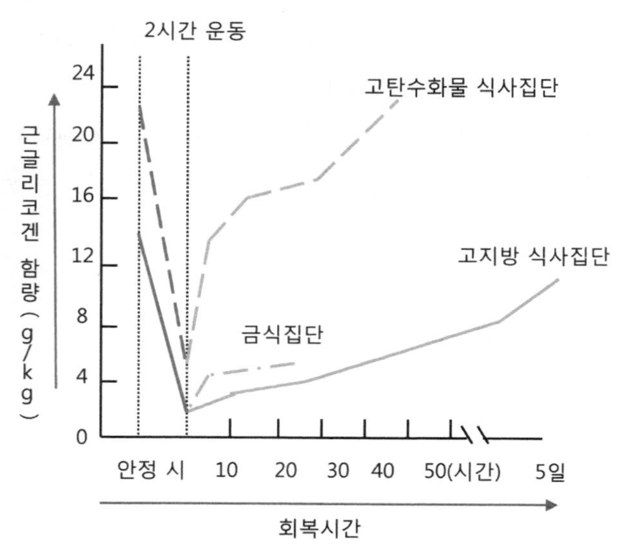

[그림 4-2] 2시간 운동 후 식사 내용에 따른 근 글리코겐 보충 속도

장시간 운동에 따른 주 에너지원인 탄수화물 대사과정에서 발생하는 유해성 산소와 칼슘이 과다 분비되어 근 세포가 손상되고 그 결과 피로가 발생한다.

많은 양의 유산소운동은 글리코겐을 고갈시켜 만성피로를 일으키기 때문에 글리코겐의 고갈을 방지하기 위해서는 고탄수화물 식사와 휴식을 적절하게 취하고 유산소운동 시 탄수화물의 이용율을 높이거나 식이요법으로 체내 탄수화물의 축적을 늘리고 수분을 공급하여 탈수를 예방하여야 한다.

Hermanson(1967)은 격렬한 지구성 운동을 2시간 실시하여 근육 내 글리코겐의 함량을 거의 고갈시킨 다음 식사 내용을 서로 다르게(단백질을 포함한 고지방식사 집단, 고탄수화물 식사 집단, 식사를 하지 않은 집단) 섭취시킨 후 글리코겐의 회복 상태를 실험하였다. 그 결과 첫째, 근 글리코겐의 완전 회복에는 고탄수화물 식사가 가장 빨랐으며 둘째, 탄수화물 섭취가 부족하면 5일이 경과된 후에도 근 글리코겐의 회복 수준이 지극히 낮았고 셋째, 탄수화물 식사를 섭취하더라도 근육 내 글리코겐이 완전 회복되기 위해서는 46시간 정도가 필요하다는 것을 [그림 4-2]와 같이 나타냈다. 뿐만 아니라 글리코겐은 고탄수화물 섭취 10시간 후 회복되었는데, 이 같은 실험 결과는 격렬한 트레이닝 후 정상적인 트레이닝을 다시 시작하기 위해서는 최소한 10시간 정도의 휴식이 필요하다는 것을 의미하고 있다.

(2) 무산소운동과 피로

높은 강도의 무산소운동은 무산소 에너지 공급과정으로 근육 내 저장되어 있는 인원질(phosphagen)을 일차적으로 사용하고 인원질의 감소에 이어 사용되는 글리코겐의 고갈로 피로가 발생한다.

글리코겐의 고갈은 운동강도와 밀접한 관계를 갖으며 피로의 주요 원인이다. 짧은 시간에 높은 강도로 이뤄지는 무산소운동으로 소비된 글리코겐은 2시간 정도 휴식으로 대부분의 글리코겐이 재합성되며 24시간 후에는 완전 회복된다.

2) 젖산 축적

운동강도가 높아지면 유산소대사에서 무산소대사로 에너지 공급체계가 전환되면서 근육 내 젖산 농도가 증가되어 더 이상 운동을 지속할 수 없는 상태에 이른다. 무산소 대사과정에서 생성되는 젖산은 운동수행 능력을 저하시키고 포도당의 재합성 능력을 감소시켜 유산소 대사과정인 전자전달계(electron transport system)의 활동을 억제시키는 피로물질이다. 또한 젖산은 글리코겐의 분해 속도를 조절하는 기능을 갖고 있는 인산과당 분해 효소의 활동을 저해하여 신경계의 전달체계도 혼란시킨다. 근 운동 후에 느끼는 피로는 근육이 오랜 시간 강력한 수축을 지속한 결과 근육에 많은 젖산이 축적되고 글리코겐과 아데노신 3인산이 고갈됨으로써 초래되는 현상이다.

Hermansen(1977)은 최대부하 운동의 지속시간에 따른 혈중 젖산의 변화를 [그림 4-3]과 같이 설명하였다. 최대부하 운동 초기에는 혈중 젖산 축적이 급격히 증가되지만 운동지속 시간이 8~10분이 경과되면 혈중 젖산의 축적이 감소되면서 운동부하에 적응하는 단계에 이른다.

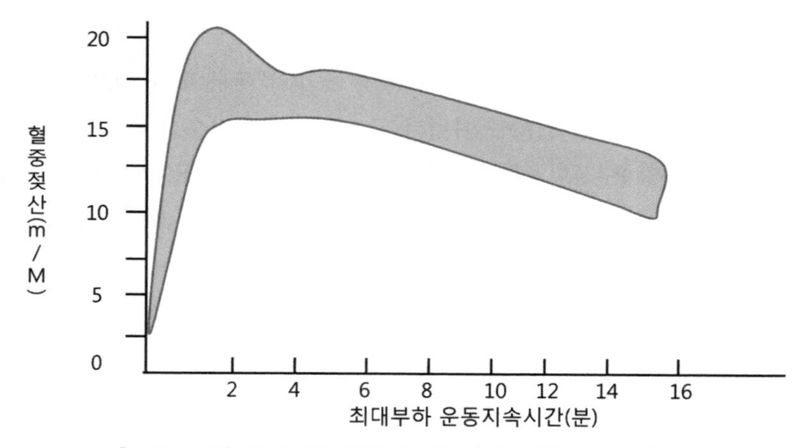

[그림 4-3] 최대부하 운동의 지속시간과 혈중 젖산 축적

격렬한 운동 시에는 산소 소비량이 산소섭취량을 증가하여 체내에 산소가 부족 되고 이에 따라 에너지 공급이 정상적으로 이루어지지 못하여 운동을 계속 수행하기 어렵다. 이와 같이 운동 시 소비하는 산소량보다 부족하게 섭취하는 산소량을 산소부채(O_2 debt)라 하며 일반인은 약 4~5ℓ, 단거리 선수는 15~16ℓ정도이다. 산소부채는 순발력을 요하는 단거리 달리기, 투척 또는 점프(멀리뛰기와 높이뛰기)경기와 관련이 많으며 800m 전후의 중거리 달리기에서도 산소부채 능력이 경기력에 많은 영향을 미친다.

1,500m 달리기 경기에서 필요한 산소 소비량은 약 20ℓ이지만 레이스 도중에

섭취하는 산소의 양은 60~65%에 불과하기 때문에 35~40%의 산소가 부족한 상태에서 레이스를 전개하므로 산소부채 능력이 경기력에 미치는 영향이 크다. 근육의 양과 질이 우수하고 근육 내 모세혈관 수가 많아야 산소부채 능력이 높으며 이를 위해서는 근육이 발달하여 근육 내 ATP와 PC를 많이 저장할 수 있고 젖산과 노폐물을 빠르게 제거할 수 있는 능력이 필요하다.

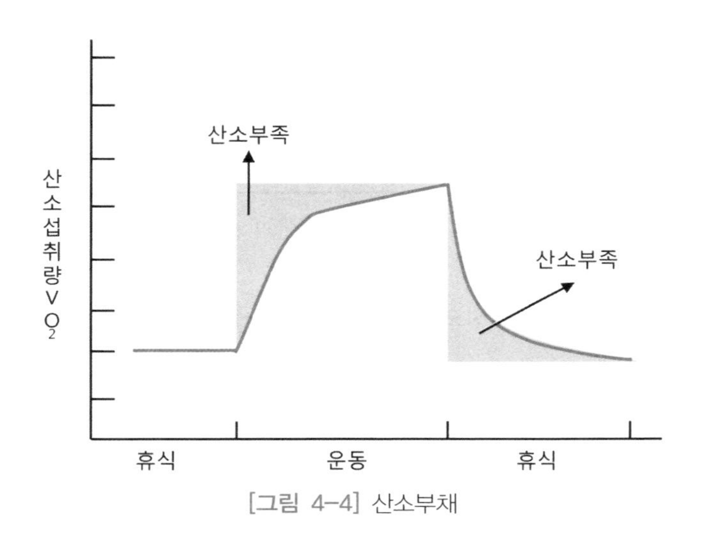

[그림 4-4] 산소부채

(1) 산소부채와 산소섭취

산소부채는 [그림 4-5]와 같이 운동 초반에 나타나는 산소 부족 (A)를 보충하기 위한 생리적 작용이다. (B)는 운동 후 회복기 2~3분 내에 산소 섭취량이 급격히 감소되다가 시간이 지나면서 산소 섭취가 점선 (C)와 같이 완만하게 유지된다. 이때 산소 부족 현상인 실선 (B)를 비젖산 산소부채(alactacid oxygen debt) 또는 빠른 회복이라 하며 이후에 완만하게 산소 섭취량이 유지되는 점선 (C)의 산소 부족 현상을 젖산 산소부채(lactacid oxygen debt) 또는 느린 회복이라 한다. 비젖산 산소부채는 ATP와 PC와 같은 근육 내 인원질을 체내에 다시 보충하는데 필요한 에너지를 유산소 과정으로 공급하는 과정이다.

이 같은 과정이 진행되면서 운동으로 소모된 ATP와 PC 에너지원은 운동 후 30초 이내에 약 70%, 3~5분 이내에 거의 100% 회복된다. 비젖산 산소부채는 ATP와 PC와 같은 에너지원을 근육 내 보충하기 위하여 글루코스와 지방 그리

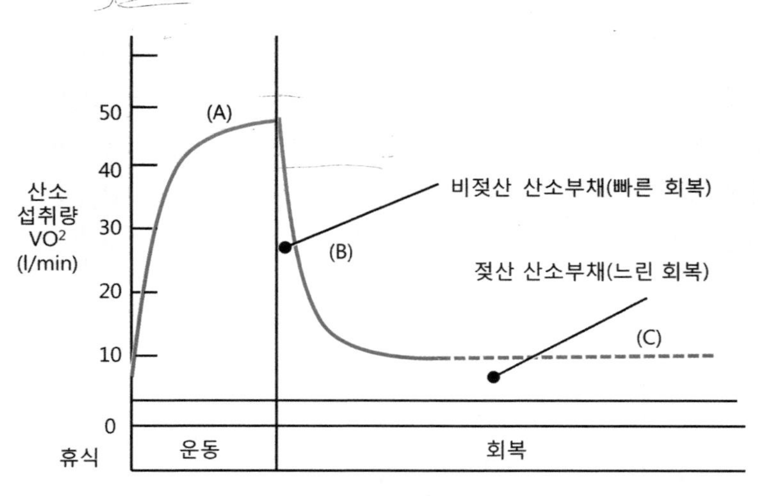

[그림 4-5] 산소부채와 회복기 산소 섭취

고 소량의 젖산을 유산소 과정으로 탄산가스와 물로 분해하여 ATP와 PC를 재합성한다.

(2) 젖산 제거

근육과 혈액에 축적된 젖산은 일시적으로 피로를 초래하기 때문에 젖산을 제거하는 것이 피로회복을 위하여 필수적이다. 축적된 젖산은 20% 정도가 간에서 글루코스로 전환되고 70%는 유산소 대사를 거치면서 초산포도산(pyruvate)으로 전환된 후 골격근과 심장에서 에너지로 사용되며 나머지 10%는 아미노산으로 전환되어 물과 탄산가스로 분해되어 체외로 배출된다.

젖산의 70%가 골격근과 심장에서 에너지로 전환되고 이때 전환된 에너지는 모두 사용되어야 젖산이 제거되는데, 이를 위해서는 가벼운 운동(VO_2max의 30~40%)으로 혈중 젖산을 에너지로 전환시키고 전환된 에너지를 소비하는 것이 피로회복에 효과적이다. [그림 4-6]은 가벼운 운동(동적 휴식)에 의한 휴식이 완전휴식(정적 휴식)보다 휴식 10분 경과 후부터 혈중 젖산을 급격히 낮추고 있음을 보여주고 있다.

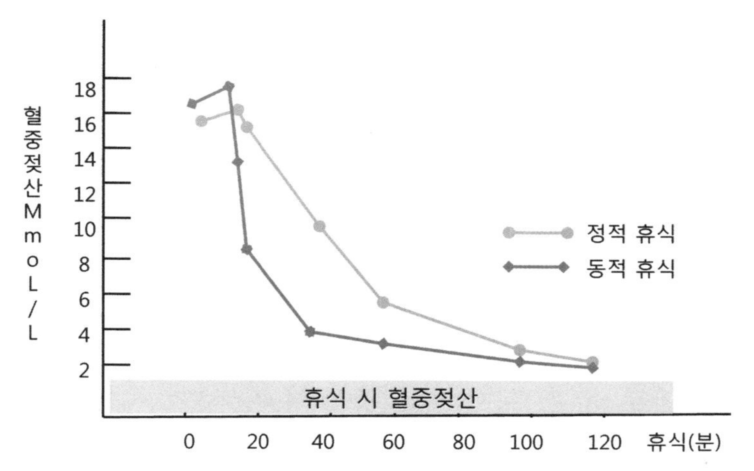

[그림 4-6] 단거리 경기 후 휴식 형태에 따른 혈중젖산 농도의 변화

혈중젖산 제거 방법

- 가벼운 조깅이나 걷기 또는 스트레칭과 같은 운동성 휴식
- 깊은 복식호흡으로 CO_2 제거
- 운동 중, 종료 후 단백질과 단당류 또는 구연산이 혼합된 음료수나 과일(오렌지, 귤, 레몬, 유자) 섭취
- 수면, 사우나 또는 마사지

3) 항상성의 혼란

트레이닝에서 과도한 신체 활동으로 땀을 많이 흘리면 많은 양의 수분이 손실되고 이로 인해 탈수현상이 나타나면서 인체의 항상성(homeostasis)이 혼란스러워진다. 우리 몸의 수분은 체중의 0.8~1%만 부족해도 근력과 근지구력이 떨어지며 체액량 감소에 의해 혈장량과 혈액은 물론 산소 섭취량도 감소되어 피로가 초래된다. 향상성을 유지하기 위해서는 산소, 영양소, 체온, 수소이온 농도, 전해질 농도와 체액 등이 정상상태 수준으로 유지되어야 한다.

4) 신경조절 기능 저하

운동 초기에는 운동단위가 정상적으로 동원되다가 피로가 축적되면 운동단위의 동원 능력이 떨어지거나 운동단위를 활성화시키는 신경자극의 빈도가 역치 범

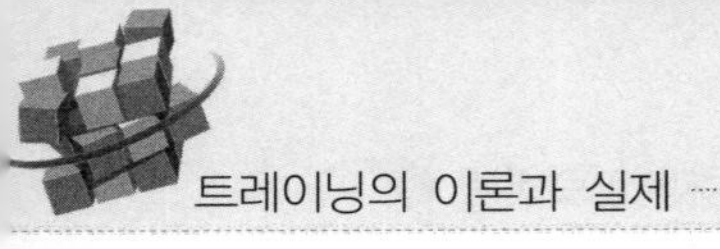

위(20~50pulses/sec)를 벗어나 근수축이 정상적으로 이뤄지지 않는다. 이 같은 현상은 중추신경계의 시냅스(synapse) 접합부의 피로가 운동명령을 제대로 전달하지 못할 때 발생한다. 특히 격렬한 경기를 치르는 동안 중추신경계에 피로 현상이 뚜렷하게 나타나는 것은 이 같은 현상 때문이다.

신경세포의 피로가 완전 회복되기 위해서는 근세포가 피로를 회복하는데 소요되는 시간의 7배 정도 필요하기 때문에 힘든 경기나 트레이닝 후에는 충분한 휴식과 에너지원을 보충하여 신경세포의 피로를 회복시켜야 한다.

3 피로회복에 영향을 미치는 요인

피로회복은 다음과 같은 요인들에 의해 영향을 받는다.

1) 연 령

연령이 적은 사람들은 상대적으로 연령이 많은 사람들에 비해 생체 역학적 보상능력이 높기 때문에 트레이닝이나 경기로 초래된 피로를 회복하는 시간이 짧다.

2) 트레이닝과 경기 경험

트레이닝과 경기 참여 경험이 많은 선수일수록 스트레스를 극복하고 피로를 회복하는 생체학적 능력이 우수하다.

3) 트레이닝과 경기 수준

수준 높은 트레이닝과 경기 참여 경험이 많은 선수일수록 트레이닝이나 경기로 인해 발생되는 스트레스에 효과적으로 대처할 수 있으며 피로가 빠르게 회복된다.

4) 성(gender)

일반적으로 여성은 심폐지구력 훈련으로 초래된 피로회복이 남성보다 빠르며 근피로는 남성이 빠르게 회복된다.

5) 생리적 기능

생리적 피로(physiological fatigue)는 세포 내에서 소비된 ATP와 PC 양과 항상성 및 노폐물 제거 능력에 따라 회복의 빠르기가 다르다.

6) 기후, 고도 또는 시차

기온의 높고 낮음은 물론 고도나 시차 등도 피로회복에 영향을 미친다.

4 피로회복 곡선

피로회복 곡선은 피로의 원인과 종류에 따라 다소 차이가 있으나 [그림 4-7]과 같이 완만한 곡선을 나타낸다. 피로 회복은 전체 소요시간의 1/3 동안에 70%, 1/3 동안에 20%, 나머지 1/3 동안에 10%가 회복된다.

피로회복에 영향을 미치는 요인들은 상호 유기적 관련이 있다. 운동 후 순환기계통이 정상적으로 기능을 회복하기 위해서는 20~60분 정도가 소요되며 소비된 글리코겐이 보충되기 위해서는 4~6시간, 단백질은 12~24시간 그리고 비타민이나 다른 효소들은 24시간 이상 소요된다.

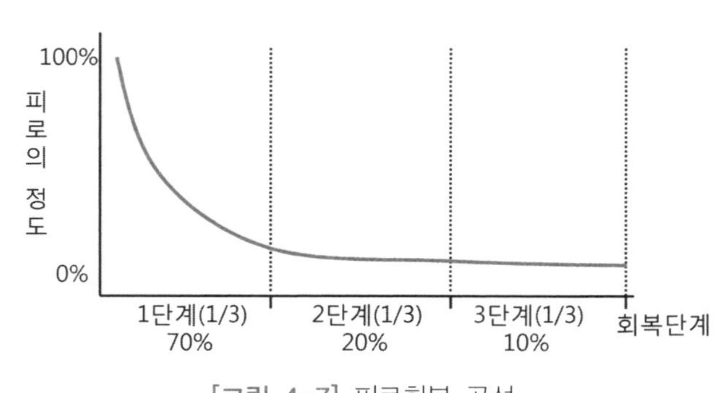

[그림 4-7] 피로회복 곡선

효율적으로 피로를 회복하기 위해서는 피로회복을 위한 조치가 어느 시점에 행하여 졌느냐가 중요하다. 피로회복을 위한 조치가 취해지는 가장 효율적인 시점은 피로 상태를 감지한 때이지만 트레이닝이나 경기 도중에 피로회복 조치를 취하는 것이 사실상 어렵기 때문에 트레이닝이나 경기가 종료된 직 후 피로회복 조치를

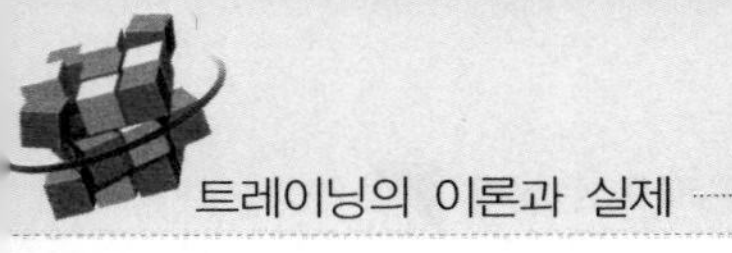

취하는 것이 효과적이다. 피로회복 조치가 취해진 후 보통 6~9시간 후에 효과가 나타나므로 이를 참고로 다음 트레이닝이나 경기일정을 편성한다.

5 피로 관리

트레이닝의 효과를 높이고 경기력을 향상시키기 위해 지도자는 트레이닝이나 경기에 임하는 선수들의 피로를 늘 관리하여야 한다. 선수들은 긴장된 상태에서 일정 수준의 스트레스를 받으면서 트레이닝과 경기에 참여하기 때문에 자신의 피로에 대한 적절한 대처 방안을 찾지 못하여 자칫 건강에 이상이 초래될 수 있다.

1) 지도자

- 트레이닝에 대한 선수의 적응상태 여부를 측정하여 이를 트레이닝 자료로 활용한다.
- 선수들의 트레이닝 일지를 통해 피로 상태를 확인한다.

2) 선 수

- 트레이닝 일지를 기록한다.
- 트레이닝 일지에 트레이닝에 대한 적응여부, 수면상태, 안정 시 심박수, 체중 변화 등과 같은 피로 증상과 건강 상태를 기록한다.

6 피로회복 방법

1) 자연요법

(1) 운동요법

트레이닝으로 쌓인 피로를 가벼운 운동(VO_2max의 30~40%의 걷기나 조깅)을 실시하여 축적된 젖산을 제거하고 피로를 회복시키는 방법이다. 주 운동에 주로 사용하였던 근육 중심으로 가볍게 운동을 하여 근육과 심장에서 70%의 젖산이 에너지로 전환되는 속도를 빠르게 하여 피로를 효과적으로 회복시킬 수 있다. 뿐만 아니라 운동에 의한 피로회복은 골격근에 축적된 젖산의 20%는 혈액을 통해 간장으로 보내져 초산포도산(pyruvate)으로 전환된 후 에너지로 다시 사용되기 때문에 정신적인 피로를 회복시키는 데에도 효과적이다.

(2) 수 면

피로를 회복시키기 위한 적극적인 방법 중 하나로 수면이 활용된다. 인간은 수면을 통하여 섭취한 음식물을 소화시키고 심리적 안정을 추구할 뿐 아니라 신체활동으로 누적된 기관의 피로물질을 제거시킬 수 있다.

심신의 활동 양과 강도에 따라 누적된 피로 회복에 요구되는 수면시간은 개인에 따라 다르지만 수면으로 전(前) 날의 피로가 회복되고 새로운 트레이닝을 실시하는데 지장이 없도록 선수 각자의 수면시간과 취침시간을 일정하게 습관화하는 것이 건강을 유지하고 경기력을 향상시키는 데 효과적이다.

(3) 생활양식

가족이나 동료 또는 팀 분위기와 관련된 생활양식은 선수 개인의 삶의 질은 물론 피로회복에도 많은 영향을 미친다. 가족 분위기가 화목하고 팀 구성원 사이가 원만하면 선수들의 심신이 안정되어 트레이닝으로 쌓인 피로를 쉽게 회복할 수 있지만 반대의 경우 트레이닝 효과를 기대하기 어렵고 자칫 선수들에게 심신의 스트레스를 가중시킬 수 있다.

2) 생리적 요법

(1) 마사지

손이나 기계 또는 전기로 피부나 근육을 자극하여 혈액과 림프의 순환을 순조롭게 하여 인체의 신진대사를 촉진시키고 조직으로부터 에너지 대사의 부산물로 생겨난 각종 독소를 제거하여 모세혈관의 순환 능력을 증진시켜 피로를 회복한다.

신체조직의 재흡수 과정을 촉진시키며 근육의 긴장을 감소시켜 각종 신경근의 기능 및 활동력을 증가시키는 순환생리의 원리를 활용하여 마사지가 실시된다. 마사지는 전신에 퍼진 혈액을 효율적으로 심장에 되돌려 보내기 위한 구심성 치료법으로서 격렬한 신체활동 후 쌓인 피로회복은 물론 상해 예방과 컨디션 조절을 위한 방법으로도 활용된다. 국부 마사지는 훈련 전 5~15분, 전신은 30~40분,

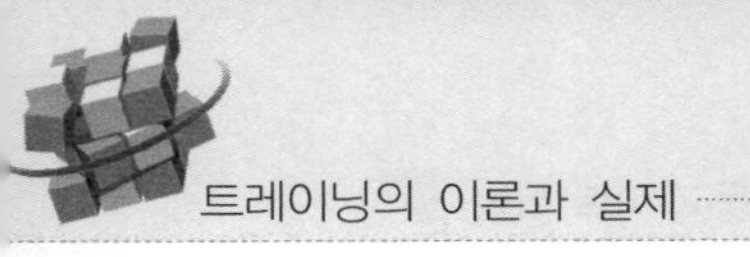

훈련이 끝난 후에는 샤워 후 10~15분 정도의 실시가 바람직하다.

⊶ 근육통(muscle pain)

어깨나 등과 같이 비교적 큰 근육에 자주 발생하는 근육 통증으로서 질병으로 인한 장애라기보다 근육의 과다 사용으로 발생되는 경우가 대부분이다. 환부를 누르면 경결(단단하게 굳음)이 있고 몹시 아픈데, 근육 자체에는 병적 변화가 없고 결합조직염의 경우는 근육 주위에 있는 근육막이나 건(tendon) 신경초 등의 결합조직에 류머티즘성 변화가 나타나서 형성되는 현상이다. 과격한 운동이나 몸에 익숙하지 않은 활동을 무리하게 했을 때 주로 나타나며 예방으로는 장시간 같은 자세를 유지하지 말고 운동 중간 중간에 어깨나 허리 근육들을 풀어주는 휴식 시간을 갖거나 충분한 준비운동 및 통증을 유발시키는 자세나 정신적인 스트레스를 피하는 것이 효과적이다. 근육통이 발생하였을 때는 열 또는 얼음찜질, 초음파, 마사지, 지압 및 물리치료가 효과적이며 통증이 심하면 전문의사의 치료를 받아야 한다.

(2) 전기 자극 및 초음파

운동 후 근육 이완과 회복을 위하여 근육에 부분적으로 전기 자극을 주어 혈액순환과 근육의 대사작용을 촉진시킨다. 열 또는 화학적 방법을 이용한 초음파 치료법은 신체 조직 깊은 곳까지 자극함으로써 건(tendon)이나 인대에 통증을 감소시키고 외상이 발생하였을 경우에는 감염을 방지한다.

(3) 목 욕

샤워나 목욕은 인체의 신경과 호르몬계는 물론 각종 기관이나 조직을 이완시키는 효과가 있다. 의학적으로도 38~42°C의 뜨거운 물로 8~10분간 샤워를 하고 36~40℃의 열탕에서 10~20분 정도 목욕을 하면 근육이 이완되고 혈액을 순환시켜 피로가 빠르게 회복된다. 뿐만 아니라 신경반응을 안정시키고 수면을 효과적으로 유도하여 대사기능을 활성화시켜 체내 노폐물을 배설시킨다. 허리 또는 발목까지 더운 물을 담그는 반신욕(半身浴)이나 족욕(足浴)을 10분 정도, 그리고 5분 내외의 냉욕(冷浴)과 온욕(溫浴)을 3~5회 실시하면 피로회복 특히 하반신 혈액순환에 효과적이다.

3) 공기요법

(1) 산소요법

격렬한 훈련이나 경기를 하면 산소가 많이 소비되고 산소부채 현상을 경험한다. 인체는 산소포화량이 85% 수준 이하로 낮아지면 정상적인 자율신경계의 기능 발휘가 어려워지고 75% 수준에서는 근력 감소, 70% 수준에서는 신체의 각 기관과 조직의 생리적 기능이 저하되기 때문에 격렬한 신체 활동으로 감소된 산소포화량을 보충하기 위해 산소섭취량을 증가시키는 호흡운동(respiratory exercise)이 필요하다. 최근에는 부족한 산소를 보충하기 위하여 휴대용 산소통이 사용되기도 한다.

(2) 고도요법

여름철 고온으로 트레이닝 효과가 감소되는 것을 예방하기 위하여 온도(100m씩 높아질수록 0.5~1℃씩 내려감)와 기압은 물론 습도가 낮은 해발 1,000~1,500m에서 트레이닝을 한다. 신체기관의 기능을 향상시키고 생체 운동능력을 높인 후 평지에서 실시되는 경기나 훈련에서 피로 축적을 떨어뜨리고 운동능력을 높이는 방법이다.

4) 향기요법

방향성 식물에서 추출한 100% 순수 향(aroma)으로 피로를 회복시키는 방법을 향기요법(aroma therapy)이라 한다. 남상남(2001)은 태권도 경기 후 근육통에 아로마 에센스를 이용한 마사지와 향기 흡입으로 피로회복에 효과가 높았다 하였으며, Langer(1981)는 스트레스로 인한 혈압 상승, 불안, 발한, 근 긴장과 같은 현상을 감소시키는 데에 진정오일(sedating aroma essential oil)의 효과가 높았다 하였다. 뿐만 아니라 레몬은 뇌하수체에 작용하여 심신의 피로회복, 식욕부진의 정상화, 기억력과 면역력을 높이고 로즈메리(rosemary)는 대뇌에 작용하여 기억력 증가와 무기력, 저혈압을 회복시키는 효과가 높다고 Lee(1995)는 보고하였다.

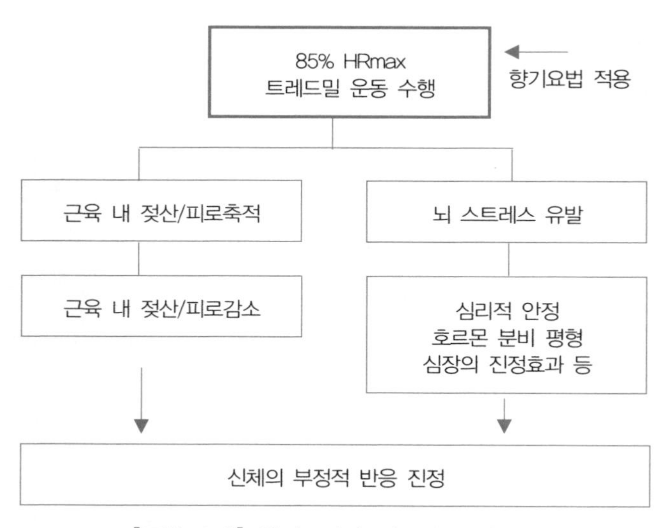

[그림 4-8] 향기요법과 피로회복 메커니즘

5) 심리요법

심리적으로 스트레스를 많이 받으면 중추신경계가 피로해지고 대사기능이 저하된다. 신경세포의 피로는 근육세포의 피로보다 회복이 늦다. 인체의 모든 활동을 통합하고 지휘하는 중추신경계의 대사기능이 원활하면 집중력이 높아져 스포츠 기술을 보다 정확하게 구사할 수 있으며 내·외 자극에 능동적으로 대처하여 운동능력을 극대화시킬 수 있다.

심리적 방법으로 피로를 예방하거나 회복하기 위해서는 트레이닝이나 경기 중에 쌓인 피로의 원인과 증상을 바르게 이해하고 적절하게 대처하여야 한다. 심리적 피로는 외부적으로 증상이 뚜렷하게 나타나지 않을 뿐 아니라 선수가 피로 증상을 밝히지 않아 자칫 질병으로 악화될 수 있다.

6) 영양요법

비타민은 격렬한 신체활동에 필요한 영양소로서 에너지 생산에 중요한 역할을 할 뿐 아니라 피로를 감소시키거나 인체 기관의 재생산 능력을 향상시키는 영양소이다. 비타민 B_6, B_{12}, B_{15} 등은 인체의 이화작용(catabolism)을 돕고 산화작용을 향진시키며 비타민 H(biotin), PP(oyster mushroom), D_2 등은 피로와 근육통은 물론 빈혈을 예방하고 대사작용을 활성화시킨다.

[표 4-1] 운동형태에 따라 권장되는 1일 섭취 영양소

운동형태	권장 영양소	관련식품
1분 이내 지속 운동	• 비타민 : B_{12}×5mg, B_2×10mg • 미네랄 : 칼슘 75mg, 마그네슘 250mg, 철분 0.15mg • 염분 : 200mg	우유 호두 대합
1분 이상 지속되는 운동	• 비타민 : B_{12}×10mg, B_2×20mg • 염분 : 500mg • 미네랄 : 칼슘 75mg, 마그네슘 250mg, 철분 3.5mg • 과당 : 5g	가다랭이 땅콩 과일
심적 스트레스가 많은 운동	• 비타민 : B_{12}×10mg, B_2×20mg, B_6×30mg, • 염 분 : 300mg • 미네랄 : 칼슘 75mg, 마그네슘 250mg, 철분 1.5mg • 과당 : 5g	야채 대합 과일

7 운동 특성에 따른 피로회복

1) 신체 부위에 따른 피로회복

모든 스포츠는 종목에 따라 많이 요구되는 신체기관의 활동이 있으며 이 같은 기관들의 활동이 능률적으로 수행될 때 우수한 경기력을 발휘할 수 있다. 그러나 반복되는 특정 신체 부위의 활동은 필연적으로 피로를 수반한다. 우수한 경기력은 이들 기관들의 피로가 얼마나 회복 되었느냐에 따라 좌우된다. 심리적 스트레스를 많이 받는 스포츠는 심리이완·회복요법이나 요가 등이 권장되며 내분비 대사기능에 따른 피로는 마사지요법이나 운동요법 또는 무기질과 알칼리가 풍부한 음식물 섭취가 권장되고 중장거리 운동 등으로 초래된 심폐계의 피로는 산소요법이나 심리이완·회복요법 또는 영양요법 등이 바람직하다.

2) 경기 일시에 따른 피로회복

(1) 경기 전

경기 1~2일 전에는 신경계나 근육 또는 심리 상태가 이완되어야 대회에서 자신의 능력을 최대로 발휘할 수 있다. 이를 위한 방법으로는 운동휴식요법이나 마사지 또는 완전 휴식요법 등이 있다. 경기 전 식사는 탄수화물 60%, 지방 20%,

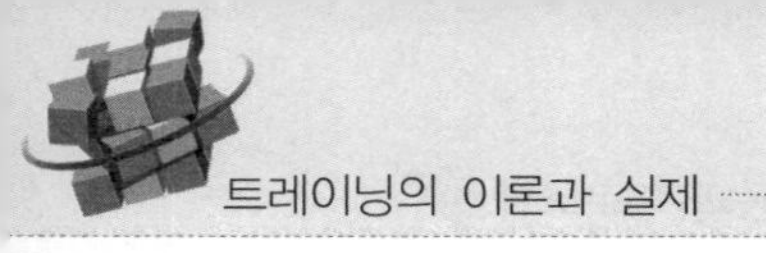

단백질 20%의 비율이 권장되며 과일이나 채소 그리고 무기질, 알칼리, 비타민 등이 많이 함유된 식품을 섭취하는 것이 바람직하다.

(2) 경기 중

경기 중에는 심리적으로뿐 아니라 생리적 기능의 피로를 회복시켜 운동능력 저하를 사전에 예방하여야 한다. 특히 경기 중 소모된 염분이나 당류 등을 보충하기 위해 경기 도중 약 20g의 글루코스와 염분이 함유된 음료를 섭취하거나 경기 중 많이 사용한 근육을 이완시키기 위해 마사지를 수시로 실시하는 것이 피로회복에 효과가 높다. 경기 중 누적된 피로는 자칫 운동능력을 감소시켜 주요 경기에서 최고의 경기력을 발휘하는데 장애가 될 수 있기 때문에 선수들은 경기 도중 쉬는 시간이나 경기가 없는 날에는 경기로 누적된 피로를 회복시키고 다음 경기를 준비해야 한다.

(3) 경기 후

경기 후 선수들은 심리적으로나 생리적으로 피로가 누적되어 신체 각 기관의 능력이 극도로 저하되어 다음 트레이닝이나 경기에 영향을 받을 수 있기 때문에 경기 중에 누적된 피로는 가능하면 신속하게 회복시켜야 한다. 선수들은 경기 후에도 가벼운 운동요법과 영양요법 또는 마사지 등을 실시하여 근육세포는 물론 신경계 대사작용의 저하를 예방하여야 한다. 경기가 끝난 후 1~2일 동안은 채소나 과일 또는 우유와 같이 비타민이 풍부한 알칼리성 식품을 주로 섭취한다. 이 기간 중 단백질 섭취는 권장량 정도로 섭취하되 과다 섭취는 바람직하지 않으며 음주나 흡연 또는 성행위 등은 삼가한다.

8 피로회복 상태

트레이닝이나 경기 중 또는 종료 후 누적된 피로의 정도와 회복상태를 파악하는 것은 다음 단계의 트레이닝이나 경기를 대비하여 매우 중요하며 이를 위하여 다음과 같은 방법들이 활용되고 있다.

- 대회에 임하는 선수들의 자세가 적극적이며 동기유발이 높은가?
- 팀 또는 구성원 상호간 분위기가 화목하고 협조적인가?
- 선수들의 건강 상태는 양호한가?
- 선수들의 식욕, 수면상태, 심리 상태 등은 양호한가?
- 대회 후 선수의 체중이 ±1kg 이상 큰 변화가 있는가?
- 대회 후 심박수 측정치가 10회 내외의 차이가 있는가?

축구 선수도 이제는 쉬고 싶다

축구 대표팀이 소집된 파주 축구트레이닝센터에서 김동진(제니트)이 의식을 잃고 갑자기 쓰러졌다. 과거에도 수차례 기절한 경험이 있는 김동진은 '스트레스로 인한 일시적인 뇌 혈류 장애일 뿐 다행히 큰 문제는 없다'는 진단을 받았다. 김동진은 현지 적응, 소속팀 재계약, 군 문제 등의 개인적인 문제 때문에 스트레스를 받았던 것으로 알려지고 있다. 축구 스타는 연예인들처럼 멋있고 화려해 보이지만 스트레스와 격한 운동으로 다치기도 쉽다.

❑ 축구 선수를 잡는 심장질환

경기 중 발목, 무릎 등을 다치는 경우를 제외하면 축구 선수는 심장질환으로 쓰러지는 비율이 비교적 높다. 국제축구연맹(FIFA)도 "매년 1,000여 명의 선수가 심장 질환으로 목숨을 잃고 있다"며 대책을 세우고 있다.

2003년, 컨페더레이션스컵 준결승전 경기 도중 갑자기 쓰러진 비비앙 푀(카메룬), 2007년에 스페인 프리메라리가 경기 도중 의식을 잃은 안토니오 푸에르타(스페인)는 모두 심장마비로 인한 돌연사다. 또 잉글랜드에서도 2007년 레스터 시티의 클리브 클라크가 전반전을 마치고 라커룸으로 들어가는 도중 심장마비로 의식을 잃었지만 응급처치로 간신히 의식을 되찾았다.

우리나라에서도 유사한 사례가 있었다. 2002년 4월 춘계대학연맹전에서 김도연(숭실대)이 경기 도중 쓰러져 의식을 잃고 병원으로 후송됐지만 결국 숨졌다. 2006년에는 17세 이하(U-17) 대표팀 김종천이 훈련 도중 심장부정맥에 의한 호흡 곤란으로 쓰러져 응급 처치를 받고 깨어났다.

❑ 경기수 증가로 스트레스 심화

강한 체력을 과시하는 박지성(맨체스터 유나이티드)은 2월 아주 힘든 경기를 소화해냈다. 이란 테헤란에 도착한 지 이틀 만에 월드컵 최종예선에 나서 초반부터 지친 기색이 역력했다. 산소가 부족한 고지대라 체력 소모가 더 컸다. 동점골을 뽑아낸 박지성은 풀타임을 소화하지 못하고 교체됐다.

게다가 경기 템포는 점점 빨라지고 있어 체력적인 부담에 못 이겨 사고로 이어지는 경우가 많다. 2000년대에 접어들며 다양한 마케팅 때문에 경기 수가 더 많아지며 어깨가 더 무거워지고 있다. Blatter FIFA 회장이 "경기수 조정을 논의해보겠다"며 축구 선수들이 잇따라 쓰러지는 것을 염려하고 있다.

❑ 심장검사 · 의무 카드 등 대책 마련

대한축구협회도 이 문제에 관한 근본적인 처방전을 내놓기 시작했다. 지난해부터 FIFA 회원국 가운데 최초로 중학교에 입학해 등록을 마친 1,300여 명을 대상으로 시범적으로 심장 검사를 받게 했다. 2004년 대표 선수들에 대한 병력카드를 만들기로 내부 방침을 정한 데 이어 FIFA의 권유에 의해 '돌연사 방지를 위한 유소년 축구선수 심장검사 실시' 안건을 통과시켜 이를 실천한 것이다.

FIFA도 노력을 기울이고 있다. 2006 독일월드컵 이후 모든 국제 대회에 출전하는 선수들은 의무(醫務) 기록을 의무적으로 제출해야 한다. 일본축구협회(JFA)는 모든 등록 선수들이 협회 내 의무분과위원회의 메디컬 체크를 받아야 한다.

이를 통과하지 못하면 선수 등록이 취소돼 선수들 스스로 건강에 신경을 쓰고 있다. 축구팬들은 좋은 환경 속에서 선수들이 활기찬 모습으로 그라운드에서 뛰는 모습을 보고 싶어한다. 선수 · 코칭스태프 · 협회 등 축구계의 모든 사람이 건강한 그라운드를 만들기 위해 지속적으로 노력해야 한다.

〈일간스포츠 풋볼피버, 2009. 10. 13〉

연구과제

01 피로의 예방적 기능을 설명하시오.

02 피로회복에 영향을 미치는 요인을 설명하시오.

03 에너지원의 고갈로 인한 피로를 효과적으로 회복시키는 방법을 설명하시오.

04 동적 휴식이 정적 휴식보다 젖산을 효과적으로 제거시키는 까닭을 설명하시오.

05 신경계의 피로가 근 피로보다 회복에 소요되는 시간이 긴 이유를 설명하시오.

06 선수들의 피로 상태를 평가할 수 있는 간접 측정방법을 설명하시오.

07 트레이닝과 경기 시 지도자가 선수의 피로를 적극적으로 관리해야 하는 이유와 관리내용을 설명하시오.

08 피로회복을 위한 효과적인 수면과 목욕 방법을 설명하시오.

09 경기 전, 경기 시 그리고 경기 후 피로회복 방법의 차이를 설명하시오.

10 경기 종료 후 피로를 평가할 수 있는 직접 측정방법을 설명하시오.

제5장
트레이닝과 환경

TRAINING THEORY & PRACTICE

학습목표

트레이닝은 의도된 내외적 스트레스에 대한 인체(human mechanism)의 적응력을 향상시키고 이를 통해 경기력을 높이는 것이다. 기후와 날씨는 물론 지형적 특성과 같은 환경인자들에 의한 생리적 스트레스를 인체가 극복하고 적응하는 트레이닝으로 운동능력을 향상시킬 수 있다.

차례

1 기온과 트레이닝

인간은 연평균 10~30℃의 환경 온도에서 생활하고 있으며 정상 체온의 변화는 35~40℃이다. 인간의 체온은 음식물을 분해하거나 근육의 움직임과 같은 대사 활동으로 발생하며 이상적인 체온은 36.5~37℃이다. 체온은 1℃가 상승하거나 떨어져도 인체의 효소 및 호르몬의 기능이 저하되어 신진대사에 이상이 발생한다. 35℃ 이하로 떨어지면 인체의 신진대사가 둔해지고 몸 전체 기능이 저하되며 33℃ 이하에서는 의식상실, 30℃ 이하에서는 체온조절 기능이 상실되고 28℃ 이하에서는 심근이 활동을 멈춰 사망에 이른다.

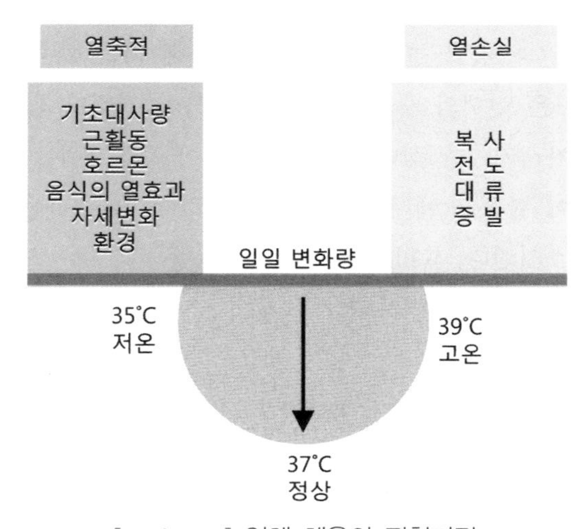

[그림 5-1] 인체 체온의 평형기전

인체의 세포는 저온에 대한 저항력이 강하여 저온에서도 세포내 수분이 응결되지 않고 가역성을 유지하여 추위를 방어할 수 있지만 더위에서는 그렇지 못하다. 운동 시 온도 변화에 대한 적절한 대책을 세우기 위해서는 온도 변화에 따른 신체의 변화와 운동으로 체온이 상승할 때 체온조절의 생리적 현상에 대한 이해가 필요하다.

체온의 외부 방출은 대사조직으로부터 열이 외부에 전달되는 정도에 의해 좌우된다. David(1984)는 에너지 대사 작용에 의해 생성된 인체의 열은 혈액에 의해 체 표면으로 전달되고 피부에서는 전도, 대류, 복사 그리고 증발에 의해 체외로 발산되는 인체 체온의 평형기전을 [그림 5-1]과 같이 설명하였다.

1) 고온에서의 트레이닝

(1) 생리적 반응

높은 온도에서 강도 높은 트레이닝을 실시하면 땀을 많이 흘려 수분과 염분이 손실되어 체액 내 무기질의 평형이 무너져 피로가 빨리 오고 대사에 이상이 초래된다. 따라서 고온에서의 트레이닝은 짧은 시간에 운동강도와 양이 충족된 내용을 실시하고 수분과 염분을 수시로 섭취하여야 한다. 트레이닝의 내용과 방법에 따라 인체는 어느 정도의 기온 변화에 적응되어 트레이닝 초기보다 트레이닝을 지속하면서 능률적으로 트레이닝을 실시할 수 있다. 그러나 높은 온도에 대한 적응력은 체력 수준과 경험 그리고 영양상태 등에 따라 다르다.

고온에서의 운동은 인체의 수분 손실을 초래하여 체액과 혈장을 감소시켜 체온과 심박수를 증가시키지만 심박출량이 감소되어 순환장애를 일으킬 뿐 아니라 더 많은 글리코겐이 활동근 에너지 생성에 참여하여 많은 젖산을 생성하여 운동수행력을 크게 감소시킨다. Willmore(1999)는 운동 중 수분 손실에 따른 생리적 현상을 [그림 5-2]와 같이 설명하였다.

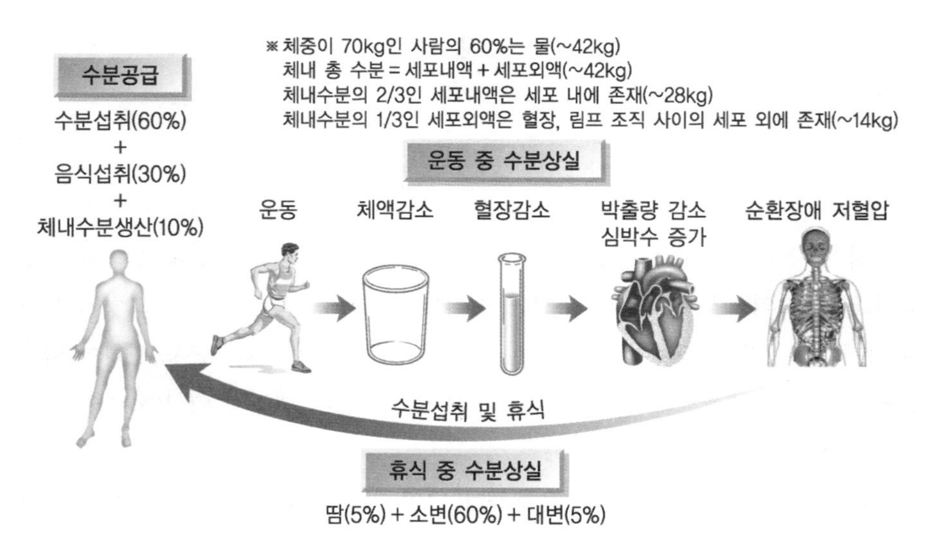

[그림 5-2] 인체의 수분 손실과 보충

(2) 트레이닝 방법

고온에서 강도 높은 신체활동은 체열의 방출과 발한을 수반한다. 발한은 체내에서 수분과 염분을 과다하게 소모시키며 이로 인해 체액의 수분과 염분의 균형이 깨져 피로가 조기에 초래되고 심하면 열중증(heat stroke)으로 쓰러지기도 한다. 따라서 여름철 높은 온도에서 트레이닝이나 경기를 실시할 때에는 발한에 의한 체내수분과 염분의 상실을 대비하여 0.3~0.5%의 식염수(10mℓ)와 칼륨(K/5mℓ)을 혼합한 물을 섭취하여 탈수현상으로 체중이 3% 이상 감소되지 않도록 하여야 한다.

[그림 5-3]은 고온에서 2시간 동안 운동을 지속하면서 운동 전과 운동 중에 수분을 섭취한 (A)집단과 수분을 섭취하지 않은 (B)집단의 체온 변화의 차이를 나타내고 있다. 고온에서는 체온 상승으로 초래되는 트레이닝의 부작용을 사전에 예방하기 위하여 트레이닝 시간을 비교적 온도가 낮은 아침과 저녁을 선택하여 짧은 시간에 충분한 휴식을 취하면서 체력 소모가 적은 스포츠 기술이나 전술 위주의 트레이닝을 실시하는 것이 효과적이다.

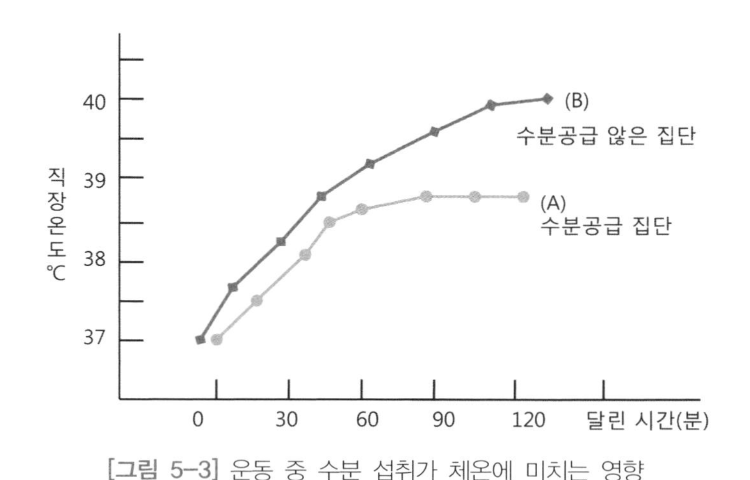

[그림 5-3] 운동 중 수분 섭취가 체온에 미치는 영향

2) 저온에서의 트레이닝

(1) 생리적 반응

저온에서 인체의 생리적 반응과 체온의 변화는 개인 간에 그 차가 명확히 나타난다. 인체 근육은 불수의근으로 작용하고 체내 열 발생량이 많기 때문에 저온

고온 트레이닝에서 나타나는 체내 증상과 예방

무더운 더위에 실시하는 트레이닝은 생리적으로나 의학적으로 선수들에게 치명적인 위험이 초래될 수 있다. 이 같은 위험 증상을 사전에 예방하기 위하여 다음과 같은 조치를 취하는 것이 바람직하다.

1. 위험 증상

- 체내 염분 손실에 의한 근육 경련
- 탈진으로 인한 구토, 현기증, 쇠약증
- 체온 40℃ 이상의 고열로 인한 두통이나 몸의 균형상실, 의식불명, 혼수상태

2. 예방 및 응급처치

- 근육 경련 시에는 알코올 또는 얼음 마사지나 수분 공급 또는 의학적 치료
- 트레이닝 전후 수분 섭취
- 가볍고 밝은 색의 운동복 착용

Willmore(1999)는 (A)집단에게는 수분을 공급하지 않고 (B)집단은 식염수를 공급, (C)집단에게는 물을 공급하면서 40℃의 고온에서 6시간의 트레드 밀 달리기를 실시한 연구 결과를 [그림 5-4]와 같이 보고하였다. (A)집단은 운동 시작 3시간 후부터 심박수가 150회/분을 초과하다가 5 시간 경과 시에는 심박수가 165회/분로 급상승하면서 탈진 현상이 나타나 운동을 완료하지 못하였으나 (B)와 (C)집단은 6시간의 트레드 밀 달리기를 완료하였다.

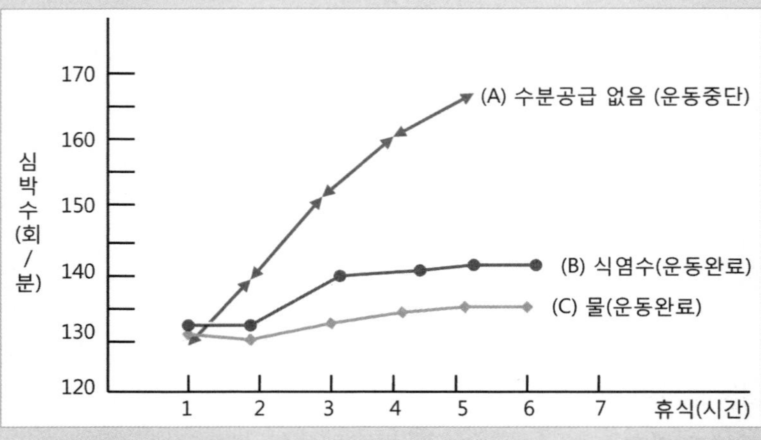

[그림 5-4] 6시간의 트레드 밀 운동에서 나타난 집단간 심박수

에 신체가 노출되면 초기에는 전신 떨림과 전율이 발생하며 체내 조직과 세포내 화학반응이 줄어들면서 신진대사가 저하되고 중추신경계 반응에 커다란 변화가 나타난다.

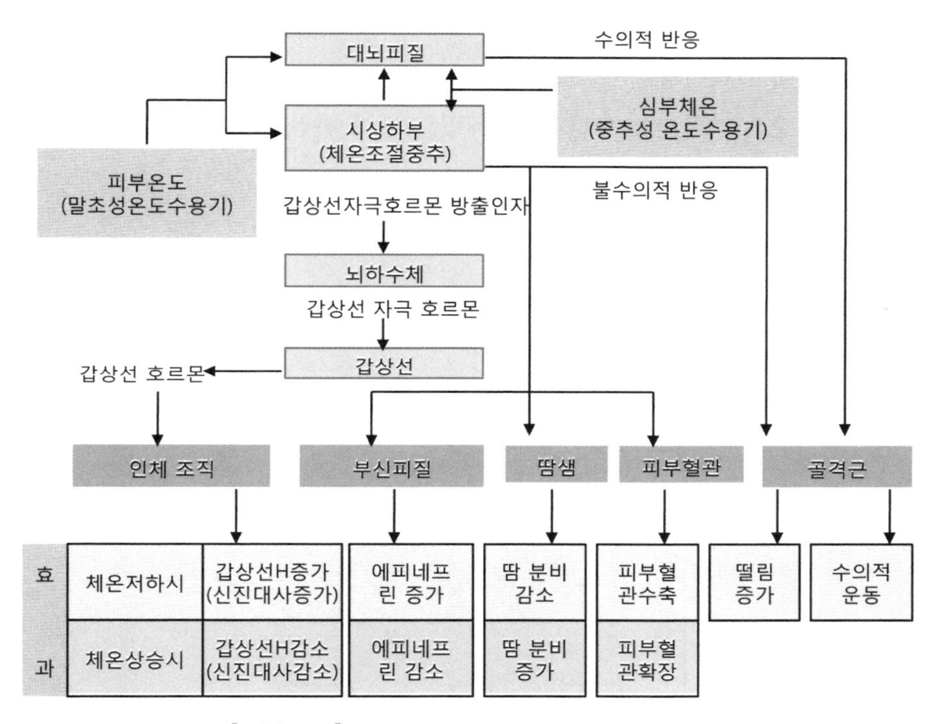

[그림 5-5] 체온 변화에 따른 인체의 반응경로

직장온도가 35℃ 이하(체온저하, hypothermia)가 되면 권태감과 졸음 및 현기증이 나타나면서 사고와 판단력에 이상이 초래되며 직장 온도가 계속 저하되면 피부 감각과 시력 및 청력 등의 감각기능이 감퇴되고 근육이 경직되면서 행동에 이상이 나타난다. 그러나 추운 날씨 트레이닝에 잘 적응된 선수는 피부 혈관 반사가 예민해져 피부의 열 방출을 어느 정도 억제할 수 있다. 평소 영양 상태가 양호하고 피하 지방층이 두텁거나 식염 섭취가 많으며 고단백질을 많이 섭취하는 사람은 추위에 내성이 강하여 저온에서도 트레이닝을 효과적으로 수행할 수 있다. David(1984)는 체온의 저하 및 상승에 따른 인체의 생리적 반응을 [그림 5-5]와 같이 나타냈다.

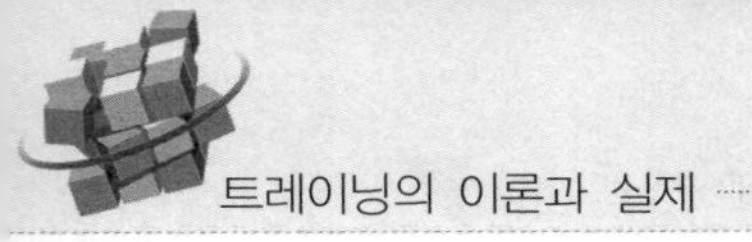

(2) 트레이닝 방법

저온에서 트레이닝을 실시할 때 가장 중요한 것은 체온 방출을 최대로 방지하고 준비운동 시 체온을 최대로 상승시켜 근육과 신경의 불필요한 긴장을 제거하는 것이며 이를 위하여 트레이닝 중에는 신체를 계속 움직이면서 체온을 유지시켜야 한다.

저온에서의 트레이닝은 스포츠 기술이나 난이도가 높은 운동보다는 지구력이나 근력과 같은 에너지 소비가 많은 체력 훈련이 바람직하다.

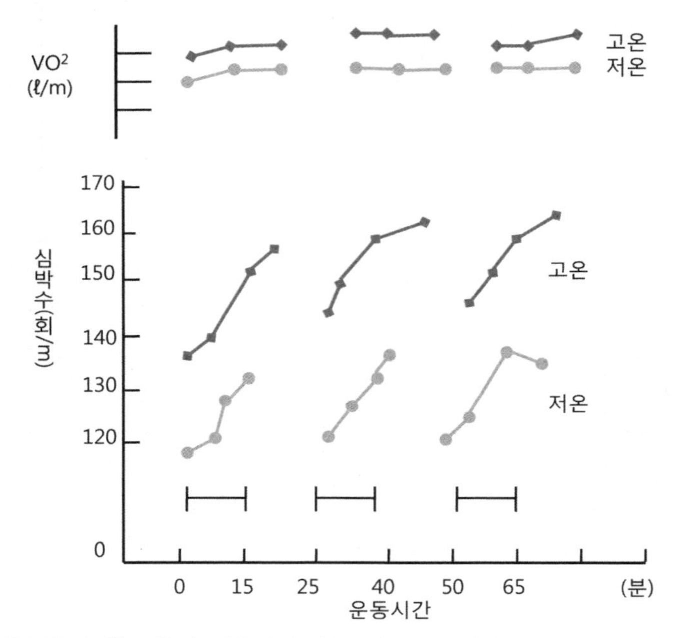

[그림 5-6] 고온과 저온에서 운동 시 산소섭취량과 심박수의 변화

[그림 5-6]은 40℃의 고온과 9℃의 저온에서 운동 시 산소섭취량과 심박수의 변화를 나타내고 있다. 고온에서의 운동이 저온에서의 운동보다 심박수와 산소섭취량이 높은데 이러한 현상은 동일 부하에서도 고온에서 운동을 실시할 때 인체에 미치는 자극이 저온에서 보다 크다는 것을 의미한다.

2 습도와 트레이닝

대기(大氣) 중에 포함되어 있는 수분의 양을 상대습도(relative humidity, 현재 포함한 수증기량과 공기가 최대로 포함할 수 있는 수증기량(포화수증기량)의 % 비)로 나타내는데, 습도가 낮으면 점막과 피부에서 증발되는 수분의 양이 많아져 건조감을 느끼고 습도가 높으면 피부에 습윤감(濕潤感, 젖은 느낌)을 느낀다. 기온이 18~20℃에서 습도가 65~70% 전·후일 때가 신체활동에 최적이며 이 습도보다 10% 이상 증가(80% 이상)하면 과다한 땀으로 발열기전이 억제되어 불편을 느낀다.

습도가 높고 온도가 낮을 때에는 비교적 오랜 시간 작업에 견딜 수 있으나 기온이 32℃ 이상이면 신체 활동의 효율성이 낮아진다. 높은 온도와 습도에서 신체 활동의 효율성이 떨어지는 것은 땀을 많이 흘리면 호흡과 순환계에 부담이 커지고 수분 및 염분이 상실되어 신체의 기능이 저하되기 때문이다. 땀을 많이 분비하여 피부가 땀에 젖으면 땀이 증가하여 체열 발산에 관여하는 증발효과는 제한되고 그 결과 피부 온도와 심부 체온이 상승한다. [그림 5-7]은 안정 시 대사량(RMR: resting metabolic rate)이 2.5인 가벼운 작업과 중간 정도의 4.0 그리고 6.0의 힘든 작업을 습도 70%에서 실시할 때 온도의 상승과 작업시간이 심박수가 150에 도달할 때까지 소요되는 시간을 나타내고 있다.

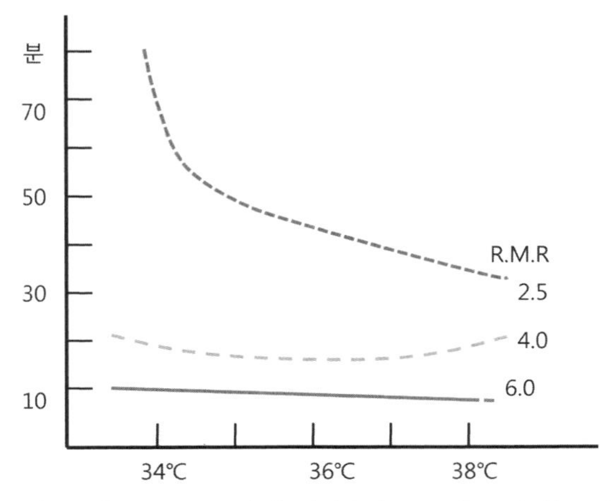

[그림 5-7] 습도 70%에서 심박수가 150에 도달하는 시간

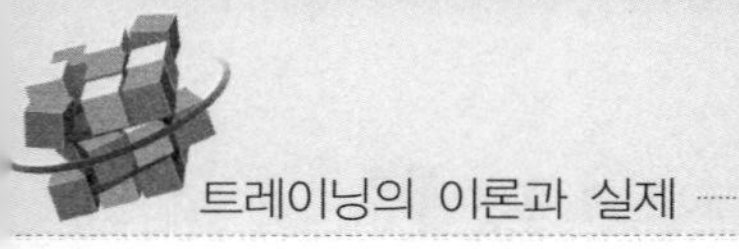

안정시대사량(RMR)이 2.5인 가장 가벼운 작업의 경우, 34℃에서는 약 70분, 35℃에서는 약 50분, 38℃에서는 약 30분이 경과하면 심박수가 150에 도달하지만 안정시 대사량이 더 높은 집단은 보다 짧은 시간에 심박수가 150으로 상승한다. 이 같은 결과는 온도와 습도가 높은 상태에서 트레이닝을 할 때 심박수가 상승하고 심박출량이 감소되는 등 자칫 호흡·순환계의 스트레스가 가중될 수 있으므로 운동과 운동 사이에 적당한 휴식을 갖거나 수분을 섭취하여 체내 수분과 체온을 적정선으로 유지하여야 한다는 것을 나타내고 있다.

3 기압과 트레이닝

사람은 보통 1기압의 대기에 적응하여 살기 때문에 높은 곳으로 올라갈수록 기압이 낮아지고 공기 중에 포함되어 있는 절대 산소량이 감소되면 호흡에 어려움을 느낀다. 고도가 높으면 높을수록 기압은 감소(보통 200m에서 3/4기압, 500m에서는 1/2기압, 1,000에서는 1/4기압)하고 이에 따라 순환되는 산소 분압(pO_2)이 줄어들면서 산소 부족 현상이 나타난다. 1,500m 이상에서는 300m씩 올라갈 때마다 최대산소섭취량이 3~5%가 감소되고 이에 따라 심폐지구력도 저하된다. 개인차는 있지만 고도 4,000~5,000m에 이르면 고도 적응력이 떨어지는 사람은 호흡이 힘들고 두통, 현기증, 구토 및 근력 감퇴 등과 같은 고산병 증세가 나타난다. 고지는 대기보다 산소가 부족하기 때문에 골수(骨髓)가 자극을 받아 적혈구 수와 헤모글로빈(hemoglobin)의 생성량이 증가되고 호흡기관의 작용이 활발해지면서 산소 흡수력이 증가하여 인체가 고지환경에 적응하는 순화(acclimation) 현상이 나타나면서 인체가 고지에 적응한다.

David(1984)는 [그림 5-8]에서 3,000피트(1피트=30.48cm/914.4m)에서 최대산소섭취량이 감소하기 시작하다가 5,000피트(1,524m) 이상부터는 1,000(304.8m)피트 높아질 때마다 3~3.5%씩 최대산소섭취량이 급격히 감소된다고 하였다.

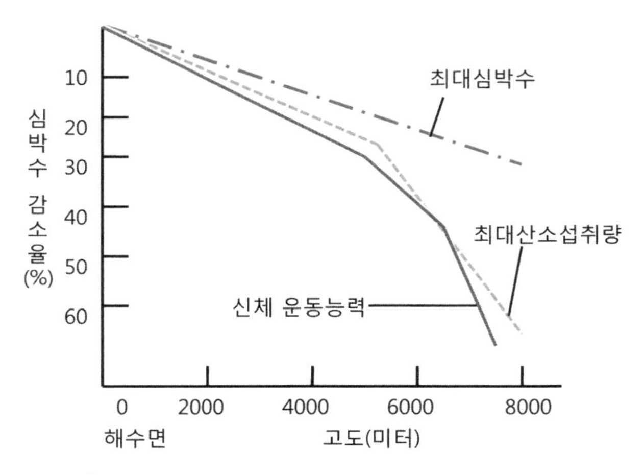

[그림 5-8] 고도 증가에 따른 최대산소섭취량과 심박수 감소율

고지와 적혈구

Morochocha(해발 4,540m) 주민들은 페루의 Lima(해발 160m) 주민들보다 30배 가까운 고지에 살기 때문에 산소분압은 낮지만 산소흡수율이 높아 일상생활에 불편 없이 생활하고 있다. 고지에 사는 주민들은 평지에 사는 주민들보다 적혈구 수가 20~30% 많고 산소흡수율이 높아 생활에 큰 불편을 느끼지 못하고 있는데, 이 같은 현상을 트레이닝에 활용하여 산소흡수력과 적혈구 숫자를 증가시켜 심폐지구력을 강화시키고 있다. 보통 고지에서 2~3주 동안 적응하면 적혈구와 심박수가 증가하여 초기 고산병 증세에서 벗어날 수 있다. 고지 트레이닝 초기에 나타나는 이 같은 적응기(순화기간)를 거치면서 고지에 적응된 선수들은 순환기능이 향상된다.

1) 고지에서의 생리적 반응

고지에서 인체는 산소를 섭취하는 기관에 가장 커다란 순화(馴化)현상이 나타난다. 호흡기에서는 호흡수가 증가되면서 환기량이 늘어나 폐포의 산소 흡입을 돕고 혈액 내 적혈구와 헤모글로빈 수가 증가하여 산소 흡입 및 운반을 돕는다. 인체의 이 같은 순화현상은 희박한 산소에도 불구하고 필요한 산소를 효과적으로 섭취하고 이용하는 능력이 인체 내에 생리적으로 증대되어 고지에 적응하려는 적응력 때문이다.

고지에 오를 때 초기에는 심박수가 증가되지만 순화가 진행됨에 따라 증가된 심박수가 점차 감소하며 초기의 심박수로 되돌아가지 않는다. 이 같은 현상은 심

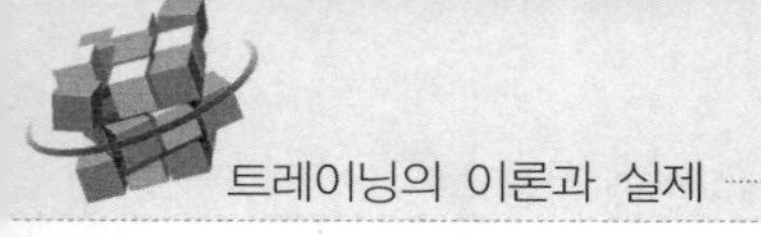

박수는 줄었지만 심박출량은 증가하였음을 의미한다. 이 같은 순화현상은 고도와 체제기간에 따라 좌우되지만 고도의 높이와 연령 또는 신체 조건에 따라 많은 영향을 받는다.

2) 고지 트레이닝의 종류

1968년 고도 2,268m의 멕시코시티 올림픽을 대비하여 세계 각국 선수들이 수개월 동안 멕시코시티의 고지대에서 적응훈련을 실시하면서 고지 트레이닝(altitude training)이 주목받기 시작하였다. 멕시코시티에서 개최된 올림픽에 출전하기 위해 고지 적응훈련에 참여했던 선수들은 혈액 내 적혈구가 증가하였고 산소 운반능력이 높아진 것을 체험하였다.

1960년 로마 올림픽과 1964년 동경 올림픽 마라톤에서 우승했던 Ethiopia의 Abebe Bikila가 고도 2,400m에서 트레이닝을 했던 사실이 알려지면서 고지 트레이닝이 인체의 생리적 현상에 미치는 영향에 관심을 갖게 되었다. 고지 트레이닝은 일명 저산소 트레이닝이라 불려지며 평지보다 산소 농도(평지의 산소 농도는 약 21%)가 낮은 환경에서 훈련을 함으로써 낮은 산소 공급에 따른 인체의 적응과 내성(耐性)을 키워 체내 산소 이용률을 높이고 유산소 능력을 향상시키는 트레이닝으로 실시된다.

이와 같이 고지에 적응된 인체가 평지의 산소 농도 수준에서 경기를 하면 고지에서 순화된 인체의 산소 이용률 때문에 호흡·순환계의 능력이 향상되고 그 결과 충분한 산소를 공급받게 되어 경기력이 높아진다는 것이 고지 트레이닝의 원리이다.

고지 트레이닝 방법에서 주목할 것은 고도의 높이와 트레이닝 기간이다. 고지 순화를 위해서는 최소 2주 내외의 기간이 필요하지만 최상의 운동능력을 발휘하기 위해서는 보다 많은 시간이 요구된다. 고지 체재기간이 길고 고도가 높을수록 트레이닝 효과는 좋지만 생리적 순화에는 한계가 있다. 고지 트레이닝 훈련 기간은 보통 3~6주가 적당하고 고지 트레이닝을 시작하기 전 2~3주 동안 유산소지구력 훈련을 실시한 후에 고지 트레이닝을 실시하는 것이 효과적이다. 고지 트레이닝을 실시하기 전 일주일 정도는 가벼운 부하 트레이닝으로 고지에 적응한 다음 점차적으로 트레이닝 부하를 증가시킨다.

Poilite(1986)는 [그림 5-9]에서 6주간의 고지 트레이닝에 따른 기간별 트레이닝 부하와 트레이닝의 주요 목표를 제시하였다. 고지 트레이닝 10여 일 경과 후부터 트레이닝 양이 평지 수준에 이르고 있다. 훈련강도는 1개월 후부터 평지수준으로 실시하고 고지훈련 후반에는 경기에 대비하여 트레이닝 양과 강도를 감소시키는 것이 고지 트레이닝 효과를 달성하는데 효과적이다. 일반적으로 고지 트레이닝을 마친 후에는 4~5일 정도 피로를 회복시킨 후 3~4일 후에 경기일정을 세운다.

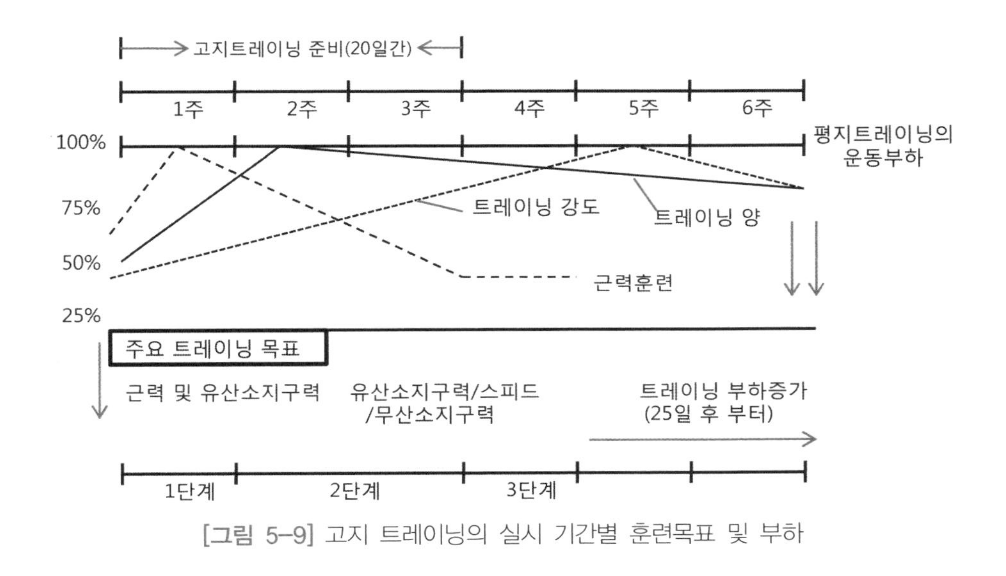

[그림 5-9] 고지 트레이닝의 실시 기간별 훈련목표 및 부하

(1) 고지 트레이닝

대기압이 낮고 산소의 대기 중 분포량이 적은 해발 2,500~3,000m의 고지대에서 트레이닝을 실시한다. 고지 트레이닝(altitude training)의 효과를 최대로 높이기 위해 [그림 5-10]과 같은 고지 인터벌 트레이닝 방법이 개발되었다. 실시 요령은 첫째, 최초 10~14일 동안은 생리적 기능의 순화(A)를 기다리면서 평지보다 트레이닝 강도와 양을 감소시키고 둘째, 산소분압이 높은 1,600m 전후의 고도(B)에서 평지와 동일한 트레이닝 양과 강도로 트레이닝을 실시하고 셋째, 다시 최초의 고도(C)에서 그동안 적응된 신체기능과 운동능력을 극대화시키기 위하여 순화단계(A)보다 운동부하를 높여 트레이닝을 실시한다. 이 같은 트레이닝 방법은 선수들에게 트레이닝 장소의 변화로 기분을 전환시키고 고지 트레이닝에 대한 적응력을 높이는 데 효과가 높다.

고지 트레이닝에 소요되는 예상 기간은 최초 1~2주간의 적응기를 포함하여

3~6주간이 필요하다. 2,500~3,000m 고지에서 3주, 1,600m~전 · 후 고지에서 1주, 다시 2,500~3,000m 고지에서 1~2주가 필요하다.

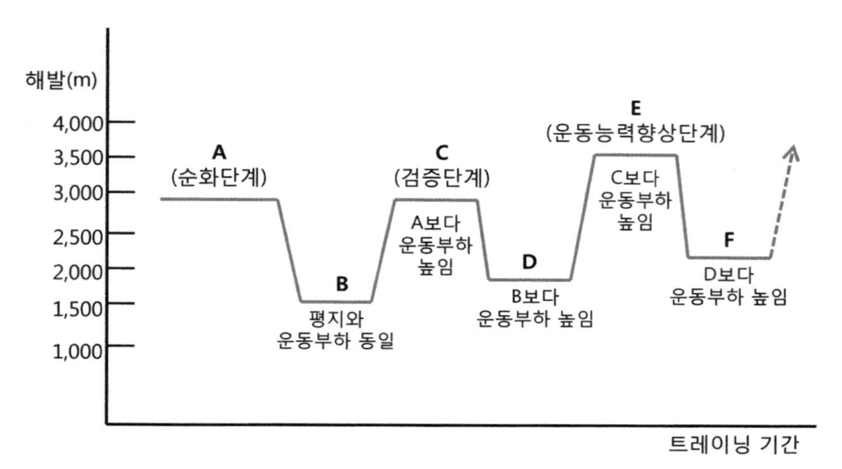

[그림 5-10] 고지 인터벌 트레이닝 모형

고지 트레이닝의 단점

고지대의 저산소(hypoxia) 트레이닝은 폐환기량과 심박출량은 물론 근육 내 혈색소와 미오글로빈(myoglobin)의 양을 증가시켜 혈액 순환을 촉진시키고 호흡 순환계 기능을 향상시키는 효과는 있으나 다음과 같은 단점도 나타난다.

- 산소 부족으로 심박수가 증가하고 모세혈관의 압력이 증가됨으로 두통과 무력감, 구토증, 청색증(일교차가 심해 입술이 파랗게 변하거나 까맣게 타 들어가는 현상), 일사병과 같은 고산병 증세가 나타난다.
- 고지대는 해수면보다 공기저항과 중력이 적어 멀리뛰기, 100m 달리기와 같은 무산소 운동 기록은 해수면보다 향상되게 나타나 경기력에 혼선이 초래될 수 있다. 1968년 멕시코 올림픽에서 Bob Beamon은 멀리뛰기 종목에서 8m 90cm의 경이적인 기록으로 세계신기록을 수립한 바 있다.
- 근력과 근지구력의 향상을 기대하기 어렵다.
- 고지 트레이닝으로 나타난 심폐지구력의 향상 효과는 2~3주 경과 후에는 평상수준으로 되돌아가기 때문에 트레이닝 효과의 지속을 위해서는 지속적으로 고지에 체류하면서 트레이닝을 실시하여야 한다.
- 고지트레이닝은 심폐지구력 향상 외에는 일반 운동능력에 대한 트레이닝 효과를 입증할 객관적 자료가 없다.

(2) 저압 및 저산소 트레이닝

고지대와 유사하게 일정 지역의 대기압을 인위적으로 낮춰 고지대와 유사한 상태에서 트레이닝을 실시하는 방법을 저압 및 저산소 트레이닝(hypobaric & hypoxic training)이라 한다.

(3) 평압 및 저산소 트레이닝

대기압을 조절하지 않고 공기 중의 산소 농도만 인위적으로 낮춰 저산소 상태에서 트레이닝을 실시하는 방법을 평압 및 저산소 트레이닝(normobaric & hypoxic training)이라 한다. 1980년대 일부 마라톤 선수들이 가죽 마스크를 착용하고 지속 달리기나 인터벌 트레이닝을 실시했던 사례는 인위적으로 산소 흡입을 줄여 산소 흡입량을 증가시키기 위한 트레이닝의 사례이다.

↠ 고지 트레이닝 실시요령

- 고지 트레이닝은 적응기, 검증기 및 훈련기의 3단계로 구분하여 실시하며 최소 1주일의 적응기를 갖는다.
- 초기에는 평지 운동 강도의 80% 내외로 트레이닝을 실시한다.
- 트레이닝 초기는 준비운동과 정리운동을 평지보다 1.5~2배 이상 실시한다.
- 탄산음료는 피하고 수분과 우유, 과일을 충분히 섭취하며 훈련 후 1시간 정도 후 식사한다.
- 여자 선수는 지속적으로 철분을 섭취한다.
- 고지방보다는 고탄수화물과 저염분 식사를 하며 단백질 섭취량을 평지보다 증가한다.
- 습도를 일정하게 유지하여 건조를 예방한다.

4 수중 트레이닝

수중 트레이닝은 신체활동으로 체온 상승이 그리 높지 않고 발한이 지상보다 적기 때문에 불쾌감 없이 트레이닝을 실시할 수 있는 장점이 있다.

인체가 지상에서 느끼는 중력이 물속에서는 부력으로 상실되면서 생리적 변화가 인체에 나타난다. 중력의 영향으로 발쪽에 집중되었던 체액(body fluid, 혈액 · 림프액 · 조직액 등 체내의 액체로서, 체내를 이동하여 조직세포에 영양분이나 산소를 운반하고 노폐물을 운반 · 제거하며 병원체의 박멸과 체온조절 등을 수행)이 물속에서는 줄어들고 말초 부위에서 심장 부위로 이동한다. 뿐만 아니라 물이 30cm씩 깊어지면서 22mmHg의 압력이 증가되어 체액이 조직 사이로 이동하면서 재분배되는데, 이 같은 체액의 이동은 정맥혈압(central venous pressure), 심박출량(cardiac output) 그리고 박출량(stroke volume)을 증가시킨다.

1) 트레이닝의 특성

수중에서 나타나는 이 같은 인체의 변화와 수압을 이용하여 트레이닝을 실시하면 호흡근육이 단련되어 심폐 기능이 발달하며 지상에서보다 관절 가동영역이 넓어져 유연성을 향상시킬 수 있다. 수중 트레이닝은 특히 수중 부력을 이용하여 부상 중인 선수들의 대체 또는 재활 트레이닝과 크로스 트레이닝(cross training, 두 종목 이상의 운동을 병행 또는 계획적으로 실시하여 운동능력을 향상시키는 트레이닝)으로 실시 가능하며 고강도 트레이닝과 트레이닝 사이에 운동성 휴식 방법으로 활용할 수 있다. 수중 트레이닝은 지상 운동에서 거의 사용하지 않는 햄스트링(hamstring, 허벅지 뒤의 넙다리두갈래근, 반힘줄모양근, 반막모양근, 오금근)과 엉치 근육(큰볼기근, 큰모음근, 엉덩허리근) 그리고 발목 근육(종아리근, 발꿈치근)을 강화시키고 유연성을 향상시킬 뿐 아니라 부상 부위의 혈액 순환을 촉진하여 치료와 몸 전체 마사지 효과를 기대할 수 있다.

2) 트레이닝 실시요령

수중 트레이닝은 실시자의 운동능력과 트레이닝 목적 등을 고려하여 10~20분 정도 무릎 높이 수중에서 자연스럽게 호흡하면서 다음과 같이 실시한다.

- 발바닥 전체로 걷거나 달리기 : 수중에서 달리거나 걸을 때는 발뒤꿈치를 바닥에 붙이고 부드럽게 실시하여야 근육 경련을 예방할 수 있다.
- 큰 보폭으로 걷거나 달리기 : 운동 효과를 높이기 위해 보폭은 크게 팔은 힘차게 흔들며 복근에 힘을 주고 무릎을 높이 들어 걷는다.
- 수영이나 아쿠아로빅(aquarobics)의 조합 : 수영이나 아쿠아로빅을 조합하여 실시하면 운동의 단조로움에서 벗어나 효과를 높일 수 있다.

5 장소와 트레이닝

1) 모래밭 트레이닝

기복이 있는 모래밭에서 실시하는 트레이닝으로써 오스트레일리아의 Cerutty 가 중장거리 트레이닝 방법으로 계발하여 경기력 향상에 효과가 인정되면서 수중 트레이닝, 늪지트레이닝과 함께 주목을 받게 되었다.

모래밭 트레이닝은 발바닥과 모래와의 접지동작과 다리 올리기의 어려움을 극복하여 다리근육(비복근, 가자미근, 단비골근 등)이 평소 달리기 때보다 발전하여 근력이 향상된다. 뿐만 아니라 많은 근육이 운동에 동원되어 근육의 신경소통성(neural facilitation)과 근지구력이 향상되어 평지 달리기가 상대적으로 수월해지고 다리 근육의 피로물질 축적도 줄어드는 효과를 갖고 있으며 발바닥 근육의 유연성을 향상시키는 효과도 있다.

모래밭 훈련은 유산소 각근력(aerobic leg power)을 많이 사용하는 달리기, 경보, 축구와 같은 스포츠 종목에 효과적이다. 급경사 모래밭은 근지구력을, 평지 모래밭은 전신지구력을 높이는데 효과적이지만 민첩성과 순발력을 많이 필요로 하는 트레이닝에서는 실시하지 않는 것이 바람직하다.

2) 잔디밭 트레이닝

잔디밭 트레이닝은 스포츠 상해를 예방하고 관절 및 근육의 충격을 완화시키며 근육의 탄력을 증가시키는 효과가 있다. 잔디밭 트레이닝은 유산소지구력 육성을 위한 파트렉(fartlet training)이나, LSD(long, slow, distance), 힐 트레이닝(hill training) 또는 지속 달리기(continuity training)와 같은 유산소 심폐지구력과 신체 각 기관의 근지구력을 고르게 발달시키고 인터벌 트레이닝 시 근육의 피로를 줄여 트레이닝의 효율성을 높이는 효과가 있다. 뿐만 아니라 스포츠 상해 후 회복기 선수들에게 강도가 낮은 잔디밭 트레이닝을 실시하면 선수들의 재활치료에 효과가 높다.

3) 경사지 트레이닝

경사지 트레이닝은 경사의 각도와 거리에 따라 여러 가지 체력과 스포츠 기술을 향상시키는 트레이닝으로 실시가 가능하다. 오르막 달리기와 내리막 달리기 트레이닝은 각근 파워(leg power)와 각근력(leg strength) 향상을 목적으로 실시되며 두 가지 트레이닝을 함께 실시하는 것은 신경근(neuro muscle) 발달을 감소시키기 때문에 동일한 날에 오르막 달리기와 내리막 달리기를 동시에 실시하는 것은 바람직하지 않다.

(1) 오르막 달리기

오르막 경사도가 5~10° 내외이고 거리를 50~100m 정도일 때 스피드와 스피드 파워(speed power)를, 경사도 10~15° 이상 100~300m 거리에서는 하이 기어(high gear) 파워를 높여 근지구력과 스피드 지구력(speed endurance)을 향상시킨다. 경사도가 크면 근력이나 순발력 향상을 기대할 수 있으며 거리가 길면 심폐지구력 향상을 기대할 수 있다. 오르막을 달릴 때 앞꿈치 볼(ball)과 긴발가락폄근(extensor digitorum longus) 및 짧은발가락폄근(extensor digitorum brevies) 등의 근력과 각근력(leg power)이 향상되며 지면을 박차고 다리를 끌어 올리는 동작으로 킥(kick) 기능을 높일 수 있다. 뿐만 아니라 평지 달리기에서 발달시키기 어려운 하지(下肢) 대둔근(glutaeus maximus)과 대퇴이두근(biceps femoris)의 근력도 향상시킬 수 있다.

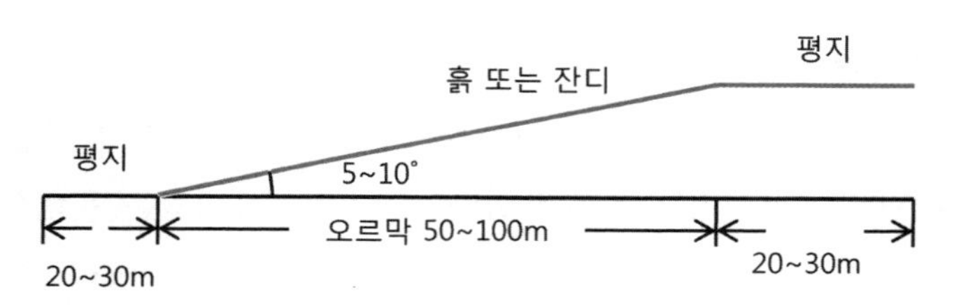

[그림 5-11] 오르막 달리기 코스 모형

(2) 내리막 달리기

내리막 달리기도 오르막 달리기와 마찬가지로 오르막 경사의 크기와 거리에 따라 서로 다른 체력을 향상시킬 수 있다. 내리막 경사도가 10°를 초과하면 운동 중 상해 위험이 높으므로 10° 미만에서 거리를 조절하는 것이 효과적이다. 내리막 달리기는 스피드 또는 순발력을 향상시키기 위한 운동으로 실시되는데, 운동거리는 50~70m에서 실시하되 최고 스피드로 지치지 않은 상태에서 실시하며 달리는 과정에서 최고 가속 증가를 체험하고 이를 경기에 응용할 수 있도록 한다.

파라슈트(parachute)를 착용하고 내리막을 달리면 공기저항 극복을 통해 복근(abdominal muscle)과 각근 파워(leg power)를 향상시킬 수 있으며 내리막 끝 지점에 50~70m의 평지를 연결하여 가속 스피드(acceleration speed)를 평지달리기와 연결하는 스피드를 향상시킬 수 있다.

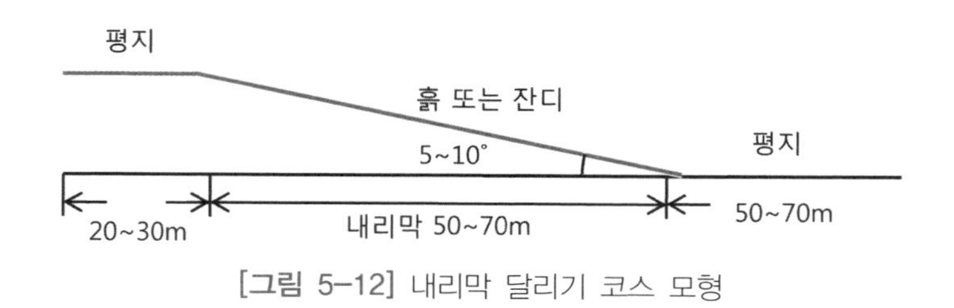

[그림 5-12] 내리막 달리기 코스 모형

4) 톱밥 트레이닝

톱밥에 왕겨나 대패 밥을 섞어 길이 100m 이상 폭 2~3m, 높이 10cm 이상의 인위적 트랙을 달리는 트레이닝(wood chip training)이다. 1980년 초 북유럽에서 겨울철 선수들의 발목 부상을 예방하고 각근 파워(leg power)를 향상시키기 위해 실시되었던 트레이닝으로 당시 우리나라 태릉선수촌에서 국가대표 선수들에게 실시 된 바 있다.

부드러운 톱밥 위를 달리면서 무릎 관절과 신경계의 충격을 완화시켜 스포츠 상해를 예방할 수 있을 뿐 아니라 겨울철에도 강도 높은 달리기 훈련을 효과적으로 실시할 수 있다.

김선길(1984)은 톱밥 코스를 이용한 훈련이 행동체력에 미치는 영향에 관한 연구에서 450m 길이의 톱밥 코스에서 40명의 고등학교 운동선수들에게 WCTT (wood-chip track training)를 실시한 결과 순발력과 지구력 그리고 근력이 향상되었다고 보고 하였다.

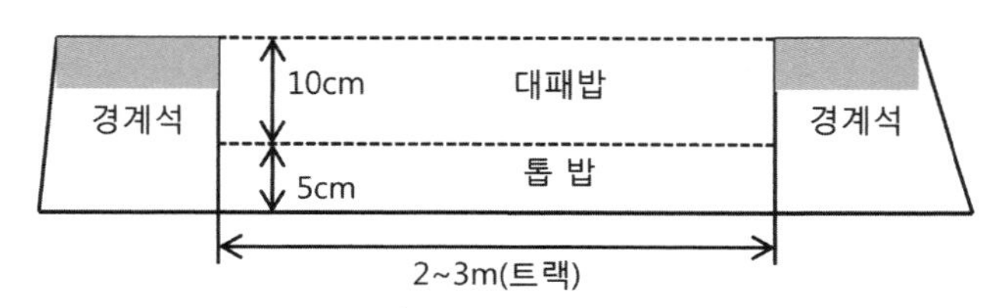

[그림 5-13] 톱밥 트레이닝 코스 모형

연구과제

01 자연 환경에 적응하는 트레이닝에서 기대되는 트레이닝 효과를 설명하시오.

02 고온에서 트레이닝을 실시할 때 나타나는 위험 증상과 예방법을 설명하시오.

03 저온 트레이닝에서 체온 유지법을 설명하시오.

04 고온 또는 저온 트레이닝 방법의 차이를 비교 설명하시오.

05 고지 트레이닝의 목적을 설명하시오.

06 고지 트레이닝 후 경기에 참여하여 경기력을 효과적으로 발휘하기 위한 조건을 설명하시오.

07 내리막 달리기와 오르막 달리기를 동시에 실시하면 트레이닝 효과가 감소되는 이유를 설명하시오.

08 모래밭 달리기와 수중 달리기의 공통된 트레이닝 효과를 설명하시오.

09 톱밥 달리기와 잔디밭 달리기의 공통된 트레이닝 효과를 설명하시오.

10 자연 환경을 활용하여 근지구력을 향상시키기 위한 트레이닝 방법을 설명하시오.

제6장

체력 트레이닝

학습목표

체력은 신체의 능력을 의미하며 건강생활을 영위하기 위한 소극적 개념으로부터 스포츠의 성공적 수행을 위한 적극적 개념으로 이해되어야 한다. 우수한 체력은 운동능력을 효율적이고 적극적으로 발휘하여 경기력을 향상시킬 수 있기 때문에 트레이닝에서 가장 강조되는 요소이다. 체력이 우수하지 못하면 스포츠 기술과 전술의 성공적 수행이 불가능하며 경기력의 발전을 기대할 수 없다.

차례

1 체력의 개념

체력(physical fitness)은 외부의 자극에 대하여 생명을 보호하고 유지하기 위한 신체의 방위력과 외부 자극에 적극적으로 대응하여 동작하는 행동력으로 분류된다. 개체가 질병에 걸려 있지 않고 허약하지 않을 뿐 아니라 생리적 기능이 정상인 상태에서 육체적으로나 정신적으로 또는 사회적으로 완전한 상태에 있고 자기 신체를 능동적으로 조정하여 능률의 감소 없이 장시간 활동을 지속할 수 있는 능력이다. Cureton(1947)은 체력이란 삶을 보람 찬 인생으로 만들어 주는 모든 활동의 근원이며 인생을 지적인 생활, 정신적인 생활, 직장 생활, 성 생활 그리고 사회생활 등의 많은 가지로 되어 있는 나무에 비유하면서 이 같은 가지를 지탱해 주는 나무의 동체(trunk)라 하였다.

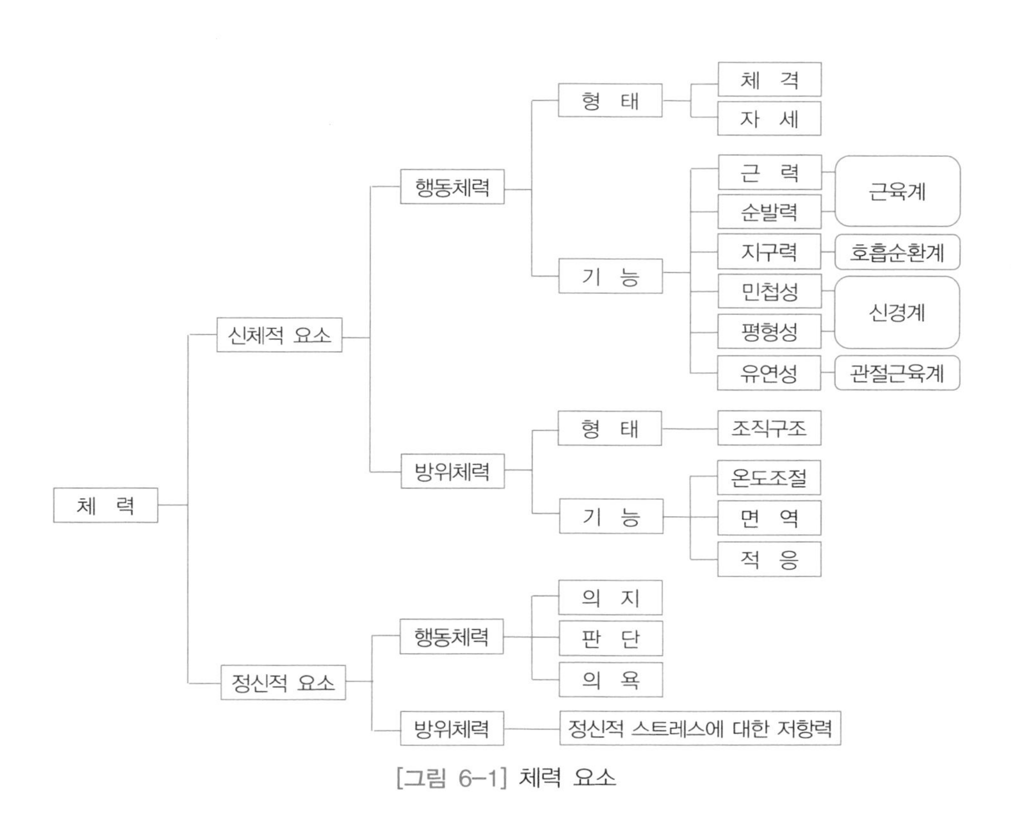

[그림 6-1] 체력 요소

2 체력의 요소

체력은 신체적 요소(physical factor)와 정신적 요소(mental factor)로 구분되며 이들은 다시 행동체력(fitness for performance)과 방위체력(fitness for protection)으로 분류된다. 이 중 행동체력은 적극적 체력으로 평가되고 스포츠 트레이닝의 주요 대상이다. 행동체력은 형태와 기능으로 구분되며 형태는 체격과 자세로, 기능은 근력, 근지구력, 순발력, 전신지구력, 유연성, 민첩성 및 평형성으로 나뉜다. 체력은 구성 요소별 기능의 범위와 한계에 따라 기초체력과 전문체력으로 분류된다.

1) 기초체력

운동수행을 위한 최소한의 기본적 체력을 의미하며 신체를 조절하거나 일상생활에 필요한 체력 외에 근력, 지구력, 순발력, 평형성, 민첩성, 유연성으로 구성된다. 이까이(1970)는 [그림 6-2]와 같이 3대 주요 체력인자로서 힘(force)과 시간(time) 그리고 스피드(speed)를 3방향의 축으로 나누고 이들의 상호관계에 따라 체력을 다시 분류하였다. 시간적 요소가 많은 힘은 근지구력, 스피드와 연관된

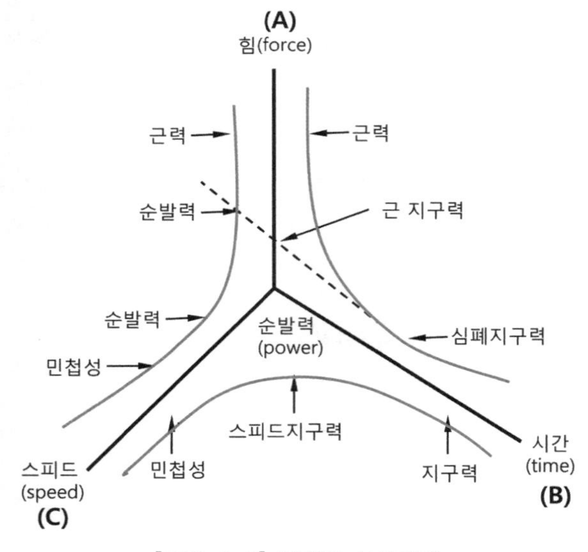

[그림 6-2] 체력의 상호관계

지구력은 스피드 지구력(speed endurance), 힘에 스피드가 첨가된 체력은 순발력으로 분류하였다.

모든 체력은 이론상으로 각개의 단일 체력은 가능하지만 실제는 2~3개의 체력들이 합력(合力)하여 하나의 동작으로 발휘되며 이 때 합력(合力)된 체력 중 중심 체력이 수행된 동작의 대표 체력이다. 예를 들면, 힘(근력)과 시간(지구력)이 합력(合力)하여 하나의 동작을 발휘할 때 힘(근력)이 동작의 중심 체력이면 근지구력, 시간(지구력)이 중심 체력이면 심폐지구력이다.

[그림 6-2]의 (A)축은 힘, (B)축은 시간 그리고 (C)축은 스피드를 나타내며 이들 축과 체력 요인과의 상호 관련을 중심으로 행동체력과 방위체력으로 구분한다. 행동체력은 신체를 적극적으로 활동하거나 운동하는데 필요한 신체의 동적능력을 의미하며 방위체력은 환경의 변화에 적응하거나 각종 스트레스를 참고 견디는 신체의 정적능력이다. 이에 따라 행동체력은 운동 발현력(운동을 일으키는 대근의 수축력: 근력과 순발력), 운동 지속력(운동을 지속할 수 있는 능력: 근지구력과 심폐지구력) 및 운동 통제력(운동을 효율적으로 조절 또는 통제할 수 있는 능력: 민첩성, 평형성, 교치성 및 유연성)으로 구성되며 방위체력은 외부 환경에서 오는 물리 · 화학적 스트레스, 생물적 스트레스, 생리적 스트레스 및 정신적 스트레스를 극복하고 항상성(homeostasis)을 유지하는 체력이다.

2) 전문체력

특정 스포츠 종목의 경기력 수행에 적극적으로 요구되거나 필요한 체력을 전문체력이라 한다. 100m 달리기에서는 순발력과 근력, 중 · 장거리 경기에서는 심폐지구력이 전문체력이다. 일정 수준의 기초체력을 바탕으로 전문체력 발전을 기대할 수 있기 때문에 기초체력을 발달시키는 것은 전문체력은 물론 스포츠 기술 향상을 위해 반드시 필요하다. 모든 스포츠의 전문체력은 스포츠 기술 향상을 위한 능력과 수준을 의미하며 스포츠 기술의 수준이 경기력을 좌우하기 때문에 전문체력을 육성하는 것은 경기력 향상에 필수적이다.

전문체력은 지속적이고 반복적인 트레이닝을 통해 특정 기관과 조직 그리고 세포 신경계의 신경소통성(neural facilitation)을 향상시켜 스포츠 기술을 향상시킨다. 일반적으로 전문체력 트레이닝은 스포츠 기술과 체력이 복합적으로 연계되어 있기 때문에 전문체력과 스포츠 기술이 상호 연계된 형태로 트레이닝을 실시하여야 트레이닝의 효과를 높일 수 있다.

전문체력으로서 근력의 경우 특정 스포츠 종목의 기술 수행에 참여하는 주동근(agonist, 직접 운동을 일으키는 근육/bench press의 큰가슴근)과 협응근(synergist, 주동근이 일으킨 운동을 보조하여 함께 움직이는 근육/bench press의 위팔두갈래근)이 근력운동에 참여하는 근육과 동일할 때 이를 전문체력 트레이닝(스포츠 기술에 참여하는 근육=근력운동에 참여하는 근육)이라 할 수 있다. 따라서 전문체력을 효율적으로 육성하기 위해서는 스포츠 기술과 체력이 연계된 훈련 프로그램으로 트레이닝을 실시하여야 한다.

[표 6-1] 스포츠 종목과 전문체력

스포츠 종목	주요 생리적 기능	전문체력
단거리(100m～400m)	• 근 · 심리신경, 내분비대사	• 순발력 + 근력, 무산소지구력
장거리(5,000m～마라톤)	• 에너지대사, 심폐기능	• 심폐 + 근지구력, 정신력
투척경기	• 에너지대사, 근신경	• 근력 + 순발력, 유연성
축 구	• 내분비대사, 근 · 심리신경	• 순발력 + 근 · 심폐지구력
펜 싱	• 에너지대사, 심폐기능	• 민첩성 + 근 · 심폐지구력
체 조	• 근 · 심리신경, 내분비대사	• 순발력 + 조정력
수 영	• 심폐기능, 에너지대사	• 심폐 + 근지구력, 근력
농 구	• 에너지대사, 심폐기능	• 순발력 + 근력, 무산소지구력

전문체력은 스포츠 기술과 이를 수행하는 데 필요한 특정 체력이 연계되어 있기 때문에 선수의 경기력과 경기수행 능력 수준에 따라 필요한 전문체력과 스포츠 기술이 다르다. 즉 체력과 스포츠 기술 요인 중 중장거리나 역도 경기와 같은 스포츠는 체력이 스포츠 기술보다 강조되지만 양궁이나 사격 또는 펜싱 경기는 스포츠 기술이 체력보다 강조된다. [그림 6-3]은 근력(F)과 스피드(S) 그리고 지구력(E)을 축으로 하는 삼각형에서 일부 스포츠 종목별 전문체력(파워, 근지구력, 스피드지구력)과 일반체력의 상호 관련을 나타내고 있다. 멀리뛰기 종목의 발구름(take off)과 야구의 피칭(pitching)에 필요한 전문체력은 순발력과 무산소 운동 능력이며 800m 또는 3,000m 종목의 달리기는 장시간의 근지구력과 유산소 운동 능력에 의해 경기력이 좌우된다.

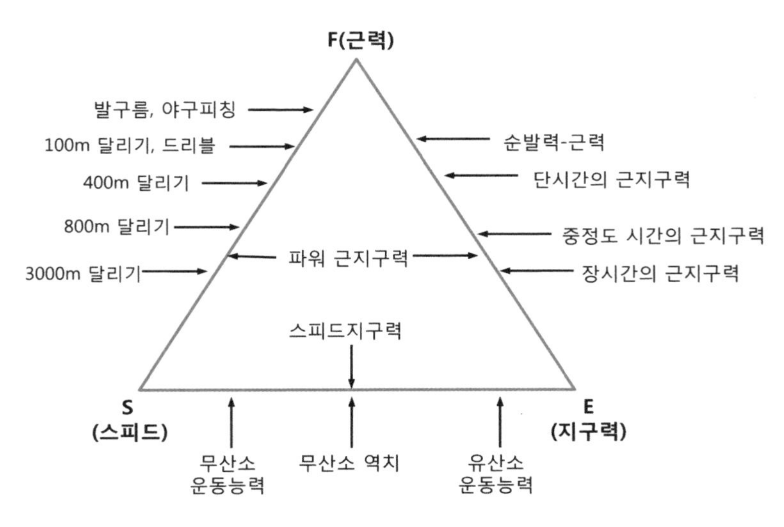

[그림 6-3] 스포츠 기술과 전문체력

3 체력 트레이닝의 단계

잠재된 운동능력(biomotor abilities)을 계발하고 이를 경기력으로 발전시키기 위해서는 운동능력에 결정적 영향을 미치는 체력을 향상시켜야 한다. 체력은 선수의 노력과 트레이닝으로 향상될 수 있지만 체격은 유전적 요인에 의해 영향을 받으므로 체격이 열세인 선수는 체력을 향상시켜 체격의 열세를 만회하여야 대등한 경기력을 발휘할 수 있다. 대부분의 경우 스포츠 종목과 적합한 체격을 소유한 선수가 그렇지 않은 선수보다 경기력과 체력 향상에 유리하다.

[표 6-2] 연간 트레이닝의 단계별 체력 목표

트레이닝단계	준비단계		경기단계
발전단계	1단계	2단계	3단계
목표	기초체력	전문체력	경기력

체력은 운동능력에 따라 [표 6-2]와 같이 몇 단계의 목표를 갖고 단계적으로 육성하는 것이 효과적이다. 1단계는 체력수준이 낮은 초보자들에게 실시되는 기초체력 육성단계로서 훈련의 양과 강도는 중간에 해당되는 트레이닝으로 인체의

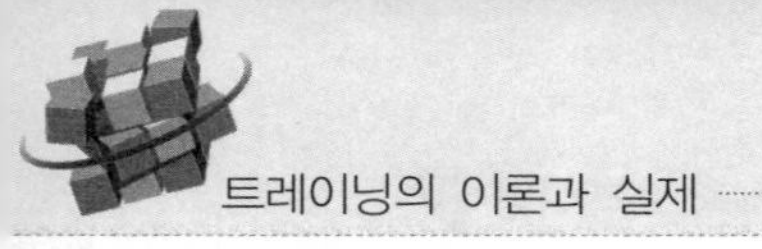

운동능력을 향상시킨다. 이 단계는 인체의 잠재력을 높이는 트레이닝에 중점을 두며 이 같은 목표가 달성된 후 2단계에서 전문체력을 효과적으로 발전시켜 우수한 경기력을 발휘할 수 있도록 한다.

1단계 트레이닝 내용과 기간은 선수 개인의 생체 역학적 특성과 욕구에 따라 다르다. 마라톤이나 역도 종목과 같이 체력이 경기력에 차지하는 비중이 큰 스포츠는 트레이닝 기간이 길지만 양궁이나 사격 또는 피겨 스케이팅과 같이 스포츠 기술이 경기력에 중요시되는 스포츠는 1단계 트레이닝 기간이 짧다.

2단계 전문체력 육성 단계는 1단계에서 형성된 기초체력을 바탕으로 스포츠 종목의 생리학적 또는 기능학적 특성을 체력에 접목시키는 단계로써 향상된 인체 기능의 잠재력을 경기력으로 발달시키는 직전단계의 성격을 갖고 있다. 2단계 트레이닝은 1단계 트레이닝보다 트레이닝 사이의 휴식시간을 줄이거나 휴식 횟수를 낮추는 방법으로 비교적 트레이닝의 양과 강도를 높여 인체의 운동능력과 잠재력을 지속적으로 높이는 것을 특징으로 한다. 2단계에서 훈련의 양과 강도를 높이는 것은 3단계 트레이닝에서 경기력을 보다 효과적으로 발전시키기 위해 반드시 필요한 과정이다. 인체 기관과 조직을 단계적으로 강화시키지 않고 트레이닝 자극을 인체에 무리하게 가했을 경우 중추신경계에 긴장이 초래되고 선수의 운동능력이 감소되기 때문에 경기력을 극대화시키기 위해서는 부과된 자극과 강도에 인체가 효율적으로 반응하고 운동을 적극적으로 수행할 수 있어야 한다.

3단계 트레이닝은 경기력의 극대화를 위해 경기 기간 중에 실시되는 경우가 많다. 1~2단계에서 발전시킨 인체 기관과 조직의 기능을 스포츠 종목에서 요구하는 생체 운동능력으로 전환시키고 잠재력을 완성시켜 경기력을 높이는 과정으로서 트레이닝 최종 단계이다.

4 체력 발달의 한계

체력 향상을 위한 트레이닝의 적정부하(optimal load)는 최저한계(역치)와 최고한계(최대 운동능력) 사이에서 결정된다. 이까이(1961)와 Steinhous(1961)는 체력의 최고한계를 생리적 한계(physiological limit)와 심리적 한계(psychological limit)로 설명하였다. 개인이 발휘할 수 있는 최대근력은 심리 상태와 환경 요인에 따라 항상 변하며 심리 상태에 따라 근력이 변하는 현상을 최대근력의 심리적 한계라 하고 근의 능력(근육의 횡단면 $1cm^2$당 5~10kg)을 생리적 단면적으로 환산한 근력을 생리적 한계라 한다. 평소 체력의 심리적 한계는 생리적 한계의 70% 정도이다.

체력의 생리적 한계와 심리적 한계의 상관관계는 [그림 6-4]와 같이 A와 B는 동일한 생리적 한계를 가지고 있지만, B(80%)가 A(70%)보다 심리적 한계가 10% 높으므로 실질적 체력은 B가 우세하다. C는 A와 B에 비해 체력의 심리적 한계와 생리적 한계가 모두 높은데, 이 같은 현상은 트레이닝에 의한 결과이다. 생리적 한계의 상승은 심리적 한계의 상승을 동반하기 때문에 체력 트레이닝은 생리적 기능을 높이는 내용을 중심으로 실시하여야 체력을 효과적으로 향상시킬 수 있다.

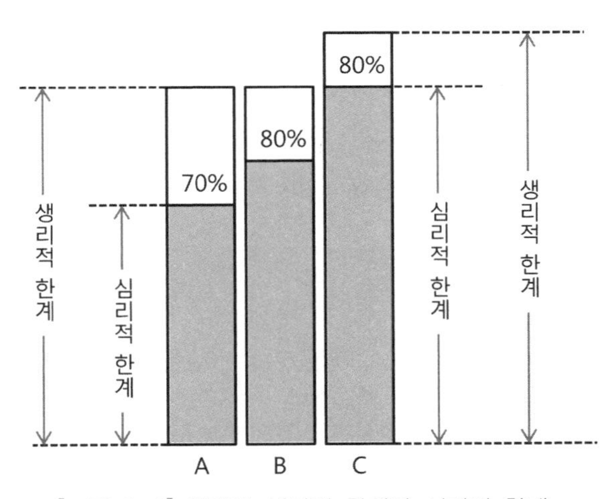

[그림 6-4] 체력의 생리적 한계와 심리적 한계

5 체력 트레이닝

1) 근 력

근육이 일정한 힘을 발휘하는 능력을 근력(strength)이라 하며 체중의 40% 이상을 차지하는 근육의 힘은 모든 신체활동과 삶을 위한 기본적 신체 능력이며 모든 활동과 스포츠에서 가장 중요한 체력이다. 근력은 근수축 시 발휘되는 장력(tension)의 크기이며 장력의 크기는 근수축에 참여하는 근섬유(muscle fiber) 또는 운동단위(motor unit)의 수와 근섬유에서 발사되는 자극(impulse)의 빈도로 좌우된다. 근수축(muscle contraction) 형태는 근의 길이는 변하지 않으면서 장력(근력)을 일으키는 등척성 수축(isometric contraction)과 근의 길이가 단축되거나 신장되면서 장력을 발휘하는 등장성 수축(isotonic contraction) 그리고 Perrine(1968)에 의해 소개된 관절 가동범위 내에서 최대근력이 발휘되는 등속성 수축(isokinetic contraction)으로 분류된다.

등장성 수축은 근의 길이가 줄어들면서 근력을 발휘하는 단축성 수축(concentric contraction)과 근의 길이가 늘어나면서 근력을 발휘하는 신장성 수축(excentric contraction)으로 나뉘며 이 같은 근수축 형태는 근육에 따라 발휘하는 최대근력이 각각 다르기 때문에 근력 발휘의 기본 형태로 분류된다. 근력의 크기는 근육의 생리학적 단면적에 비례하며 성과 연령에 영향을 받지 않는다. 절대근력은 근육의 횡단면 1cm^{2}당 5～10kg이며 근력을 향상시키기 위해서는 근육의 단면적을 확장시키고 신경계를 흥분시킬 수 있는 과부하(over load)에 의한 저항 트레이닝(weight training)을 실시해야 한다. 근력 트레이닝은 근육(근섬유)이 파열(일종의 상처/부하 저항에 의해 근섬유에 나타나는 일시적 현상)되고 파열된 근육이

근력 트레이닝 실시요령

- 트레이닝 초기에 모든 근력운동의 1RM을 측정하여 운동부하 기준으로 하고 1RM을 정기적으로 측정하여 운동부하를 조절한다.
- 운동전 · 후 또는 세트 이동 시 충분한 스트레칭과 준비운동을 실시한다.
- 바벨을 들어 올리고 내릴 때는 최대 빠르기의 1/5로 동일하게 천천히 정확한 동작으로 실시한다.
- 바벨을 올릴 때 호흡을 깊이 들이마시고 동작이 완료되었을 때 숨을 내쉰다.
- 소근군(small muscle group)보다 대근군(large muscle group) 운동을 먼저 실시하는 것이 근 피로를 줄일 수 있다.
- 신장성(stretch) 운동에서 시작하여 단축성(concentric) 운동으로 이어 간다.
- 운동부하를 점진적으로 증가시킨다.
- 주동근(agonist)과 길항근(antagonist)의 균형을 유지하면서 운동한다.
- 1주에 3～4일 이상 트레이닝을 실시한다.
- 중량(重量) 근력 트레이닝은 단련기 또는 비시즌(off-season), 경량(輕量)은 시합기나 정규 훈련 후반부에 실시한다.
- 트레이닝 초기에는 전신근력 위주의 트레이닝을 실시하다가 근력이 향상되면 특정 근력 트레이닝(SAID 원리)으로 전환한다.

48~72시간 내에 체내 단백질 합성과정을 거치면서 스스로 복원되면서 파열 이전보다 근육이 비대해져 근력이 향상되는데, 이 시기를 근육의 최고조 회복기라 한다. 따라서 근력을 효과적으로 증가시키기 위해서는 최고조 회복기 내(48~72시간)에 트레이닝을 재개하여 근육을 파열시키고 복원시키는 주기적 부하 트레이닝을 반복 실시하여야 한다.

(1) 근력 트레이닝의 조건

① 질 량

물체를 이동할 때 근육이 발휘하는 근력의 크기는 물체의 무게에 따라 다르다. 처음 단계에서 가벼운 무게로 시작하여 점차 물체의 무게를 증가하며 근력도 함께 증가되다가 일정 무게에 도달하면 [그림 6-5]의 실선(B영역)과 같이 근력은 더 이상 증가하지 않는다. 이 같은 현상은 투포환 선수가 포환을 던질 때 발휘하는 근력은 선수의 평소 최대근력보다 적지만 포환에 전달되는 가속도가 증가되어 때문에 포환을 멀리 던질 수 있는 경우에 해당된다. 포환 선수가 최대근력으로 포환을 던지는 순간 포환에 전달되는 근력은 크지만 포환에 가속도가 전달되지 못하기 때문에 멀리 던질 수 없는 것과 같이 특정 동작은 각각 필요한 적정 근력이 있으며 이 같은 적정 근력으로 동작이 수행될 때 동작 수행 효과가 커진다.

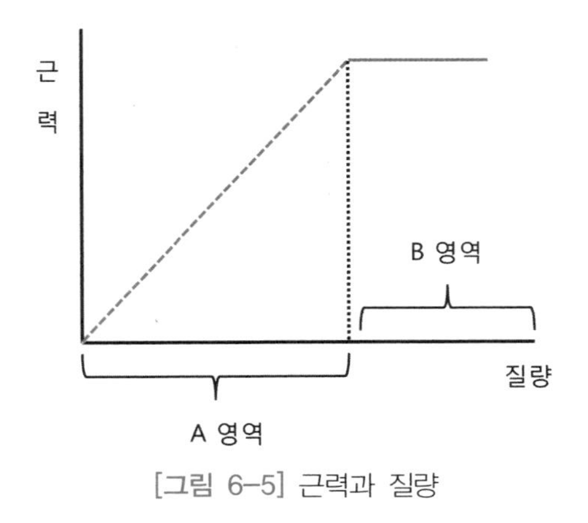

[그림 6-5] 근력과 질량

② 스피드

여러 무게의 포환을 던질 경우 포환이 비행하는 스피드와 소모된 근력은 서로 반비례 관계이다. 근력과 스피드의 관계는 스피드가 빠르면 빠를수록 근력은 적게 발휘되고 스피드가 낮으면 발휘되는 근력은 크다. 근력과 스피드의 관계는

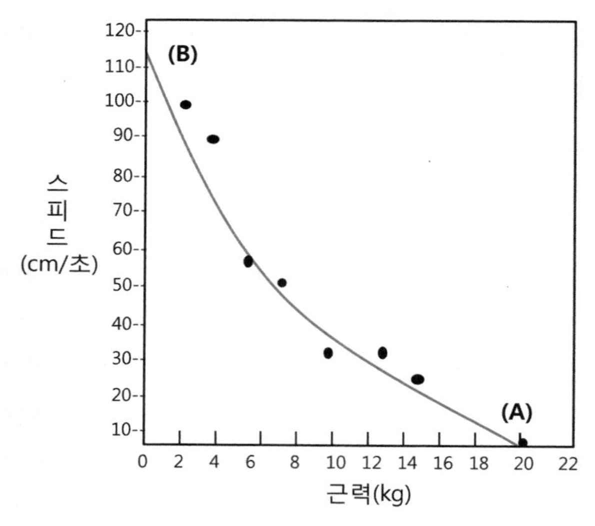

[그림 6-6] 근력과 스피드

➻ 1RM 측정

웨이트 트레이닝은 자신의 최대근력(1RM)을 알아야 트레이닝의 양과 강도를 효과적으로 처방하여 트레이닝 효과를 높일 수 있기 때문에 모든 근력운동의 1RM 측정 후 트레이닝을 시작하는 것이 바람직하다. 그러나 모든 근력운동종목의 1RM을 정확하게 측정하는 데에는 여러 어려움이 있기 때문에 대근(大筋) 운동종목(squat, dead lift, power clean, bench press)의 1RM을 아래 공식과 같이 측정하고 기타 종목은 간접 방법(챠트)으로 1RM을 계산하여 활용한다.

- 공식 I : 「1RM = W1(7~8회 반복 실시할 수 있는 무게)
  + W2(W1×0.025×반복횟수)」
- 공식 II : 「단련자 → 1RM = 1.172×(7~10회 반복 실시할 수 있는 무게)
  + 7.704」
  「비단련자 → 1RM = 1.554×(7~10회 반복 무게) − 5.181」

예를 들어 A가 40kg의 무게로 벤치 프레스를 7회 반복 실시하였을 때 A의 1RM을 공식 I 로 계산하면 1RM = 40kg+(40kg×0.025×7회=7kg)」따라서 A의 벤치프레스 1RM은 40kg+7kg=47kg이다.

[그림 6-6]과 같은 곡선으로 나타낼 수 있다.

[그림 6-6]에서 (A)점의 스피드는 제로 상태지만 근력은 최대인 정적(isometric) 상태를 나타내며 (B)는 근력은 제로 상태지만 스피드는 최대인 동적(isotonic) 상태를 나타내고 있다. 이 같은 현상은 정적(isometric) 상태의 최대근력이 동적(isotonic) 상태에서 발휘되는 근력에 많은 영향을 미친다는 사실을 의미한다. 따라서 동적상태의 근력을 향상시키기 위해서는 정적 상태의 근력 트레이닝도 필요하다.

③ 근수축

외부의 힘에 의해 근육이 늘어나면서 발휘하는 힘을 신장성(excentric contraction) 근력이라 하며 정적(isometric) 상태의 최대근력보다 50~60% 정도 크다. 이 같은 예로는 높은 곳에서 뛰어 내려 착지 순간에 발휘되는 근력이 킥(kick)에서 발휘되는 근력보다 큰 경우이다. 점프(jump)할 때 도움닫기와 킥(kick) 동작 그리고 공중동작으로 이어지는 일련의 과정에서 가장 큰 근력은 [그림 6-7]의 A점과 같이 발구름(take off) 시 근육이 신장(excentric)하면서 발휘하는 근력이다. 신장성 수축(excentric contraction)으로 발휘되는 근력은 스피드가 빠를수록 근력도 함께 증가한다.

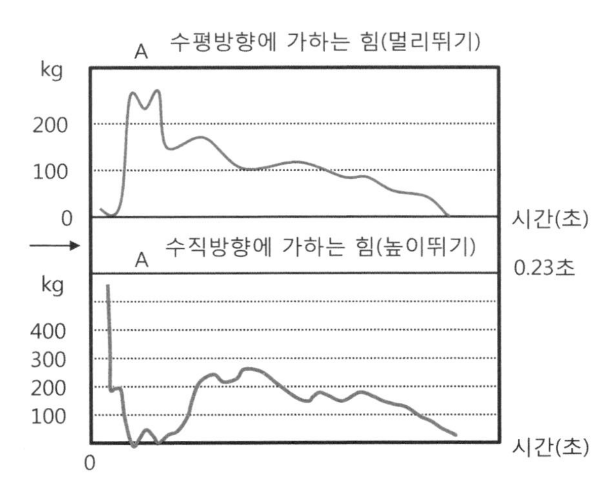

[그림 6-7] 멀리뛰기와 높이뛰기 발구름 동작의 근력

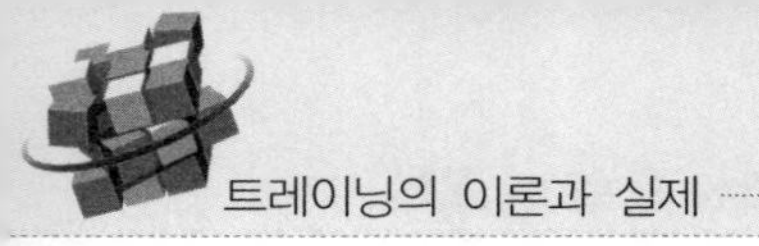

(2) 트레이닝의 종류와 처방

① 동적 근력 트레이닝

동적 근력 트레이닝(isotonic training)은 신체를 움직여 관절과 근육을 전 운동 범위로 수축시키는 저항운동이다. Hettinger와 Müller(1953)는 근력 트레이닝의 강도 부하역치(threshold)는 최대근력(1RM, 정확한 자세와 최대 노력으로 단 1회만 들어 올릴 수 있는 최대무게)의 40~50% 이상이여야 트레이닝 효과를 볼 수 있다고 하였다. 근력 향상을 위한 적정 부하강도는 단련자의 경우 최대근력(1RM)의 75~80% 부하로 매회 6초 내외에서 실시할 때 효과를 볼 수 있으며 운동기구로는 노틸러스(nautilus), 바벨(barbell), 덤벨(dumbbell), 사이벡스(cybex) 및 저항기구 등이 사용된다. 근력을 육성하기 위한 트레이닝은 운동강도 기준으로 더 이상 반복할 수 없을 정도의 탈진(all out)까지 운동을 반복 실시하는 반복법과 최대근력(1RM)에 가까운 부하를 최소 횟수로 실시하는 최대근력법 그리고 최대근력보다 가벼운 부하를 최대 빠르기로 실시하는 동적근력법이 있다. 운동방법에 따라 슈퍼 세트 시스템(super set system), 피라미드 시스템(pyramid system) 그리고 분리 반복 시스템(split routine system)이 있으며 스포츠 종목과 트레이닝 목적에 따라 부하와 운동 방법을 다양화하여 실시한다. Rainer(2004)는 스포츠 종목에 따라 등장성 근력 트레이닝의 부하를 [그림 6-8]과 같이 제시하였다.

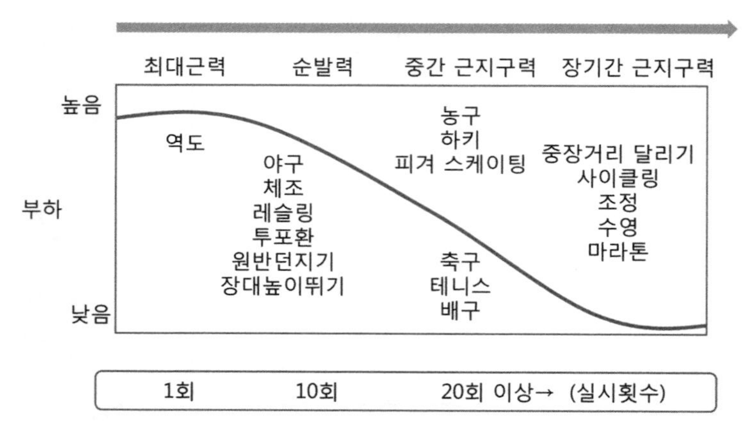

[그림 6-8] 스포츠 종목별 등장성 근력 트레이닝 부하

㉠ **최대근력 시스템**

근력을 극대화시키면 최고 수준의 운동능력 수행이 가능하다는 원리에 근거한 저항 트레이닝이 최대근력 시스템(super strength system)이다. 이 같은 원리에 의해 Macqueen(1954)은 최대부하 2~3회 반복으로 4~5세트(set)를, Delorme (1948)는 최대부하 1~3회 반복으로 3~4세트(set)를 근력 향상을 위한 트레이닝의 적정 부하로 권장하였다. 특히 O'shea(1973)는 최대 중량에 의한 근력 트레이닝(super quality strength training/1RM의 90% 이상 부하 2~3회 반복 실시)이 근력 향상에 효과적이며 동적근력을 최대로 발휘할 수 있는 근군(muscle group)을 파워-존(power zone)이라 하고 이를 [그림 6-9]와 같이 나타내었다. [그림 6-9]의 A 부위에 가까운 척추세움근(erector spinae), 큰볼기근(glutaeus maximus), 넙다리네갈래근(musculus quadriceps femoris) 및 배곧은근(rectus abdominis)의 근력이 향상되면 다른 근육의 근력도 더불어 발달될 수 있으며 이를 위해 스쿼트((squat), 데드 리프트(dead lift)), 파워 클린(powerclean) 그리고 벤치 프레스(bench press)를 권장하고 이들 운동종목들을 「Big 4」라 하였다.

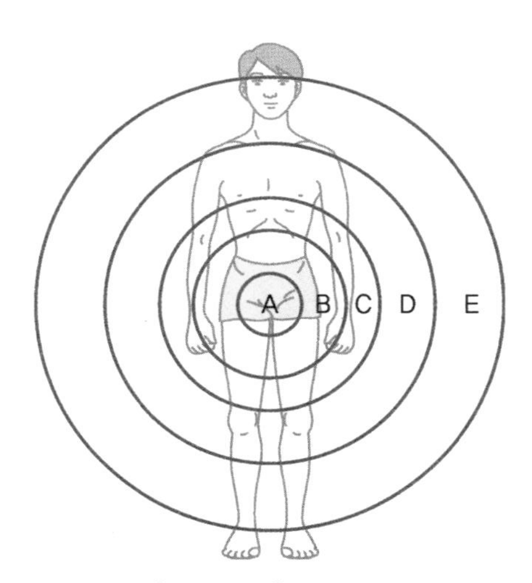

[그림 6-9] 파워-존

운동종목	동 작	실시요령
스쿼트 (squat)		사진과 같이 바벨을 등세모근 위에 얹고 넙다리를 지면과 수평, 무릎을 깊이 굽혀(하프 스쿼트는 90°) 앉은 자세에서 허리에 힘을 집중시키면서 무릎과 척주를 곧게 펴 일어선다.
데드-리프트 (dead lift)		사진과 같이 바벨을 들어올리기 전에 허리를 펴 고정시키고 몸을 안정시킨다. 운동이 끝날 때까지 허리의 힘을 유지한다. 등과 가슴을 곧게 펴면서 허리를 고정시키고 상체를 세워 뒤로 젖힌다.
파워-클린 (power clean)		사진과 같이 양손을 어깨 너비로 벌려 바벨을 잡고 상체를 약 45° 앞으로 숙이고 무릎 높이로 바벨을 들어 올려 점프하듯 다리와 상체를 힘차게 펴면서 팔꿈치를 굽혀 바벨을 어깨에 올렸다 천천히 내린다.

운동종목	동 작	실시요령
벤치-프레스 (bench press)		사진과 같이 어깨 너비로 바벨을 잡고 팔꿈치를 완전히 위로 뻗으면서 들어 올린다. 바벨을 내렸을 때 위팔과 아래팔의 각도는 90°를 유지한다. 바벨을 드는 양손의 폭을 다양하게 실시하면 큰가슴근 바깥쪽과 안쪽을 고르게 발달시킬 수 있다.

[그림 6-10] 파워-존 강화를 위한 「Big 4」 운동종목

㉡ **피라미드 시스템**

중량(重量)에 의한 근력 훈련으로 자칫 부상을 초래할 위험이 있기 때문에 부하를 점차적으로 증가 또는 감소시키면서 근육에 자극을 적응시키는 근력 트레이닝을 피라미드 시스템(pyramid system) 또는 회귀저항 트레이닝(regressive over load training)이라 한다. 첫 세트는 8~10RM의 부하(load)로 트레이닝을 시작하다가 점차 부하는 높이고 반복 횟수는 줄여 최종단계에서는 1RM 또는 그 이상의 부하로 실시한다. 예를 들면 하프 스쿼트(half squat)의 1RM이 150kg이고 10RM이 100kg인 경우 1세트는 100kg으로 10회, 2세트는 120kg을 8회, 3세트는 130kg을 5회, 4세트는 140kg을 4회, 5세트는 145kg을 2회 그리고 마지막 세트는 150kg 그 이상의 부하를 1/2~1회 실시하고 트레이닝을 종료한다. 높은부하(負荷)에 의한 적은 반복 횟수와 낮은부하(負荷)에 의한 많은 반복 횟수로 일련의 트레이닝을 실시함으로써 짧은 시간 내에 운동에 참여한 근육의 가능한 모든 근력(whole potential strength)을 발달시키는 것이 피라미드 시스템 트레이닝의 목적이다. [그림 6-11]과 같이 1RM을 제1 단계에서 실시하다가 점차 부하를 감소시

키는 역(반대) 피라미드 시스템 트레이닝도 가능하다. 역(반대) 피라미드 운동은 연간(年刊) 트레이닝의 준비단계보다는 근육의 신경소통성(neural facilitation)과 근 충격(impulse) 발휘를 준비시키기 위해 경기 직전에 짧고 강하게 실시하는 경우가 있다. 평소 트레이닝 시는 5~6세트를 실시하다가 경기 중에는 세트와 실시 횟수는 줄이고 부하는 높이는 방법을 원칙으로 하되 스포츠 종목과 선수의 근력 수준에 맞춰 실시한다.

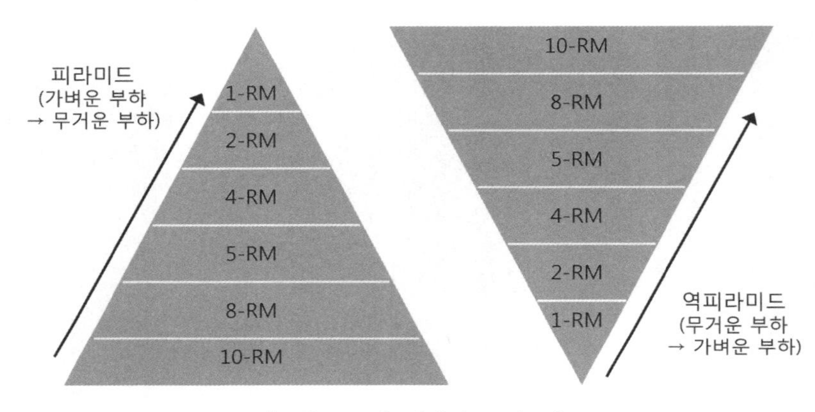

[그림 6-11] 피라미드 시스템

ⓒ 분리 반복시스템

신체 특정 부위의 근력 향상을 목적으로 별도의 근련 훈련을 집중적으로 실시하는 저항 트레이닝을 분리 반복시스템(split routine system)이라 한다. 예를 들면 월, 수, 금요일에는 팔의 순발력을 화, 목요일에는 하체의 근지구력 훈련을 실시하는 경우이다. 분리 반복시스템 트레이닝은 1주에 6일을 실시하되 높은 강도로 실시하는 것이 효과적이며 연간(年刊) 트레이닝 계획에서는 준비기나 전이기보다 경기기(시합기)에 특정부위의 근력을 유지하기 위한 보강운동으로 실시하는 경우가 많다. 높이뛰기 선수가 경기 직전 하프스쿼트(half squat) 1RM의 3/4을 3~5회 반복 실시하거나 역도 선수 또는 보디빌더가 경기에 임박하여 근육의 항상 긴장(iso-tension) 상태를 유지하기 위해 근육에 일정 자극을 가하는 경우이다.

[그림 6-12]는 허리와 복부의 척주기립근(elector spinae), 대둔근(glutaeus maximus), 복직근(abdominal muscle) 그리고 내 · 외복사근(external & internal oblique muscle)을 강화시키기 위해 디클라인 싯 업(decline sit up), 백 익스텐션

(back extension), 보디 아치(body arch), 행잉 레그 레이즈(hanging leg raise) 및 벤드 오버(bend over)와 같은 운동 종목으로 편성된 경우가 분리 반복시스템 트레이닝의 운동종목 예이다.

운동종목	동 작	실시요령
싯 업 (sit up) ⓐ		사진과 같이 무릎을 90° 로 굽혀 발목을 고정하고 손은 머리 뒤로 깍지를 낀 상태에서 팔꿈치가 무릎에 닿을 정도로 상체를 흔들지 않고 일으켰다가 다시 처음 동작으로 되돌아간다.
백 익스텐션 (back extension) ⓑ		사진과 같이 로망 벤치를 타고 발목을 고정시켜 상체를 아래쪽으로 내린다. 손은 깍지를 끼고 머리 뒤 또는 허리에 두고 무릎을 편 상태에서 천천히 상체를 수평보다 약간 위로 일으켰다가 처음 동작으로 내린다.

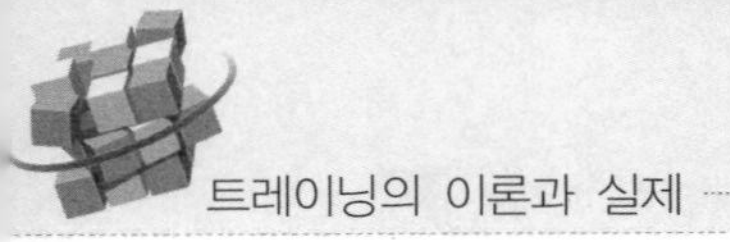

운동종목	동 작	실시요령
보디 아치 (body arch) ⓒ	 	사진과 같이 벤치 모서리에 후두부에서 어깨 후부까지 붙이고 양손으로 벤치 모서리를 단단히 붙잡은 상태에서 발을 위로 차올리면서 허리와 무릎을 뻗어 편 후 양발을 처음 동작으로 돌아온다.
행잉 레그 레이즈 (hanging leg raise) ⓓ	 	사진과 같이 무릎을 펴고 철봉에 매달린 다음 양발을 모으고 발목이 바에 닿을 정도로 상체를 위로 들어 올렸다가 처음 동작으로 되돌아온다.
벤드 오버 (bend over) ⓔ	 	사진과 같이 바벨을 양손으로 잡고 어깨 위에 얹는다. 척추를 편 상태로 허리를 굽혀 상체가 지면과 평행 될 때까지 앞으로 숙였다가 처음 동작으로 되돌아간다.

[그림 6-12] 배근과 복근 강화를 위한 분리-반복시스템 트레이닝 운동종목(예)

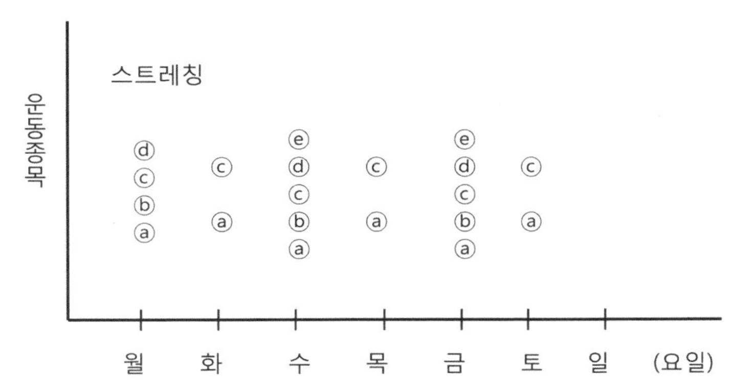

[그림 6-13] 분리 반복시스템 트레이닝 프로그램(그림 6-12를 중심으로 구성)

② 정적 근력 트레이닝

정적 근력 트레이닝(isometric training)은 [그림 6-14]와 같이 고정 기구 또는 자신의 신체를 활용하여 일정 시간 최대로 힘을 발휘하여 근섬유질 속에 장력(tension)을 일정 시간 발생시키는 근력 향상 저항운동이다. Hettinger와 Muller(1960)의 연구에서 시작되어 근력 육성을 위한 저항운동(weight training)으로 실시되고 있다. 1964년 도쿄 올림픽을 대비하여 일본 국가대표 선수들이 등척성 근력 트레이닝을 주요 근력운동으로 실시한 바 있다. 대부분의 스포츠는 정적근력보다는 동적근력이나 순발력을 필요로 하기 때문에 정적근력에 대한 관심이 줄어들고 있지만 유도, 역도, 체조, 암벽등반과 같은 일부 종목은 정적근력이 동적근력과 함께 경기력에 차지하는 비중이 매우 높다. 정적근력 트레이닝은 동적근력 트레이닝과 함께 상호 보완적으로 실시한다.

정적 근력 트레이닝은 정지된 상태에서 근육에 저항을 가하면 근육이 부하에 적응된다(specific adaptation to imposed demands)는 원리에 기초를 두고 있다. 근력운동 기계 없이 간편하게 신체 관절 가동 각도의 ±20°에서도 운동을 실시할 수 있는 장점 때문에 정적 근력 트레이닝은 여러 근력 트레이닝과 병행하여 실시되고 있다. 그러나 정적 근력 트레이닝은 특정 관절 각도 내에서만 근력이 향상되는 제한적 특성을 갖는다. 예를 들면 주관절의 굴곡(flexion) 동작에서 90°의 관절 각도에서는 위팔두갈래근의 근력은 증가하지만 45°와 135°의 관절 각도에서는 근력 증가 범위가 감소되었다. 이 같은 점을 고려할 때 근력을 증강시키기 위해서는 여러 각도에서 운동을 실시하여야 한다.

운동종목	동 작	실시요령
철봉대 매달리기		사진과 같이 몸을 고정시키고 철봉대에 매달려 10초 내외 유지한다.
양손으로 타월 당기기		사진과 같이 타월을 최대 근력으로 좌우 10초 내외 잡아당긴다. 이때 몸을 고정시킨다.
팔굽혀 버티기		사진과 같이 팔 굽힌 자세를 고정하여 10초 내외 유지한다.

[그림 6-14] 정적 근력 트레이닝의 운동종목(예)

운동 강도는 최대 근력의 60~100%로 실시할 때 효과를 기대할 수 있으며 20% 이하에서는 운동 효과를 기대할 수 없고 오히려 근력이 감소된다. 부하 지속시간은 운동 강도를 고려하여 최대근력의 60~70%에서 18~30초, 100% 최대 근력으로 수행할 때 6~12초 동안 지속하는 것이 효과적이다. 1주에 3회 10~15

분간 실시하는 것이 바람직하며 최대근력이 요구되는 스포츠 종목이나 시즌 종료 후 근력 강화를 목표로 트레이닝을 할 경우, 매일 실시하는 것이 효과가 높다. 반복 횟수는 일반적으로 초보자는 1일 3~5세트, 단련자는 7~10세트 실시한다.

[표 6-3] 정적 근력 트레이닝의 운동강도와 지속시간

트레이닝 목표	운동강도	지속시간	반복 횟수	빈 도
근력	최대근력	6~12초	5~10회	5회이상/1주
근 지구력	최대근력의 60~70%	탈진(all out)까지	1회	5회/1주

③ 등속성 근력 트레이닝

부하는 일정하지만 근육의 길이가 변하는 등장성 근수축과 부하는 변하지만 근육의 길이가 변하지 않는 등척성 근수축의 단점을 기계로 조정하여 근수축에 맞게 부하를 변화시킨 동적 근력 트레이닝과 정적 근력 트레이닝의 단점을 보완한 것이 등속성 근력 트레이닝(isokinetic training)이다. 등속성 근력 트레이닝은 전체 관절에 동일한 저항이 부과되기 때문에 근력과 순발력, 근지구력을 향상시키는 효과는 높지만 고가의 기구 값과 사용상의 복잡 등으로 근력 육성을 위한 트레이닝보다는 부상 후 재활을 위한 훈련으로 실시된다. 트레이닝 기구로는 정형외과의 재활의료 분야에서 사용하는 사이벡스(cybex), 오소트론(orthotron) 및 미니 짐(mini-gym) 등이 있다.

[표 6-4] 등속성 근력 트레이닝의 장 · 단점

장 점	단 점
• 관절 전 가동 범위의 근력 발달 • 한 가지 운동으로 여러 근육 발달 • 부상 근육의 재활 • 빠른 동작의 근력 발달 • 근육통 감소	• 기구 비용이 과다 • 일반 보급률 저하 • 기구 사용의 복잡

등속성 근력 트레이닝은 운동 형태, 빠르기 그리고 수축력에 따라 근력 발달이 다르며 운동 실시요령은 등장성 트레이닝과 유사하게 한 동작을 6~10회 반복, 1~3세트로 1주에 2회 또는 3회씩 실시한다. 작은 근육군이 큰 근육군보다 피로가 빠르게 진행되기 때문에 큰 근육에서 작은 근육 순으로 운동을 실시한다.

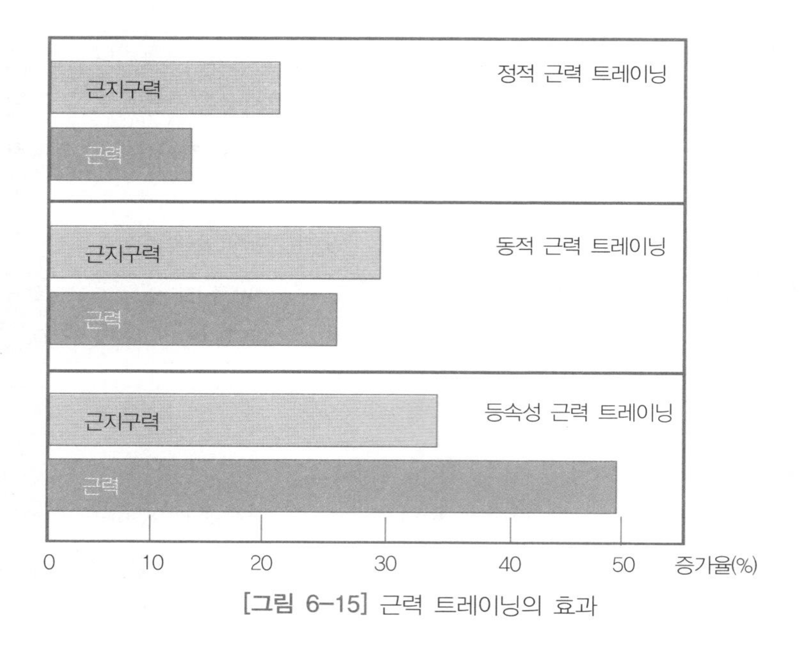

[그림 6-15] 근력 트레이닝의 효과

④ 탄성저항 근력 트레이닝

탄성저항 근력 트레이닝(metal spring resistance training)은 고무줄이나 스프링(spring)과 같은 물체의 탄성(elasticity)을 이용한 저항운동이며 실시하는 방법에 따라 근력과 근지구력을 향상시킬 수 있다. 스프링은 압축되고 고무줄은 늘어나면서 내부에 에너지가 축적되었다가 힘을 제거하면 축적된 에너지가 외부로 생성되면서 위치에너지를 갖는데, 이때의 에너지를 탄성에너지(elastic energy)라 한다.

동적 근력 트레이닝과 정적 근력 트레이닝과는 달리 탄성저항 근력 트레이닝은 관절과 운동의 크기에 따라 근육에 가해지는 저항이 다르다. 기체나 수압을 이용한 유체저항 트레이닝(water resistance training)은 팔과 손목의 신전근력(伸展筋力) 향상에 효과가 높아 유도와 레슬링 선수들의 허리, 팔, 손목 회전 및 파워 강화를 위한 저항운동으로 실시된다. 고무줄의 탄성을 이용한 저항 운동기구는 단련된 선수들이 강도 높은 전문체력 육성을 위해 주로 사용하는 경우가 많다. 튜빙 밴드(tubing band)는 다른 운동기구에 비해 관절 및 근육의 상해 가능성이 적고 자신의 근력이나 체력에 맞춰 강도를 자유롭게 조절할 수 있는 장점이 있다. 탄성저항 트레이닝은 운동 시 관절 가동 각도의 크기에 따라 관절에 가해지는 저항이 비례한다. 금속 스프링(metal springs), 고무 스프링(rubber cables), 기압(air pressure) 및 수압(water pressure)을 이용한 트레이닝 기구와 X-팬드(expand) 등이 트레이닝 기구로 사용된다.

↛ 근력 발휘의 형태

근육의 수축 형태는 다음과 같은 근력 발휘 형태로 분류된다.

- 등척성(isometric) 근력 : 관절이 움직이지 않으면서 발휘하는 근력
  (예: 낮은 철봉대에 움직이지 않고 매달릴 때 위팔근과 아래팔근의 근력)
- 단축성(concentric) 근력 : 근육을 굽히거나 단축하여 발휘하는 근력
  (예: 벤치 프레스의 들어 올릴 때 위팔세갈래근의 근력)
- 신장성(eccentric) 근력 : 근육을 펴면서 발휘하는 근력
  (예: 벤치 프레스의 들어올리는 동작에서 위팔두갈래근의 근력)
- 플라이오메트릭(plyometric) 근력 : 근육을 굽혔다가 빠르게 펴면서 발휘하는 근력
  (예: 벤치 프레스 들어올리기와 내리기의 빠른 연속동작에서 위팔두갈래근과 위팔세갈래근이 빠르게 교차 발휘하는 근력)

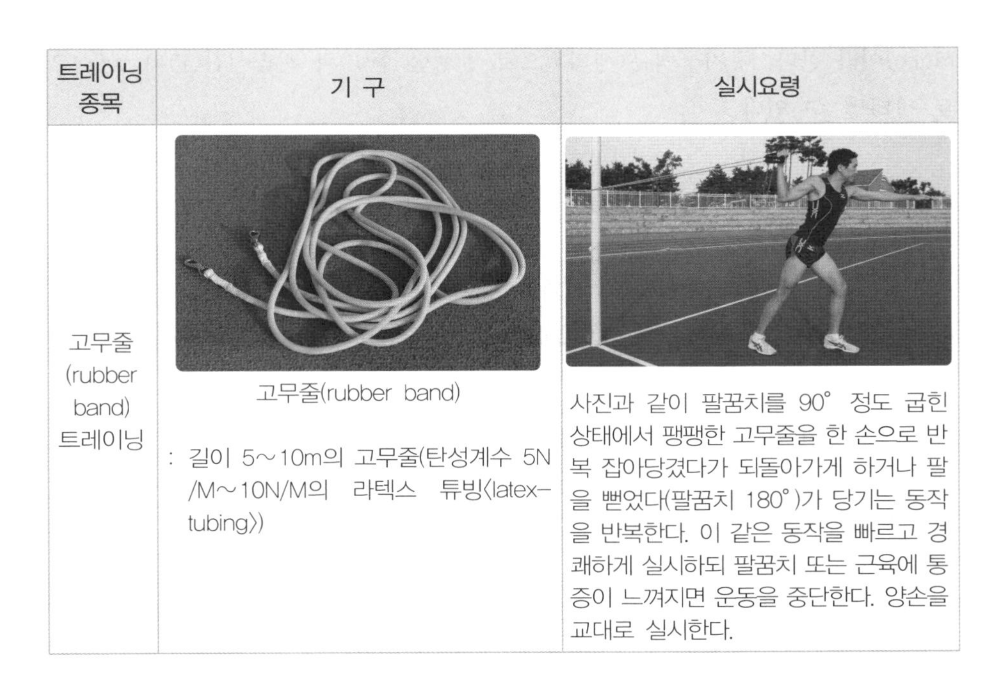

트레이닝 종목	기 구	실시요령
고무줄(rubber band) 트레이닝	고무줄(rubber band) : 길이 5~10m의 고무줄(탄성계수 5N/M~10N/M의 라텍스 튜빙〈latex-tubing〉)	사진과 같이 팔꿈치를 90° 정도 굽힌 상태에서 팽팽한 고무줄을 한 손으로 반복 잡아당겼다가 되돌아가게 하거나 팔을 뻗었다(팔꿈치 180°)가 당기는 동작을 반복한다. 이 같은 동작을 빠르고 경쾌하게 실시하되 팔꿈치 또는 근육에 통증이 느껴지면 운동을 중단한다. 양손을 교대로 실시한다.

트레이닝 종목	기 구	실시요령
파라슈트(para chute) 트레이닝	파라슈트(parachute) : 길이 3~5m, 중량 2~5kg의 파라슈트(낙하산의 일종)	사진과 같이 파라슈트를 허리에 매고 트랙이나 내리막 길을 달리면서 공기 저항에 대한 저항력을 이용하여 스피드 또는 각근력(leg power)을 향상시키는 트레이닝이다. 파라슈트가 완전히 펴진 후 30~50m를 전력으로 달린다.

[그림 6-16] 탄성저항 근력 트레이닝 기구 및 실시요령

2) 근지구력

근육이 일정 시간 운동이나 일을 지속할 수 있는 힘을 근지구력(muscle endurance)이라 한다. 근지구력은 생리적으로 발생한 힘(F)과 지속시간(T)의 곱(×)으로 나타낼 수 있다.

$$근지구력 = 힘(F) \times 지속시간(T)$$

근지구력은 철봉에 오래 매달리기와 같이 관절을 움직이지 않으면서 근력을 발휘하는 정적 근지구력(static muscle endurance)과 턱걸이와 같이 관절을 움직이면서 근력을 발휘하는 동적 근지구력(dynamic muscle endurance)으로 구분된다. ATP-PC와 글리코겐과 같은 에너지원이 근 내부에 많이 저장되어 있거나 모세혈관이 발달하여 산소와 글리코겐을 효과적으로 근육에 운반하여 운동으로 발생되는 탄산가스와 젖산을 빠르게 제거할 수 있는 생리적 기능이 발달되어야 근지구력이 우수하다.

근지구력은 지속적인 운동으로 근육 내 칼륨(potassium) 함유량이 증가되고 피로가 감소되어 근육이 운동을 지속적으로 수행할 수 있는 능력이다. 근섬유의 횡단

면적이 확대되고 근육이 비대(hypertrophy)해지면, 근원섬유(myofibril)와 마이오필라멘트(myofilament) 수가 증가되며 근섬유 당 모세혈관 밀도가 높아져 ATP-PC와 글리코겐 또는 미토콘드리아(mitochondria)와 여러 효소가 활성화되어 근지구력이 향상된다. 또한 뇌와 신경계의 에너지원인 혈액 글루코스와 근 글리코겐이 다량 저장되어 피로해진 근육의 활동을 지속시키고 신경계를 자극하여 효율적인 동작을 수행할 수 있도록 한다.

이 같은 현상을 고려할 때 근지구력을 향상시키기 위해서는 근력과 산소섭취 또는 산소부채 능력을 함께 강화시키는 트레이닝이 효과적이다.

최대근력의 2/3 이상, 최대산소섭취 또는 산소부채 능력의 80% 이상에서 탈진(all-out) 때까지 트레이닝을 실시하여야 우수한 근지구력을 발달시킬 수 있다. 근지구력은 우수한 근력과 산소섭취 또는 산소부채 능력에 좌우되기 때문에 근지구력 향상을 위해서는 산소섭취와 산소부채 능력을 향상시키고 고탄수화물과 단백질 섭취가 필요하다. [그림 6-17]은 근지구력이 최대산소섭취 또는 산소부채 능력과 최대근력 사이 일정 수준으로 비례하고 있음을 나타내고 있다.

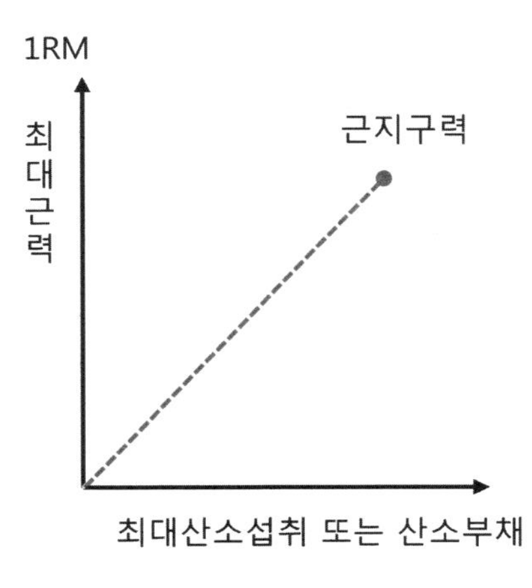

[그림 6-17] 근지구력의 구성요소

(1) 트레이닝의 종류와 처방

① 정적 근지구력

정적 근지구력(static muscle endurance)은 체조의 링 종목에서 십자형 굳히기, 레슬링과 씨름 및 유도의 버티기 기술뿐 아니라 양궁의 풀 드로우(full draw)에서

폴로 스로우(follow through)까지 또는 사격 자세 유지 등에서 주요 체력으로 작용한다. 근지구력 향상에 필요한 트레이닝 시간과 강도 및 반복 횟수는 신체 운동 부위가 탈진하여 더 이상 동작을 반복할 수 없는 상태가 트레이닝의 한계이다.

정적 근지구력을 향상시키기 위한 운동부하는 최대 근력의 70% 이상으로 탈진 상태까지 실시하며 반복횟수는 1회, 빈도는 1주일에 5회 이상, 운동 후에는 충분한 휴식을 취하는 것이 효과적이다.

[그림 6-18] 기구를 이용한 정적 근지구력 트레이닝

② 동적 근지구력

동적 근지구력(dynamic muscle endurance)은 움직이면서 일정한 근력을 지속적으로 발휘하는 능력이다. 계단 또는 층계 오르기, 등산 등과 같이 자신의 체중만으로도 동적 근지구력을 향상시킬 수 있다. 대부분의 스포츠에서 동적 근지구력은 경기력 발휘에 중요한 체력으로 작용한다. 특히 축구, 마라톤, 사이클과 같은 종목은 다리의 근지구력이 강조되며 농구, 배구 및 수영 종목에서는 다리와 팔의 근지구력이 경기력에 많은 영향을 미친다. 정적 또는 동적 근지구력의 차이는 정적 근지구력은 정적근력과 산소섭취 또는 산소부채 능력의 합력(合力)이며 동적 근지구력은 동적근력과 산소섭취 또는 산소부채 능력의 합력(合力)으로 이뤄진다. 다리와 팔의 동적 근지구력은 실시자 체중의 5~10% 무게의 웨이트 재킷(weight jacket)이나 500~1,000g 내외의 웨이트 글로브(weight glove), 웨이트 슈즈

(weight shoes) 또는 모래주머니를 발에 착용하고 탈진 때까지 달리는 훈련을 1주에 3~4회 실시하고 트레이닝 후 충분한 휴식을 취하는 것이 효과적이다.

[표 6-5] 정적 근지구력과 동적 근지구력 트레이닝 비교

트레이닝 종류	운동강도	지속시간	반복횟수	빈 도	에너지 시스템
정적 근지구력	최대근력 이상	탈진	5~10회	5회 이상/1주	ATP-PC
동적 근지구력	최대근력의 30% 이상	탈진	1회	3~5회/1주	젖산 또는 O_2 시스템

기구명칭	트레이닝 기구	사용방법
웨이트 재킷 (weight jacket)		실시자 체중의 5~10% 부하 웨이트 재킷을 착용하고 트레이닝을 실시한다. 초보자보다는 단련자들의 전신 동적 근지구력 향상을 위한 운동기구로 연간트레이닝 중 준비기에 주로 사용한다.
웨이트 손목 밴드 (weight wrist band)		팔의 동적 근지구력 향상을 위한 트레이닝 기구이다. 손목 밴드의 무게는 스포츠 종목과 트레이닝 목적에 따라 조절한다.
웨이트 발목 밴드 (weight ankle band)		다리의 동적 근지구력 향상을 위한 트레이닝 기구이다. 발목 밴드의 무게는 스포츠 종목과 트레이닝 목적에 따라 조절하여 사용한다.

기구명칭	트레이닝 기구	사용방법
웨이트 슈즈 (weight shoes)		마라톤 또는 장거리 종목에서 다리의 근지구력 향상을 위한 트레이닝이다. 웨이트 슈즈의 무게는 스포츠 종목과 트레이닝 목적에 따라 조절한다.

[그림 6-19] 동적 근지구력 트레이닝 기구

(2) 근력과 근지구력

근지구력은 근을 지속적이고 반복적으로 수축할 수 있는 능력으로서 근력이 증가하면 근지구력도 함께 증가한다. 근력 트레이닝으로 근력이 증가되면 1RM과 반복횟수도 증가되고 반복횟수가 증가되면 증가된 만큼 근지구력도 향상 한다. Thistle(1975)은 [그림 6-20]에서 (A)는 근지구력 향상을 목적으로 실시한 트레이닝 결과 근력이 함께 증가되었고 (B)는 근력 향상을 위한 트레이닝에서 근지구력

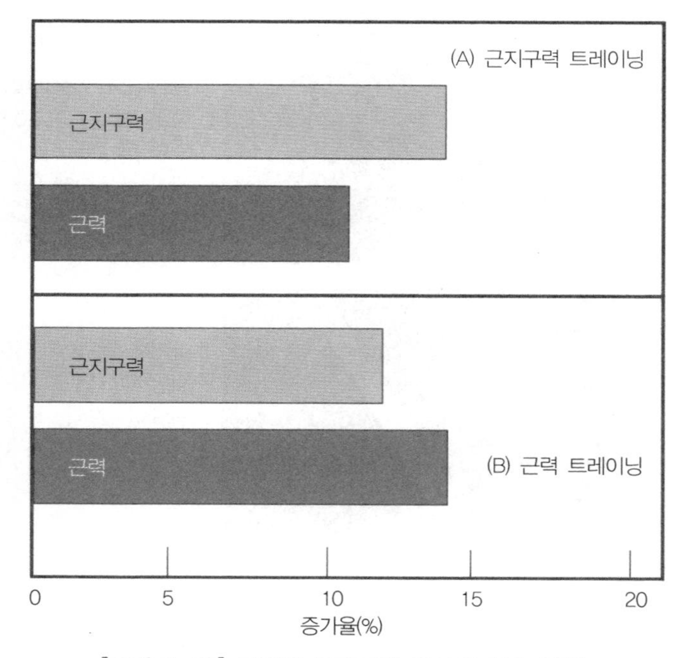

[그림 6-20] 근력과 근지구력 향상의 상호 관련

도 함께 증가되었음을 나타내고 있다. 예를 들면 벤치프레스를 1세트에 10회 반복할 수 있는 사람이 15회로 증가되었다면 1RM도 증가되는데 이때 증가된 반복횟수는 근지구력이 함께 증가 되었다는 것을 의미한다. 보통 근력이 증가하면 근지구력도 함께 향상되지만 근지구력이 특별히 강조되는 스포츠의 경우 별도로 근지구력 트레이닝을 실시하여야 한다. 최대근력(1RM)의 30~40% 부하로 반복하여 탈진 때까지 실시하는 것이 동적근지구력 발달에 효과적이다. 근력과 산소섭취 능력과 산소부채가 합력(合力)된 근지구력이 경기에서 지치지 않으면서 우수한 경기력을 발휘할 수 있는 체력이다.

① 서키트 트레이닝

전신체력 육성을 목적으로 영국의 Morgan과 Adamson(1953)에 의해 시작된 서키트 트레이닝(circuit training)은 실시하는 방법에 따라 지속 트레이닝, 인터벌 트레이닝 그리고 반복 트레이닝으로 분류된다. 최근에는 운동종목과 운동강도를 다양화하여 전문 체력이나 스포츠 기술을 향상시키는 트레이닝으로 실시되고 있다. 서키트 트레이닝은 근지구력과 심폐지구력 향상에 특히 효과가 높고 트레이닝 효과를 간편하게 평가할 수 있는 장점은 있지만 유연성 운동이 없고 운동 동작이 정확하지 않은 단점이 있다.

전신지구력을 향상시키려면 신체 모든 부위별 운동종목(station)을 서키트 트레이닝 내용으로 편성하고 운동능력의 향상에 따라 각 운동종목의 운동량을 증가시키거나 순환횟수를 늘려 부하를 증가시킨다. 심폐지구력을 향상시키기 위해서는

서키트 트레이닝 실시요령

- 트레이닝 목표를 구체적으로 정한다(예: 심폐지구력, 근지구력, 스포츠 기술 등)
- 트레이닝 목표를 달성할 수 있는 5~10종류의 운동종목을 난이도가 낮은 종목에서 높은 순으로 편성한다.
- 운동 시작 전 운동종목별 실시자의 1RM을 측정한다.
- 운동 초기 운동강도는 1RM의 40~60%에서부터 점차 증가한다.
- 운동빈도는 1주 3회, 5~6주 실시 후 운동종목별 1RM을 다시 측정하여 운동강도와 운동종목을 추가하거나 운동량을 증가한다.
- 전체 종목의 1회 순환 소요시간을 5~10분, 종목 간 휴식 시간을 10~20초, 초기에는 1회 실시하다가 점차 순환횟수와 운동량을 증가한다.

운동종목 간 이동시간을 줄이거나 불완전 휴식으로 운동 부하를 높인다. 서키트 트레이닝은 [그림 6-21]과 같이 특정 체력 향상을 목적으로 구성할 수 있고 [표 6-6]과 같이 축구 선수에게 스피드 지구력과 드리블 앤드 슛(dribble and shoot)과 같은 스포츠 기술을 함께 향상시킬 수 있다.

[표 6-6] 축구 선수의 서키트 트레이닝 프로그램 모형(예)

순서	운동 종목	운동강도	실시 횟수	실시 요령
1	50m 전력 달리기	최대 빠르기	1	• 실시자 능력에 따라 1~5회 순환 • 이동 시간은 트레이닝 목표(스포츠 기술이 목표인 경우는 이동 시간을 길게, 스피드 지구력은 이동시간 빠르게)에 따라 조정 • 운동종목 추가와 운동강도는 운동목표와 실시자의 운동능력에 맞춰 조절
2	허들 10개 모듬발 뛰어넘기	최대 빠르기	1	
3	드리블로 장애물 10개 통과하기	최대 빠르기	1	
4	박스 모듬발 연속 뛰어넘기	최대 빠르기	1	
5	드리블 앤드 슛(dribble and shooting)	최대 빠르기	1	
6	버피-점프(burpee jump)	최대 빠르기	1	

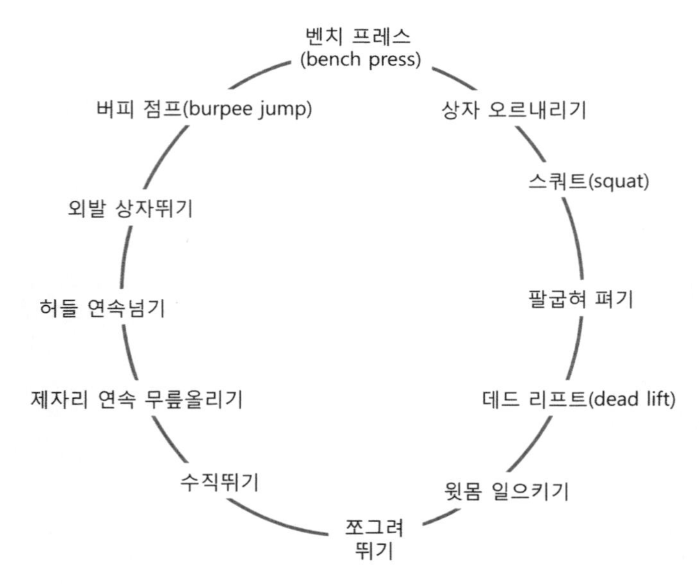

[그림 6-21] 전신 근지구력 향상을 위한 서키트 트레이닝 모형(예)

3) 순발력

정적 상태에서 근육이 발휘하는 힘을 근력이라 한다면 동적으로 발휘하는 힘을 순발력(power)이라 한다. 100m 달리기의 스타트와 농구의 슬램 덩크(slam dunk) 그리고 배드민턴의 스매싱(smashing)과 같이 최대 빠르고 순간적으로 집약된 동작에 순발력이 요구된다. 순발력은 단위 시간에 이뤄진 일 또는 "Force(힘)×Velocity(속도)=일/시간=힘×거리/시간"으로 나타낼 수 있는 것처럼 빠른 "순간적 모둠 힘"을 의미한다. 순발력의 크기는 근력과 스피드에 비례하므로 순발력을 향상시키기 위해서는 근력과 스피드를 향상시켜야 한다. 이 두 요건 중에서 스피드는 선천적 요인에 영향을 받기 때문에 후천적으로 발달이 가능한 근력을 향상시키면서 스피드를 육성시키는 트레이닝이 순발력 향상에 효과가 높다. 김진원(1982)은 근력과 스피드가 순발력에 미치는 영향을 [그림 6-22]와 같이 나타냈다.

순발력=힘(Force)×속도(Velocity)=일(Work)/시간(Time)
=힘(Force)×거리(Distance)/시간(Time)

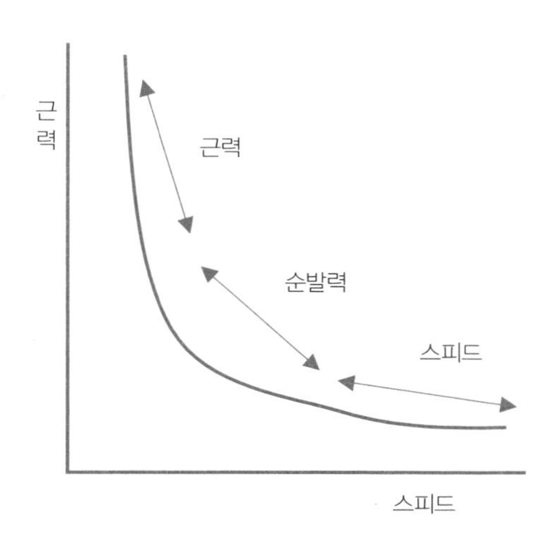

[그림 6-22] 근력과 스피드에 따른 순발력

순발력은 한번에 최대 1회 발휘(1회성 순발력)를 요구하는 스포츠(예: 높이뛰기 또는 멀리뛰기)와 지속적으로 발휘(연속적 순발력)를 요구하는 스포츠(예: 100m

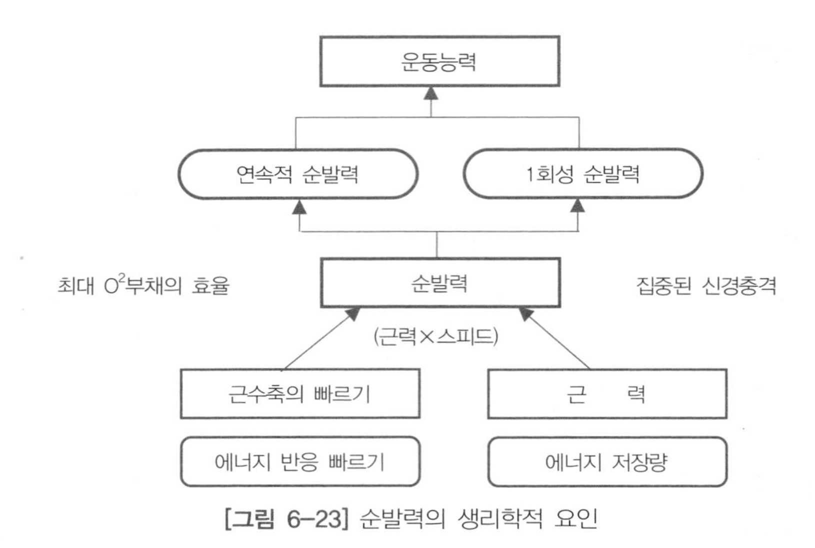

[그림 6-23] 순발력의 생리학적 요인

달리기, 펜싱경기)로 구분된다. 지속적으로 순발력 발휘가 요구되는 스포츠는 근력 강화에 일차적 목표를 두고 이를 반복적으로 실시하여 스피드가 저하되지 않도록 산소부채(oxygen debt)를 증가시켜 근 수축 스피드를 육성시켜야 하며, 순간적으로 순발력 발휘를 요구하는 경우는 근육을 순간적으로 수축시키기 위한 집중된 신경충격과 비젖산 산소부채 능력 향상에 중점을 두고 트레이닝을 실시한다.

(1) 트레이닝의 종류와 처방

① 체중을 이용한 트레이닝

실시자가 최대 빠르기로 층계를 뛰어오르거나 윗몸일으키기, 버피 점프(burpee jump)와 같이 자신의 체중만으로 순발력을 향상시키는 트레이닝이다. 기구를 사용하지 않는 운동이기 때문에 운동상해의 위험이 적고 편리하게 실시할 수 있으며 운동효과가 높은 장점이 있다. 운동량과 강도는 실시자가 최대 빠르기로 탄성을 유지하는 운동범위 내에서 실시하며 세트 사이에 충분한 휴식을 취한다.

[그림 6-24] 체중을 이용한 순발력 트레이닝(burpee jump)

② 웨이트 파워 트레이닝

웨이트 파워 트레이닝(weight power training)은 근력 향상을 위한 웨이트 트레이닝과 대부분 동일한 운동이지만 실시방법에 차이가 있다. 순발력을 향상시키기 위해서는 최대근력(1RM)의 25~30% 부하를 최대 빠르기와 탄성을 유지하면서 10~15회 실시하는 것이 효과적이다. 근력이 강조되는 스포츠 종목은 최대근력의 80% 이상의 부하로 5~10회 실시하지만 스피드가 강조되는 스포츠는 최대근력의 30%까지 부하를 낮추고 실시횟수를 20~30회로 증가시킨다. 두 경우 모두 최고 스피드로 운동을 하며 운동 중 스피드가 떨어지면 휴식 후 다시 실시한다.

[표 6-7] 근력 트레이닝 실시횟수에 따른 운동효과

최대근력(%)	실시 횟수	운동효과	참 고
100 99~90 89~80	1 2~3 4~6	근력	부하는 최대, 반복횟수 최소
79~70 69~60	7~10 11~15	순발력과 근력	최대 스피드를 유지하면서 5세트 이상 반복
59~50 49~40 39~30	16~20 21~30 31~	근지구력	근육이 탈진 때까지 반복

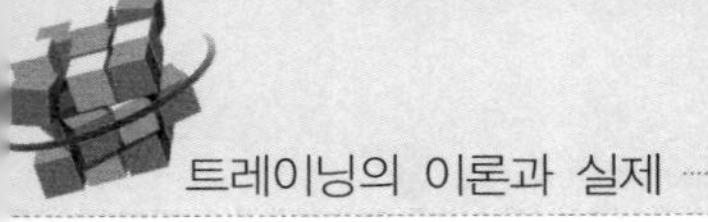

③ 플라이오메트릭스 트레이닝

플라이오메트릭스(plyometrics)는 근육이 단축(shortening)되고 신장(stretch)되는 순환(cycle) 과정을 빠르게 진행시켜 짧은 시간 내 폭발적인 근운동을 일으켜 순발력을 강화시키는 트레이닝이다. 예를 들면 제자리에서 무릎을 가슴에 닿도록 끌어 올리는 점프 뛰기(tuck jump) 또는 벤치 프레스에서 바벨을 밀었다가 가슴까지 내리는 동작을 최대 빠르게 반복 실시하는 것이다.

플라이오메트릭스는 신경과 근육의 기능을 개선하여 순발력을 향상시키는 것을 주목적으로 실시된다. 근의 신장(stretch)이나 단축(shorten)만으로 발휘되는 근력보다 짧은 시간에 근의 신장과 단축을 동시에 수행함으로써 보다 큰 근력을 발휘할 수 있다. 플라이오메트릭스는 근육의 신장과 단축 순환을 빠르게 연결시켜 근육을 강화시켜 운동의 효율성을 높이기 때문에 빠르게 반복 실시하는 것이 중요하다. 플라이오메트릭스 근력 발현은 멀리뛰기 또는 높이뛰기의 점프, 농구나 배구경기에서의 점프 동작, 야구의 피칭, 배팅 또는 골프의 스윙 동작에서 볼 수 있다.

근력은 근수축 방법에 따라 크기가 다르다. Rolf(1991)는 [그림 6-25]에서 신장성 수축으로 발휘되는 근력은 단축성 수축에 의한 근력보다 크며 최대 정적 근력(100%)보다 40% 이상 크다 하였다. [그림 6-25]의 단축성 근수축에서는 근수축 속도가 증가할수록 근력이 감소되며 강력한 동적근력은 신장성 수축이 크고 빠를수록 증가한다는 것을 나타내고 있다. 즉 근력과 빠르기와의 관계에서 빠르기가

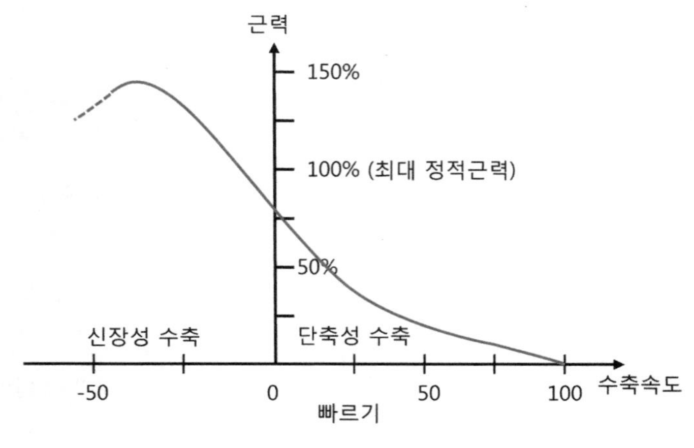

[그림 6-25] 근력과 스피드

플라이오메트릭스 트레이닝 실시요령

- 준비운동을 충분히 실시한다.
- 운동 동작에 집중하고 스피드와 탄성을 유지한다.
- 운동에 필요한 정확한 동작을 습득한 후 실시한다.
- 예비단축 단계보다 예비신장 단계로의 전환을 빠르게 실시한다.
- 신장단계 후 부드럽고 연속적으로 단축단계로 전환한다.
- 운동 중 스피드나 동작의 정확성이 떨어지면 운동을 중지한다.

증가하면 신장성 근수축은 높은 근력을 발휘하지만 단축성 근수축은 감소된다. 단축성 근수축과 신장성 근수축이 격렬하게 교차하면서 발휘되는 최대근력은 근수축의 크기와 빠르기에 의해 결정되기 때문에 플라이오메트릭스 운동은 신속하고 큰 동작으로 수행하여야 트레이닝 효과를 얻을 수 있다.

Steven(1987)은 하프 스쿼트(half squat)를 각기 다른 트레이닝 형태로 12주간 실시한 후 근력의 변화를 [그림 6-26]과 같이 나타냈다. 단축성 근운동만 실시했던 (C)그룹보다 단축성과 신장성 근운동을 동시에 실시한 (B)와 (A)그룹의 근력 향상이 우수하였다.

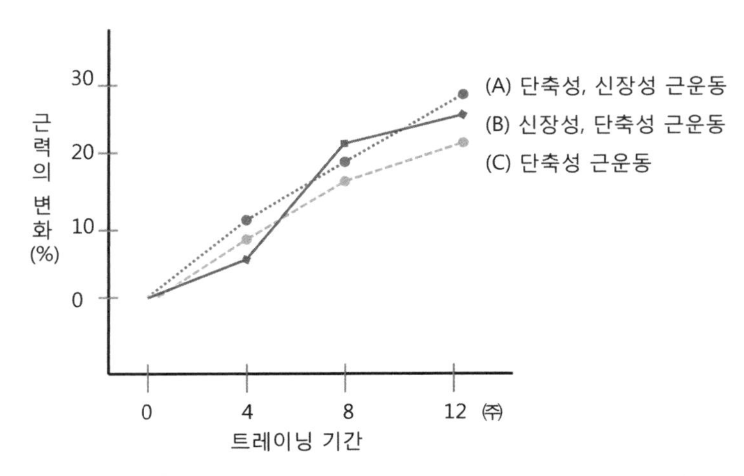

[그림 6-26] 트레이닝 형태에 따른 하프 스쿼트의 근력 향상 비교

㉠ **체중을 이용한 플라이오메트릭스 트레이닝**

기구 없이 맨몸으로 층계나 잔디밭에서 다리나 팔의 관절을 크고 빠른 동작으로 운동한다. 선수가 운동 중 피로하여 스피드가 떨어지거나 동작이 정확하지 않을 경우에는 운동을 중단한다.

운동종목	동 작	실시요령
층계 뛰어 오르기 (stair sprint)		사진과 같이 외발 또는 모둠발 또는 층계를 신속하게 큰 동작으로 뛰어 오른다(발을 서로 교대하여 실시).
모둠발 멀리뛰기 (alter-nate leg bound)		사진과 같이 모둠발로 지면을 힘껏 차면서 최대로 빠르게 10회 내외의 멀리뛰기를 반복하면서 앞으로 나간다(동작은 크고 멀리 점프).
양발 잔걸음 뛰기 (ricochets)		사진과 같이 뒤꿈치를 들고 앞꿈치만 사용하여 잔걸음으로 지면을 경쾌하게 차면서 5~10m 앞으로 나간다. 이때 상체와 팔은 부드러운 동작을 취하며 마지막 단계에서 20~30m 전력으로 달린다.

운동종목	동 작	실시요령
스쿼트 점프 (squat jump)		사진과 같이 최대로 높은 점프를 10회 내외 빠르게 반복하면서 앞으로 나간다.

[그림 6-27] 체중을 이용한 플라이오메트릭스 트레이닝(예)

㉡ 기구를 이용한 플라이오메트릭스 트레이닝

상자, 웨이트 벨트(weight belt), 웨이트 재킷(weight jacket) 또는 메디신 볼(medicine ball) 등과 같은 기구를 이용하여 다리 또는 팔의 관절을 크고 빠르게 움직이면서 [그림 6-28]과 같이 실시한다. 선수가 운동 중 피로하여 스피드가 떨어지거나 동작이 정확하지 않을 경우에는 운동을 중지한다.

운동종목	동 작	실시요령
박스 점프 (box jump)		사진과 같이 무릎 높이의 상자 위를 양발 또는 외발로 신속하게 연속 점프로 오르내린다.

운동종목	동 작	실시요령
양발 부하 점프 (weight double foot jump)		실시자 체중의 5~10% 부하 재킷을 착용하고 사진과 같이 상자 위와 아래를 양발의 발꿈치만을 이용하여 점프하며 빠르게 폭발적으로 상자 5~10개를 연속 뛰어 오르내린다.
메디신 볼 스윙 (medicine ball swing)		사진과 같이 양손으로 메디신 볼을 잡고 빠르게 위 아래로 크게 이동한다(볼 이동 시 상체는 볼의 이동을 따라 움직인다).
덤벨 부하 양팔 흔들기 (dumbbell arm swing)		사진과 같이 두 발을 어깨너비로 벌린 후 양손에 아령이나 덤벨을 들고 빠르게 상하로 반복 스윙한다(스윙 자세는 달리기 자세를 유지하며 상체는 가능한 움직이지 않고 팔로만 스윙).

운동종목	동 작	실시요령
뜀틀에서 뛰어내려 양발 뛰기 (jump down to land on both feet)		사진과 같이 80cm 내외의 뜀틀에서 뛰어 내려와 발판에 착지하는 순간 양다리를 모아 앞으로 멀리 1~3회 연속 점프한다(운동부하가 높기 때문에 초보자는 실시하지 않는다).
연속 뜀틀뛰기		사진과 같이 80cm 내외의 뜀뜰 2~3개를 정열하고 뜀틀을 큰 동작으로 빠르게 연속으로 뛴다(운동부하가 높기 때문에 초보자는 실시하지 않는다).

[그림 6-28] 기구를 이용한 플라이오메트릭스 트레이닝(예)

ⓒ 상자를 이용한 플라이오메트릭스 트레이닝

상자를 이용한 플라이오메트릭스(plyometrics) 운동을 박스 드릴(box drill)이라 하며 스피드와 각근 파워(leg muscle power)를 효과적으로 향상시키는 트레이닝이다. 각근 파워 트레이닝은 다리 근육의 무산소에너지 능력을 발달시키고 운동에 참여하는 근군(muscle group)과 근의 신경소통성(neural facilitation)은 물론 관절의 기능을 향상시킬 수 있는 운동으로 구성한다. 한 다리 또는 양 다리로 나무 상자 위·아래를 연속 점프하는 박스 드릴은 상자 위를 빠르게 점프하는 순간 상자 표면의 탄성이 다리 근육의 탄성 에너지(elastic energy)를 자극하여 신경소통성(neural facilitation)을 높여 각근 파워를 향상시킨다. 상자의 높이는 25~40cm 범위에서 [그림 6-29]와 같이 실시한다.

운동종목	동 작	실시요령
상자 위 모둠발 뛰기		사진과 같이 5~10개의 상자 위와 아래를 모듬발로 점프하면서 앞으로 나간다(착지에서 점프 동작으로 전환할 때, 점프에서 착지로 전환할 때 최대로 빠르고 폭발적으로 실시).
상자 위 외발 뛰기		사진과 같은 동작으로 5~10개의 상자 위를 한발로 빠르고 폭발적으로 점프하며 전진한다(점프는 크고 경쾌하게 실시).
사이드 홉 (side hop)		사진과 같이 상자 위에서 발을 교대로 사용하여 점프하면서 앞으로 나간다. 상자 위에서 점프 한 발은 다음 동작에서 지면에 착지하며 전(前) 동작에서 지면에 있던 발이 상자 위에 위치한다. 이 같은 동작을 교대로 발을 사용하면서 반복 점프한다.
사이드 점프 앤 런 (side jump & running)		사진과 같이 상자를 양발로 연속 뛰어 넘은 후 마지막 20~30m를 전력으로 달린다.

[그림 6-29] 박스-드릴 트레이닝(예)

㉣ 뎁스 점프 트레이닝

1900년 초 소련에서 다리 근력을 강화시키기 위한 트레이닝으로 실시되었다. 트레이닝 강도가 너무 높아 선수들이 자주 상해가 발생함에 따라 중지되었다가 1960대 후반 미국 인디아나 대학의 Phillip(1980)에 의해 새롭게 계발되었다. 초기에는 [그림 6-30]의 모듬발 허들넘기와 한발 허들넘기와 같이 허들을 이용하여 뎁스 점프(depth jump)를 실시하였으나 허들 높이가 선수들에게 부담이 되면서 선수의 체력에 맞게 다양한 방법으로 실시되고 있다. 상해 위험 때문에 단련된 선수들이 각근 파워 강화 트레이닝으로 실시되고 있다. 초보자들은 자신의 운동 능력에 맞게 허들 높이를 조절하여 실시한다.

운동종목	동 작	실시요령
모둠발 허들 넘기 (double footed jumps over hurdlers)		사진과 같이 76~100cm 내외 높이 허들 5~10개를 모둠발로 연속 점프하며 넘는다. 허들 넘는 동작의 정확성보다는 점프에 보다 집중하여 실시한다(운동강도가 높아 단련자에게 실시 권장).
한발 허들넘기 (single footed jumps over hurdles)		사진과 같이 76cm 내외 높이의 허들 3~10개 모둠발로 연속 점프하며 넘는다. 허들 넘는 동작의 정확성보다는 점프에 보다 집중하여 실시한다(운동강도가 높아 단련자들에게 실시 권장).
연속 수직뛰기		사진과 같이 높은 수직 점프를 5~10회 연속 실시하면서 앞으로 이동한다(발을 교대로 크게 점프하며 각 발의 점프 횟수를 동일하게 실시).

[그림 6-30] 뎁스 점프 트레이닝(예)

순발력 인터벌 트레이닝

축구, 럭비, 배드민턴과 같은 구기 종목에 필요한 지속적 순발력을 향상시키기 위하여 Steven(1987)은 [그림 6-31]과 같은 50~1,000m의 거리에서 순발력 인터벌 트레이닝을 계발하였다. 이 같은 순발력 인터벌 트레이닝은 심폐지구력은 물론 스피드와 순발력을 향상시키는 효과가 있다. 트레이닝 사이사이에 허들이나 상자를 넘는 운동을 혼합실시하면 순발력을 보다 효과적으로 향상시킬 수 있다.

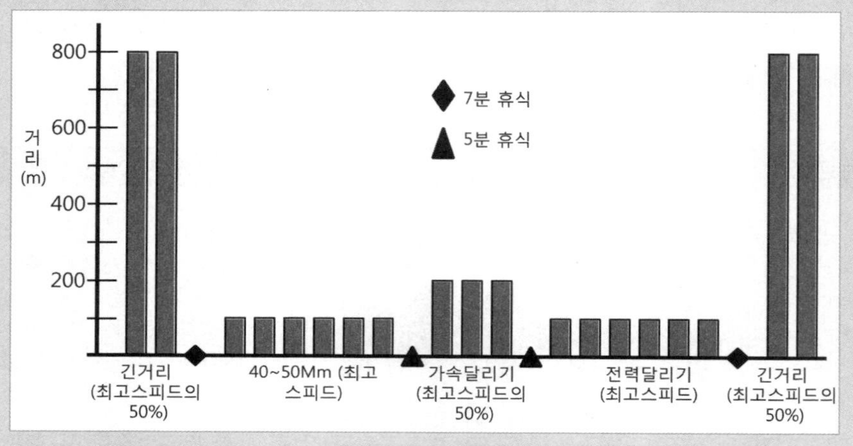

[그림 6-31] 순발력 향상을 위한 인터벌 트레이닝

4) 스피드

스피드(speed)는 근신경학적 측면에서 속근성 운동단위(fast twitch motor unit)가 많을수록 신경의 근수축 명령을 강하고 빠르게 전달하여 수축이 빠르게 이뤄진다. 스피드에 영향을 많이 미치는 동작 반응시간이나 근육 간 협응력과 같은 신경요인들은 특히 유전적 영향을 많이 받는다.

일정한 운동을 최단 시간에 수행할 수 있는 능력을 스피드(speed)라 하며 운동 소요시간은 짧고 피로가 없음을 전제로 한다. 스피드 발휘의 기본 형태는 운동반응의 잠복시간, 단일운동의 소요시간, 운동의 반복횟수와 같이 3가지로 분류되며 이들이 결합하여 스피드가 발휘된다. Jack(1999)은 젖산역치와 움직임의 효율성 그리고 인체의 기계적 효율성을 스피드의 생리적 기능으로 규정하고 이와 관련된 형태적 요소들을 [그림 6-33]과 같이 설명하였다. 최고 스피드로 수행되는 운동들은 [그림 6-32]와 같이 스피드가 증가하는 가속단계와 스피드가 비교적 안정되는 안정단계의 2단계로 이뤄진다. 즉 100m 달리기에서 출발 때를 가속단계(A/실선) 그리고 중간 달리기 단계를 안정단계(B/점선)로 볼 수 있으며 가속단계와 안정단계는 상호 별개의 특성을 갖는다.

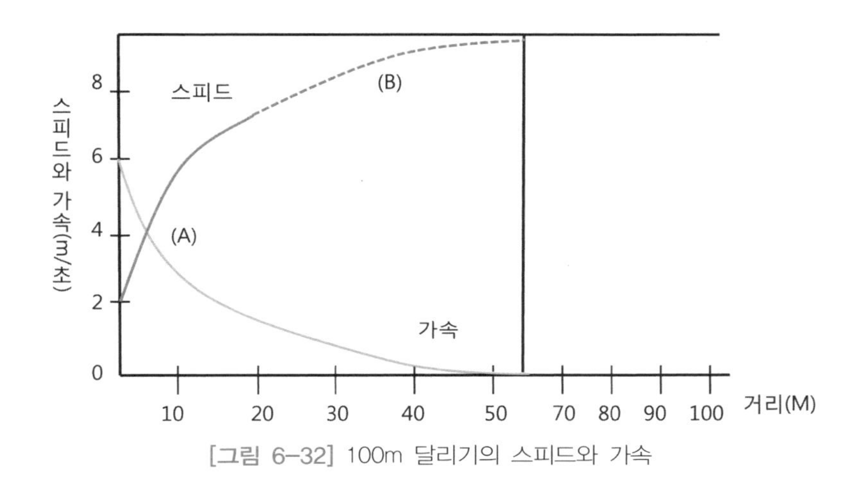

[그림 6-32] 100m 달리기의 스피드와 가속

스피드는 외부로부터 받은 자극을 중추신경에서 얼마나 빠르고 정확하게 반응하는냐에 따라 결정되며 중추신경계에서 잠복시간의 반응을 결정한다. 잠복시간은 「① 수용기에서 흥분 발생 → ② 중추신경계로 흥분 전달 → ③ 신경망에 흥분이 전해져 원심성 신호 형성 → ④ 중추신경계에서 출발한 신호가 근육에 전달 → ⑤ 근의 흥분」에 의해 근육이 물리적으로 변화과정에 의하며 ③의 흥분이 신경망에 전해져 원심성 신호가 형성되는 과정이 스피드를 결정한다. 스피드가 발휘되는 능력은 운동신경 중추가 흥분상태에서 억제상태로 또는 그 반대로 이행되는 빠르기로 결정되며 이를 신경과정의 절체작용이라 한다. 스피드는 생화학적 측면에서 근육 내 ATP 함유량과 신경충격을 받아서 ATP가 분해되는 빠르기와 다시 ATP로 재합성되는 속도에 의해 결정된다. 스피드를 향상시키기 위하여 지속적으로 반복훈련을 실시하면 자칫 다이나믹 스테레오 타입(dynamic stereo type)의 스피드 정체현상이 초래되는 경우가 있다. 스피드 정체현상을 극복하기 위해서는 스피드를 육성하는 트레이닝만 반복실시하는 것보다는 순발력이나 근력과 같은 체력을 스피드 트레이닝과 병행하여 실시하는 것이 바람직하다.

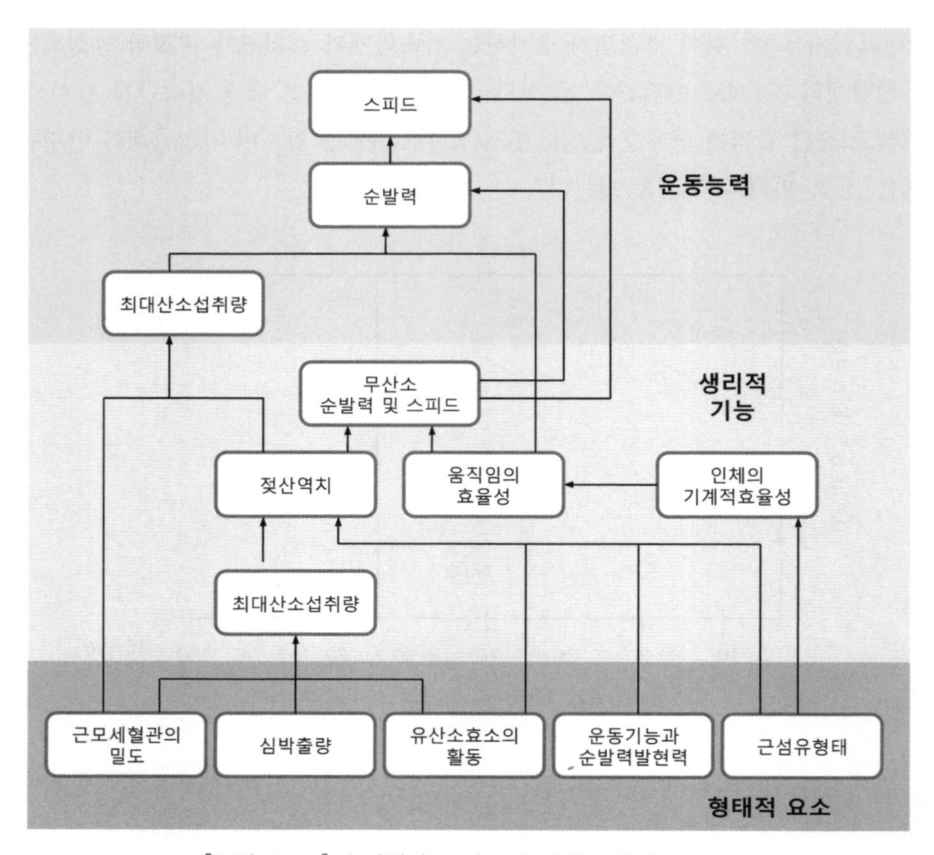

[그림 6-33] 순발력과 스피드에 미치는 생리적 요인

➻ 스피드 트레이닝 실시 요령

- 자극에 대한 반응 동작을 최대로 빠르게 수행한다.
- 운동단위(motor units)와 탄력이 효율적으로 협응할 수 있는 트레이닝을 실시한다.
- 짧은 거리에서 최대 강도로 운동하여야 근육의 무산소 에너지 시스템이 향상된다.
- 근육이 피로하지 않고 근수축이 최상일 때 스피드가 효과적으로 향상된다.
- 집중력을 갖고 트레이닝을 실시한다.
- 스피드 향상에 맞는 동작을 신속하고 빠르게 수행한다.

(1) 트레이닝의 종류와 처방

① 전력달리기

생리학적 측면에서 크레아틴 인산(creatine phosphate)이 스피드 발휘에 동원되는데 소요되는 시간이 7~8초 동안이기 때문에 전력으로 이 시간에 달릴 수 있는 50~70m 거리를 중심으로 스피드 트레이닝을 실시한다. 이 같은 트레이닝은 짧은 거리의 스피드 향상에 효과적이며 특히 70m 내외의 거리를 최고 빠르기(full speed)로 무산소 상태에서 달리는 운동을 실시하여야 한다. 또한 200~300m 거리에서의 스피드는 젖산 시스템에 의한 운동 가능 시간인 41초 이내에 전력 스피드로 달릴 수 있는 거리에서 스피드 훈련을 실시하거나 특정 동작과 스포츠 기술이 결합된 트레이닝을 실시하는 것이 효과적이다. 전력 달리기 트레이닝에서 가장 중요한 것은 달리는 부하는 최상이며 운동 사이 휴식은 완전휴식 형태로 피로가 완전히 회복된 후 다음 운동을 하여야 하며 트레이닝 부하 증가는 양적 증가보다는 질적 증가가 효과적이다. 예를 들면 30m 스타트 대쉬(start dash)를 3초 82로 달리는 선수의 트레이닝 부하를 증가하는 경우 거리보다는 기록을 단축시키는 트레이닝을 실시해야 한다. 그러나 300m 이상의 거리에서 스피드 트레이닝을 실시하는 것은 젖산 시스템 능력 향상이 트레이닝의 주요 내용이므로 거리를 늘리거나 달리는 시간을 단축시키는 트레이닝 양과 강도를 동시에 고려하는 방법이 바람직하다. 스피드는 최대 빠르기에 의한 운동일 때 스피드가 향상되기 때문에 피로가 스피드를 저하시킬 때까지 운동을 하지 말아야 한다. 따라서 스피드 트레이닝의 1회 운동 지속은 5~50초를 초과하지 않는 것이 바람직하며 자신의 최대 빠르기 이상으로 훈련을 반복 실시해야 한다.

[표 6-8] 전력달리기 트레이닝 비교

달리는 거리	운동 형태	동원 에너지체계	휴식형태	스피드 지속시간
30~70m	최고 스피드	ATP – PC	충분한 휴식	5~10초
300~500m	최고 스피드의 90% 이상	ATP – PC, 젖산 시스템	충분한 휴식	35~50초

② 저항 트레이닝

근 파워를 집중적으로 육성하여 스피드에 합력(合力)시키는 트레이닝으로 오르막 또는 내리막을 달리거나 파라슈트(parachute), 고무밴드(rubber band)의 탄성저항(elastic resistance)을 이용하여 스피드를 향상시킨다. 웨이트 트레이닝으로 순발력과 근력을 강화하여 가속도를 높여 스피드를 향상시키는 훈련 외에 팔과 다리의 폭발적인 파워(explosive power)를 높이기 위해 플라이오메트릭스 트레이닝과 웨이트 글러브 또는 저항기구가 훈련기구로 사용되는데, 어떤 경우의 트레이닝이라도 최고 스피드로 실시하여야 한다.

[그림 6-34] 저항 트레이닝

③ 경사지를 이용한 트레이닝

자신의 최대 스피드 이상의 빠르기를 직접 경험하여 스피드 정체현상을 극복하는 트레이닝이다. 5~10° 경사의 내리막 또는 오르막 30~50m를 전속력으로 달리면서 증가된 가속도를 평지 50~70m까지 유지하는 것이 중요하며 트레이닝 숙달 정도에 따라 경사각을 10° 이상으로 높이고 평지 거리를 100m까지 점차 증가한다.

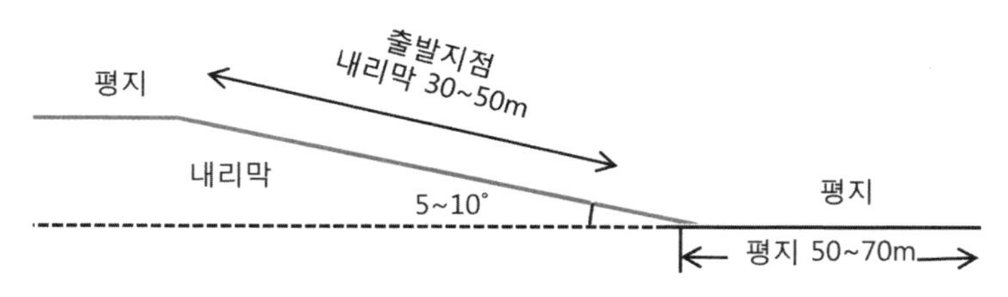

[그림 6-35] 내리막/오르막 달리기 트레이닝

④ 모래밭 트레이닝

30~50m의 모래밭(깊이 30cm 이상)과 70~100m 직선 코스를 전속력으로 달리는 트레이닝으로서 무산소 대사능력과 젖산에 대한 내성 증진을 목적으로 실시한다. 최대 빠르기로 달려야 하며 운동간 충분한 휴식으로 피로가 누적되지 않은 상태에서 실시한다.

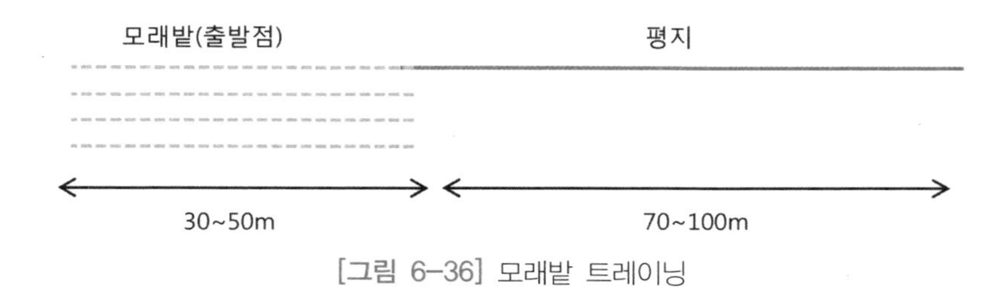

[그림 6-36] 모래밭 트레이닝

⑤ 반응 트레이닝

휘슬 또는 출발신호 총소리와 같은 여러 종류의 감각적 자극에 반응하는 트레이닝으로서 신경계의 "자극과 반응" 능력을 향상시키는 운동이다. 자극을 가할 때는 자극의 빈도와 시점이 불규칙하고 다양해야 트레이닝 효과를 얻을 수 있다. 예를 들면 트랙을 가벼운 조깅 또는 걷기를 하다가 일정한 신호에 따라 전력으로 달리거나 또 다른 신호에 의해 걷는 트레이닝이다. 이때 전력 달리기 거리는 30~50m 이내가 바람직하다.

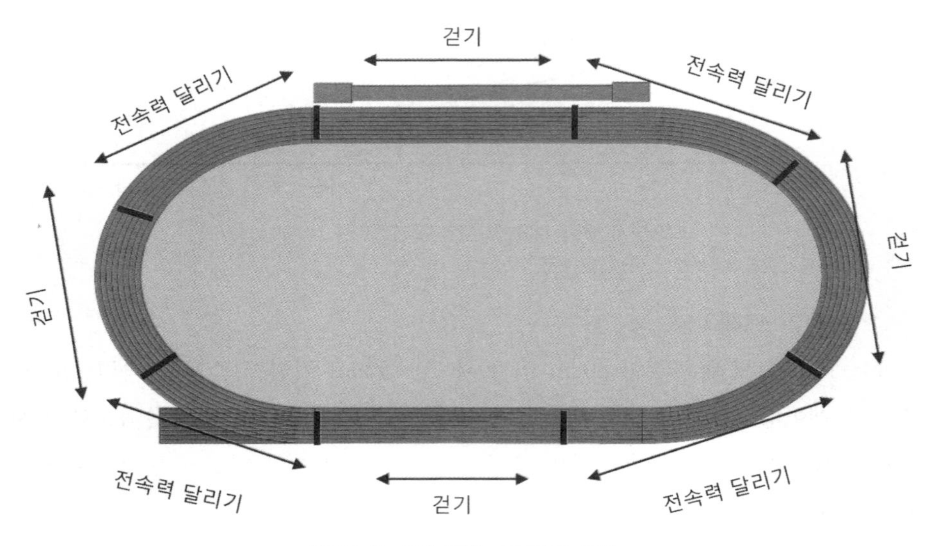

[그림 6-37] 반응 트레이닝(예)

⑥ 스트라이드-피치 트레이닝

스피드는 피칭(pitching)의 빠르기와 보폭(stride)의 크기로 결정되기 때문에 평소 빠른 피칭과 보폭의 확대를 위한 트레이닝이 중요하다. 제12회 세계육상선수권대회(2009. 8. 16, 독일 베를린) 100m 결승에서 9초 58의 세계신기록으로 우승한 자메이카의 Usain Bolt는 196cm신장에 42보폭으로 100m를 주파하였다. 1984년 LA올림픽에서 100m, 200m, 400m 계주와 멀리뛰기에서 우승하며 4관왕을 달성하였던 Karl Lewis가 100m를 43 보폭으로 9초 92를 기록과 비교할 때 Usain

[그림 6-38] 스트라이드-피치 트레이닝

Bolt의 보폭이 Karl Lewis보다 6cm 정도 더 길었음을 알 수 있다. 피칭의 빠르기는 신경계의 자극과 반응에 의한 동작이므로 유전적 요인에 영향을 많이 받지만 보폭은 트레이닝으로 증가시키는 것이 가능하다.

5) 심폐지구력

심폐지구력(heart endurance)이란 지속적으로 운동을 수행중인 근육에 산소와 영양소를 효과적으로 전달하는 호흡·순환계의 능력을 의미하며 전신지구력이라고도 한다.

[표 6-9] 심폐지구력 트레이닝에 따른 생리적 적응현상

구분	적응현상
호흡계	• 폐의 가스교환 증가 • 폐의 혈류량 증가 • 최대하 운동 시 호흡수 감소 • 최대하 운동 시 환기량 감소
순환계	• 심박출량 증가 • 혈액량, 적혈구, 헤모글로빈량 증가 • 골격근 혈류량 증가 • 최대하 운동 시 심박수 감소 • 체온조절 기능 향상
근골격계	• 미토콘드리아 크기, 밀도 증가 • 산화계 산소활성 증가 • 미오글로빈양 증가 • 근섬유당 모세혈관 수 증가 • 동정맥 산소차 증가

Ptteiger(2000)는 심폐계의 능력을 결정하는 주요 생리적 요인을 [표 6-9]와 같이 근 활동 에너지원의 축적과 회수, 영양소와 산소를 조직에 운반하는 혈관의 발달 그리고 산소섭취 능력으로 설명하였다.

심폐지구력이 향상된다는 것은 피로의 극복 한계가 점차 높아지고 이에 대한 적응력이 발전하고 있다는 것을 의미한다. 심폐지구력을 향상시키기 위해서는 인체의 기관과 조직은 물론 세포까지도 일정 수준의 저항에 적응할 수 있도록 운동강도와 양을 점진적으로 높이는 것이 중요하다.

정상급 중장거리 선수들은 같은 연령대의 비숙련 선수들보다 심장이 30~40%

정도 큰데, 이는 정상급 선수들이 평소 심폐지구력 향상을 위한 트레이닝 결과 비숙련 선수들보다 운동에 참여하는 근육에 공급하는 산소량이 증가하여 산화 에너지(oxidative energy) 생성 능력이 향상된 결과이다. 산화 에너지 생성 능력은 80% VO^2max 이상의 트레이닝에서 증가되며 강도가 낮은 트레이닝에서 근육의 산화 에너지는 증가되지 않는다. 최근 중장거리 경기가 스피드 지구력(speed endurance)에 의한 스피드 경쟁으로 전환되면서 중장거리 선수들의 트레이닝 강도가 90% VO^2max 이상으로 높아지고 있다.

심폐지구력 트레이닝은 운동강도, 운동 지속시간, 휴식시간, 휴식방법 그리고 반복횟수 등이 고려된 적정부하(optimal load)가 중요하다. 심폐지구력 트레이닝의 목표는 운동의 지속력과 임계 스피드(critical speed, 자신의 최고 빠르기로 달리는 스피드)를 향상시키는 것이며 심폐지구력이 향상되면 VO^2max가 증가될 뿐 아니라 젖산역치(LT: lactate threshold)도 함께 높아진다.

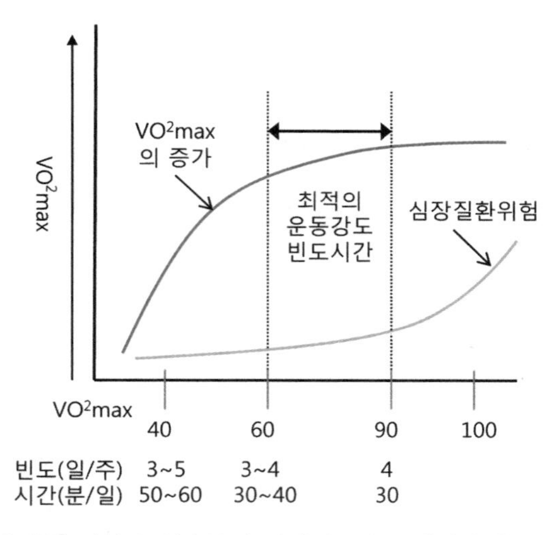

[그림 6-39] 정상급 선수들의 심폐지구력 트레이닝 운동강도 범위

(1) 트레이닝의 종류와 처방

① 반복 트레이닝

반복 트레이닝(repetition training)은 일정 거리를 반복적으로 달려 심폐지구력을 향상시키는 트레이닝 방법이며 운동 부하와 휴식 형태에 따라 스피드나 근력을 향상시키는 트레이닝으로도 실시할 수 있다. 경기 시간이 1.5~5분 정도 소요

◆ 스피드 지구력 트레이닝

중장거리 또는 마라톤 경기는 스피드 지구력(speed endurance)이 경기의 승패를 결정한다. 스피드 지구력은 운동부하를 높여 혈중 젖산 수준이 안정시 보다 1mmol/ℓ이 증가된 4mmol/ℓ 이상(심박수 170~190회/분, 최대산소섭취량의 70~90% 수준)의 강도에서 실시하는 것이 효과적이다. 이 시점을 젖산역치 또는 젖산축적시작점(OBLA: onset of blood lactate threshold)이라 하며 이때부터 해당작용(glycolysis)과 같은 무산소 대사를 통해 에너지가 공급되기 때문에 혈중 젖산이 급격히 축적된다. 이 범위 이상의 강도에서 실시하는 트레이닝과 달리기를 젖산역치 트레이닝 또는 젖산역치속도(lactate threshold running speed)라 하고 스피드 지구력 트레이닝의 적정범위이다.

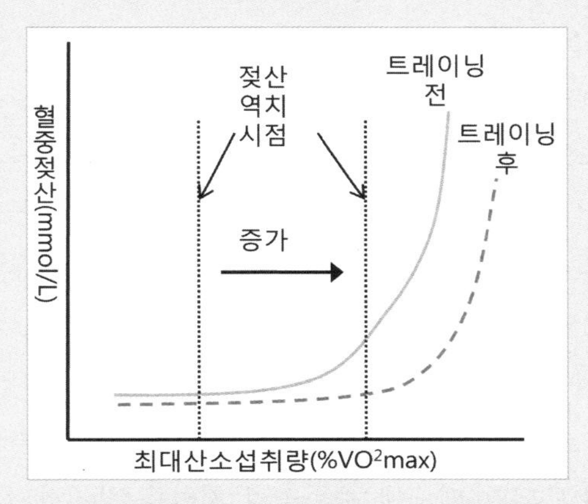

[그림 6-40] 젖산역치 트레이닝에 따른 젖산축적 시점의 변화

[그림 6-40]은 이 같은 젖산역치 트레이닝을 실시하면 트레이닝 실시 전보다 체내 젖산축적 시점이 늦춰지고 근피로가 높게 나타나는 것을 보여주고 있다.

되는 800~1,500m 달리기와 200m 수영 경기는 운동 중에 유산소와 무산소 대사를 동시에 이용하기 때문에 이들 스포츠의 심폐지구력은 일반지구력보다 스피드 지구력이 중요하며 이를 향상시키기 위하여 HRmax 80% 이상의 부하 운동을 반복적으로 실시하는 것이 효과적이다. 반복 트레이닝실시 중 발생되는 피로를 완전 회복(초기 운동 수준)할 수 있도록 충분한 휴식을 취한 후 다시 운동을 실시하므로 휴식시간은 운동 부하에 따라 다르다. 달리는 시간은 보통 5~10분이 적당하며 부하거리와 시간이 증가되면 휴식시간도 길어진다. 400~1,000m의 거리를 VO_2max의 90% 이상의 부하로 반복 달림으로써 산소부채 능력과 심폐지구력을 동시에 향상시키며 이때 반복횟수와 부하거리는 스포츠 종목에 따라 다르게 처방된다. 심폐지구력보다 스피드가 중요시되는 200~400m 달리기는 200~350m거리를 10회 이내에서 반복 실시하되 휴식을 충분히 취하는 것이 효과적이지만 심폐지구력이 강조되는 800m 이상의 경기는 600m 이상을 탈진(all out) 상태에 이를 때까지 반복 달리는 트레이닝이 효과적이다.

② 지속 트레이닝

운동을 시작하면 목표에 도달할 때까지 쉬지 않고 지속적으로 운동을 실시하는 방법을 지속 트레이닝(continuity training)이라 한다. 조깅, 달리기, 수영 및 사이클 등과 같은 스포츠는 훈련강도 HRmax 60~80% 범위에서 최대산소섭취능력과 심폐지구력을 높일 수 있다. 1960년대 독일 Van Aken에 의하여 개발되었다. HRmax 75~85% 이상에서 30분 내외로 실시하는 방법과 HRmax 70% 이하에서 1시간 이상 달리는 유형으로 나뉜다. 강도 높은 지속달리기 트레이닝은 장거리 달리기나 마라톤 훈련 프로그램에 이용되고 있다. 10,000m 달리기나 마라톤의 경우 실제 코스를 완주하는 방식으로 자기 페이스를 유지하면서 달리기 때문에 체온 상승이나 신경피로, 에너지원 고갈 등의 경험을 통하여 인체를 운동부하에 적응시키는 효과가 있다. 운동 지속 시간이 길어 다른 트레이닝보다 많은 양의 글리코겐이 소모되기 때문에 운동능력 저하를 방지하기 위하여 경기 전에 식이요법과 글리코겐을 축적하여 경기력을 유지하는 것이 바람직하다.

최대산소섭취량의 75% 이상의 강도에서 운동 효과가 가장 높으며 탈진 때까지 운동을 계속하여야 한다. 단조로운 훈련을 장시간 지속하므로 트레이닝에 흥미가 저하되고 정신적 · 심리적 한계에서 많은 갈등이 생기지만 장거리 선수들은 이 같은 트레이닝으로 심폐지구력을 향상시키고 심리적 한계를 극복하여야 경기력을 향상시킬 수 있다.

[그림 6-41]은 인터벌 트레이닝과 지속 트레이닝으로 탈진(all out) 상태까지 달리기를 하였을 때의 운동강도와 피로 수준을 나타내고 있다. 심폐지구력을 향상시키는 두 가지 트레이닝은 동일한 피로수준에서 탈진상태가 나타났다. 인터벌 트레이닝이 지속 트레이닝보다 약 2.5배(A↔B : 차) 높은 강도였음에도 불구하고 피로가 동일하다는 것은 인터벌 트레이닝의 운동 강도가 제한된 운동 거리에서는 지속 트레이닝보다 높으며 이 같은 훈련을 지속적으로 실시하면 적응력이 향상되

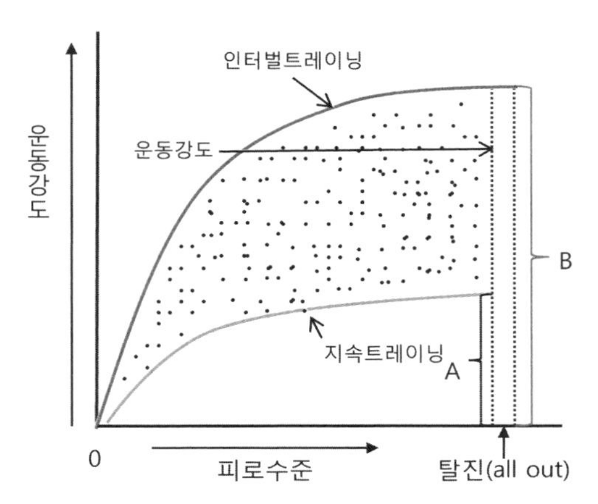

[그림 6-41] 인터벌 트레이닝과 지속 트레이닝이 탈진에 이르는 운동강도와 피로

고 피로물질이 지속 트레이닝보다 낮게 축적되어 심폐지구력 향상에 인터벌 트레이닝보다 효과적이라는 것을 알 수 있다. 이 같은 현상을 고려할 때 지속 트레이닝은 달리는 거리 부담감과 심리적 한계 극복 그리고 장시간에 걸친 운동 에너지 고갈에 대한 대처 능력 향상에 효과가 있지만, 인터벌 트레이닝은 강도 높은 운동으로 심폐지구력이 강화되고 피로를 지연시키는 트레이닝 효과가 지속트레이닝보다 높음을 알 수 있다.

③ 인터벌 트레이닝

인터벌 트레이닝(interval training)은 1930년대 독일의 겔슈라에 의해 고안된 심폐지구력 향상 트레이닝으로 1952년 제15회 헬싱키 올림픽에서 체코슬로바키아의 Emil Zatopek이 5,000m와 10,000m 그리고 마라톤에서 우승함으로써 인터벌 트레이닝이 심폐지구력 향상에 효과가 있음이 입증되었다. 인터벌 트레이닝은 강도 높은 운동(부하기: work interval)을 한 뒤 충분한 휴식(면하기: relief interval)을 취하지 않고 다음 운동을 실시하는 점이 특징이다. 즉 높은 운동 강도로 생긴 산소부채 상태가 안정 시 상태로 회복되기 전에 다시 운동을 계속하는 것이다. 따라서 휴식기의 산소 섭취량이 운동 시보다 오히려 더 높기 때문에 휴식상태에서도 운동 효과가 지속되며 근육은 활동을 하지 않고 쉬므로 이어지는 새로운 운동을 강도 높게 다시 시작할 수 있다.

휴식시간은 다음 운동을 시작하기 전 최대 심박수에 도달하는 데 필요한 시간이 주어진다. 휴식 방법은 걷거나 조깅 등 가볍게 움직이면서 휴식을 취하는 동적 휴식(불완전 휴식)이기 때문에 휴식이 부족한 상태에서 다음 운동을 실시한다. 인터벌 트레이닝에서 운동과 휴식의 비율은 보통 1 : 1∼1 : 3이며 1회 인터벌 운동 시간과 실시횟수는 인터벌 트레이닝 실시자의 운동능력과 트레이닝 목표 그리고 스포츠 종목에 따라 다르다. 초보자의 운동시간은 적게 휴식시간은 길게 배정하다가 인터벌 트레이닝에 숙달되고 운동능력이 향상되면 부하기 운동부하를 높이고 휴식기의 휴식시간을 감소한다. 인터벌 트레이닝의 운동 강도는 최대 운동능력의 70∼85% 범위에서 정하며 부하를 증가시키는 방법으로는 강도를 증가시키거나 휴식 시간을 줄이는 방법 또는 실시 횟수를 늘리는 방법이 있다.

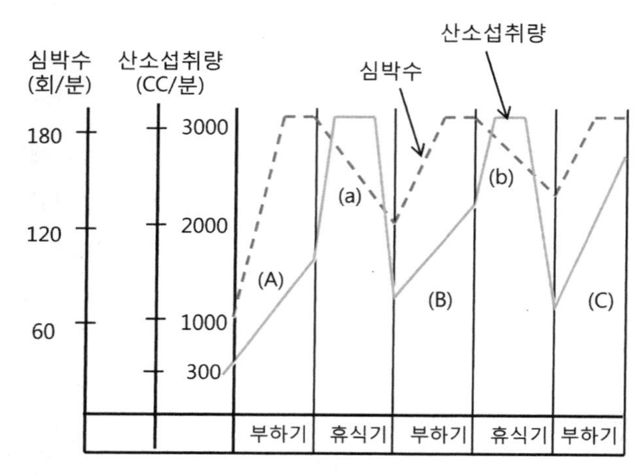

[그림 6-42] 인터벌 트레이닝의 부하기와 휴식기의 산소섭취량과 심박수

[그림 6-42]는 부하시간 30초, 휴식시간 1∼1분 30초의 인터벌 트레이닝에 따른 부하기와 휴식기의 산소섭취량과 분당 심박수의 변화를 나타내고 있다. 인터벌 트레이닝 (A)부하기에서 심박수는 부하 초기(A) 60에서 180으로 급상승하였다가 휴식기에는 120으로 감소하지만 산소섭취량은 오히려 부하가 끝난 30여 초 경과 후에 3,000cc에 도달하였다. 휴식 끝 무렵 산소섭취량은 1,200cc로 감소되다가 부하기에 2,000cc로 상승하였으며 부하가 계속되는 (B)와 (C)단계에서 산소섭취량이 점차 증가되어 트레이닝 부하가 점차 높아지고 있다. 휴식기 초기에 산소섭취량이 3,000cc까지 증가한 것은 순환계의 산소 요구량이 증가되었다는 것을 의미한다. 또한 휴식기 심박수가 감소하고 부하기 종료 직후 산소섭취량이 증가

한 것은 맥압(최대혈압과 최저혈압의 차이) 증가에 따른 결과이다. 인터벌 트레이닝은 부하기 때는 심장 내압이 상승하여 심근의 장력이 강화되고 심근이 비대해지며 회복기에는 심박출량이 증가하여 심장 용적이 확장되어 심장의 전체적 기능이 향상된다.

인터벌 트레이닝의 부하 거리는 보통 200~400m를 기준으로 300~800m, 800~1,200m 등이 있으며 스포츠 종목과 실시자의 능력에 맞게 부하거리와 실시횟수가 조정된다. 최근에는 스피드 지구력 중심의 구조 인터벌(relief interval)과 전체 운동량보다는 운동강도를 높인 훈련이 주로 실시된다.

[표 6-10] 인터벌 트레이닝 부하강도(대상: 단련자)

부하거리	부하형태(최고기록 $+\alpha$)
50m	자신의 최고기록 +1.5초
100m	자신의 최고기록 +3.0초
200m	자신의 최고기록 +5.0초
400m	1,500m 최고기록의 400m 평균기록 –(1.0~4.0)초
800~1,500m	1,500m 최고기록의 400m 평균기록 +(3.0~4.0)초

인터벌 트레이닝 실시요령

- 초보자 또는 17세 이하 선수의 운동부하는 최소화로 실시한다.
- 트레이닝 실시 전 선수의 심장 이상 유무를 확인한다.
- 준비운동과 정리운동을 충분히 실시한다.
- 트레이닝 부하는 점진적으로 향상시킨다.
- 실시자의 운동능력과 특성에 맞는 프로그램을 실시한다.
- 트레이닝으로 향상시킬 에너지 시스템을 확인 후 운동부하를 결정한다.
- 시합기에는 운동부하를 낮추거나 중단한다.
- 주 훈련 후반부에 실시한다.

④ 파트렉 트레이닝

공원과 호수의 합성어(park+lake=fartlek training)로 Lydiard(1961)에 의해 고안되었다. 숲이나 도로, 잔디밭, 언덕과 같은 자연에서 조깅 또는 최고 스피드까지 자신에게 맞게 스피드를 자유롭게 변화시키며 거리와 시간에 제한 받지 않고 달린 후 충분한 휴식을 취하는 심폐지구력 트레이닝이다. 충분한 준비운동 후 평지, 언덕, 내리막 등 다양한 도로를 2~3시간 달린다. 평지에서는 일정한 속도로 달리다가 오르막에서는 젖산역치 수준인 HRmax 90% 이상의 빠르기로, 내리막에서는 다시 가벼운 조깅으로 달리다가 평지에서 HRmax 80% 내외의 스피드로 달린다. 초보자들에게는 유산소 근지구력과 스피드를 향상시키고 단련자에게는 스피드 지구력과 리렉스(relax)한 달리기 능력을 기르는 트레이닝으로 심장과 근육의 지구력을 강화하는 목적으로 실시한다. 달리는 강도를 낮춰 실시하면 상쾌하고 부드러우며 부담 없이 달리는 동적 피로회복 방법으로도 활용할 수 있다. Sinkkonen(1975)은 심폐지구력을 향상시키기 위한 파트렉 연간 트레이닝 계획을 [그림 6-43]과 같이 제시하였다.

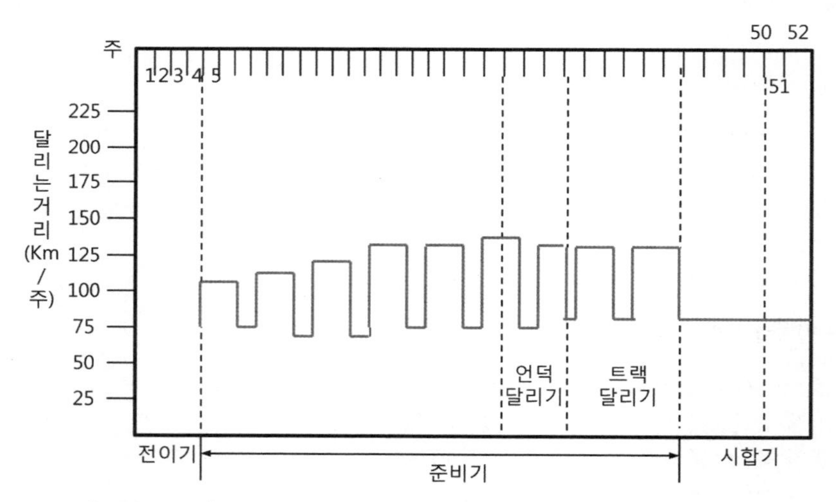

[그림 6-43] 심폐지구력 향상을 위한 파트렉 연간 트레이닝 계획

⑤ **LSD 트레이닝**

LSD(long, slow, distance)트레이닝은 장시간, 천천히 그리고 긴 거리를 최대심박수(HRmax)의 60~70% 범위에서 달리는 스피드와 거리보다는 오랫동안 달릴 수 있는 시간에 대한 적응력과 심폐지구력 향상 트레이닝이다. 달리는 시간이 2시간 이상일 때 트레이닝의 효과를 얻을 수 있으며 장거리 또는 마라톤 선수들에게 하루 24~48km, 1주일에 160~320km를 달려 장거리 달리기에 대한 거리와 시간 부담을 덜어 주는 효과가 있다.

지속 시간과 지구력의 관계

Frank(1989)는 근지구력과 스피드 지구력이 각종 지구력에 미치는 영향 정도에 따라 [그림 6-44]와 같이 단기 지구력(45초~2분 지속/근지구력은 최대, 스피드 지구력은 최소)과 중기 지구력(2~8분 지속/근지구력과 스피드 지구력이 보통 수준) 그리고 근지구력과 스피드 지구력이 가장 감소되어 영향을 미치는 장기 지구력(8분 이상/근지구력과 스피드 지구력 최소수준)으로 분류하였다.

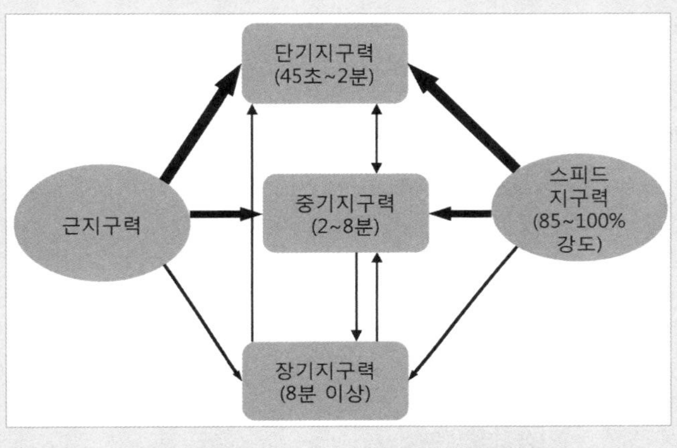

[그림 6-44] 지구력의 요인별 특성

인터벌 트레이닝이 심장과 폐의 기능을 강화시켜 산소섭취량과 박출량을 증가시키는 것이 주요 생리적 효과라면 LSD 트레이닝은 모세혈관의 혈류와 혈액 공급을 향상시켜 체내 모든 기관과 조직에 혈액과 산소를 원활하게 공급한다. 뿐만 아니라 체력을 바람직하게 유지시키면서 부담 없이 트레이닝에 참여하여 심폐지구력을 향상시킬 수 있는 트레이닝으로서 초보자에서 숙련 선수 모두가 실시할 수 있다. 달리는 강도를 낮추면 상쾌하고 부드럽게 달리는 동적 피로회복 방법으로 활용할 수 있다.

6) 유연성

유연성(flexibility)은 뼈, 근육, 관절막의 결합조직, 건, 피부의 움직임으로 결정되며 관절의 가동범위, 관절을 크게 움직일 수 있는 능력 또는 여러 관절에 의해 성취되는 운동 범위로 정의한다.

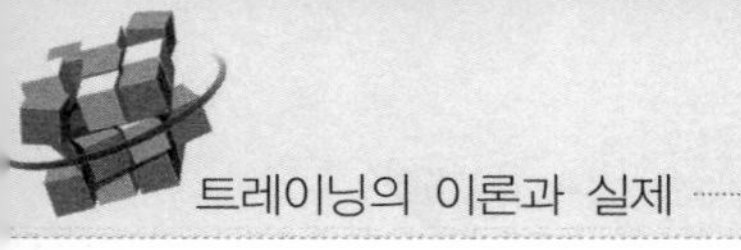

심폐지구력 트레이닝 강도

심폐지구력 트레이닝 강도는 산화에너지를 생성할 수 있는 수준에서 설정한다. 심폐지구력은 운동 종목에 따라 차이가 있지만 최대산소섭취량(VO^2max)의 80~90% 수준으로 실시할 때 트레이닝 효과가 높다. 트레이닝 강도의 설정 요령으로는 기계적 강도(treadmill, ergometer 이용), 주관적 강도(운동 중 선수가 느끼는 주관적 피로감) 및 생리적 강도(% VO^2max, 젖산역치)가 있으며 다음의 방법들이 트레이닝 현장에서 간편하게 활용되고 있다.

▶ 자신의 최고 기록 :
400m 최고기록이 50초(100%로 설정)인 선수의 경우 → 최고기록의 120~130%(50초 × 1.2~1.3 = 60~65초)를 실시자의 주관적 강도로 간주하고 이 범위 내에서 트레이닝 강도 설정

▶ 목표심박수(THR/target heart rate) :
- 초보자 : 최대심박수(MHR) = 220 – (실시자 연령)
- 단련된 선수 : 최대심박수(MHR) = 205 – (실시자 연령/2)

목표심박수에 의한 운동강도 설정요령(연령이 20세이고 안정시심박수가 65인 선수가 80%의 운동강도를 목표로 하는 경우)
목표심박수(169) = 운동강도(80%) × (195/최대심박수 – 65/안정시맥박수) + (65/안정시맥박수)

▶ 운동자각도(RPE) 및 METs

인체를 구성하고 있는 250여개 관절(joint)의 가동성, 근육의 굴근(flexor muscle)과 신근(extensor muscle)의 수축력, 신장성, 점성(viscosity) 그리고 인대의 탄력성으로 인간의 메카니즘(human mechanism)을 정확하고 부드럽게 움직이고 조정할 수 있는 능력이다.

유연성은 관절운동의 형태에 따라 동적 유연성(dynamic flexibility)과 정적 유연성(static flexibility)으로, 방법에 따라 능동적 트레이닝과 수동적 트레이닝 그리고 복합적 트레이닝으로 구별된다. 예를 들면, 동적유연성은 팔과 다리의 스피드와 방향 전환 또는 달리는 스피드에, 정적유연성은 신체와 다리의 정지 유연성에 영향을 미친다. 노화에 따라 유연성은 감소하고 훈련을 중지하면 빠르게 저하되는 특성이 있으므로 지속적이고 꾸준하게 매일 실시하여야 유연성이 향상되고 유지된다. 유연성은 관절의 기능과 관절운동을 주도하는 주동근(agonist, 운동을 직접 일으키는 근육)의 크기와 주동근의 기능에 대항하여 관절을 반대로 움직이는

길항근(antagonist, 주동근의 동작에 반대 작용을 하는 근육)의 신장성 크기로 결정된다.

유연성 증가를 위한 운동으로는 진동운동이나 굴신운동과 같은 유연운동(flexibility exercise) 및 스트레칭 운동(stretching exercise)이 있으며 동작으로는 정적 스트레치(static stretch)와 탄도 스트레치(ballistic stretch)가 있다. 정적 스트레치는 주어진 시간 동안 최대의 스트레치 자세를 유지하여 근육을 신장시키는 정적 운동방법이고 탄도스트레치는 폭발적인 스트레칭 동작으로 최대의 스트레치 자세를 유지하는 동적운동이다. 정적 스트레치 운동은 근 외상이 거의 없고 에너지 소모가 적은 장점은 있으나 스포츠에서 필요로 하는 스포츠 기술과 연계된 전문체력으로는 다소 부족하다. 정적 유연성 운동은 초기에 스트레치 자세를 3~10초 동안 지속하다가 60초까지 계속 유지하여 실시한다. 이 같은 유연성 운동은 근의 길이를 펴서 넓히는 동시에 에너지 대사를 촉진시켜 생체 역학적 능력을 발휘시킬 수 있으며 외상 예방에도 도움이 된다. 유연성을 증대시키기 위해서는

스트레칭 실시요령

Pat Croce(1987)는 Stretching for athletics에서 스트레칭을 다음과 같은 요령으로 실시할 것을 권하고 있다.

- S(stretch daily)
  매일 실시하여야 몸의 유연성이 발전한다.
- T(take your time, stretch slowly)
  서두르지 말고 여유를 갖고 천천히 실시한다.
- R(repeat each exercise before moving on to the next stretch)
  스트레칭 운동 부위에 예비 동작을 실시하여 근과 관절을 워밍-업 후 주 운동을 실시한다.
- E(easy dose it, relax as you stretch)
  무리하지 말고 자연스러우면서 부드럽게 실시한다.
- T(try not to bounce)
  몸에 반동을 주지 않고 실시한다.
- C(concentrate on smooth, regular breathing)
  집중력을 갖고 부드러우며 규칙적으로 호흡하면서 실시한다.
- H(hold each position for 10~20 seconds)
  각 동작을 10~20초 동안 유지한다.

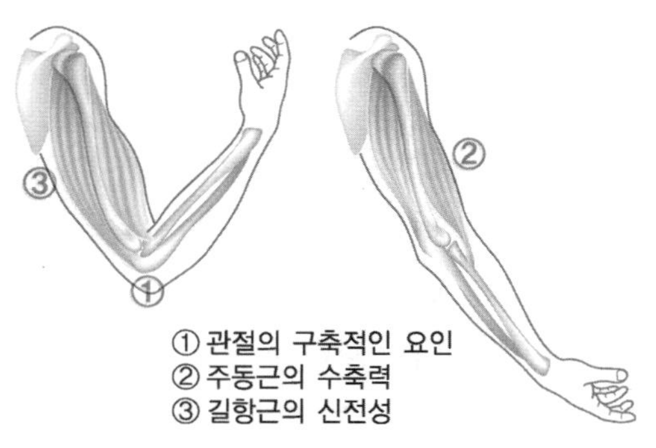

[그림 6-45] 유연성의 크기를 결정하는 요소

최소한 6개월 동안 매일 2회씩 실시하되 고통을 느끼기 직전까지 반복운동을 실시하되, 관절의 체온을 충분히 상승시키는 준비운동이 필요하다.

(1) 트레이닝의 종류와 처방

① 능동적 유연성 트레이닝

인체 근육 관절의 유연성을 최대로 추구하는 개인 트레이닝으로서 정적운동과 동적운동으로 분류한다. 정지된 동작을 6~12초 동안 유지하는 정적 유연운동과 가볍게 팔이나 다리를 움직이면서 유연성을 발달시키는 동적 유연운동이 있다.

② 수동적 유연성 트레이닝

능동적 트레이닝은 개인이 실시하는 트레이닝인데 반하여 수동적 트레이닝은 보조자의 보조를 받으면서 관절의 유연성을 향상시키는 트레이닝이다. 개인이 실시하기 어려운 발목, 늑골, 어깨 손목 등의 근육이나 관절의 유연성을 향상시키는 정적 유연성 트레이닝이다.

③ 복합적 유연성 트레이닝

능동적 트레이닝과 수동적 트레이닝을 결합한 트레이닝 방법으로써 보조자의 보조를 받고 관절의 한계까지 관절을 구부려 최대의 등장성 수축을 실시하는 트레이닝이다. 이 같은 등장성 수축상태를 4~6초 동안 머무는 동작을 여러 차례 실시하는 것이 효과적이다.

운동종목	동 작	실시요령
브릿지 (bridge)		사진과 같이 복부를 위로 향하고 양다리와 양팔을 펴 아치를 만들고 10~12초 동안 동작을 고정한다.
가슴 붙이기		양손을 어깨보다 넓게 펴 사진과 같이 바닥에 밀착시키면서 가슴과 양다리를 펴 바닥에 서서히 밀어 붙인 후 10~12초 동안 동작을 고정한다.
양손 뻗어 가슴 무릎붙이기		양 무릎을 펴 뻗으면서 사진과 같이 가슴을 무릎에 붙인다. 이때 양손도 함께 양 발에 밀어 붙인다.

[그림 6-46] 능동적 유연성 트레이닝(예)

운동종목	동 작	실시요령
팔당겨 다리뻗기	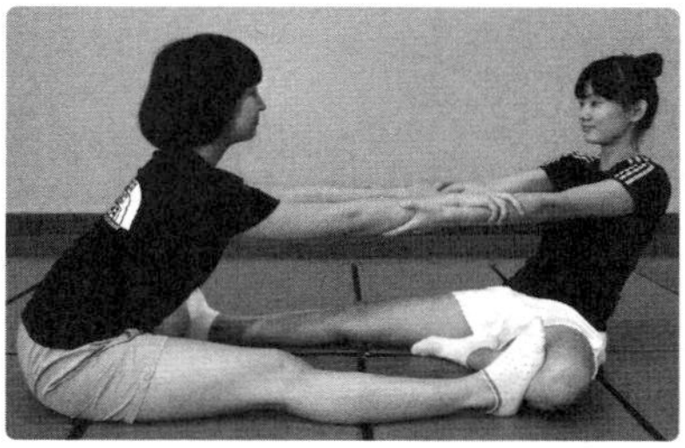	보조자의 양손을 잡고 사진과 같이 한쪽 다리를 뻗어 보조자에게 자연스럽게 이끌리면서 가슴과 팔을 뻗는다.

운동종목	동 작	실시요령
발목잡기		사진과 같이 보조자가 실시자의 등을 천천히 밀면 실시자는 자연스럽게 양손으로 발목을 잡고 가슴이 무릎에 닿도록 상체를 숙인다.
다리뻗기		사진과 같이 보조자와 양손을 서로 당기면서 양발을 펴 천천히 상체를 앞으로 숙인다.

[그림 6-47] 수동적 유연성 트레이닝

운동종목	동 작	실시요령
양손으로 타월 당기기	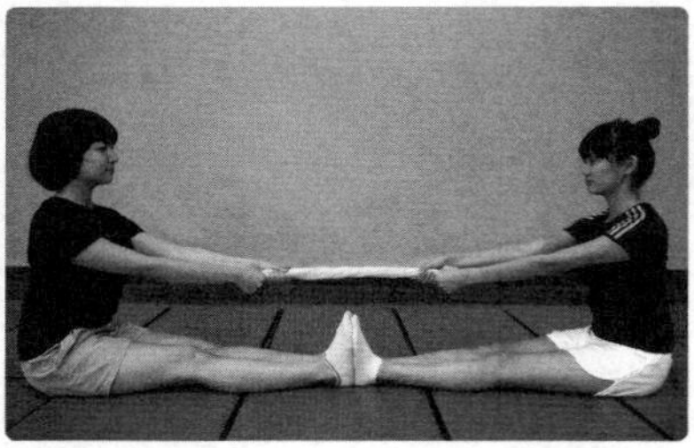	양다리를 모아 편 상태에서 사진과 같이 가슴이 무릎에 닿을 정도로 타월을 양손으로 당긴다. 이때 상대방의 당기는 힘을 이용하여 상체를 천천히 무릎 가까이 숙인다.
다리 들기	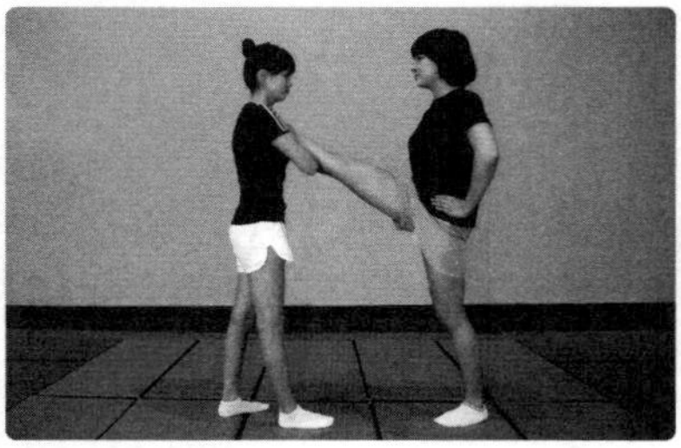	사진과 같이 보조자가 실시자의 한쪽 다리를 펴 든다. 이때 실시자는 무릎을 펴고 자세를 곧게 세운다(다리를 번갈아 바꿔 실시).

[그림 6-48] 복합 유연성 트레이닝(예)

스트레칭 실시시간

근육이 이완되는 것을 뇌가 인식하고 반응하는데 10~15초가 소요되기 때문에 정지된 상태에서 10~15초 동안 스트레칭을 실시하는 것이 효과적이다. 10초 미만의 스트레칭으로 근육을 이완시킬 경우 뇌에서 이를 인식하지 못하여 근육이 부드럽지 못하고 부상이 발생하기 쉽다. 이 같은 현상은 근육뿐 아니라 관절도 마찬가지이기 때문에 발목이나 손목, 허리 등이 어느 정도 부하를 받고 움직이는지를 뇌가 인식하고 부상을 사전에 예방할 수 있어야 한다.

[그림 6-49]는 특정 부위의 스트레칭 운동 시 운동지속 시간을 단계별로 분류하여 운동의 강도 수준을 나타내고 있다. 즉 30초 이상 스트레치를 지속하는 운동은 관절과 근육에 무리한 자극이 가해 질 우려가 있기 때문에 스트레칭 운동은 30초 이내에서 실시하는 것이 바람직하다.

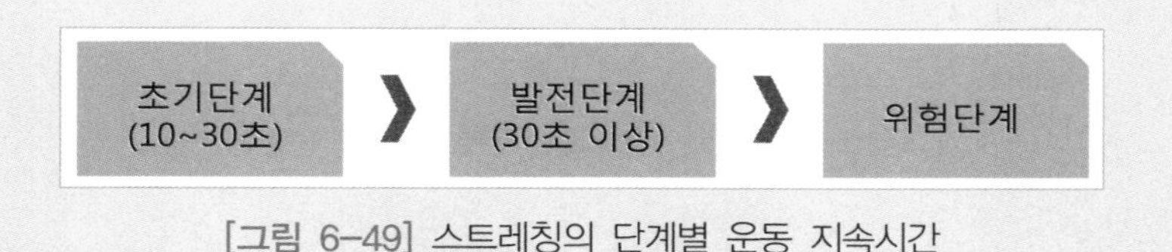

[그림 6-49] 스트레칭의 단계별 운동 지속시간

(2) 유연성에 영향을 미치는 요인

- 관절의 구조, 형태, 건(tendon)이나 인대(ligament)의 상태 및 탄력성
- 근육과 관절의 부착 상태
- 연령과 성(gender), 남자보다 여자, 나이가 어릴수록 유연성이 높다.
- 신체나 근육의 온도는 오전 10~11시와 오후 4~5시에 유연성이 제일 높고 새벽에 가장 낮다는 연구결과를 Ozolin(1971)은 [그림 6-50]과 같이 보고하였다.

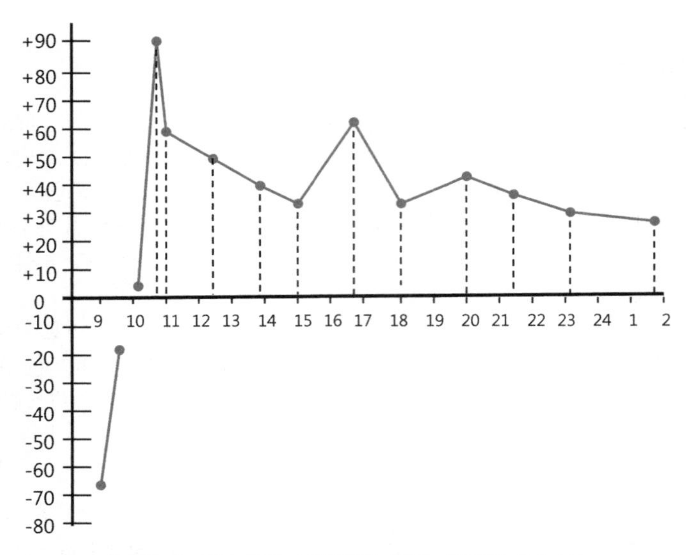

[그림 6-50] 1일 시간대에 따른 신체의 유연성

(3) 유연성이 다른 체력과 스포츠 기술에 미치는 영향

- 유연성이 부족하면 협응력의 효율이 감소된다.
- 유연성이 부족하면 근력과 스피드 향상이 감소된다.
- 유연성이 부족하면 높은 수준의 스포츠 기술 구현이 어렵다.
- 유연성이 부족하면 피로회복이 늦고 심리적 안정에 지장이 초래된다.
- 유연성이 우수하면 인체 활동의 효율성이 높기 때문에 체조, 다이빙, 피겨 스케이트와 같은 연기 스포츠의 경기력 발휘에 유리하다.

7) 협응력

협응력(coordination)이란 주어진 운동과제를 부드럽고 신속하며 정확하게 수행하기 위하여 신체 여러 부위의 감각과 체력을 효과적으로 사용할 수 있는 능력이다. 예를 들면 야구에서 타자가 공을 치는 능력(타자가 피처의 볼을 판단하는 판단력 + 배트로 볼을 임팩트하여 페어 그라운드에 볼을 낙하시키는 스포츠 기술과 감각)이나 축구에서 센터링으로 올라오는 공을 받아 골로 연결하는 능력이다. 대부분의 스포츠에서 협응력은 테크닉(technic) 또는 기술(skill) 트레이닝으로 유산소 능력 범위에서 실시될 때 효과적이다. 젖산농도 8mmol/ℓ 이상일 때 협응력이 저하되어 스포츠 기술을 정상적으로 수행할 수 없는 데, 이 같은 현상은 체내 젖산농도가 높으면 높을수록 피로가 축적되고 이에 따라 신경계(cybernetic) 협응이 저하되어 스포츠 기술 수행에 장애가 초래되기 때문이다. 뿐만 아니라 협응력은 스피드, 근력, 지구력, 유연성 등과 같은 체력이 복합적으로 작용하여 나타나는 운동능력으로써 스포츠 기술이나 전술의 수행뿐 아니라 경기외적 요인들까지도 쉽게 적응할 수 있도록 도와주며 민첩성(agility), 평형성(balance), 교치성(신체를 부드럽고 정확하게 조절하는 능력) 그리고 유연성에 좌우하는 근신경을 효과적으로 조정하는 능력을 의미한다. 협응력은 생리적으로 볼 때 중추신경계와 심리적 영향을 많이 받으며 협응력을 향상시킴으로써 선수들은 보다 안정적으로 효율성을 높이면서 경기를 수행할 수 있다.

(1) 협응력의 종류와 트레이닝 처방

① 일반 협응력

인체의 모든 동작을 통제하는 다면적 기초 운동능력을 의미하며 이 같은 일반 협응력이 발달되어야 특수 협응력도 향상될 수 있다. 다른 운동능력과 달리 협응력은 후천적 요소보다는 선천적 요소에 의해 영향을 많이 받기 때문에 이를 발달시키기 위한 트레이닝의 내용은 단순하고 제한적이다.

협응력은 일반 체력을 발달시키는 방법과 다소 다르며 스포츠 기술과 연계된 운동을 지속적으로 반복 실시하여야 효과를 높일 수 있고 어릴 때 발달시키는 것이 효과적이다. 특히 복잡한 상황에서 빠른 동작, 근육의 수축 속도, 동작의 방향전환 등은 신경계의 협응성에 크게 좌우된다. 따라서 이 같은 기능을 반복적으로 연습하여 스포츠 기술 상호간 소통성을 향상시켜야 협응력이 발전된다.

② 특수 협응력

특정 스포츠 기술을 신속하고 정확하게 수행할 수 있는 운동능력을 의미한다. 특수 협응력은 특정 스포츠 종목에서 필요로 하는 기술과 밀접한 관계가 있으며 보통 스포츠의 전문체력과 연계된 단계별 스포츠 기술을 점차적으로 숙달시키는 트레이닝을 실시하는 것이 효과적이다.

협응력 트레이닝

- 우수선수의 스포츠 기술을 분석하고 이를 모방하여 자신의 고유 스포츠 기술로 발전시킨다.
- 대뇌에 전달된 운동 자극이 운동신경을 통해 잘 조정될 수 있도록 특정 동작을 지속적이고 반복적으로 연습한다.
- 잘못된 동작을 대뇌에서 빠르게 지각하고 수정하기 위한 피드–백(feed back)이 효과적으로 이뤄질 수 있도록 습관화 시킨다.
- 동작의 시작과 마무리를 빠르고 효율적으로 수행할 수 있는 능력을 향상시킨다.

이와 같은 트레이닝으로 협응력을 일부 개선시킬 수 있지만, 대뇌의 운동신경 지배능력과 동작의 빠르기 그리고 억제능력 등이 연합된 협응력은 협응력만을 발달시키는 연습보다는 피로하지 않은 상태에서 훈련 전 또는 보강훈련으로 실시하는 것이 효과가 높다.

(2) 협응력에 영향을 미치는 요인

① 선수의 사고력과 지적 수준

사고력이란 어떤 상황에 대하여 판단하고 처리하는 능력을 의미하며 스포츠 현장에서 발생되는 여러 내 · 외적 환경과 여건들을 해결하는 고도의 사고력은 선수의 지적 수준에 따라 좌우된다.

② 감각기능

협응력은 신경과 근육 사이의 합동 작용으로 이루어지기 때문에 항상 감각기관의 감각을 정확하게 감지할 수 있는 능력이 필요하며 이 같은 감각 능력이 있어야 고도의 협응력을 창출할 수 있다.

③ 운동 경험

운동 경험이 많을수록 고도의 적응력이 나타나며 이 같은 적응력이 경기에서 협응력을 보다 효과적으로 발휘할 수 있도록 한다.

④ 전면적 체력

체력이 전면적으로 발달되면 협응력 발휘에 많은 도움을 준다.

6 체력 트레이닝의 주기화

신체기능은 각 기관의 성장단계에 따라 장기적이고 점진적으로 발달하기 때문에 체력 향상을 위한 트레이닝 계획은 이 같은 현상들을 고려하여 구성하여야 한다. 체력 향상을 위한 훈련은 과부하를 원칙으로 부하의 양과 강도를 점진적으로 증가시키고 인체가 이에 적응하면서 운동능력이 발전하며 운동자극에 일단 적응된 신체는 다른 자극을 지속적으로 받으면서 보다 향상된 수준으로 변화한다. 근력을 증가시키기 위해서는 지금까지의 근력보다 더 큰 자극이 필요하며 근지구력을 증가시키기 위해서는 기존의 능력보다 오랜 시간 근력을 발휘할 수 있도록 자극이 가해져야 한다. 선수들은 1년 내내 수준 높은 체력을 유지할 수 없기 때문에 가장 중요한 경기에서 체력을 최고 수준으로 발휘하고 경기력을 극대화시켜야 하며 이를 위해 체력 트레이닝의 주기화가 필요하다.

1) 순발력

순발력 트레이닝 주기(cycle)는 트레이닝 단계에 따른 생리적 요인들이 고려되어야 순발력을 효과적으로 향상시킬 수 있다. 순발력은 근력과 스피드에 밀접하게 관련되어 있는 체력이므로 순발력을 향상시키기 위해서는 근력을 먼저 향상시

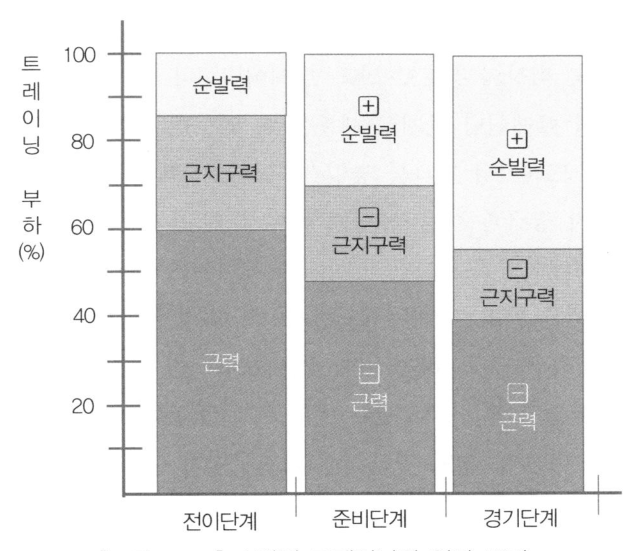

[그림 6-51] 순발력 트레이닝의 연간 주기

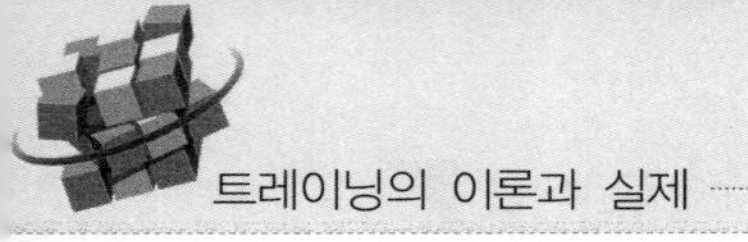

켜야 한다.

[그림 6-51]은 순발력이 주요 체력인 단거리 달리기, 태권도 및 야구 종목에서 순발력을 향상시키는 트레이닝의 주기를 예로 나타내고 있다. 각 단계별 체력요인의 ⊟는 전 단계보다 감소된 운동부하를, ⊞는 전 단계보다 증가된 운동부하를 나타낸다. 전이단계의 체력 트레이닝은 전면체력 유지를 목적으로 준비단계와 경기단계에서 순발력 향상을 위한 최대 근력의 80~90%의 부하와 최대근력의 30~40% 부하의 근력과 근지구력 트레이닝을 실시한다. 준비단계에서는 전이단계보다 근력과 근지구력 트레이닝의 양과 강도는 낮추고 순발력 트레이닝의 강도와 양을 증가시켜 순발력을 향상시킨 후 경기단계 전반에 이르러 순발력을 스포츠 기술에 연계시키는 트레이닝으로 전환하면서 준비단계보다 트레이닝의 양과 강도를 상대적으로 증가시켜 경기력을 극대화한다. 근력이나 근지구력을 향상시키기 위한 트레이닝의 주기도 [그림 6-51]을 참고할 수 있다. 가장 중요한 경기에서 경기력을 극대화시키는 것이 트레이닝의 목표이기 때문에 체력이 최상 수준에 이르기 위한 체력 트레이닝의 주기도 주요 경기와 일치하여야 한다.

2) 심폐지구력

심폐지구력 트레이닝은 HRmax 60% 이상에서 실시하는 지속달리기 또는 LSD와 같이 일반지구력을 유지하는 훈련단계, HRmax 70% 이상의 강도의 파트렉, 리디아드 달리기에 의한 일반 및 스피드 지구력을 향상시키는 트레이닝 단계 그리고 HRmax 85% 이상의 강도로 반복 트레이닝이나 인터벌 트레이닝을 실시하는 스피드 지구력 트레이닝 단계로 세분할 수 있으며 단계별 트레이닝이 효율적으로 연결되어야 트레이닝 효과를 높일 수 있다. 심폐지구력 트레이닝은 운동종목에 따라 에너지 공급과 이용 능력에 차이가 있고 발휘되는 지구력의 종류도 다르기 때문에 트레이닝 프로그램의 선택도 에너지 능력 수준에 따라 다르게 실시하여야 한다. 예를 들면 마라톤이나 장거리 수영의 경우 유산소 능력을 기반으로 젖산역치 트레이닝을 실시하는 것이 중요하지만 경기 지속시간이 짧고 신체의 움직임이 빠른 레슬링이나 유도 같은 종목은 무산소 지구력과 스피드 지구력이 경기에 차지하는 비중이 크다. 따라서 심폐지구력의 주기화는 이러한 특성을 고려하여 단계적으로 트레이닝을 실시하되 어느 단계 트레이닝에 비중을 더 두느냐는 종목의 특성에 따라 다르다.

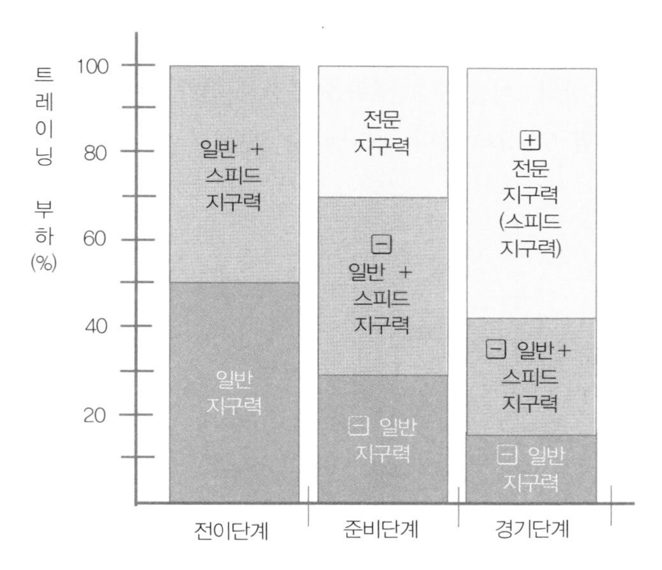

[그림 6-52] 심폐지구력 트레이닝 연간 주기

[그림 6-52]는 전이단계에서 경기단계로 전환하면서 일반 지구력 트레이닝에서 스피드 지구력 중심으로 트레이닝이 전환되고 있음을 알 수 있다. 이 같은 현상은 중장거리 종목의 주요 체력은 스피드 지구력이고 전이단계와 준비단계에서 일반지구력을 향상시키는 트레이닝을 실시한 것은 경기단계에서 스피드 지구력을 최상으로 향상시켜 경기력을 극대화시키기 위한 것이다.

3) 스피드

스피드의 주기화는 스포츠 종목, 경기 수준 또는 경기일정에 따라 다르게 적용된다. 스피드는 동작 반응시간과 근육간의 협응력과 같은 신경계 요인들의 상호소통성 수준과 밀접하게 연관되어 있다. 스피드 트레이닝은 유산소 능력을 기초로 무산소 능력을 발달시켜야 향상될 수 있다. 특히 경기단계가 다가올수록 스피드의 빠르기와 정확성은 물론 민첩성의 수준을 높여야 한다.

[그림 6-53]은 100m 달리기의 연간 스피드 훈련의 주기를 예로 보여주고 있으며 스피드의 주요 체력인자인 근력과 순발력 그리고 민첩성에 대한 단계별 훈련 부하량의 변화를 나타내고 있다. 전이단계와 준비 전반단계에서 강화된 근력과 순발력을 준비 후반단계에서 스피드로 전환시키는 과정이 스피드의 수준을 결정

하기 때문에 전이단계에서는 물론 특히 준비단계에서 스피드 트레이닝은 지속적으로 실시하여야 한다. 이들 주요 체력을 포함한 연간 트레이닝의 주기별 체력요인의 수준은 [그림 6-54]와 같이 나타낼 수 있다.

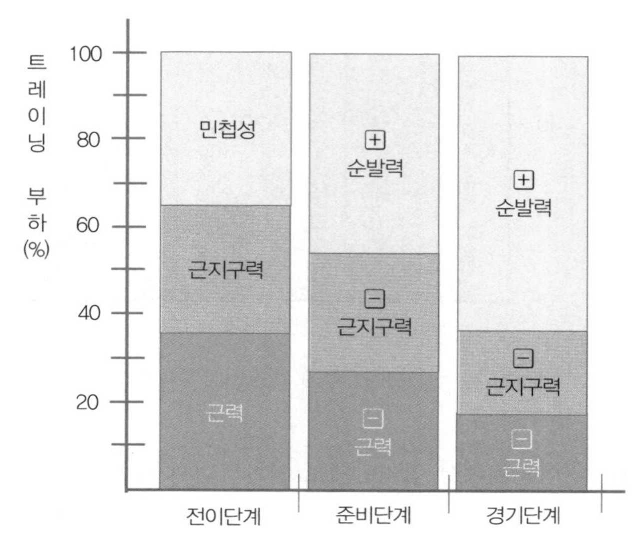

[그림 6-53] 스피드 트레이닝의 연간 주기

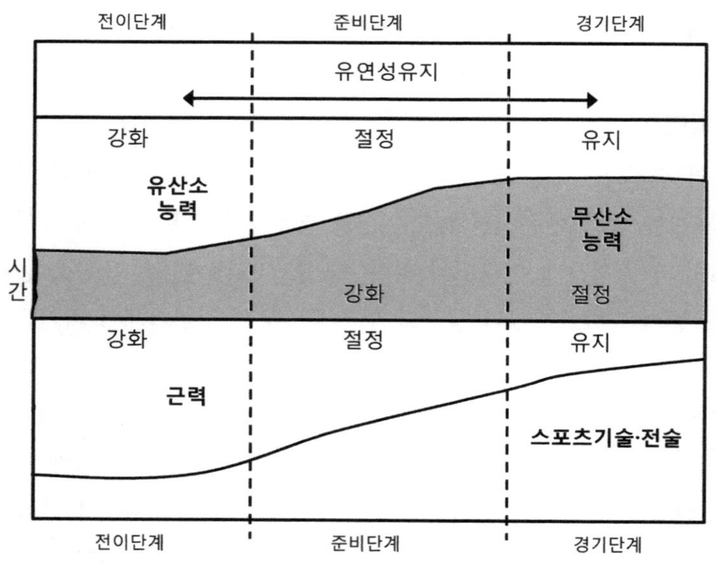

[그림 6-54] 연간 트레이닝의 주기별 체력 수준

[표 6-11] 20×0년 체력평가 계획

체력육성 및 평가 계획

(성명 :)　　　　　　　　　　　　　　　　　　　　　　　　　(종목 : 100m)

구분	체력요인 \ 측정일 \ 일	측정일								목표	기타
		최초	월일	월일	월일	월일	월일	월일	최종		
일반 체력	근력										
	심폐지구력										
	순발력										
	근지구력										
	유연성										
	민첩성										
전문 체력	스타트 대쉬										
	오르막 달리기										
	부하 피칭										
중점 육성 체력											
평가											

참고

- 「최초」 → 처음 트레이닝 실시 월 일
- 「목표」 → 20X0년 트레이닝 연간 목표
- 「스타트 대쉬」 → 크라우칭 출발 30m 전력 달리기
- 「오르막 달리기」 → 부하 없이 평지 20m + 오르막 30m(5° ~10°) 전력 달리기
- 「부하 피칭」 → 10kg 웨이트 재킷 착용(최대 피칭 횟수/1분)
- 「중점육성 체력」 → 지도자가 선수에게 특별히 요구하는 체력

[표 6-12] 20×0년 근력 트레이닝 프로그램

근력 트레이닝 프로그램

(성명 :)　　　　　　　　　　　　(종목 :)

운동 순서	운동종목	1RM	근력 (회/1세트)	순발력 (회/1세트)	근지구력 (all out)	주요 근육			기타
						주동근	협응근	길항근	
1	스쿼트								
2	데드-리프트								
3	파워-클린								
4	벤취-프레스								
5									
6									
7									
8									
9									
10									
특수 근력									

참고

- [표 6-12]는 [표 6-11] 20×0년 체력평가 계획을 실행하기 위한 프로그램
- 「주요근육」→ 운동종목과 관련된 근육
- 「운동종목(1~4)」→ 「Big 4」 종목, 5~10번의 운동종목은 트레이닝 목적에 따라 별도 편성
- 「근력, 순발력, 근지구력」→ 1회 운동강도와 운동량은 선수의 운동능력을 참고하여 편성
- 「특수근력」→ 선수 또는 지도자가 특별히 육성시키기 원하는 근력운동 1~3종목

[표 6-13] 20×0년 피라미드 근력 트레이닝 프로그램

피라미드 근력 트레이닝 프로그램

(성명 :) (종목 :)

운동 순서	운동종목	1RM	(1~2회) 1세트	(4~5회) 1세트	(7~10회) 1세트	주요 근육			기타
						주동근	협응근	길항근	
1									
2									
3									
4									
5									
6									
7									
8									
9									
10									
특수 근력									

참고

- [표 6-13]은 피라미드 근력 트레이닝 프로그램
- 1개의 운동종목은 3세트 실시를 원칙으로 하며 매 세트 당 운동부하는 선수의 근력 수준에 맞게 편성

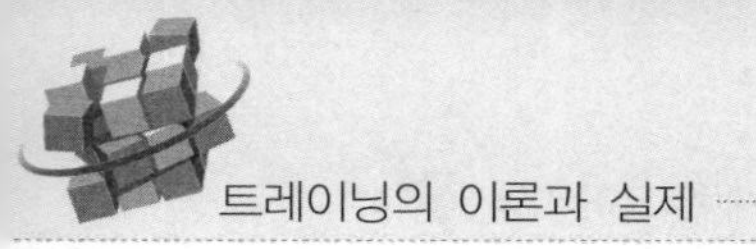

[표 6-14] 20×0년 분리반복 근력 트레이닝 프로그램

분리반복 근력 트레이닝 프로그램

(성명 :) (종목 :)

운동 순서	종 목	1RM	(2~5회)	(2~5회)	(2~5회)	주요 근육			기타
						주동근	협응근	길항근	
1									
2									
3									
4									
5									
특수 근력									

참고

• 슈퍼 세트 시스템 트레이닝 방법에 의함

[표 6-15] 20×0년 서키트 트레이닝 프로그램

서키트 트레이닝 프로그램

(성명 :)　　　　　　　　　　　　　　　　　　　　(종목 :)

운동순서	운동종목	1RM	운동 부하(목표횟수/실시횟수)			트레이닝 목표			참고
			1세트	2세트	3세트	체력	스포츠 기술	기타	
1	사이클 타기		/	/	/				
2	메디신 볼 뛰어넘기		/	/	/				
3	데드 리프트(바벨)		/	/	/				
4	허들 넘기		/	/	/				
5	박스 연속 뛰어 오르내리기		/	/	/				
6	싯-업		/	/	/				
7	양팔 벌려 연속 들기(아령)		/	/	/				
8	박스 뛰기		/	/	/				
9	짐볼 지그재그 달리기		/	/	/				
10	연속 팔굽혀 들기(덤벨)		/	/	/				
특수체력 또는 스포츠 기술									

참고

- 「트레이닝 목표」→ 트레이닝 목표를 구체적으로 설정하고 "운동종목"과 "운동부하" 선택
- 「운동종목」→ 트레이닝 초기에는 난이도가 낮은 5~10종목을 선택하고 종목별 1RM 측정
- 1회 순환 소요시간은 5분 내외, 종목 간 휴식 시간은 5초 내외를 원칙으로 하며 훈련목표에 따라 조정한다.
- 「특수체력 또는 스포츠 기술」→ 특정 체력이나 스포츠 기술 향상을 위한 운동종목
- 1RM은 "제한시간에 실시한 최대 반복횟수"

연구과제

01 경기력에 체력이 미치는 영향을 서술하시오.

02 건강체력과 스포츠 체력의 차이를 비교 설명하시오.

03 체력 상호 간의 관련성을 참고하여 전문체력(예: 스피드+심폐지구력=스피드 지구력)육성을 위한 트레이닝 방법을 조립하시오.

04 특정 스포츠의 경기 장면을 예를 들어 전문체력이 스포츠 기술에 차지하는 중요성(예: 각근력과 농구 경기의 덩크 슛)을 설명하시오.

05 심리적 체력의 한계와 생리적 체력 한계를 설명하시오.

06 신장성 근수축 운동과 단축성 근수축 운동을 스포츠 장면을 예로 들어 설명하시오.

07 근력 향상을 위한 파워 존(power zone) 트레이닝의 타당성과 파워 존을 향상시킬 수 있는 「Big 4」 외의 운동종목을 설명하시오.

08 탄성저항 트레이닝을 이용한 전문체력 향상 트레이닝 방법을 조립하시오.

09 산소부채 능력이 동적 근지구력 수준에 미치는 영향을 설명하시오.

10 순발력의 지속적 발휘를 위한 트레이닝 모형을 조립하시오.

11 뎁스 점프(depth jump)와 플라이오메트릭스(plyometrics) 트레이닝의 차이점을 설명하시오.

12 스피드 향상을 위한 부하거리는 50~300m 이내에서 완전휴식으로 반복 실시하는 것이 효과적인 이유를 설명하시오.

13 인터벌 트레이닝과 지속달리기 트레이닝이 심폐지구력 향상에 미치는 효과를 비교 설명하시오.

14 유연성이 스포츠 기술 향상에 미치는 영향을 설명하시오.

15 협응력 향상을 위한 트레이닝 모형을 조립하시오.

제7장

스포츠 기술 트레이닝

TRAINING THEORY & PRACTICE

학습목표

모든 스포츠는 각각 고유의 운동 특성과 구조를 갖고 있기 때문에 경기력을 높이기 위해서 스포츠 종목의 운동 특성과 구조를 이해하고 이를 효율적으로 수행할 수 있는 기술을 향상시켜야 한다.

차례

1 스포츠 기술의 개념

Johnson(1961)는 다양한 차원의 속도, 정확성, 자세 그리고 적응력을 구사할 수 있는 능력, Kugler와 Kelso, Turvey(1980)는 여러·가지 운동 기능의 구성 변인들을 통제하고 협응시켜 이뤄진 최적상태를 운동기술(motor skill)이라 정의하고 운동 수행을 위한 동작과 관련된 신체 또는 사지의 수의적 움직임이 포함된다 하였다. 이 같은 학자들의 운동기술에 대한 정의를 바탕으로 스포츠 기술(sport skill)은 스포츠 각 종목의 고유 운동기술과 경기 운영방법 그리고 환경이 종합된 개념으로 [그림 7-1]과 같이 나타낼 수 있다.

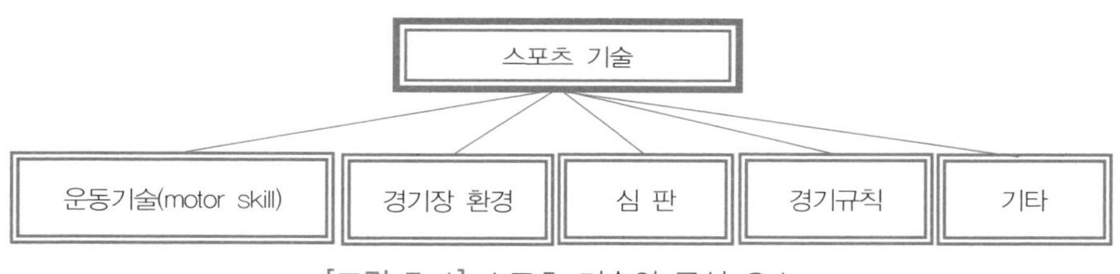

[그림 7-1] 스포츠 기술의 구성 요소

2 운동기술의 분류와 학습단계

1) 운동기술의 분류

운동기술은 기술(skill)의 속도(speed), 정확성(accuracy), 자세(form) 그리고 적응력(adaptability)과 같은 변인에 의해 영향을 받는다. 대부분의 운동기술은 제한된 빠르기와 시간 내에 요구된 행동을 얼마나 정확하고 숙련되게 수행 하였는가 또는 다양하고 예측할 수 없는 상황에서 능숙하게 높은 적응력을 발휘하였는가에 의해 수준이 결정되며 이때 여러 변인들은 독립된 개체보다는 상호 유기적 관련을 맺고 영향을 미친다. 운동기술은 신체의 움직임에 수반되는 정보 처리 과정으로서 스포츠 기술과 직접적인 연관을 갖고 다음과 같은 요인들에 의해 영향을 받는다.

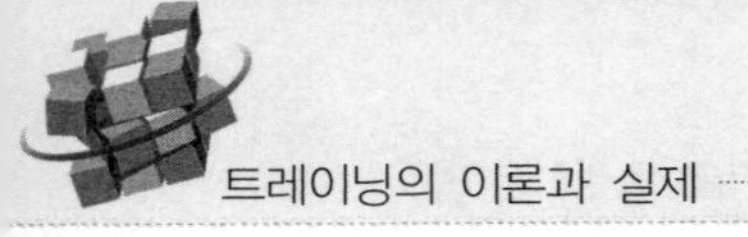

(1) 근육의 크기

운동기술은 수행에 동원되는 근육의 종류와 크기에 따라서 대근운동기술(gross muscle motor skill)과 소근운동기술(fine muscle motor skill)로 분류된다. 대근운동기술은 신체의 대근육을 사용하여 운동을 주도하는 큰 동작의 운동 기술로서 걷기나 달리기 또는 던지기와 같은 대부분의 스포츠 운동기술이 여기에 해당된다.

소근운동기술(fine muscle motor skill)은 매우 세밀한 운동기술에 필요한 소근육을 동원하여 신체 각 분절이 정확한 움직임을 일으키면서 작용하는 기술로서 신경근의 협응(nerve root coordination) 또는 눈과 손의 협응(eye-hand coordination)과 같이 소근육의 정확한 수축력이 중요한 기술로 이용되는 사격, 양궁 경기의 슈팅(shooting)과 같은 동작이다. 대근 운동기술은 에너지 시스템의 효율성과 근력 향상을 위한 트레이닝 형태, 소근 운동기술은 관절과 신경근의 소통성을 강화시키는 트레이닝이 효과적이다.

(2) 환 경

운동기술은 기술을 수행하는 동안에 경기상황을 예측할 수 있는지 여부에 따라 개방 운동기술(open motor skill)과 폐쇄 운동기술(closed motor skill)로 구분된다. 폐쇄 운동기술은 체조, 양궁, 사격 등과 같이 운동 수행 중 환경적 조건이 변하지 않는 안정된 상태에서 경기를 수행하여 경기 과정과 결과 예측이 가능하기 때문에 경기자는 자신의 리듬과 의지에 따라 운동능력을 조절하면서 경기를 수행할 수 있다. 그러나 개방 운동기술은 경기자가 자신의 리듬에 맞춰 경기를 수행하기 보다는 축구나 럭비와 같이 움직이는 대상의 속도와 방향 또는 상대에 따라 자신의 동작을 맞춰 운동기술을 수행하기 때문에 경기 과정과 결과를 예측하기 어렵고 주위 환경에 영향을 많이 받는 경기이다.

따라서 개방 운동기술은 상황에 따라 다양한 변화와 동적으로 운동기술을 수행하기 때문에 빠른 상황 파악과 대처 능력 향상을 위해 다양하고 정확한 운동기술의 반복훈련이 요구되며 폐쇄 운동기술은 환경이 변하지 않는 정적인 운동기술을 필요로 하는 스포츠이기 때문에 정해진 환경에서 정확하고 일관된 운동기술을 반복적으로 트레이닝을 실시하는 것이 효과적이다.

(3) 움직임의 연속성

운동기술은 움직임의 연속성 여부에 따라 불연속적 운동기술(discrete motor skill)과 계열적 운동기술(serial motor skill) 그리고 연속적 운동기술(continuous motor skill)로 구분되며 연속성의 정도는 수행 동작 사이에 동작이 중지되는지 여부와 수행하는 동작의 시간 길이에 따라 결정된다. 불연속적 운동기술은 던지기, 받기, 골프의 스윙과 같이 동작의 지속 시간이 짧고 운동 시작과 끝이 명확하며 계열적 운동기술은 불연속적 운동기술이 연속적으로 연결된 하나의 운동기술이며 야구의 배팅, 높이뛰기 또는 사격과 같은 스포츠에서 주로 요구된다.

계열적 운동기술은 포환던지기에서 글라이드(glid), 던지기 그리고 리버스(reverse)와 같은 일련의 불연속적 운동기술이 연속적으로 연결되어 하나의 운동기술로 표현된다.

연속적 운동기술은 불연속적 운동기술이나 계열적 운동기술과는 달리 어떤 특정한 움직임이 계속 반복되어 운동의 시작과 끝을 구분할 수 없는 사이클, 수영, 달리기 등과 같이 반응이 임의로 중단될 때까지 계속되는 운동기술이다.

불연속적 운동기술은 신경기능 향상을 1차 목표로 단순하면서 섬세하고 집중된 반복 트레이닝을, 연속적 운동기술은 체력 향상을 1차 목표로 구간 트레이닝 또는 지속 트레이닝에 의한 전습법을, 계열적 운동기술은 체력과 기술의 동반 향상을 1차 목표로 분습법과 전습법을 혼합한 트레이닝 형태가 적합하다.

[표 7-1] 운동기술의 분류(움직임의 연속성을 중심으로)

운동기술	특 징	운동기술의 예
불연속적 운동기술	시작과 끝이 명확하게 구분	던지기, 공잡기, 골프스윙
계열적 운동기술	불연속운동이 함께 계속 이어짐	야구의 수비기술, 규정된 체조연기
연속적 운동기술	시작과 끝의 구분이 없다	수영, 사이클

2) 스포츠 기술의 학습단계

스포츠 기술의 학습은 연습이나 경험과 연계된 내적 관계로 이해되고 습득되는 운동의 변화가 영구적일 때 스포츠 기술이 습득되고 경기력이 향상된다. Fitts와 Posner(1967)는 운동기술 학습 과정을 인지단계(cognitive stage)와 연습단계(practice stage) 그리고 자동화 단계(automatic stage)로 분류하고 각 단계에 따라 지도법이 다르다고 하였다. 이는 스포츠 기술이 학습단계에 따라 트레이닝 내용과 방법이 각 단계에 맞게 구성되고 진행되어야 학습효과가 높다는 것을 의미한다.

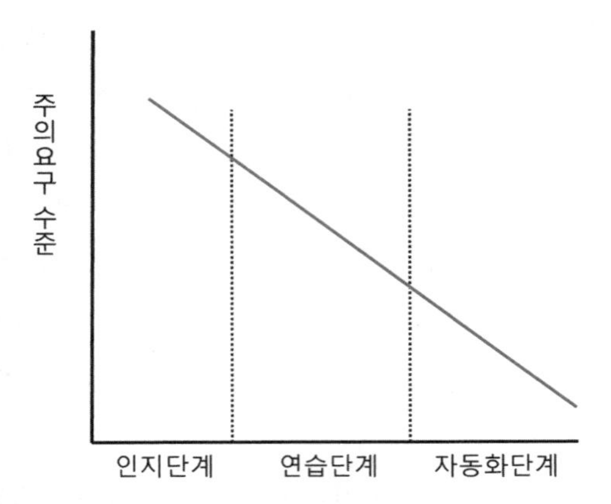

[그림 7-2] 스포츠 기술 습득단계에 따른 주의 요구

(1) 인지단계

새로운 스포츠 기술을 수행할 때 무엇을 어떻게 하여야 잘 배우고 학습할 수 있는지를 이해하는 단계를 인지단계(cognitive stage)라 하며 스포츠 기술의 학습과정에서 이 같은 인지단계가 가장 중요하다. 인지단계에서 새로운 동작을 배우는 동안 학습자는 이전에 배운 스포츠 기술과의 연관성을 찾아 새로운 학습효과를 형성한다. 따라서 인지단계에서 지도자는 학습회로에 과부하가 발생되지 않고 학습자 스스로 학습 내용을 인지하고 반응할 수 있도록 학습 진도를 조절하여 학습자가 운동기술의 특성을 이해하고 능률적으로 수행할 수 있도록 학습과정을 계획하여야 한다.

(2) 연습단계

인지단계 다음의 연습단계(practice stage)는 기술을 숙달하는 데 초점을 둔다. 연습 중 실수를 구별하여 이를 수정하고 완벽하지는 않지만 스피드, 정확성, 일관성 그리고 협응력 등을 개선하여 스포츠 기술을 점차 숙달시키는 단계이다. 연습단계에서 운동선수들은 새로운 스포츠 기술에 대한 초보적 이해 위주에서 벗어나 신체 활동 중심으로 기초단계의 연습을 강화하면서 연습과정에서 발생하는 오류에 대한 피드-백(feed back)을 통해 연습 효과를 높여야 한다. 연습단계를 운동단계(motor stage)라고도 하는 것은 이 단계에서 수행 과제를 잘 이해하고 가장 효율적으로 기능을 숙달할 수 있는 피드-백과 연습방법 그리고 연습시간 배분 등이 중요 과제이기 때문이다. 연습이 효율적으로 진행되기 위하여 운동의 양과 강도를 점차 높이고 연습방법도 다양하게 변화시켜야 한다.

(3) 자동화단계

자동화단계(automatic stage)는 반복연습으로 스포츠 기술이 향상되고 실수가 줄어 능숙하게 스포츠 기술을 구사할 수 있는 단계로 학습된 기술이 자동적이고 습관적으로 이뤄지는 단계이다. 즉, 어떤 과제나 기능이 숙달되고 고정되어 의식적 노력 없이 일관성 있게 자동적이고 습관적으로 스포츠 기술이 수행되는 단계이다. [그림 7-2]는 운동선수가 새로운 스포츠 기술을 학습하는 과정에서 초보수준의 인지단계에서 가장 많은 주의가 요구되고 스포츠 기술이 숙달된 자동화단계에서는 주의력보다 익숙해진 운동기술이 무의식 상태에서 수행되기 때문에 초보단계보다 낮은 주의력으로 숙달된 운동기술을 구사할 수 있음을 나타내고 있다.

3 스포츠 기술연습

스포츠 기술은 각 종목에 필요한 운동기술과 체력 및 경기 내용의 종합 개념이다. 스포츠 기술 연습에서 가장 중요한 것은 스포츠 기술을 경기에서 일관되게 구사할 수 있는 능력을 향상시키는 것이다. 이와 같은 연습의 효과를 높이기 위해서는 경기에서 구사되는 동작과 구조적으로 공통성을 지닌 연습 형태와 특성 및 경기 상황 등이 포함된 형태의 연습을 실시하여야 한다. 뿐만 아니라 언어와 지도자의 시범 외에 컴퓨터를 이용한 시뮬레이션(simulation)과 동작분석기(optical: impulse motion capture)와 같은 과학적 영상 기자재를 활용하여 스포츠 관련 기술 정보를 체계화하고 과학적 이론을 스포츠 현장에 접목하여 스포츠 기술 구사에 따른 오류를 최소화시켜야 한다.

[표 7-2] 스포츠 기술지도 과정

단계	지도준비 및 내용
1	선수에게 필요한 스포츠 기술의 종류와 형태 파악
2	선수의 운동능력 분석
3	선수의 운동능력 수준에 맞는 스포츠 기술 선택
4	연습할 스포츠 기술의 우선 순위 결정
5	선택된 스포츠 기술 지도를 위한 연습형태 및 지도방법 선택
6	연습계획 수립

1) 스포츠 기술의 연습단계

스포츠 기술 지도는 기술소개와 시범 및 설명 중심으로 이루어지는 기초단계와 스포츠 기술을 극대화시키는 완성단계 그리고 다른 기술과 연계시키는 마지막 응용단계의 3단계로 구성된다. 기초단계에서는 스포츠 기술의 초보적 교육이 실시되며 이 단계에서 축적된 기술을 바탕으로 스포츠 기술이 숙련되기 때문에 스포츠 기술 연습의 총체적 성공은 기초단계 연습 성취에 좌우된다. 완성단계는 기초단계와 연속되는 기본 과정이라는 공통성은 있지만 구체적 내용과 형태는 다르다.

연습단계는 기초단계보다 스포츠 기술의 난이도가 높고 규모도 크며 연습 과정의 주기화도 뚜렷하다. 이 같은 현상은 완성단계에서 새로운 형태의 기술 습득과 개선이 필요하고 새로운 스포츠 기술을 선수가 경기에서 구사해야하기 때문이다. 완성단계에 이른 스포츠 기술이 경기에서 경기력으로 발휘되기 위해서는 다른 스포츠 기술과 연합 또는 적용되는 실제 응용단계가 필요하다. 아무리 연습과정에서 완벽하게 스포츠 기술을 습득하여도 이를 경기에 적용할 수 없다면 아무 의미가 없다.

연간 트레이닝 과정에서 스포츠 기술도 일반 트레이닝 요인들과 함께 주기화가 필요하다. [그림 7-3]과 같이 연간 트레이닝 과정이 종료되는 전이단계(transition phase)에서는 경기단계(competitive phase)와 준비단계(pre- paratory phase)에서 학습되고 실행되었던 스포츠 기술에 대한 결과를 평가하고 문제점을 수정 · 보완하여 새로운 스포츠 기술과 연습 형태를 계발한다. 스포츠 기술에 대한 수정 · 보완이 끝나고 새로운 스포츠 기술과 연습 형태가 결정되면 준비단계에서 스포츠 기술을 경기에 적용하여 경기력을 높이기 위한 트레이닝을 실시한다.

[그림 7-3] 스포츠 기술연습의 연간주기

2) 스포츠 기술의 종류와 연습

(1) 새로운 스포츠 기술

새로운 스포츠 기술은 선수에게 호기심과 동기유발을 갖게하지만 잘못된 지도나 정보는 오히려 선수의 경기력을 저하시킨다. 따라서 지도자는 새로운 스포츠 기술을 선수들에게 지도할 때 교육적 과정을 충분히 고려하여 [표 7-2]와 같은 스포츠 기술지도 계획을 세우고 이에 따라 세부 지침과 방향을 설정한 후 지도하

새로운 스포츠 기술 지도

새로운 스포츠 기술연습의 학습 효과를 높이기 위해서는 다음과 같은 지도 절차가 필요하다.

- 제1단계 : 새로운 스포츠 기술 소개
  선수들에게 새로운 스포츠 기술에 대한 관심과 이해를 높일 수 있도록 새로운 기술을 소개하고 설명한다.
- 제2단계 : 시범 및 설명
  새로운 스포츠 기술과 이전(前) 스포츠 기술의 연관성 및 특성에 대한 시범을 보이고 경기에서 활용하기 위한 방안과 연습 방법을 설명한다.
- 제3단계 : 스포츠 기술 연습 및 오류 수정
  정확한 동작을 구사할 때까지 반복적으로 연습을 하여 오류를 수정한다.
- 제4단계 : 경기에 적용
  기록회나 경기력 수준이 낮은 팀과 연습경기를 자주 실시하여 학습된 새로운 스포츠 기술의 적용 능력을 높힌 다음에 수준 높은 팀으로 연습 상대를 전환한다.

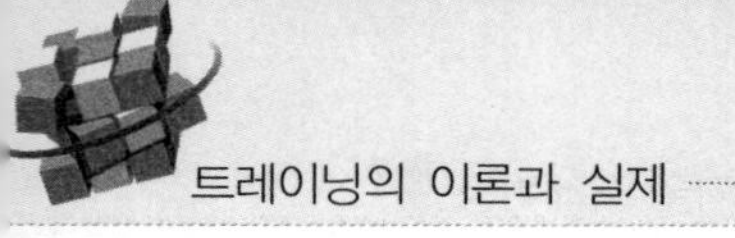

여야 한다.

스포츠 종목에 따라 다소 차이는 있지만 선수에게 새로운 스포츠 기술을 습득시키거나 습득된 스포츠 기술을 새로운 스포츠 기술로 전환시키기 위해서는 많은 시간과 노력이 필요하다. 특히 잘못 습득된 스포츠 기술을 새로운 기술로 수정시키는 것은 스포츠 기술을 처음 학습할 때보다 많은 어려움과 시행착오가 따른다.

(2) 난이도가 높은 스포츠 기술

스포츠 기술의 수준에 따라 경기 결과가 좌우되는 피겨 스케이트나 체조와 같은 스포츠는 난이도가 높은 스포츠 기술을 숙달하여야 한다.

경기에 참여하는 선수들은 경쟁적으로 난이도가 높은 새로운 스포츠 기술을 계발하여 경기에서 우수한 성과를 얻기 원하기 때문에 지도자와 선수는 항상 새로운 스포츠 기술과 연습방법을 계발하기 위해 노력하여야 한다. 난이도가 높은 스포츠 기술은 [그림 7-4]와 같은 지도과정을 반복하면서 발전되고 학습된다.

연습방법		기술 사이 긍정적 전이		기술습득 및 적용
• 분습연습 또는 전습연습 • 집중연습 또는 분산연습	⇨	• 전(前) 기술과 난이도가 높은 기술의 공통점 또는 유사점 연계 발전 • 스포츠 기술에 적용할 기계적 원리 계발	⇨	연습경기에서 난이도가 높은 기술연습 및 적용

[그림 7-4] 난이도가 높은 스포츠 기술의 연습과정

(3) 새로운 스포츠 기술의 응용

습득한 새로운 스포츠 기술이 경기력으로 발휘되기 위해서는 일련의 적응과정이 필요하다. 이 같은 적응과정은 습득한 새로운 스포츠 기술을 자신의 고유 스포츠 기술로 정착시키기 위한 과정이다. 아사이(1991)는 체력 트레이닝과 기술연습을 병행하여 트레이닝을 실시하여야 경기력을 효과적으로 향상시킬 수 있다면서 [그림 7-5]와 같이 이들의 관계를 나타내고 있다.

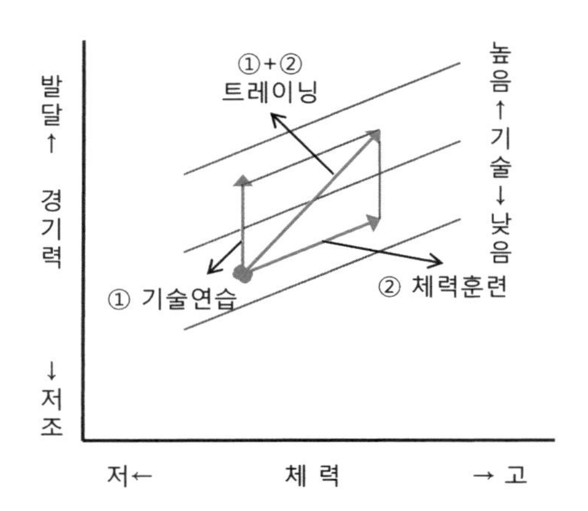

[그림 7-5] 체력과 스포츠 기술 연습이 경기력에 미치는 영향

스포츠 기술 연습 요령

- 스포츠 기술의 원리를 기계적 단순 원리로 파악하고 연습한다.
- 스포츠 기술을 경기하듯 연습한다.
- 새로운 스포츠 기술 연습은 짧게 자주 반복 실시하며 지루하거나 피곤하지 않게 연습한다.
- 연습장 시설과 장비를 적절히 이용한다.
- 연습 시 선수들에게 긍정적 동기를 유발하고 성공 체험을 경험하게 한다.
- 흥미와 관심을 갖고 연습할 수 있는 분위기를 조성한다.

4 스포츠 기술의 연습방법

1) 전습연습법과 분습연습법

(1) 전습연습법

일련의 스포츠 연습과정을 처음부터 마지막까지 한데 묶어서 몇 번이고 반복하여 연습하는 방법을 전습연습법이라 한다. 스포츠 기술은 준비단계와 동작단계 및 팔로우-스루(follow-through) 단계로 이뤄지는데, 이 같은 단계가 단순하고 전체 단계를 여러 단계로 나누어 연습하는 것이 의미가 없는 마라톤이나 사이클과 같은 경우 [그림 7-6]과 같이 전체 스포츠 기술을 한 단계로 묶어 ①~③회 반복적으로 연습하는 방법이다.

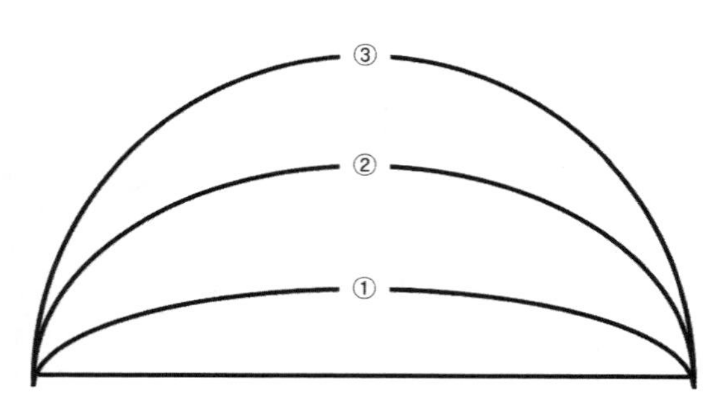

[그림 7-6] 전습연습법

(2) 분습연습법

스포츠 기술이 매우 복잡하거나 한 개의 동작을 여러 가지로 분리하여 연습하는 것이 효과적이고 기술 동작의 상호 의존성이 비교적 낮은 수영이나 골프 또는 야구 종목과 같이 준비단계와 동작단계로 스포츠 기술을 분리 연습하는 것이 효과적인 경우이며 연습방법에 따라 3가지로 나뉜다.

① 순수 분습연습법

연습 전체를 주요 부분 몇 개로 나누고 각 부분에 성취 목표를 정한 후 목표가 달성되면 다음 단계로 이동하면서 전체 연습목표를 달성하는 연습방법이다. 골프 초보자가 보통 7번 아이언(iron)으로 허리보다 낮게 백-스윙(back swing) 타격을 연습하다가 점차 스윙 각도의 크기 및 테이크-어웨이(take away), 탑(top)-동작, 다운-스윙(down swing) 등으로 발전시키는 연습방법이다.

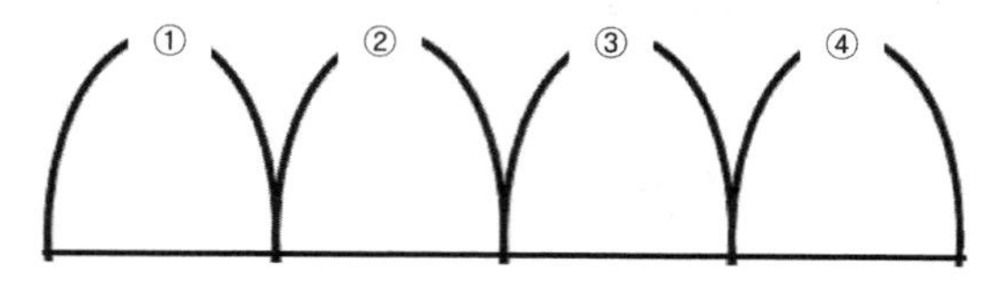

[그림 7-7] 순수 분습연습법

[그림 7-7]과 같이 전체 스포츠 기술을 ① → ② → ③ → ④의 4단계로 분리하여 연습한 후 전체를 통합하여 연습하는 방법이다.

② 점진 분습연습법

몇 개의 순수 분습연습 내용을 묶어 한 번에 연습하는 방법이다. 골프 지도

시 테이크-어웨이와 백스윙 또는 100m 달리기에서 출발과 중간달리기를 동시에 지도한 후 전체적으로 연습하는 경우가 이에 해당된다. [그림 7-8]과 같이 전체 스포츠 기술을 하위 기술에서 상위 기술로 나눈 다음 ① → ② → ③ → ④단계별로 기술을 익힌 후 점차적으로 연계하여 다음 단계의 스포츠 기술로 발전시켜 연습하는 방법이다.

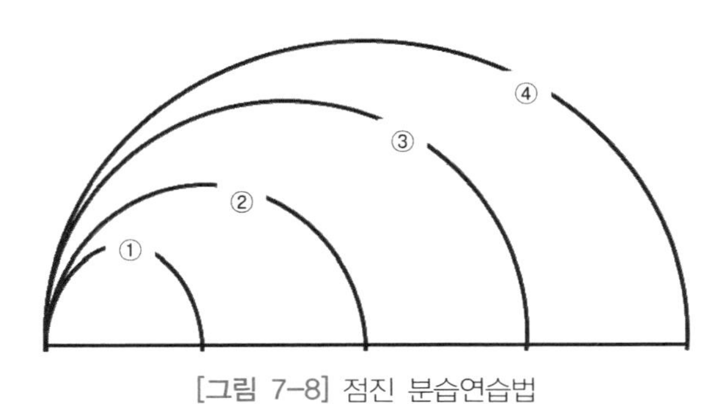

[그림 7-8] 점진 분습연습법

③ 반복 분습연습법

연습과정 전체를 단계별 주요 부분으로 분류한 후 초보 단계에서 점차적으로 난이도가 높은 단계로 연습한 후 전체를 하나로 묶어 연습하는 방법이다. [그림 7-9]와 같이 전체 동작을 부분 동작(①, ②, ④, ⑥)으로 분리하여 연습한 후 이를 연결 동작(③→⑤→⑦)으로 연습하는 방법이다.

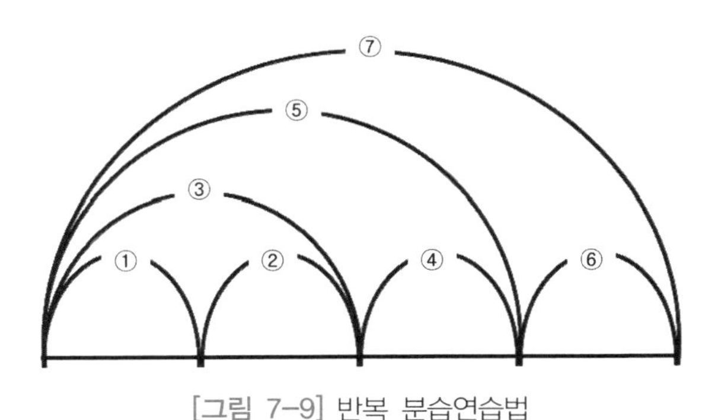

[그림 7-9] 반복 분습연습법

Rainer(2004)는 스포츠 종목과 스포츠 기술에 대한 전습연습법과 분습연습법의 상호 의존 관계를 [표 7-3]과 같이 나타냈다.

[표 7-3] 스포츠 기술 연습방법의 상호의존

높다 ← → 낮다

전습법	전습법-분습법 병행	분습법
역도 양궁 사격 축구 헤딩 사이클링	테니스 서브 마루운동 수영 스트로크 골프 스윙 야구공 받기 농구 레이업 슛	무용동작

낮다 ← → 높다

2) 집중연습법과 분산연습법

연습 사이에 휴식 없이 지속적으로 연습하는 방법을 집중연습법, 연습 사이사이에 휴식을 실시하는 것을 분산연습법이라 한다. 체력의 지속적 발휘가 스포츠 기술의 수준을 좌우하는 마라톤 경기가 집중연습법의 대표적인 예이며 분산연습법은 골프의 샷(shot), 스윙(swing)과 같이 스포츠 기술을 분리하여 운동 사이에 휴식을 취하면서 연습하는 것이 스포츠 기술 향상에 효과적인 경우이다. 집중연습법과 분산연습법은 스포츠 종목과 연습 대상, 연습 내용 그리고 여건 등을 고려하여 실시하는 것이 연습효과를 높일 수 있다.

집중연습법과 분산연습법의 연습효과

- 새로운 스포츠 기술 습득은 집중연습법이 효과적이다.
- 분산연습법은 연습의 반응이 고정화되기 쉬우나 집중연습법은 반응의 변화에 유리하다. 체조나 피겨 스케이트와 같은 고난도 스포츠 기술을 필요로 하는 종목은 분산연습법, 축구나 배구와 같은 단체경기는 집중연습법이 효과적이다.
- 집중연습법을 장시간 실시하면 피로가 수반되어 연습 효과를 감소시키므로 연습 사이에 분산연습법을 활용하는 것이 효과적이다.
- 스포츠 기술 연습에 흥미를 잃거나 나쁜 습관이 생긴 경우 분산연습법을 활용하는 것이 효과적이다.
- 스포츠 기술 연습 중 발견되는 잘못에 대한 교정은 분산연습법이 효과적이다.
- 기능이 우수한 선수일수록 집중연습법이 효과적이다.
- 초보자나 유소년에게는 분산연습법이 효과적이다.
- 스포츠 기술 연습 초기에는 분산연습법이 효과가 높지만 연습에 숙달되면 집중연습법의 효과가 높다. 아사미(1991)는 집중연습법과 분산연습법의 연습효과를 [그림 7-10]과 같이 나타냈다.

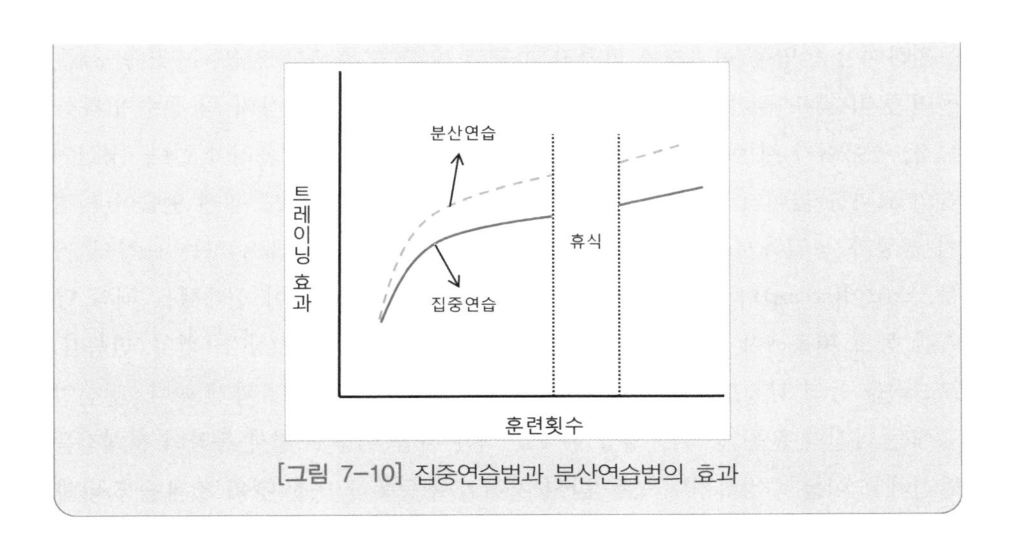

[그림 7-10] 집중연습법과 분산연습법의 효과

3) 정신연습

정신연습(mental practice)은 대근활동 없이 주위진 운동과제를 상징적 또는 인지, 언어적으로 연습하는 트레이닝의 일종으로서 자신의 연습이나 경기 모습을 머릿속에 그리면서(image) 스포츠 기술을 익히거나 실제 경기 분위기와 상황을 이미지로 극복하는 훈련의 일종이다. 정신연습이 신체적 연습과 달리 스포츠 기술 향상에 어떤 형태로 도움이 되었는지에 대한 체계적 연구가 부족하여 연습효과를 정확하게 체계화시키는 것은 다소 어려움이 있다. 이 같은 현상은 외부 세계에 대한 현상을 내적 표상(마음 밖의 어떤 물체나 대상에 대해 가지는 심상)으로 전환시키는 과정을 명확하게 설명하기 어렵기 때문이다. Richardson(1967)은 정신연습이란 "대근 운동이 일어나지 않는 상태에서 신체활동의 상징들을 심상(image)하는 것", Colbin(1972)은 "움직이지 않는 상태에서 특정한 학습 의도를 갖고 과제를 예행 연습하는 것"이라고 정의하였다. 정신연습 효과에 대한 대부분의 연구는 정신연습이 운동학습에 도움이 되며 특히 신체적 연습과 병행하여 실시할 때 신체적 연습만으로 연습할 때보다 효과가 높고 선수에게 자신감을 갖게 하는 긍정적 효과가 있다고 보고하였다.

(1) 정신연습의 종류와 처방

정신연습에는 시각, 청각, 후각, 촉각 그리고 운동감각 등 가능한 많은 감각을 동원하여야 선명한 이미지를 만들고 이를 통해 연습 효과를 얻을 수 있다. 예를 들면 공이 골프 클럽에 임팩트(impact) 시 나는 소리라든가 상대 팀 선수의 태클 동작, 높이뛰기 시 어깨가 바(bar)를 떨어뜨리는 감각까지 떠올려야 한다. 정신연습의 효과를 높이기 위해서는 오감(五感)뿐 아니라 기분까지도 실제 연습이나 경기 상황과 동일하게 느껴야 한다. 테니스 경기에서 발리(volley)하는 순간의 기분, 스코어(score)의 불안감 또는 완벽한 스매싱(smashing)이 실패했을 때의 당혹감 등도 떠올려야 한다. 연습과 경기 때에 느낄 수 있는 긴장감, 희열, 만족감, 부끄러움 등의 감정도 이미지와 함께 연상할 때 정신연습의 효과가 높다. 정신연습에는 자신의 운동 동작을 영상 매체로 찍은 다음 이를 보면서 동작의 문제점을 발견하고 이를 수정하거나 눈을 감고 자신의 운동동작 또는 경기 결과를 하나하나 확인하면서 문제점을 수정하는 방법 등이 있다.

정신연습의 사례

정신연습은 무엇보다도 모든 감각을 동원하여 과거 경기나 트레이닝 경험 또는 자신이 추구해 왔던 스포츠 기술을 긍정적 시각으로 영상화하여 실제 경기장에 떠올리는 일련의 과정이며 다음과 같은 예를 들 수 있다.

1m 95cm의 최고기록을 갖고 있는 높이뛰기 O선수가 1주일 후에 실시되는 전국종별선수권대회에 출전하여 2m 5cm의 기록 달성을 목표로 트레이닝 중이다. 이 경우 O선수는 다음과 같이 정신연습 과정을 진행할 수 있다.

첫째, O선수는 평소 자신의 연습기록이 2m 5cm를 초과하므로 이번 대회에서 무난히 2m 5cm의 기록 수립에 자신이 있다는 긍정적 생각을 갖는다.

둘째, 평소 O선수의 높이뛰기 기술의 단점은 마지막 발구름(take off)에서 스피드가 너무 빨라 점프력을 충분히 이용하지 못하는 것이다. 이를 수정하기 위해서 "마지막 3보 스텝을 보다 부드럽게 접근"하는 장면을 심상(image)한다.

이를 위하여 O선수는 눈을 감고 편한 자세에서 도움닫기와 발구름으로 바를 넘는 동작을 심상으로 연습하거나 백지에 신중하게 그림을 그린다.

셋째, 도움닫기와 발구름(take off) 그리고 바 넘는 동작(clearance) 전 과정을 영상화한 후 반복적으로 보면서 잘못된 부분을 피드-백(feed back)하며 반복 심상으로 연습한다.

(2) 정신연습의 효과

정상급 선수가 되기 위해서는 강도 높은 트레이닝과 심리적 준비가 요구된다. 특히 트레이닝을 통해 향상된 운동능력이 최상의 경기력으로 발휘되기 위하여 선수들은 가능한 많은 시합이나 경쟁에서 요구되는 사항들을 경험하여야 하며 이를 위해 실제 경기와 유사한 가상훈련(simulation training)을 실시한다. 정신연습은 실제 상황에서 기대할 수 있는 장면에 심상(心象, 외부 자극 없이 이전의 경험이 나타나는 현상)을 근접시키는 내적 심상(internal image)과 영상매체를 이용한 객관적 입장에서 자신의 운동수행을 스스로 관찰하는 외적 심상(external image)으로 분류되며 근육신경학적으로나 인지적 이유에서 이 같은 정신연습의 효과는 인정되고 있다. 잠재능력을 개발하거나 경기에 대비하여 자신감과 집중력은 물론 감정을 조절하고 스트레스를 해소하기 위하여 정신연습이 활용되기도 한다.

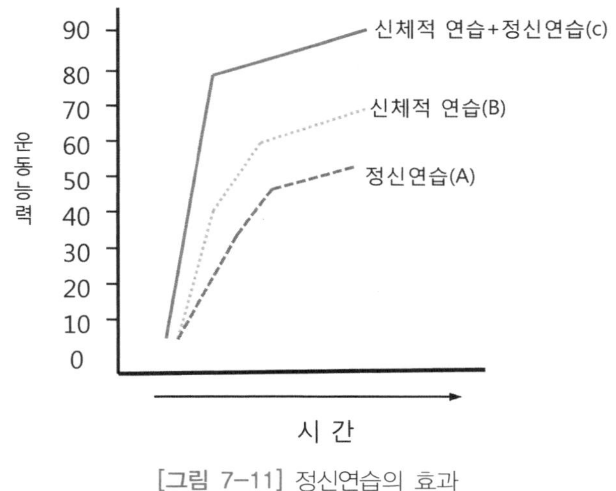

[그림 7-11] 정신연습의 효과

아사미(1991)는 [그림 7-11]과 같이 정신연습과 신체적 연습을 병행한 집단(C)이 신체적 연습만 수행하였던 (B)집단과 정신연습만 실시했던 (A)집단보다 훈련 효과가 높게 나타났다고 보고하였다.

정신연습의 적용

- 경기에서 선수는 자신이 수행할 일련의 스포츠 기술을 머릿속에 그려(screen)본 후 기술을 구사한다(높이뛰기, 다이빙, 체조, 골프와 같은 폐쇄기술로 구성된 스포츠에서 효과가 높다).
- 신체 훈련을 병행하면 연습 효과를 높일 수 있다.
- 정상적인 트레이닝을 할 수 없거나(기후 또는 부상 등으로) 주 운동 후 보조연습으로 활용할 수 있다.
- 스포츠 기술의 학습 초기단계와 숙달단계에서 활용하면 트레이닝 효과를 높일 수 있다.

5 스포츠 기술연습에 영향을 미치는 요인

1) 연습 부하, 휴식 및 빈도

모든 스포츠는 스포츠 기술의 역학적 · 생화학적 특성과 운동능력에 따라 트레이닝 부하와 휴식 형태가 결정된다. 심폐지구력이나 근지구력과 같은 유산소 체력이 스포츠 수행의 주요 인자인 마라톤, 사이클, 원영(遠泳) 또는 경보(walking race) 경기의 스포츠 기술은 연습시간이 길고 불완전 휴식이나 연습 사이의 휴식시간이 짧다. 그러나 단거리 달리기, 체조, 펜싱과 같은 무산소 근력이나 신경근의 기능이 강조되는 스포츠는 트레이닝 부하는 낮고 휴식시간은 길며 완전휴식 형태를 취하여야 스포츠 기술의 학습효과를 높일 수 있다. 특히 트레이닝과 휴식 빈도는 기후나 환경에 영향을 받기 때문에 기후가 낮을 때는 기후가 높을 때보다 연습 시간이 길고 휴식시간은 짧아야 한다. 경기 시 또는 경기 직전일 때와 준비단계 때의 연습량과 빈도는 다르다. 경기 시 또는 경기 직전에 실시하는 스포츠 기술 연습시간은 짧고 휴식시간이 길어야 하는 것은 연습으로 피로가 축적되지 않은 상태에서 경기에 임해야 하기 때문이다.

2) 연습 형태

트레이닝 형태와 수준은 트레이닝 주기와 운동능력에 따라 다르다. 동일한 스포츠 종목에서도 준비단계에서는 집중훈련법으로 트레이닝을 실시하다가 경기단계에서는 분산훈련법으로 전환하는 것이 일반적이지만 트레이닝의 목적과 연습

내용에 따라 이와 반대인 경우도 있다. 스포츠 기술을 효율적으로 향상시키기 위하여 어떤 연습 형태를 선택하느냐의 문제는 고정화된 방식보다는 연습 내용과 스포츠 기술 수준 등을 고려하여 결정한다.

3) 스포츠 기술의 개인화

우수한 스포츠 기술이라도 초보자와 숙련된 선수 모두에게 동일하게 적용하는 것은 무리가 있다. 스포츠 기술의 모형은 선수의 수준과 특성에 맞는 기본적이고 필수적인 요인들이 갖춰진 개별화된 스포츠 기술로 계발되고 지도되어야 연습 효과를 높일 수 있다.

4) 스포츠 기술의 고원현상

스포츠 기술이 일정 수준까지 발전되다가 더 이상 향상되지 않는 경우를 스포츠 기술의 고원현상(plateau)이라 하며 초보자보다는 단련자 또는 발전 과정에 흔히 나타난다.

(1) 고원현상의 원인

① 고정화된 연습 프로그램

선수 개인의 운동능력과 여건에 맞는 다양한 프로그램으로 스포츠 기술을 연습하여야 트레이닝 효과를 높일 수 있다. 변화없는 고정된 트레이닝은 자칫 선수들에게 동기유발과 흥미를 상실시키고 플레토우를 유발하여 경기력을 저하시킬 수 있다.

② 스포츠 기술의 변화

동일한 수준과 내용의 스포츠 기술을 지속적으로 연습시킬 경우 선수는 연습에 대한 동기유발이 결여되고 연습 참여에 흥미를 잃게되어 선수의 경기력 향상을 기대할 수 없다. 지도자는 항상 스포츠에 대한 새로운 기술 정보를 파악하고 새로운 스포츠 기술과 연습 방법을 계발하여 선수들의 연습 의욕과 흥미를 높여야 한다.

③ 정신적 요인

지도자는 평소 선수들에게 신체적 트레이닝 외에 일상 생활지도나 정신적 지도자의 역할을 동시에 수행한다. 대다수 선수들은 트레이닝과 경기과정에서 긴장된 스트레스를 받고 이에 따라 스포츠 기술 향상이 일시적으로 정체되는 고원현상이 초래되기도 한다. 지도자는 선수들이 정신적으로 안정된 상태에서 스포츠 기술 연습에 전념할 수 있도록 늘 관심을 가져야 한다.

④ 체력 요인

모든 스포츠의 경기력은 체력과 스포츠 기술이 연계된 운동능력으로 수행되기 때문에 어느 한 분야도 소홀할 수 없다. 스포츠 기술에 대한 연습이 강조되면 자칫 체력의 결함이 초래될 수 있고 이로 인해 경기력이 저하된다. 따라서 경기력을 향상시키기 위해서는 정기적으로 선수들의 체력을 평가하여 일정 수준으로 유지시켜야 한다. [그림 7-12]는 경기단계에서 O선수의 높이뛰기 경기력의 고원현상을 나타내고 있다. O선수는 6~9월 사이에 경기력이 정체되어 기록이 향상되지 않는 고원현상을 나타내고 있다.

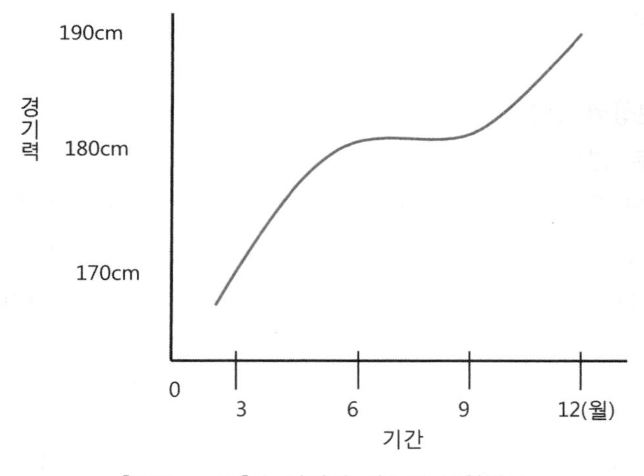

[그림 7-12] 높이뛰기 선수의 고원현상

(2) 고원현상의 극복

고원현상을 조기에 극복하지 못하면 슬럼프(slump)에 빠져 경기력 향상에 커다란 장애가 초래될 수 있기 때문에 선수와 지도자는 고원현상을 효과적으로 극복하기 위해 노력하여야 한다. [표 7-4]는 선수들에게 나타나기 쉬운 고원현상의 원인과 극복 방안을 제시하고 있다.

[표 7-4] 고원현상의 원인과 극복 방안

원 인	극복 방안
트레이닝에 흥미와 동기유발이 사라짐	선수를 격려하고 흥미를 갖도록 적절한 보상책 강구 선수가 트레이닝에 관심을 갖도록 동기유발
피로 축적 및 과도한 흥분	잠시 트레이닝을 중지하고 정서적 또는 신체적 안정을 취한다 흥분의 원인을 제거하고 휴식을 취한다
체력 저하	체력 수준에 맞는 스포츠 기술과 체력 발달 트레이닝 병행
낮은 스포츠 기술	높은 스포츠 기술 목표를 제시하고 이에 맞는 연습 내용 변화
스포츠 기술 수행력 부족	스포츠 기술과 체력을 분리한 분습연습법 실시

• 스포츠 기술과 지적 능력

선수들의 지적 능력이 스포츠 기술 학습 효과에 미치는 영향에 대한 연구가 지속적으로 진행되었다. 최경훈(1991)과 이진영(1983)은 “일부 남자 고등학생의 지능지수와 체력과의 상관관계에 관한 연구” 및 “지능과 체격 및 체력과의 상관관계”에서 지능지수와 체력은 상호 관련이 거의 없고 지속적이고 일관된 트레이닝만으로 체력은 향상되지만, 운동기능 학습에 지능지수(IQ: intelligence quotient)가 미치는 영향은 매우 높다고 하였다. 안용문(1998)도 “지능지수(IQ)와 운동지수(MQ: motor quotient)가 운동기능 학습에 미치는 영향”에서 지능이 높은 집단이 운동기능 학습에서 효과가 높았다는 연구결과를 발표하였다. 특히 환경 변화가 많고 예측이 어려운 개방기능(축구, 야구 또는 농구 경기의 스포츠 기술) 중심의 스포츠는 지능이 높은 선수들의 경기력 향상이 그렇지 못한 학생들보다 빠르다고 하였다.

운동선수들은 일반 학문에 대한 지적능력 외에 스포츠와 트레이닝에 대한 과학적 이론, 스포츠 활동의 전반적 현상에 대한 이해와 적용을 위하여 일정 수준의 지적 능력이 요구되며 이를 바탕으로 스포츠 기술과 전술을 효과적으로 습득하여 경기력을 향상시킬 수 있다.

스포츠 기술 트레이닝에서 가장 중요한 과제는 선수가 시합에서 일관되고 유효하게 자신의 능력을 발휘할 수 있는 능력인데, 이를 위해서는 스포츠 기술의 이론적 기초를 이해하고 선수 자신의 능력에 적합한 기술 모델을 개발하여 기능을 향상시켜야 하며 이를 위해 일정 수준의 지적 능력이 필요하다. William (1991)은 일부 스포츠 종목별 트레이닝과 전술이 차지하는 비율을 [그림 7-13]과 같이 나타내었다.

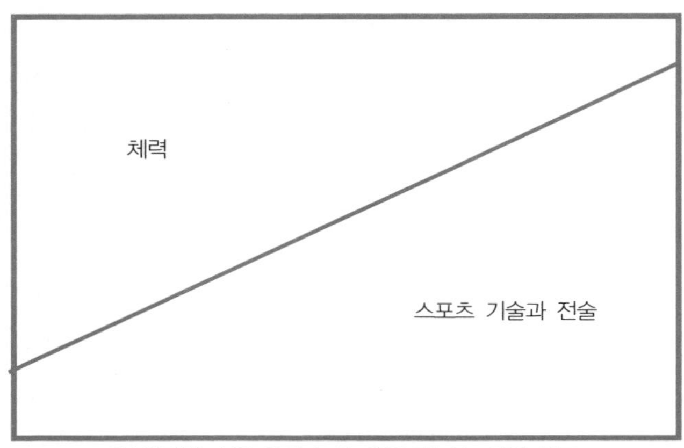

[그림 7-13] 스포츠 종목별 스포츠 기술, 체력 및 전술의 비율

운동선수와 학업

미국 대학 스포츠에서 "최우선 과제(No. 1 priority)는 학업(academic)이며 학업 성적이 나빠서 벌을 받는 것은 변하지 않는 원칙"이라고 미국 인디애나 대학교의 체육위원회 부위원장 크리스 레이놀즈(Reynolds)는 말한다. 그는 요즘 걱정이 하나 있다. 이 대학 남자 농구부가 NCAA(미국대학스포츠위원회: national collegiate athletic association)로부터 받는 장학금 혜택이 이번 시즌부터 줄어들기 때문이다.

인디애나 대학 남자 농구팀은 지난 5월에 발표된 2007~2008시즌 APR (academic progress rate)점수에서 899점에 그쳤다. APR은 NCAA가 지난 2005년 2월부터 각 대학의 학업성취도를 관리하기 위해 만든 제도로서 종목별로 정한 기준 점수에 미치지 못하면 징계가 뒤따른다. 학업 성취도 및 선수들의 졸업률(GSR: graduation success rate) 등을 기준으로 매겨지는 APR 점수는 1000점이 만점이며 이번 시즌 NCAA에서 제시한 최소점수는 925점이다. 인디애나 대학 농구부는 전체 337개 대학 남자농구 팀 중 268위에 그쳐 NCAA에서 나눠주는 장학금 삭감 징계를 받게 됐다.

미국의 대학 스포츠는 전적으로 NCAA의 통제를 받는다. 학업 증진뿐만 아니라 부상 방지, 보험, 약물 테스트, 스카우트 등 대학 운동선수들을 위한 종합 시스템을 갖췄다. 인디애나 대학 스포츠커뮤니케이션학과 Pedersen 교수는 "미국의 대학은 학생 선수들의 학업 증진을 위해 다양한 방법으로 도움을 주고 있다"고 말했다. "선수가 GPA(grade point average) 2.0이상을 받지 못하거나 교수가 정한 횟수 이상 수업을 빠지면 대학 체육위원회가 마련한 아카데믹 센터에 가서 매일 추가 학습을 해야 함은 물론 대회 출전도 금지되고 심한 경우 연습도 할 수 없다"고 말한다. 각 대학 체육위원회에서는 운동선수들의 학업을 돕기 위해 개인강사(tutor)를 고용하거나 공부 잘하는 학생이 운동선수를 가르치는 사례를 흔히 볼 수 있다.

〈조선일보, 2008. 11. 14〉

스포츠 기술연습 프로그램

[표 7-5] 20×0년도 스포츠 기술연습 프로그램

(성명 :　　　　　　)　　　　　　　　　　　　(종목 :　　　　　　)

1. 포지션 :

2. 스포츠 기술 지도의 목표 :

3. 지도하는 스포츠 기술 모형 :

4. 선수가 자주 실수하는 스포츠 기술 :
   ○ 경기 시

   ○ 트레이닝 시

5. 스포츠 기술 지도 방법 :
   ○ 트레이닝 시

   ○ 개인 트레이닝 시

6. 스포츠 기술 지도 내용 :
   ○ 스포츠 기술

   ○ 전문체력(스포츠 기술과 관련이 있을 경우)

7. 스포츠 기술 지도에 필요한 장비 및 도구 :

8. 스포츠 기술 지도의 문제점 :

9. 기타 :

참고

연습 목적에 맞게 항목과 내용을 구성하여 세부 스포츠 기술지도 프로그램으로 활용

연구과제

01 운동 기술(motor skill)과 스포츠 기술(sport skill)의 차이를 비교 설명하시오.

02 지적 능력이 경기력에 미치는 영향을 설명하시오.

03 스포츠 종목에서 소근 운동기술(fine motor skill)의 예를 설명하시오.

04 스포츠 기술의 학습단계인 자동화단계에 신경계의 기능이 미치는 영향을 설명하시오.

05 스포츠 기술 연습에서 집중훈련법과 분산훈련법의 장단점을 스포츠 현장 사례를 들어 설명하시오.

06 농구 경기의 정신연습(mental practice) 방법을 조립하시오.

07 난이도가 높은 스포츠 기술의 연습 과정을 설명하시오.

08 새로운 스포츠 기술의 연습 과정을 설명하시오.

09 경기력 향상을 위해 스포츠 기술의 개인화가 중요한 이유를 설명하시오.

10 스포츠 기술의 고원화 현상과 극복 방안을 설명하시오.

제8장

스포츠 전술 트레이닝

TRAINING THEORY & PRACTICE

학습목표

경기에서 목표를 달성하기 위해 계획을 세우고 팀 구성원 모두가 계획에 따라 최소의 노력으로 경쟁 상대로부터 승리를 얻기 위해 모든 스포츠 기술과 역량을 발휘하여 경기를 수행하는 의도된 방법을 스포츠 전술이라 한다.

경기력의 극대화는 선수의 우수한 신체적, 정신적 능력도 중요하지만 이들을 체계화시켜 경기력으로 발전시키기 위한 전술적 요인에 영향을 많이 받는다.

차례

1 스포츠 전술의 개념

스포츠 전술이란 경기의 목적을 달성하기 위한 의도와 계획에 따라 개인 또는 팀의 모든 가능성을 동원하여 최소한의 소모로 상대의 저항을 극복하고 최대의 성과를 얻기 위한 방법이다. 전술은 계획단계(경기 전)와 실행단계(경기 중)로 구성되지만 일단 경기가 시작되면 계획단계에서 예상하지 못했던 여러 요인들이 발생하고 이에 따라 계획의 일부 또는 전체를 수정하지 않으면 안 되는 상황이 발생하는 경우가 있다.

계획단계와 실행단계는 개인 또는 팀이 수행하여야 할 경기의 일부 또는 전체이기 때문에 전술은 개인과 팀의 실제 능력을 고려하여 작성되어야 한다.

스포츠 전술은 상대보다 우월한 능력을 수행할 때 경기 성적을 올릴 수 있고 상대 선수를 포함하여 경기에 참여한 모든 선수들이 이 같은 목표를 달성하기 위해 혼신의 노력을 기울인다.

2 스포츠 전술의 요소

대부분의 선수나 스포츠 지도자들은 경기에서 패배의 원인을 스포츠 기술보다 전술 수행 또는 판단 오류에 원인을 두는 경우가 많다. 체력과 스포츠 기술이 아무리 우수하여도 이들을 조립하고 강화하여 경기력으로 발전시키기 위해서는 적절한 전술이 필요하다. 치밀하고 효율적인 전술은 체력과 스포츠 기술의 상대적 열세를 어느 정도 극복할 수 있기 때문에 스포츠 지도자들은 전술 계발에 많은 관심을 갖는다.

스포츠 전술(sport tactic)이란 스포츠 경기에서 상대 팀이나 상대 선수보다 우위를 차지하기 위한 계획이다. 경기에서 선수가 작전을 효과적으로 이행하기 위해서는 경기와 관련된 내·외 상황의 조기 파악 능력과 이에 상응한 전술이행을 위한 지식 그리고 전술과제를 해결할 수 있는 전술기술(tactical skill)이 필요하다.

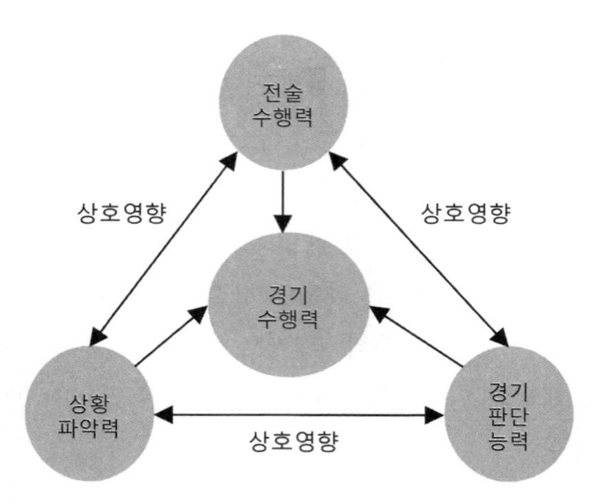

[그림 8-1] 전술 요소의 상호관계

전술은 선수가 경기에 대한 상황 파악력과 경기 판단능력 그리고 전술 수행력의 수준에 따라 경기력이 좌우되며 이들의 상호 관계는 [그림 8-1]과 같다. 전술 수행력이 우수한 선수는 경기에 임하고 운영하는 감각(sense)이 좋다는 의미이며 경기감각(game sense)이란 경기규칙, 전략 및 경기에서 당면한 여러 문제를 잘 해결할 수 있는 능력이다. 전술기술(tactical skills)이란 경기에서 성공 확률을 높이기 위해 특정 상황에서 여러 기술 중 어떤 기술을 어떻게 사용할 것인가를 적절하게 결정할 수 있는 능력이며 트레이닝보다 선수의 지적능력과 감각에 많은 영향을 받는다. 농구경기에서 슛의 종류를 순간적으로 결정하거나 야구에서 도루 결정, 축구에서 슛 또는 패스를 선수가 결정하는 것은 개인의 전술기술에 해당된다.

1) 상황파악 능력

경기 전략을 효율적으로 수행하기 위해서는 경기의 내·외 문제들에 대한 상황파악(reading the situation)이 선행되어야 한다. 우수한 선수는 지각력이나 주의집중과 같은 상황파악 능력을 활용하여 경기에서 좋은 성적을 획득하기 위한 상황을 판단하고 판단된 문제들을 해결하는 정보를 모으는 능력이 우수하다. 이 같은 상황파악 능력과 획득한 정보를 토대로 선수들은 스포츠 기술과 전술을 선택하고 무엇을 어떻게 구사할 것인가를 결정한다.

우수선수들은 상대 선수들의 동작을 통해 상대 선수의 위치는 물론 의사소통과 전략의 성공 가능성까지 판단하거나 상대 선수의 운동능력에 관한 정보까지도 얻을 수 있기 때문에 상황파악 능력은 선수의 질적 수준과 경기력을 평가하는 중요한 요소이다.

정보의 중요성

2009년 로마 세계수영선수권대회 자유형 200m와 400m 경기에서 예선 통과에 실패한 박태환은 수영연맹 관계자들에게 "베이징 올림픽 때 기록이면 메달권이 충분하다고 생각했다. 하지만 경쟁자들이 이렇게 좋아질 줄 몰랐다"고 털어 놓았다. 박태환은 2006년 도하아시안게임 3관왕, 2007년 세계선수권대회 금메달, 2008년 베이징올림픽 금메달까지 승승장구하면서 자만했음을 인정했다. 이번 대회에서 박태환은 세계 수영계의 동향을 파악하고 정보를 얻는 정보전에서 완패했다. 첨단 수영복을 앞세워 세계신기록 봇물이 터질 것이라는 사실을 한국 대표 팀은 예측하지 못했다.

〈일간스포츠, 2009. 7. 31.〉

2) 전술판단 능력

경기에서 구사할 전술을 결정하기 전에 전술에 영향을 미칠 수 있는 다음과 같은 요인에 대한 분석과 대응 계획을 세워야 한다.

- 경기 규칙
- 경기장의 조건, 기후 및 경기 관련 장비
- 상대의 장 · 단점
- 자신의 장 · 단점
- 경기 상황 변화에 맞는 전술의 적절한 대응

3) 전술수행 능력

경기 전에 경기에서 발생할 수 있는 여러 상황들을 파악하고 이에 대한 준비가 완료되면 다음과 같은 요인들을 토대로 전술 수행 능력을 높여야 한다.

- 경기 전체에 적용할 전략을 먼저 이해한 후 부분 전술을 습득한다.
- 자신에 대한 상대 선수의 판단을 예상한다.
- 자신의 운동능력과 전술 이행 능력 수준을 안다.
- 연습경기를 통해 전략을 실전에 활용한다.

- 경기에서 구사할 전술이 확정되면 연습 피드-백(feedback) 횟수를 줄인다.
- 연습 종료 후 경기에 구사할 전술 구현에 대한 상호 토론으로 전술을 보완한다.

3 스포츠 전술 수립을 위한 과제

경기 일정이 확정되고 경기에 적용할 전술이 수립되면 경기에서 전술을 효율적으로 수행하는 데 예상되는 과제를 선정하고 과제의 해결을 대비한다.

1) 경기계획과 전술

경쟁 관계에서 진행되는 경기에서 상대 팀이나 개인들도 당연히 전술을 준비하고 구사하기 때문에 다음과 같은 3단계 전술적 사고를 갖고 경기에 임하는 것은 효과적이다.

(1) 예비전술 작성 및 점검

경기 전에 자신의 팀과 선수가 당면할 수 있는 전술적 단점을 사전에 세밀하게 분석하고 이를 해결할 수 있는 방안을 마련한 후 선수 각자의 능력에 따라 임무와 역할을 분담하여 팀 전체의 준비도를 높인다. 이 같은 준비는 경기 전 최소 4~5일 전에 반복연습을 통해 완성하고 전술 수행에 차질이 없도록 한다.

(2) 경기 상황의 변화에 따라 전술의 수정 · 보완

경기 중 상황 변화에 따라 전술의 목적과 방법들을 수정 · 보완하고 이를 경기에 적용하는 과정이다. 경기가 진행되면 경기 전에 예상했던 상대 팀과 선수의 전술에 변화가 있거나 또는 자기 팀이나 선수에게 변화가 발생하였다면 경기 전이나 경기 중에 수립된 전술이라도 이를 수정하거나 보완하여 변화된 상황에 능동적으로 대처하여야 한다.

권투나 레슬링과 같은 경기는 상대 선수의 변화된 전술과 환경에 따라 경기 중에도 전술을 적절하게 수정하면서 경기에 임할 수 있으며 축구나 농구경기와 같은 단체경기도 경기 중이나 휴식시간을 이용해 상대 팀의 전술에 따라 자신의 전술을 보완하거나 수정하여 경기에 임하여야 한다.

(3) 전술의 분석 및 평가

경기에서 실행된 전술은 가능하면 경기 종료 직후 반드시 기록으로 분석 평가하여 다음 경기에서 반복될 수 있는 실수와 시행착오를 최소화하여야 한다. 이를 위해서는 경기 종료 후 지도자와 선수가 전술에 대한 평가와 보완을 위한 평가회를 갖는 것이 필요하다.

2) 전술과 스포츠 기술의 연계

우수한 스포츠 기술과 전술은 거듭되는 경기를 통해 시행착오와 오류를 수 없이 반복하고 수정 보완하면서 만들어지는 일련의 과정이다. 선수와 지도자는 경기를 통해 얻은 새로운 경험과 과학적 분석으로 획득한 지식을 스포츠 기술과 전술에 적용시키면서 다음과 같은 4단계 절차에 따라 완성시켜 나간다.

(1) 통합과 세분

새로운 스포츠 기술을 체계화하고 완성시키기 위해서는 여러 가지 복잡한 구조적 통합과 세분된 절차가 필요하다. 통합은 스포츠 기술과 전술을 하나로 묶는 통합적 개념이고 세분은 스포츠 기술과 전술을 형성하고 있는 각 요소들을 분석하는 것이다. 트레이닝 과정에서 스포츠 기술에 대한 학습은 간단하고 단순한 차원에서 복잡한 기술 또는 전술적 요소로 진행되지만 학습효과에 따라 통합과 세분은 상호 보완적이다. 단순한 스포츠 기술과 전술 훈련에 숙달되면 복잡한 통합단계로 넘어갈 수 있지만 훈련 도중에 문제가 발생하면 전체 스포츠 기술과 전술에 대한 훈련을 다시 실시하는 과정을 거쳐야 한다.

이와 같이 스포츠 기술과 전략은 학습효과의 향상을 위해 주워진 과제를 세분화 또는 통합 과정 등을 번갈아 순환하면서 보다 완성된 전략으로 발전시킨다.

(2) 안정성과 다양성

모든 스포츠는 다양한 형태의 스포츠 기술과 전술을 필요로 한다. 따라서 이들 각 요소들을 지속적으로 발전시키기 위하여 지도자는 선수들이 트레이닝에 전념할 수 있는 환경과 여건 조성에 힘쓰고 이들을 방해하는 내 · 외 요소들을 제거하여 선수들이 안정되고 다양한 전술을 구사 할 수 있도록 하여야 한다.

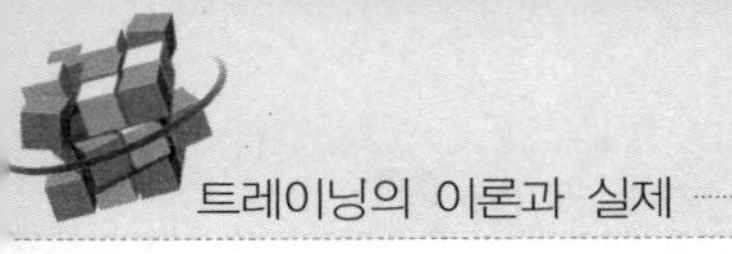

(3) 표준화와 개인화

스포츠 선수들은 종목별로 표준화된 스포츠 기술과 전술은 물론 개별화된 자신만의 스포츠 기술과 전술을 소유하고 있으며 이들 스포츠 기술의 초기단계에서는 어느 정도 갈등구조(conflict system, 스포츠 기술을 형성하고 있는 여러 요인들 사이에 발생하는 일시적 부적응 현상)가 형성된다. 개별화된 선수의 스포츠 기술과 전술을 무시하고 지도자가 제시한 모형에 선수가 따르도록 하는 것은 바람직하지 못하다. 지도자는 스포츠 종목의 특성이 유지되는 범위 내에서 선수 개인의 개별화된 스포츠 기술을 발달시킬 수 있도록 선수를 격려하고 지원하여야 한다.

(4) 전술과 스포츠 기술의 완성

스포츠 기술과 전술은 지도자의 전문적 지식과 지도 능력은 물론 이를 받아들이는 선수의 자세와 운동능력 수준에 의해 발전 여부가 결정된다. 스포츠 기술과 전술의 숙달 및 개선은 다음과 같은 3단계를 거치면서 완성된다.

① 스포츠 기술과 전술의 분리(예비단계)

선수의 체력과 체격 특성에 맞는 맞춤형 전술 스포츠 계발을 목표로 단계적으로 전술과 스포츠 기술을 완성시킨다. 제시된 스포츠 기술이나 전술 모형을 특성별로 분리하여 체격과 체력에 적용시키는 단계를 예비단계라 하며 연간계획에서 단련기 트레이닝이나 새로운 스포츠 기술 및 전술 습득 시 적합하다.

② 스포츠 기술과 전술의 통합(통합단계)

분리된 스포츠 기술과 전술연습이 선행된 후 이들을 실제와 유사한 통합과정을 거쳐 맞춤형 전술을 완성시키는 단계이다. 분리된 스포츠 기술과 전술을 통합하여 경기에 활용할 수 있는 수준으로 향상시킨다.

③ 스포츠 기술과 전술의 안정 및 적용(응용단계)

예비단계와 통합단계를 거치면서 완성된 스포츠 기술과 전술을 실제 경기에 적용한다. 지도자와 선수는 실제 경기에서 발생되는 스포츠 기술 또는 전술 전개에 따른 문제들을 점검하고 보완한 스포츠 전술을 경기에 적용하여야 한다.

3) 전술과 스포츠 기술의 수정 및 보완

트레이닝이나 경기를 통하여 지도자나 선수는 연습된 스포츠 기술과 전술의 문제점과 개선의 필요를 발견할 때가 있다. 이 경우 지도자나 선수는 발견된 문제들을 신속하게 수정하고 개선하여야 경기력 향상은 물론 경기에서 혼선을 예방할 수 있다. 스포츠 기술과 전술의 완성 과정에서 오류가 발생되는 경우는 [표 8-1]과 같다.

[표 8-1] 스포츠 기술과 전술의 오류

오류의 주체	오류의 사례
선수	• 낮은 수준의 스포츠 기술 및 전술 • 낮은 수준의 체력 • 새로운 스포츠 기술 및 전술 습득의 어려움 • 피로의 축적 • 장비 및 도구 사용 미숙 • 스포츠 상해 및 의학적 문제
지도자	• 부적절한 지도 • 선수들의 개인적 특성 이해 부족 • 지도자의 인성, 행동, 지도 스타일 및 성격의 부적절 • 새로운 지도방법 및 훈련 내용 계발 미흡
환경	• 시설, 장비의 노후 및 빈약 • 부적합한 트레이닝 내용 및 계획 • 트레이닝 부적응 선수들에 대한 처방 결여 • 선수 집단 내 화합 결여 및 환경의 열악

4) 수정된 스포츠 전술의 적용

수정 · 보완된 스포츠 전술은 스포츠 기술이 보다 숙련된 후 다음과 같은 과정을 통하여 완성된 전술로 발전시켜 나간다.

(1) 전술 완성을 위한 조건

스포츠 전술은 협응력과 시간 그리고 공간에서 자신의 위치를 아는 공간감각과 시간감각에 의해 완성되기 때문에 이들 사이를 유기적으로 결합시키기 위한 트레이닝이 필요하다. 정교한 전술일수록 전술의 완성을 위하여 수준 높은 스포츠 기술과 체력은 물론 정신력이 요구된다.

스포츠 전술의 효율성을 높이기 위해서는 유사 스포츠에서 학습된 전술과 스포츠 기술의 전이(轉移)도 필요하다. 예를 들면 레슬링 선수의 경우 다른 격투기 경기의 전술적 요소와 스포츠 기술을 레슬링 경기 전술로 활용하는 경우이다.

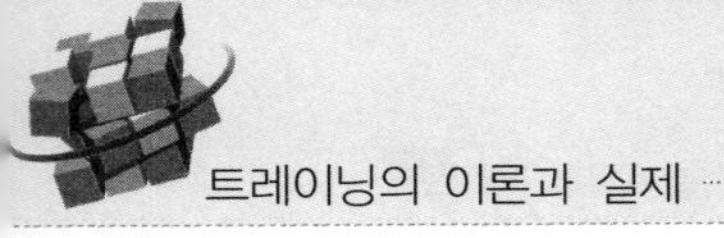

(2) 전술 트레이닝의 실행

전술의 수준을 향상시킬 수 있는 트레이닝으로는 반복적 전술 트레이닝과 경기 참여를 통한 전술 수행을 들 수 있다. 지도자나 선수는 전술 트레이닝과 경기를 통해서 전술 모형에 대한 문제를 발견하고 제기된 문제들에 대한 해법도 현장에서 찾을 수 있다. 전술을 숙달시키기 위한 트레이닝 과정으로는 전술의 모형을 단순화시키고 난이도를 낮춘 후 숙련정도에 따라 난이도를 점차 높인다.

(3) 전술 적용을 위한 연습경기

트레이닝에서 학습된 전술을 실제 경기에서 활용하기 위해서는 연습경기에 전술을 적용할 필요가 있다. 연습경기 초기단계는 경기력이 다소 떨어지는 팀을 상대로 하다가 점차 수준 높은 상대와의 경기를 통해 난이도를 높여 전술을 적용하는 훈련을 실시하는 것이 효과적이다.

4 스포츠 전술 트레이닝

스포츠 전술이 성공적으로 수행되기 위해서는 스포츠 기술, 시간 및 공간감각, 체력 등이 상대보다 우수하여야 한다. 전술이란 현재 선수 또는 팀이 갖고 있는 경기능력의 극대화를 위한 일종의 실행 계획을 의미하는 것이지 없는 능력을 있는 것으로 만드는 기적의 마법은 아니다. 전술의 성공은 스포츠에 필요한 제반 요인들에 대한 성공적 수행을 전제로 가능하다.

1) 스포츠 전술 습득

경기에서 전술의 수행과 응용 변화에 대해 평소 트레이닝이 이루어지지 않았거나 선수들이 이에 숙달되지 않으면 전술의 효율적 이행은 불가능하다. 따라서 선수들이 전술을 효과적으로 습득하기 위해서는 전술 전문 트레이닝을 별도로 실시하여야 한다. 이를 위해서는 전술에 대한 선수 각자의 이해와 개념 파악을 토대로 연습경기를 통해 전술을 모형화하고 이에 숙달되어야 한다.

2) 스포츠 전술 형태에 따른 트레이닝

전술에 대한 선수나 팀의 적응과 응용력을 높이고 트레이닝 효과를 높이기 위해 전술의 모형을 몇 종류로 나눌 수 있다.

(1) 간단한 형태의 스포츠 전술

선수 또는 팀이 전술을 효과적으로 학습할 수 있는 트레이닝 방법으로 기능이나 체계 또는 특성에 따라 전술을 간결하게 적응시키는 훈련이다. 팀 경기와 개인경기에서 전술 수행 기술을 숙달시키는 초기에는 저항의 조건을 단순화하였다가 숙련 정도가 향상됨에 따라 저항을 점차 높이거나 다양화 한다.

(2) 복잡한 형태의 스포츠 전술

난이도가 높고 복잡한 형태의 전술 트레이닝은 여러 환경 변화에 대한 대응 전략과 전술에 대한 신뢰도를 높여 전술 수행 능력을 향상시킬 수 있으며 다음과 같은 방법을 활용할 수 있다.

① 인위적으로 난이도를 높임

가상의 상대방에게 인위적으로 경기 저항의 난이도를 높인 후 이를 극복하는 트레이닝을 실시한다. 가상의 상대방이란 격투기의 경우에는 실제 경기 상대보다 경기력이 우수하거나 체급이 높은 선수와의 연습경기나 경기 시설물에 인위적 장애물을 설치(예: 운동장 환경의 악화, 기후 여건의 악화 등)하여 선수들에게 경기 저항의 난이도를 높이는 방법 등이다. 우리나라 국가대표 양궁선수들이 집중력과 담력을 키우기 위해 야구장에서 트레이닝을 실시했던 경우가 이에 해당된다.

② 제한된 공간과 시간에서 전술 수행

실제 경기에 주워진 공간과 시간을 제한하여 개인 또는 팀 경기를 수행하면서 전술 과제를 해결하는 훈련이다. 이 같은 훈련은 선수에게 고도의 집중력과 성실성을 요구하는 효과를 얻을 수 있다. 축구경기에서 골대의 크기를 줄여 연습경기를 하거나 투척경기에서 투척 또는 점프경기의 점프 제한시간 또는 시기(試技)를 줄여 연습경기를 갖는 것 등이다.

③ 스포츠 전술 수행의 융통성

전술을 사전에 계획된 일정대로 이행하기보다는 경기진행 여하에 따라 계획의 일부 또는 많은 부분을 변화시키면서 과제를 해결하는 방법이다. 마라톤 경기에서 경쟁 상대의 레이스 상태에 따라 리드를 변경하거나 단체경기의 경우 지역방

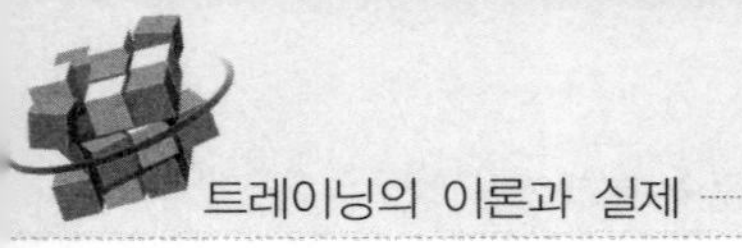

어에서 대인방어로 또는 경기 진행 중 작전타임 활용 등을 들 수 있다.

④ 인위적인 최악 상태에서 스포츠 전술 수행

스포츠 기술과 숙련에 대한 신뢰를 높이기 위해 선수나 팀이 심리적 스트레스 또는 피로의 누적 상태가 최악일 때 연습경기를 치루고 이 과정을 통해 선수들의 저항력과 정신력을 향상시킨다.

3) 경기와 유사한 상태에서 스포츠 전술 트레이닝 실시

실제 경기와 최대로 유사한 상태에서 전술 트레이닝을 실시하여야 전술과제의 효과적 이행이 용이하다. 실제 경기의 참가자 구성, 경기 규칙, 승자 결정 방법, 경기 시간 및 경기 운영방법이나 경기장까지의 교통편 등을 고려한 전술 이행 트레이닝을 실시하는 것이 전술이행에 효과적이다. 시뮬레이션(simulation) 상황에서 연습경기를 자주 치르는 것이며 연습경기를 통해 전술계획의 문제점을 분석하고 이를 보완하여 보다 치밀하고 완벽하게 전술을 수립할 수 있다. 2002년 서울 월드컵 경기에서 4강에 올랐던 한국 팀은 선수들의 스포츠 기술 향상과 전술 숙달을 위하여 17회의 A match(FIFA가 인정하는 대표팀 간의 경기) 연습경기를 실시하였다는 것은 잘 알려진 사실이다.

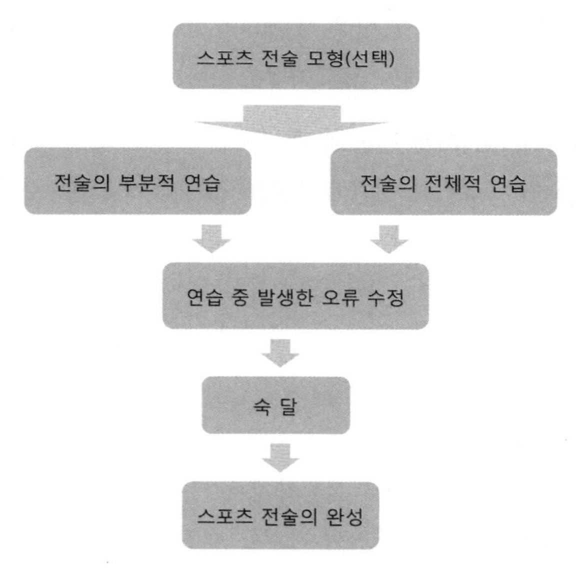

[그림 8-2] 스포츠 전술 모형의 완성 과정

부록 스포츠 전술 프로그램

[표 8-2] 20×0년도 스포츠 전술 연습프로그램

(성명 :) (종목 :)

1. 포지션 :

2. 전술의 종류 :

3. 지도 전술의 이상적 모형 :

4. 선수가 자주 실수하는 전술 :

5. 전술 지도의 중점 내용 :
   - ○ 표준화 전술 〈지도자〉:
   - ○ 개별화 전술 〈선수〉 :

6. 전술 지도 방법 :
   - ○ 표준화 전술 〈지도자〉 :
   - ○ 개별화 전술 〈선수〉 :

7. 전술 지도에 필요한 장비 및 도구 :

8. 기타 :

참고

- 전술 수행에 필요한 기본 요소(상대 선수 또는 팀의 장 · 단점, 경기장 상황, 경기규칙 등)는 선수들이 인지하고 있음을 전제로 한다.
- 지도자와 선수가 함께 스포츠 전술을 수립하는 것이 효과적이다.
- 결정되거나 변경된 전술은 모두 기록으로 남긴다.
- 경기 중 발생할 수 있는 돌발 상황에 대비한다.

연구과제

01 전술(tactics)과 전략(strategy)의 개념을 비교 설명하시오.

02 경기 전에 경기와 관련된 상황 파악의 내용을 설명하시오.

03 전술지식(경기규칙, 경기장의 조건, 상대 선수의 장단점)의 획득 과정을 설명하시오.

04 자신과 경쟁 관계에 있는 선수와 자신의 경기력에 대한 비교표를 작성하시오.

05 스포츠 기술과 전술의 병행 연습의 예를 스포츠 종목을 들어 설명하시오.

06 스포츠 종목과 경기력 수준을 예로 들어 연간 트레이닝에서 전술 훈련이 차지하는 비중을 설명하시오.

07 경기 상황의 난이도를 인위적으로 높여 전술 적용력을 향상시키는 연습방법을 스포츠 종목을 예로 들어 설명하시오.

08 경기 종료 후 차기 경기에서 구사할 전술 수립 시 참고할 사항을 열거하시오.

09 체력과 스포츠 기술이 전술 수행에 미치는 상호 비중을 스포츠 종목의 예를 들어 설명하시오.

10 전술 숙달을 위한 트레이닝 방법 중 통합과 세분을 각기 다르게 적용해야 할 스포츠 종목을 설명하시오.

11 전술의 표준화와 개인화가 중요시 되는 스포츠를 설명하시오.

12 스포츠 전술 수행에서 융통성보다 원칙이 강조되는 스포츠를 설명하시오.

제9장
심리 트레이닝

TRAINING THEORY & PRACTICE

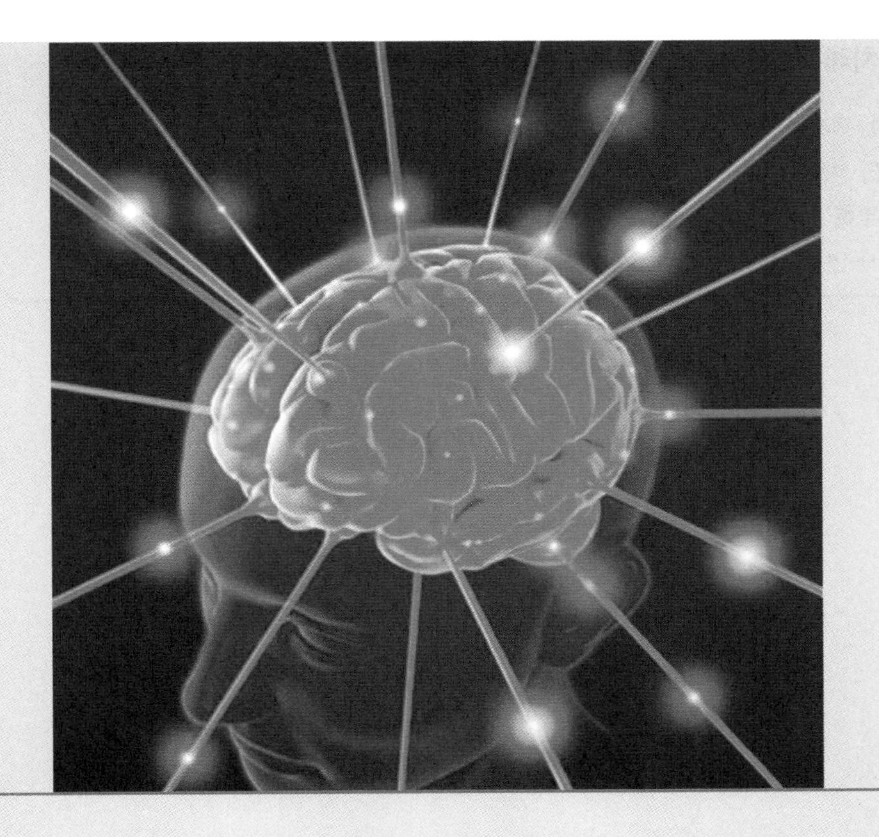

학습목표

경기력의 극대화는 우수한 신체조건과 스포츠 기술도 중요하지만 이들을 경기력으로 발휘시킬 수 있는 심리 상태가 중요하다. 정상급 선수들도 주요 경기에서 평소 트레이닝 효과를 제대로 발휘하지 못하는 경우가 있는데, 이는 경기에 임하는 선수들의 심리 상태가 안정되지 못하였거나 경기 중에 예상하지 못했던 심리상태가 경기 수행에 장애 요인으로 작용하기 때문이다. 심리 트레이닝이란 인간의 내 · 외적 또는 신체적 · 정신적 행동과 경험들을 제어하여 자신이 원하는 경기 목표를 실현하기 위해 실시하는 심리적 기술의 총체적 트레이닝이다.

차례

1 의지력

트레이닝이나 경기에서 자신의 목표를 달성하기 위하여 초지일관되게 꿋꿋이 노력하는 적극성과 결단성을 의지력이라 한다. 스포츠에 참여한 모든 선수들은 좋은 성과를 위하여 강한 의지력으로 혼신의 노력을 기울인다. 의지력이 강한 선수를 흔히 근성 있는 선수 또는 끈질긴 집념의 선수라 일컬으며 강한 의지력을 소유한 선수가 세계 정상급 선수가 될 수 있다.

의지력은 여러 요소들의 총합으로 발휘되며 트레이닝으로 그 수준을 향상시킬 수 있다. 경기에서 의지력을 발휘하기 위해서는 의지의 구조(의지를 구성하고 있는 단계적 요인)에 대한 이해가 필요하다. "의지는 중심 요인과 이를 보완하는 보강 요인으로 형성"되어 있다. 예를 들면 마라톤 선수의 경우 의지력 구조의 중심 요인은 강인함과 불굴의 정신이며 위험도가 높은 스키 점프 선수는 대담성과 결단력이 중심 요인이며 승부욕과 침착성이 보강요인이다. 스포츠의 모든 활동은 고유의 특성을 지니고 있으며 선수의 심리적 특성과 부합될 때 보다 효율적으로 경기를 수행할 수 있다. 스포츠 현장에서 요구되는 의지력은 선수의 동기유발과 도덕 수준 그리고 지적 수준과 유기적으로 결합되기 때문에 의지력을 강화시키기 위해서는 평소 경기와 트레이닝에서 도덕적 또는 윤리적 의지를 강화시키는 지도가 필요하다.

스포츠 활동의 특성은 선수들의 인격과 성격에도 영향을 미치고 그 결과 엘리트 선수들은 엘리트 선수다운 성격이 형성되며 신체활동으로 발휘되는 의지력은 신체적 능력과 운동의 숙련도 및 기능을 보다 성숙하게 형성시킨다.

1) 의지력 트레이닝

운동선수들의 의지력은 트레이닝을 통하여 향상시킬 수 있다. 이 같은 과정 중 하나가 장애를 극복하면서 의지력을 기를 수 있도록 선수의 능력 수준에 맞는 장애(예: 경기에서 승리, 기록 갱신, 특정 트레이닝 극복 등)를 부과하는 트레이닝이다. 선수는 부과된 장애를 극복하기 위한 방법과 자세를 습득하고 경험함으로써 자신의 의지력을 성장시켜 나간다. 초보자의 장애물은 난이도와 빈도가 낮지만 숙달될수록 장애의 난이도와 빈도를 점차 높여야 한다. 의지력을 높이기 위

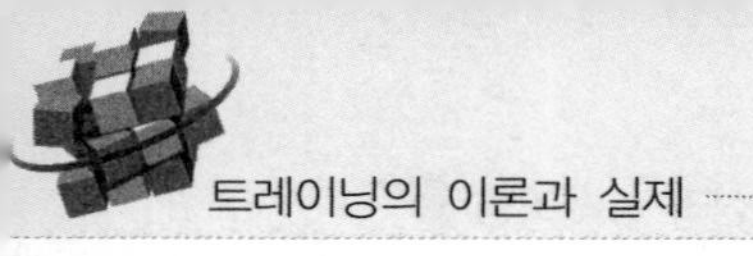

하여 다음과 같은 과제들을 트레이닝 과정으로 설정할 수 있다.

(1) 정상급 선수를 자신의 경쟁자로 삼는다

자신보다 경기력이 우수한 선수를 경쟁자로 삼고 서로의 장·단점을 비교·분석하여 자신보다 우수한 면을 본받거나 극복하기 위한 계획을 스스로 작성한다. 자신과 동일 종목의 세계 정상급 선수를 최대 경쟁자로 삼고 경쟁 선수의 체격과 체력 그리고 스포츠 기술에 관한 정보는 물론 사생활의 장점까지도 본받기 위한 계획을 세우고 '창조는 모방으로부터 시작된다'는 원리를 적용하여 생활화 한다.

피겨 김연아 선수가 세계선수권대회를 5회 우승했던 Michelle Wing Kwan의 연기 비디오를 보고 흉내내면서 연습한 결과 세계 1인자가 된 것은 잘 알려진 사실이다.

(2) 트레이닝과 경기에 긍정적 사고와 자신감을 갖는다

모든 트레이닝과 경기에서 긍정적인 마음과 자신감을 갖고 이 같은 자세를 일상생활에서도 유지한다.

(3) 단·중기 또는 장기 목표를 구체적으로 수립한다

달성할 수 있는 단계별 목표를 구체적이고 명확하게 세우고 정기적으로 목표의 실현 여부를 점검하여 성패의 원인과 문제점에 대한 해답을 스스로 찾아 처방한다.

(4) 실패를 두려워하지 말고 포기하지 않는다

트레이닝이나 경기에서 자신의 목표 달성이 실패하였다고 이를 두려워하거나 포기하지 말고 실패의 원인과 대책을 강구하여 실패를 성공의 기회로 삼으며 동일한 실패를 다시 반복하지 않는다.

(5) 트레이닝과 경기에 부과된 목표를 반드시 달성하는 자세를 습관화한다

트레이닝이나 경기에서 선수 스스로 또는 지도자로부터 부여 받은 경기력이나 경기 목표는 반드시 달성하겠다는 마음을 갖고 이를 성취하기 위해 최선을 다한다. 목표 달성에 실패가 계속 이어지는 경우 선수는 사기가 저하되고 패배주의에 빠지는 경우가 있기 때문에 평소 목표 달성을 습관화하고 실패하였을 경우 이에 대한 원인을 철저히 분석하여 재발 방지를 위한 대책을 마련한다.

(6) 모든 트레이닝과 경기를 동일한 마음 자세로 임한다

트레이닝과 경기에 임하는 자세를 동일하게 갖고 스포츠 기술이나 전술 구사에 신중하고 자신감있게 경기를 훈련처럼 훈련을 경기처럼 임하는 자세를 갖는다.

(7) 경기력과 의지력을 연계시킨다

운동능력과 의지력을 연계시켜 동작 하나 하나에 정확성과 열정을 갖고 트레이닝이나 경기에 임하며 마음과 자세에 경솔함이 없도록 한다.

(8) 보상 효과를 극대화 한다

트레이닝이나 경기에서 선수가 성취한 목표에 대한 보상을 극대화 하여 선수들의 성취욕과 동기유발을 높인다.

2 정신력

경기력은 신체적, 생리학적, 역학 및 심리학적 요인들이 복합적으로 작용하여 나타난다. 선수가 우수한 신체적 · 기술적 잠재력을 가지고 있어도 경기 내 · 외적 심리적 요인이 안정되지 못하면 경기에서 좋은 성과를 얻지 못하는 경우가 많다. 따라서 경기에서 우수한 성과를 획득하기 위해서는 경기에 영향을 미치는 심리적 요인들에 대한 철저한 분석과 대책이 필요하다.

1) 정신력의 요인별 특성

대다수 선수들은 경기력을 최상으로 수행하는 것이 경기의 승패를 좌우한다는 사실을 알고 스포츠 현장에서 최선을 다 하지만 기대 이하의 경기력으로 트레이닝 효과를 감소시키는 경우가 있다. 최고 수준의 경기력은 인체를 구성하고 있는 모든 자원이 발휘할 수 있는 능력과 이를 지배하는 환경적 요인에 의해 좌우되기 때문에 경기에 임하는 선수의 심리는 경기력 발휘에 중요한 요인으로 작용한다. 특히 선수들은 경기 상대 선수에 대한 정보 부족이나 경기 결과에 대한 불안 또는 연습부족과 같은 여러 요인들에 의해 스트레스를 받으면서 경기에 임하는 경우가 대부분이다.

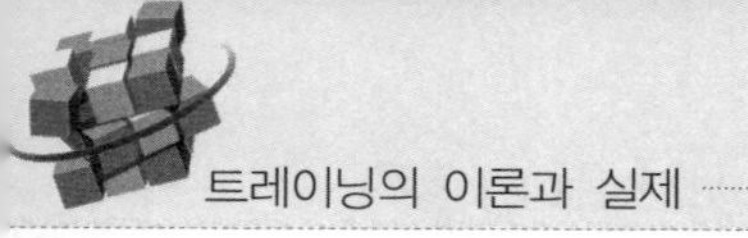

(1) 자신감

경기를 잘 할 수 있다는 믿음을 갖고 경기가 잘 될 것을 확신 하는 마음을 갖는 것이다. 자신감이 높은 선수들은 경기 시 신체의 이완이 양호하고 심적 두려움이 없으며 경기에 대한 불안감 없이 긍정적인 면에 초점을 맞추고 낙천적인 생각을 하며 결정적이거나 위급한 상황에서도 자신의 능력을 믿고 경기에 최선을 다 한다. 자신감은 다음과 같은 심리적 과정을 통하여 높일 수 있다.

- 자신감을 갖는 데 도움을 주었던 지금까지의 생각이나 상황 또는 느낌을 분석하고 자신에게 자신감을 주었던 사례에 초점을 맞추고 강한 믿음으로 경기를 한다.
- 자신의 스포츠 종목에 필요한 스포츠 기술의 역학적 원리를 이해하고 이를 일관성 있게 구사하는 방법을 터득할 수 있도록 평소 질(quality)적 트레이닝을 강화시켜 트레이닝에 자신감을 높인다.
- 자신에게 중요한 영향력을 미친 코치, 친구, 가족 또는 동료 선수들과의 상호작용으로 자신감을 높일 수 있다. 코치의 신뢰, 동료들의 존경과 칭찬 또는 가족들의 지원 등이 자신감에 긍정적 영향을 미친다. 다른 사람들이 자신에게 존경심을 보낼 때 자신이 경기를 잘 할 수 있다고 다른 사람들이 기대할 때 자신이 얼마나 훌륭한 선수인가를 남으로부터 인정받을 때 자신감은 고조된다.

피겨 김연아 선수의 자신감

6살 때 과천 시민회관 실내링크에서 스케이트 부츠를 처음 신고 당시 피겨 여왕이었던 Michelle Wing Kwan의 연기 비디오를 보며 흉내를 냈던 김연아 선수가 "그녀는 진정 특별한 선수(She is truly special.)"라는 칭호를 들으며 한국인 최초로 2009년 3월 29일 국제빙상연맹(ISU)에서 주최한 세계피겨선수권대회에서 우승하면서 세계 여자 피겨 여왕으로 등극하였다.

시상대에서 눈물을 흘렸던 김연아 선수는 기자회견장에서 "이번이 세 번째 세계선수권인데 그간 아쉬웠던 적이 많았다. 부상 때문에 스스로도 확신할 수 없었고 3등도 다행이라고 생각했다. 하지만 이번 대회에는 다짐을 하고 나왔다. 부상 없이 최고의 컨디션을 유지하면서 준비가 잘된 것 같다. 연습하면서 우승할 수 있다는 확신이 들었다. 긴장하지 않고 연습처럼 연기했다. 내년 겨울 올림픽을 앞두고 자신감을 얻게 된 좋은 경험이다"라고 우승 소감을 밝혔다.

〈일간스포츠, 2009. 3. 30.〉

(2) 스포츠 기술 수행의 자동화

경기에서 자신의 스포츠 기술을 최대로 발휘할 수 있는 상태는 무의식적으로 스포츠 기술을 자동적으로 또는 반사적으로 수행할 때이다. 스트레스를 받고 있는 상태에서 경기를 수행하는 선수는 기술을 잘 수행하려는 강박 관념 때문에 근육에 힘이 들어가고 기술 동작이 자연스럽지 못해 결국 최고의 기술 수행이 불가능해진다. 이 같은 사실에도 불구하고 많은 선수들은 경기 시 자신의 숙달된 기술을 반사적으로 수행하려 하지 않고 의식적으로 자신의 기술 동작을 평소 트레이닝 때보다 세련되게 조절하려는 실수를 범하여 경기력을 저하시키는 경우가 있다.

경기 시 자동화되고 힘이 들어가지 않은 기술을 구사하기 위하여 평소 훈련 초기에는 어느 정도 자신의 기술을 분석하고 생각하면서 단점을 보완할 수 있지만 훈련 후반에서는 자신의 기술에 대한 분석보다는 자연스럽게 스포츠 기술을 수행하는 습관을 가져야만 경기에서 힘들이지 않고 자동적으로 기술을 구사할 수 있다.

(3) 몰 입

시합에 몰입하여 경기를 치르는 동안에는 모든 정신 에너지가 지금(now/경기 기술 수행 순간), 여기(here/대회장)에서 행하고 있는 동작에 초점이 맞춰져야 한다. 이 같은 현상은 잡념 없이 좋은 기술을 준비하고 실행하는 것에만 주의를 집중한다는 것을 의미한다. 지금 수행하고 있는 경기 동작에 집중하기 때문에 선수들은 자신의 경기 결과 또는 현재 진행되고 있는 대회 진행에는 관심이 없고 단지 자신이 행하고 있는 이 순간에는 이 기술에만 온 정신을 몰입하고 있어야 한다.

(4) 자기 조절

경기에서 선수들은 자신의 능력으로 어쩔 수 없는 날씨, 경기장 상태, 심판 판정, 관중 태도 및 경기 진행과 같은 여러 여건들이 있지만 선수 자신에게 주워진 상황에 어떻게 반응하고 행동하느냐의 문제는 선수 자신의 능력으로 충분히 조절이 가능하다. 즉 선수들은 시합장에서 벌어지는 상황을 스스로 조절할 수 없지만 시합 상황에 따라 자신의 마음은 스스로 조절할 수 있다. 예를 들어, 양궁이나 골프 선수들은 수시로 변하는 바람을 자신의 능력으로 조절할 수 없지만 바람에 대한 마음가짐은 스스로 조절할 수 있다. 자신의 감정을 조절한다는 것은 높은 집중력으로 스포츠 기술을 침착하게 수행한다는 것을 의미한다. 뿐만 아니라 실수를 한 후에도 실수가 다음 스포츠 기술 수행에 부정적 영향을 주지 않으며 긴장상태에서도 이완 상태를 유지하여 최고 수준의 경기력을 유지할 수 있는 자기 조절을 통해 경기를 수행한다는 의미이다.

(5) 심신의 이완

선수가 경기력을 극대화시키기 위해서는 심신의 최적 긴장 상태가 필요하다. 지나치게 높은 긴장이나 낮은 긴장은 경기력에 나쁜 영향을 주지만 적당한 긴장은 경기력 향상에 긍정적 영향을 준다. 지나치게 낮은 신체적 긴장은 운동을 수행하려는 의지가 낮다는 것을 의미하며 기술 수행에 필요한 충분한 에너지를 동원할 수 없다. 반대로 지나치게 높은 신체적 긴장은 몸을 경직되게 만들며 수행하는 기술을 인위적으로 조절하려는 오버 컨트롤(over control)의 원인이 될 수 있다. 침착하고 차분한 정신적 이완 상태는 경기력의 최고 수행에 중요한 요인으로서 운동 수행 과정뿐 아니라 경기 중 중요한 결정을 하는데도 필수적이다. 반면에 정서적으로 흥분된 상태에서는 경기를 수행하거나 기술을 구사하는데 필요한 정보를 받아드릴 수 없다. Melvin(1989)은 [그림 9-1]에서 심리적 긴장이 생리적 능력에 미치는 영향을 나타내고 있다. 긴장이 너무 낮은 (A)영역에서는 선수가 경기에 집중력을 잃고 흥미를 갖지 못하며 긴장이 너무 높은 (C)영역에서는 선수가 너무 긴장하여 경기에 불안과 스트레스를 받는다. 그러나 긴장이 이완되고 심적 안정이 이뤄지고 있는 (B)영역에서 선수는 최상의 경기력을 발휘할 수 있다.

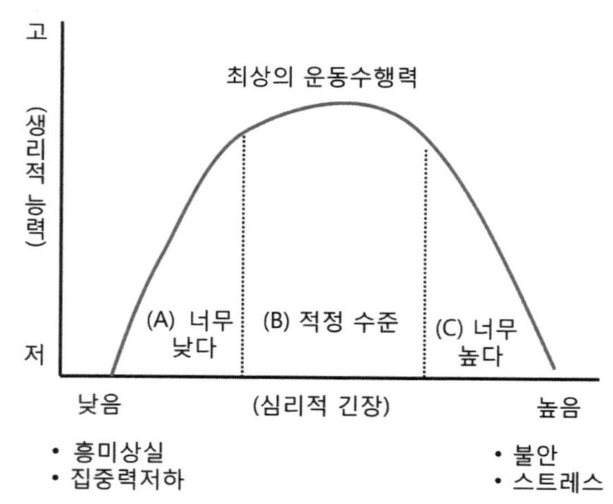

[그림 9-1] 심리적 긴장이 생리적 능력에 미치는 영향

(6) 시합을 즐김

경기력의 극대화 상태에서 나타나는 현상 중 하나는 선수가 경기 자체를 즐기는 것이다. 이 같은 현상은 일상생활에서도 나타나는데 자신의 과제를 즐기거나 즐겁게 수행하면 의무감에서 벗어나 훨씬 능률이 오른다. 스포츠도 마찬가지로 선수들이 경쟁과 경기 자체를 즐기면서 시합을 하는 경우 경기에 대한 부담감이 줄어 경기력 발휘에 큰 도움이 된다.

선수들은 자신이 경기를 잘 하고 있다고 느끼거나 강한 상대를 이기고 자신의 목표를 달성하여 자신과의 싸움에서 이겼을 때 즐거움을 얻는다. 뿐만 아니라 자신이 예상한대로 스포츠 기술을 완벽하게 수행하였거나 어려운 상황을 성공적으로 극복했을 때 보다 큰 기쁨을 느낀다. "경기를 잘 했기 때문에 경기 결과가 좋았는지?" 아니면 "경기 자체를 즐기면서 수행했기 때문에 경기 결과가 좋았는지?"에 대한 해답은 동일하다. 즉 경기를 잘 하여 목표를 성취한 후에 즐거움을 느끼는 것과 경기를 즐겁게 하려는 마음가짐으로 경기를 잘 하는 것은 상호 작용을 한다. 지도자들은 선수들이 경기에서 자신의 기량을 충분히 발휘할 수 있도록 평소 트레이닝과 경기를 즐겁게 수행 할 수 있도록 분위기를 조성해야 하며 선수들도 트레이닝이나 경기를 즐기는 마음으로 수행하여야 한다.

(7) 불안 감소

경기에 대한 불안은 다른 심리적 요인들보다 신체적 이완과 자연스럽게 자동화된 기술 동작의 수행을 저하시킬 수 있다. 두려움 없이 경기를 한다는 것은 경기에서 지는 것과 수준 낮은 스포츠 기술을 구사하거나 실수를 두려워하지 않는다는 것을 의미한다. 경기에서 최고의 능력을 발휘하는 동안 선수는 자신이 경기를 잘 할 수 있다는 자신감 속에 실수를 하지 않을까 하는 등의 불안한 생각을 잊어버리고 적극적이고 도전적으로 경기를 수행하여야 한다.

대부분의 선수들은 경기 전에 실패에 대한 불안을 갖고 승리보다는 실수를 피하려는 불안한 마음으로 자신이 갖고 있는 전체의 주의 용량 중에서 상당 부분의 주의 용량을 기술 동작 수행에 빼앗겨 시합의 흐름과 상황에 따른 대응 전략에는 상대적으로 주의 용량을 적게 투입하여 경기에서 실수를 범한다. 경기 중 받는 불안을 해소시키면 경기력 발휘에 문제가 없으나 경기 중 받는 불안을 감성적으로 수용하고 이로 인해 심적 안정이 저해되면 경기력이 저하되는데, 이 같은 과

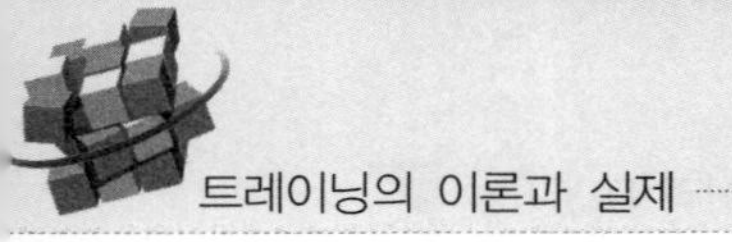

정을 Lazarus(1976)는 [그림 9-2]와 같이 설명하였다.

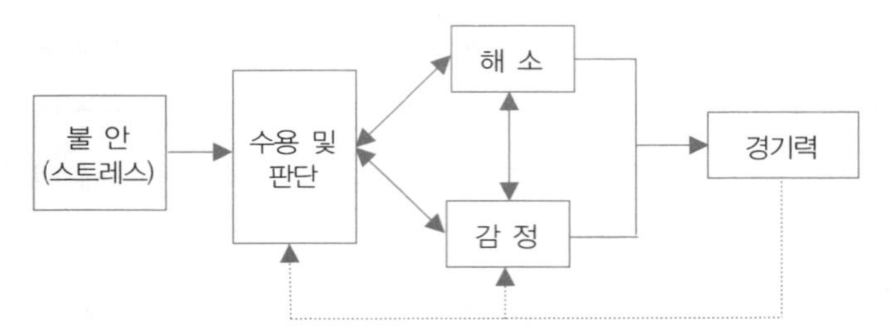

[그림 9-2] 경기력에 영향을 미치는 스트레스

2) 정신력 트레이닝

스포츠 활동은 치열한 경쟁이 필수이므로 불안심리가 경기력 수행에 커다란 문제로 대두된다. 불안심리는 경기수행 결과에 직접적으로 영향을 미치기 때문에 불안을 극복하고 조절할 수 있는 능력이 운동 수행력의 극대화를 위한 최대 관건이다. 다음과 같은 방법들이 불안 해소를 위한 트레이닝으로 실시되고 있다.

(1) 이완 트레이닝

경기에서 나타나는 불안심리는 근육을 긴장시켜 경기 수행에 차질을 가져오기 때문에 이를 예방하는 방법으로 이완 트레이닝(relaxation training)이 실시되고 있다.

이완(relaxation)은 격렬한 활동에서 일시적이고 의도적으로 잠시 물러나 있는 상태이며 신체적 이완 트레이닝과 정신적 이완 트레이닝으로 구분된다.

① 신체적 이완 트레이닝

- 운동이완 트레이닝 : 준비운동과 같은 대근활동으로 심신의 불안을 해소하고 마음의 안정과 긴장감을 이완시키는 트레이닝이다.
- 근육이완 트레이닝 : 경기에 주로 사용하였거나 사용할 근군(muscle group)의 긴장을 점차적으로 완화시켜 불안을 제거시키는 트레이닝이다.
- 바이오 피드 백 트레이닝(bio feed back training) : 인체 내 발생하는 각종 생리적 기능(뇌파심전도, 근전도, 피부전기반사 및 피부온도 등)에 대한 생체 정보를 기구로부터 전달 받고 이를 근거로 사고방식, 느낌, 감정 등에 대한 즉각적인 피드-백을 갖도록 뇌파의 α파를 조절하여 불안상태를 예방하는 방법이다.

② 정신적 이완 트레이닝

- 자율 트레이닝 : 일종의 최면술로서 자기 암시를 이용하는 무게, 길이, 명랑, 평온, 이완 등의 느낌을 나타내는 언어기법을 사용함으로써 언어적 처치로 자신의 심리적 상태를 통제하는 트레이닝이다.
- 최면 이완 트레이닝 : 최면으로 얻어지는 특수한 심리, 생리적 상태 즉 최면 트랜스(hypnotic trance)로 신체를 이완시키는 트레이닝이다.
- 자기최면 이완 트레이닝 : 경쟁적 경기에서 많은 선수들은 경기 전이나 경기 중 자신감을 잃어버리거나 자신의 능력에 대한 불안으로 능력을 제대로 발휘하지 못하는 경우가 있다. 이 경우 자기효과기술(self-efficacy statement)이나 사고정지(thought stopping)와 같은 자기최면 트레이닝으로 불안 심리를 이완시킨다.
- 둔감화 이완 트레이닝 : 경기 전이나 경기 중 과도한 긴장이나 불안상태가 나타날 때 본능적으로 이를 극복하기 위해 반응이 발생하면서 심적 혼선을 일으킨다. 이때 자신을 둘러 싼 심리적 문제들을 파악하고 이를 적극적으로 극복하여 불안을 통제하는 능력이다. 경기 전이나 경기 후 선수가 갖는 공포와 두려움 등을 체계적으로 배열하여 적은 두려움과 공포들을 먼저 해결하고 점차적으로 큰 것을 마음속에 떠올려 좋은 방향으로 이를 극복한다.

(2) 집중력 트레이닝

경기 중 정신을 집중하는 것은 불안감과 두려운 심리를 해소하고 경기력을 높이기 위하여 효과적이다. 집중이란 다른 대상을 일시적으로 배제시키고 한 곳에만 모든 주의를 기울이는 것을 의미한다. 특히 경기에서 집중력은 수동적 집중보다는 능동적 집중이 경기 수행에 보다 효율적이다. 트레이닝으로 수동적 집중을 능동적 집중으로 발전시킬 수 있다.

Melvin(1989)은 일부 스포츠 종목에서 주의집중이 경기력에 미치는 영향을 [그림 9-3]과 같이 비교하였다. 양궁은 테니스나 역도 경기에 비해 주의집중이 경기력에 미치는 영향이 낮지만 역도는 다른 경기보다 주의집중이 경기 결과에 미치는 영향이 크다.

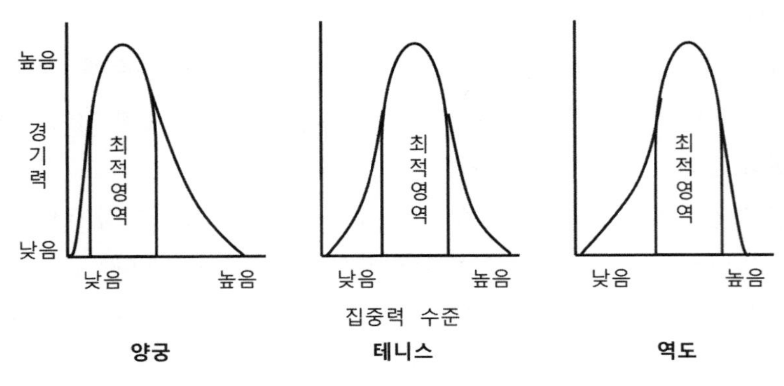

[그림 9-3] 집중력이 경기력에 미치는 영향

집중력 향상을 위한 습관

집중력을 높이기 위한 트레이닝은 매일 실시하여야 주의 집중이 습관화된다. 트레이닝을 실시 전, 근육 이완 운동과 호흡조절 운동을 각각 10분씩 실시한 후 다음과 같은 과정을 습관적으로 실시하면 효과가 높다.

- 주의집중 대상의 이름을 20~30회 집중적으로 부르거나 적는다.
- 주의집중 대상의 특성(구성, 무게, 길이 등)을 주의 깊게 관찰한다.
- 주의집중 대상의 무게나 크기 등에 대한 감각을 정확히 숙지한다.
- 주의집중 대상을 집중적으로 보면서 구체적인 이미지를 머리속에 그린다.
- 주의집중 대상에 모든 주의력을 집중시킨다.

3) 정신 및 의지 트레이닝

경기력의 극대화는 우수한 신체적 여건과 스포츠 기술 그리고 선수의 최적 심리상태에서 성취된다. 경기 시 선수의 경기불안 심리를 극복하기 위한 심리적 기술 훈련이 Colemen(1987)에 의해 실시되었으며 이를 계기로 인간의 신체적 또는 정신적 행동과 경험들을 억제하고 변화시키기 위하여 정신 및 의지 트레이닝(mental & will training)이 계발되었다.

연습 때는 운동능력을 우수하게 발휘하다가 경기에서 제 실력을 발휘하지 못하는 선수는 스포츠 경쟁 과정에서 경쟁불안으로 정상적으로 경기력을 발휘하지 못한데 원인이 있다. Foster(1986)은 국제대회에서 우수한 성과를 달성하는 선수들은 그렇지 못한 선수들보다 불안지수가 낮았고 불안지수가 높은 선수들은 연습 때보다 시합에서 좋은 경기력을 발휘하지 못하는 경우가 많다는 연구 결과를 보고하였다. 최근 불안이 유전적으로 영향을 미치는지에 대한 규명에 관심이 모아지고 있다. 불안, 우울, 신경질적 경향과 관련된 세로토닌(serotonin) 운반체 유전자(5-HTT 유전자)가 불안유전자 후보로서 이 유전자의 SS형이나 LS형을 가진 선수는 정신적으로 불안을 많이 느끼는 반면, LL형의 선수는 불안 상황에 반응이 약하다는 주장이 제기되면서 정신훈련도 체력훈련과 마찬가지로 경기에서 발생되는 심리적 기술이나 행위, 태도, 전략 등에 따라 트레이닝 특정화(SQT)의 한 부분으로 활용되고 있다.

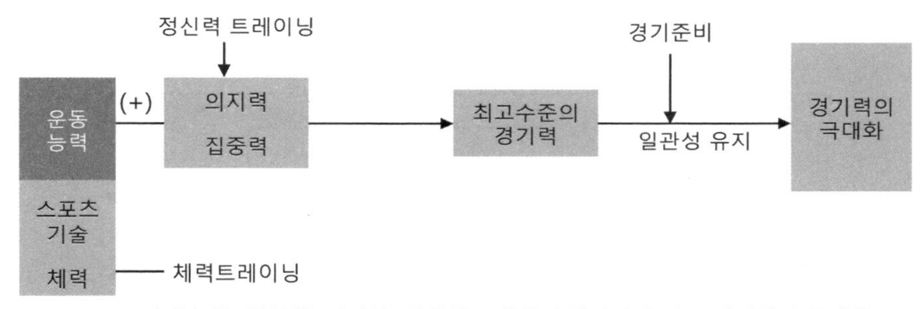

[그림 9-4] 정신력과 의지력 트레이닝 모형

4) 정신력의 잠재역량

선수는 경기에서 상대와의 경쟁, 새로운 기록 도전, 관중 및 응원과 승패에 직면함으로서 긴장감과 불안감을 갖는다. 경기에서 정서적으로 흥분이 과하면 신경지배가 혼란해져 통제가 어려워지기 때문에 경기력을 충분히 발휘할 수 없는 임장불안(stage fright, 경기장에서 정서적 흥분이 과도해지고 신경지배가 혼란하여 경기력을 충분히 발휘하지 못하는 상태) 또는 광장공포(agoraphobia, 낯선 장소나 사람들이 밀집한 장소에서 느끼는 불안이나 공포) 상황에 놓이게 된다. 경기에서 선수가 느끼는 불안에는 특수상황을 개인적으로 위험하고 놀라운 것으로 받아드리는 상태불안(state anxiety)과 성격상 민감한 경우에 남들이 못 느끼는 위협 상황을 느끼는 특성불안(trait anxiety)으로 구분되며 이 같은 현상은 외부의 스트레스를 선수가 느끼고 이에 대해 감정적으로 반응하는 일련의 과정이다. 경쟁불안(competition anxiety)은 경기장에 관중이 많거나 승패를 너무 의식할 때 또는 타인으로부터 필요 이상의 주목을 받거나 경기에서 실수를 거듭했을 때, 지도자로부터 질책을 받았을 때 느끼는 불안으로써 이 같은 상황을 사전에 예견하지 못하여 발생하는 심리적 상태이다. 이러한 형성과정과 요인을 하시모토(1984)는 "스포츠 선수의 경기불안 해소에 관한 연구"에서 경기불안의 형성과 해소과정을 [그림 9-5]와 같이 나타냈다. 즉 개인(A)적으로 느끼는 불안을 트레이닝(C)이나 심리적으로 해소하지 못하고 경기(B)에 참여하는 경우 경기 수행 결과가 부정적이기 때문에 평소 심리 트레이닝이나 심리적 방어기전을 향상시켜 경기에 따른 불안을 해소시키고 경기에 참여하여야 최상의 경기결과를 얻을 수 있다 하였다.

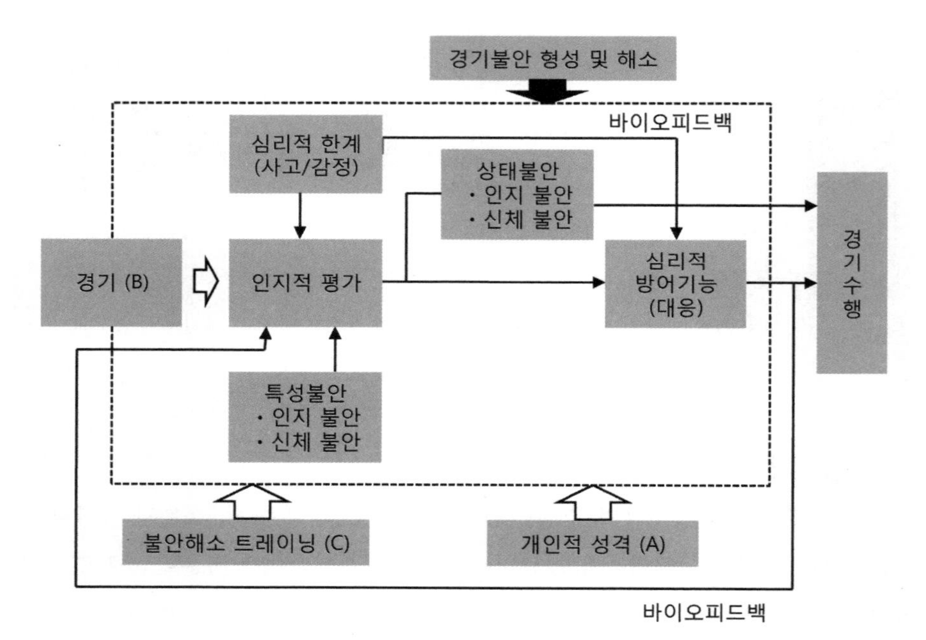

[그림 9-5] 경기불안의 형성과 해소

부록 스포츠 루틴 프로그램

[표 9-1] 스포츠 루틴 프로그램

(성명 :)　　　　　　　　　　　　　　　　　　　　　　(종목 :)

경기 당일 기상 시
○ 당일의 스케줄 확인 (O, X) ○ 스케줄에 의한 경기 준비물 점검 (O, X) ○ 경기에 영향을 미칠 수 있는 기후 및 예상되는 상황 대비 (O, X) ○ 묵상 (O, X)
경기장 출발 시
○ 경기 시간보다 여유 있게 경기장으로 출발 (O, X) ○ 경기에 대한 자신감과 긍정적 사고(나는 오늘 최고의 컨디션을 갖고 최상의 선수로 경기에 출전한다) (O, X)
경기장에서
○ 준비운동 시 경기운영에 관한 모든 과정을 스크린 (O, X) ○ 경기장의 주위 상황과 여건 확인 (O, X) ○ 경기외적 요인을 잊고 훈련 시 가장 성공한 상황만 기억(오늘 나의 컨디션은 최고다) (O, X)
경기 시
○ 자신의 경기 시작 시간을 확인 및 준비 (O, X) ○ 훈련과 동일한 마음을 갖고 상대 선수를 연습경기 수준으로 생각한다. (O, X) ○ 욕심 부리지 말고 연습 시 기록 달성을 목표로 최선을 다한다. (O, X)

참고

- [표 9-1] 스포츠 루틴 프로그램은 경기 시 선수의 심리상태를 안정시켜 최고의 경기력을 발휘할 수 있도록 작성된 경기 전 루틴 프로그램(preperformance routines program)이다.
- 지도자는 선수의 "맞춤형 루틴 프로그램" 작성을 위해 평소 선수의 심리상태에 관심을 갖는다.
- 선수는 경기 당일 기상에서 경기 종료까지 [표 9-1]의 프로그램을 침착하게 이행한다.

연구과제

01 의지력과 집중력이 경기 결과에 긍정적으로 또는 부정적으로 영향을 미쳤던 경우를 설명하시오.

02 스포츠 종목을 예로 들어 의지력의 중심 요인과 보강 요인을 설명하시오.

03 우수선수일수록 의지력이 경기 결과에 영향을 많이 미치는 이유를 설명하시오.

04 트레이닝과 경기에 부과된 목표를 달성하는 습관 형성이 경기력에 미치는 영향을 설명하시오.

05 경기 시 자신감을 높일 수 있는 방법을 설명하시오.

06 트레이닝과 동일한 마음으로 경기를 수행하면 경기 결과를 높일 수 있는 이유를 설명하시오.

07 높은 심리적 긴장이 경기 결과에 긍정적 영향을 미치는 스포츠 종목을 설명하시오.

08 종교적 묵상이 심리적 안정과 자신감을 갖게 하는 방법이 될 수 있는 이유를 설명하시오.

09 특정 스포츠 종목의 선수를 예로 들어 스포츠 루틴 프로그램을 작성하시오.

10 평소 자신의 불안을 해소시켰던 자신만의 방법을 설명하시오.

11 집중력 향상을 위한 트레이닝 프로그램을 작성하시오.

제10장

이론 트레이닝

TRAINING THEORY & PRACTICE

학습목표

인체의 동작과 기능 중심으로 수행되는 스포츠와 트레이닝을 이해하고 수준 높은 경기 수행을 위해 관련 학문에 대한 과학적 이론과 지식이 필요하다. 또한 원활한 경기운영과 진행은 물론 경기에서 전략을 효율적으로 구사하기 위해 경기규칙을 충분히 숙지하여야 한다.

차례

1 이 론

트레이닝과 경기의 주체가 되는 선수와 지도자는 트레이닝과 경기에 관한 과학적 이론(theory)과 학문에 대한 이해가 일정 수준일 때 트레이닝 효과를 기대할 수 있다.

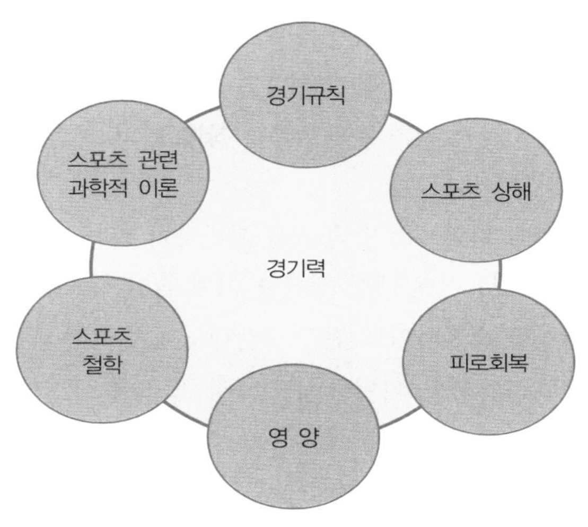

[그림 10-1] 경기력에 영향을 미치는 이론 요소

스포츠 관련 이론과 지식을 습득하여 트레이닝을 이해하고 이를 적용하는 능력이 높을수록 트레이닝에 대한 선수들의 동기유발은 물론 스포츠 기술과 운동능력을 효과적으로 향상시킬 수 있다. 이 과정에서 지도자들은 트레이닝과 관련하여 자신이 알고 있는 경험과 과학적 지식은 물론 선수 각자에 대한 트레이닝 목표를 선수들에게 알려 주고 선수들과 이에 대한 격의 없는 토의를 통해 선수와 지도자가 트레이닝에 공감대를 형성하고 이를 바탕으로 경기 목표를 결정할 수 있다. 근력 트레이닝의 경우 현재 실시하는 운동으로 기대되는 근력이 어떤 근육과 관련이 있으며 발달되는 근육을 어떤 스포츠 기술과 병행하여 훈련을 실시하여야 경기력이 효과적으로 발달할 수 있는지 등에 대한 이해는 지도자 뿐 아니라 선수에게도 필요하다. 이 같은 이론적 배경을 이해하고 트레이닝을 실시하면 선수는 자신의 훈련 상태가 트레이닝 효과에 어떤 영향을 미치고 있는가를 스스로

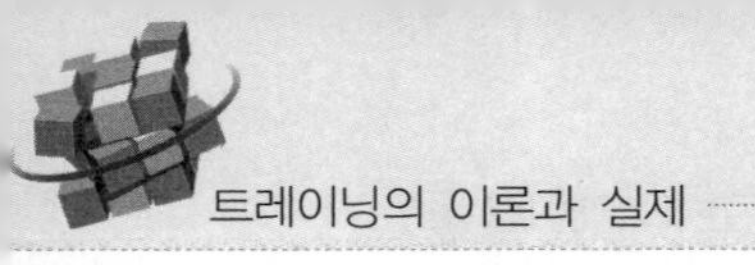

이해하고 트레이닝에 대한 의욕과 동기유발이 높아진다.

2 경기규칙

경기에서 우수한 성적을 획득하기 위하여 선수들은 스포츠 종목에 대한 경기규칙(rule)은 물론 유사 종목에서 관련 스포츠 기술과 전술 등에 대한 이론적 이해 수준이 높아야 이를 자신의 전문종목에 적용시킬 수 있다. 축구 경기규칙 제 11조는 오프사이드(off side) 규칙을 명시하고 있으나, 실제 경기에서는 오프사이드 규칙을 준수하는 소극적 경기 운영보다는 상대 팀의 최전방 공격을 차단하기 위한 전술로 활용되고 있다.

따라서 이 같은 상대 팀의 최전방 공격을 차단하기 위한 전술의 일종으로 활용되는 오프사이드는 경기규칙에 대한 정확한 이해가 있어야 활용이 가능하다. 자칫 상황 판단을 잘못한 오프사이드 전술은 상대팀에게 득점 기회를 만들어 주는 결과를 초래할 수 있다. 뿐만 아니라 경기규칙 12조에 규정한 반 스포츠 행위(unsporting behaviour)로 간주되는 헐리우드 액션(hollywood action)도 파울에 대한 경기규칙을 선수가 정확하게 이해하고 이를 활용할 때 상대방의 파울을 유도하여 경기를 유리하게 진행할 수 있다. 경기규칙에 대한 이해 부족과 잘못된 상황 판단은 기대 이하의 경기 결과를 초래할 수 있다.

레슬링의 경기규칙 변경

2008 베이징올림픽에서 레슬링은 그레코로만형의 경우 2분 3라운드 중 매 라운드 1분 스탠드 후 30초씩 양 선수에게 파테르 공격권을 줬다. 좀 더 공격적이고 재미있는 경기를 위해 바꾼 룰이지만 오히려 흥미를 반감시켰고, 심판의 판정시비까지 더해 큰 논란을 낳았다.

매 라운드 공을 뽑아 정하는 '로또방식'의 공격권에서 선공자가 이득을 적지 않게 누린 게 사실이다. 선공자(先攻者)가 수비에게 후공격자(後攻擊者)에게 점수를 뺏기지 않으면 이기게 되는 룰이 적용됐기 때문이다. 이 같은 이유로 룰에 대해 안팎으로 많은 잡음이 쏟아져 나왔다. 올림픽 중에도 공공연하게 '룰 변경이 필요하다'는 주장이 제기된 것도 이 때문이다.

대한 레스링협회 관계자에 따르면 레슬링 그레코로마형은 '2분 스탠드 후 30초 공격'으로 바뀔 것으로 보인다. 올림픽 후 국제레슬링연맹 각국 관계자들은 '규칙 변경'에 공통된 의견을 모았고, '2분 스탠드 후 30초 공격 방식'에 합의한 것으로 알려졌다. 총 경기 시간이 2분 30초가 되고 파테르 공격은 한 선수에게만 주어지는 규칙이다. 자유형은 기존의 3라운드 스탠드 2분(무승부 시 클린치 자세로 30초 승부) 룰이 유지될 전망이다.

규칙 변경은 올해 12월에 열리는 국제레슬링연맹 이사회에서 최종 판가름날 예정이다. 만약 규칙이 변경 안에 통과된다면 내년에 열리는 국제대회부터 새로운 룰이 적용될 것으로 보인다.

레슬링 경기의 규칙 변경에 대한 철저한 대비가 있어야 베이징올림픽과 같은 제2의 시행착오를 예방할 수 있다.

연구과제

01 이론 트레이닝이 경기력을 향상시키는 까닭을 설명하시오.

02 경기력에 영향을 미치는 이론적 요인을 특정 스포츠를 예로 들어 설명하시오.

03 경기규칙에 대한 이해와 응용이 경기전략에 미치는 영향을 설명하시오.

제11장
트레이닝 지도와 계획

TRAINING THEORY & PRACTICE

학습목표

우수한 경기력은 운동능력을 향상시키기 위한 프로그램과 계획을 전제로 가능하다. 트레이닝 계획을 세우는 것은 운동능력을 지속적으로 향상시켜 최대의 경기력을 발휘할 수 있도록 가능한 모든 방법을 선수 개인이나 팀에게 적절히 제공하는 절차이다.

차례

1 스포츠 지도

1) 스포츠 지도자의 지도 철학

스포츠 지도자들은 선수의 경기력 향상을 위한 자신의 임무와 관련하여 여러 가지 어려운 문제에 직면하고 자신의 특유한 태도와 방법으로 이를 해결한다. 스포츠 현장에서 지도자는 이 같은 자신만의 철학에 근거한 방법과 태도로 선수들을 지도하고 선수들과 의사소통을 하며 많은 시간을 함께 보내기 때문에 선수들은 지도자의 태도, 지도 유형, 인성과 말투로부터 많은 영향을 받으면서 인성이 형성된다.

운동선수들은 인성과 품성 형성에 가장 예민하게 영향을 받는 유년시절부터 운동을 시작하며 대부분의 시간을 스포츠 지도자와 함께 지내고 지도자로부터 교육적 영향을 받기 때문에 스포츠 지도자의 지도 철학은 선수의 올바른 가치관과 인격을 형성시킬 뿐 아니라 경기력 향상에 직접 영향을 미친다.

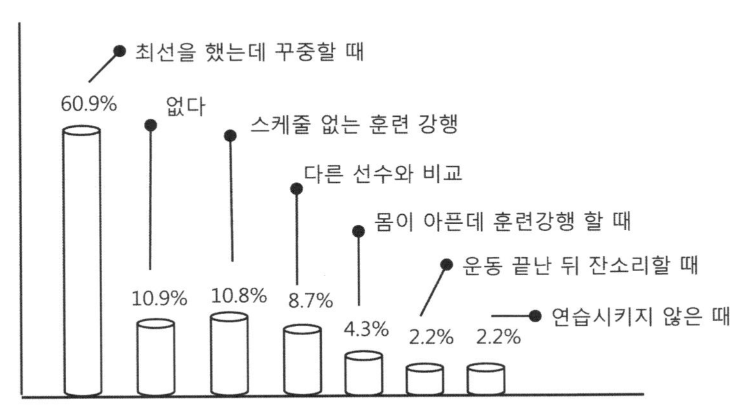

[그림 11-1] 스포츠 지도자가 가장 원망스러울 때(육상월드, 1999. 10)

2) 스포츠 지도자의 임무

스포츠 지도자는 선수에게 경기력 향상을 위하여 체력과 스포츠 기술을 지도하는 임무 외 선수 개인이나 팀을 대표하는 사람으로서 팀의 성적은 물론 선수관리를 위해 트레이닝을 계획하고 이를 시행하는 권리와 책임을 가지며 다음과 같은 임무를 수행한다.

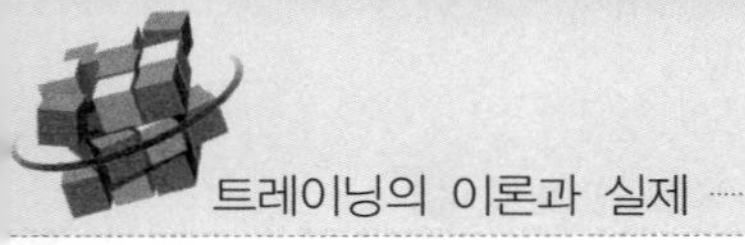

(1) 소질과 장래성 발견

선천적 요인이 선수의 성장에 많은 영향을 미치기 때문에 스포츠 지도자는 신인선수를 발굴하거나 지도할 때 다음과 같은 요인을 참고하여야 한다.

- 신장이나 골격의 크기
- 성장 과정과 환경, 선수의 성격과 의지
- 운동 시작 연령과 최고 성적을 낼 수 있는 적정연령
- 트레이닝이나 경기 시 정보를 적절히 받아들이고 반응 할 수 있는 지적 능력
- 트레이닝과 경기 경험이 많은 선수는 현재 운동능력 기준으로 발전 가능 정도

(2) 개별적 심리 적성 파악

경기 또는 트레이닝을 성공적으로 수행하기 위해서는 체력과 스포츠 기술은 물론 선수의 심리 상태가 매우 중요하다. 따라서 스포츠 지도자는 선수의 운동능력을 평가하는 요인으로서 체력이나 스포츠 기술과 함께 다음과 같은 심리적 요인들을 파악하여 지도에 참고하여야 한다.

- 경기 결과에 대한 선수의 자세
- 주위 환경에 대한 선수의 정서적 반응
- 내·외적 요인에 대한 선수의 반응
- 선수가 칭찬을 받았을 때의 자세
- 선수가 모욕적 상황에 처했을 때의 자세

(3) 트레이닝 의욕 고취

트레이닝 내용이 틀에 박힌 듯이 반복되면 선수의 의욕과 흥미가 감소되고 경기력 향상을 기대할 수 없다. 이 같은 현상을 예방하기 위하여 스포츠 지도자는 선수에게 일방적으로 트레이닝을 강요하기보다는 선수의 특성에 맞는 맞춤형 지도로 선수 스스로 트레이닝에 흥미를 갖고 경기력 향상에 전력을 다할 수 있도록 의욕을 높여야 하며 다음과 같은 사항을 고려하여야 한다.

- 연습 장소와 연습 상대를 정기적으로 변경
- 연습 결과에 따라 적절한 보상 실시
- 트레이닝의 양과 강도 조절로 선수 피로 감소
- 트레이닝이나 경기 종료 후 나타난 문제점에 대해 선수 스스로 개선책을 찾을 수 있도록 과제 부여

(4) 동기유발 부여

스포츠 지도자가 선수에게 동기유발을 높이는 것은 스포츠에 대한 욕구를 적극적 행동으로 전환시켜 트레이닝 효과를 높이기 위해서이다. 트레이닝이나 경기에 참여하는 선수의 동기유발이 높다는 것은 선수가 적극적으로 트레이닝에 참여하여 경기력을 성취하기 위한 의지가 있다는 것을 의미한다. 선수들은 일반적으로 다음과 같은 요인에 의해 동기유발이 높아진다.

- 타당한 목표와 방향 제시
- 연습이나 경기 결과에 따른 적절한 보상
- 우수한 기량 발휘 기회 부여
- 경쟁자에 대한 승부욕 유발

(5) 합리적이고 효율적인 트레이닝 계획 수립

선수들의 운동능력을 향상시키기 위해서는 높은 수준의 운동능력을 목표로 세우고 이를 달성할 수 있는 트레이닝 계획을 수립하여야 한다. 트레이닝 계획은 대상과 능력에 따라 내용은 다를 수 있지만 반드시 소 · 중 · 장주기 트레이닝으로 실시되어야 한다. 지도자가 트레이닝 계획을 작성할 때에는 다음과 같은 사항이 고려되어야 한다.

- 트레이닝 계획 작성 시 선수의 의견
- 현재 실시하는 트레이닝 계획은 과거 또는 미래 트레이닝 계획과 상호 연관성을 갖고 작성
- 트레이닝 내용과 방법의 보편타당성
- 단련된 선수들의 트레이닝 계획일수록 선수의 의견 존중

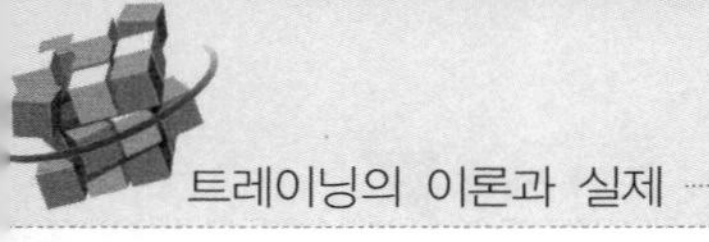

(6) 경기 준비

스포츠 지도자의 최대 목표는 트레이닝에서 향상시킨 운동능력을 경기에서 100% 이상 발휘하여 좋은 성적을 획득하는 것이며 이를 위해 지도자는 경기에 장애가 되는 모든 요소들을 사전에 제거하여 선수들의 컨디션(condition)을 최상으로 유지시켜야 하며, 이를 위하여 다음과 같은 사항들이 고려되어야 한다.

- 경기 전 선수들의 컨디션
- 상대선수 또는 팀의 장 · 단점
- 경기에 대한 자신감

3) 스포츠 지도자에게 필요한 능력

트레이닝 계획을 세우고 목표를 효과적으로 성취하기 위하여 지도자에게 다음과 같은 능력이 요구된다.

(1) 지식과 경험

스포츠 지도자가 선수의 경기력을 향상시키기 위해서는 운동과 지도 경험은 물론 스포츠에 대한 전문 지식이 필요하다. 스포츠 지도자는 자신이 지도하는 스포츠 종목에 대한 운동 개념과 스포츠 기술을 선수들에게 지도하고 경영할 수 있는 수준 높은 능력이 있어야 하며 이를 바탕으로 훈련방법을 계발하거나 상대선수와 팀에 대한 적절한 전략을 수립할 수 있다. 특히 해당 종목에 대한 스포츠 지도자의 경기나 지도 경험은 선수 지도에 커다란 도움이 된다. 경기 중 선수나 팀에게 예상 외 돌발 상황이 발생하여 위기대처 능력이 필요하거나 효과적인 선수관리 및 지도방법을 계발할 수 있는 능력은 스포츠 지도자의 경험과 지식에서 나오는 경우가 대부분이다.

(2) 선수지도 및 관리능력

스포츠 지도자가 선수를 지도할 수 있는 능력은 극도의 전문성을 요구하기 때문에 지도자는 다음과 같은 선수지도 능력을 소유하여야 한다.

① 전문적 기술

스포츠 지도자는 경기 경험이나 교육 또는 트레이닝에서 획득한 능력을 바탕으로 선수를 지도하기 때문에 효율적으로 지도가 수행되기 위해서는 트레이닝 관련 지식, 트레이닝 방법, 스포츠 기술뿐 아니라 장비를 활용할 수 있는 전문기술이 필요하다.

② 개념적 기술

조직이나 팀 전체의 여러 복잡한 요인들을 이해하고 자신의 역할과 능력이 필요한 부분과 조직의 발전을 위해 무엇을 감당하는 것이 적합한가를 판단하고 이를 수행할 수 있는 능력이 요구된다.

③ 인간관리 기술

사회의 모든 조직은 사람과 함께 일하고 사람들과 더불어 일을 성취해 나가기 때문에 조직의 목표를 달성하기 위해서는 사람의 능력을 조정하고 통합할 수 있는 리더십이 필요하다. 특히 현대사회와 같이 사회구조의 빠른 변화에 능동적으로 대처하기 위해 인간관리 기술의 중요성이 강조된다.

'실패의 경영학' 통했다

KIA가 2009년 프로야구에서 한국시리즈 우승한 것은 실패와 좌절을 이겨낸 열매다. 해태 시절 이뤄냈던 찬란한 영광을 재현하기까지는 쉽지 않았다. 패배부터 인정하는 것, 우리는 하위권임을 인정하는 것부터 고통스러웠다. 그러나 조범현 감독을 비롯해 선수단 전원이 실패를 딛고 일어서기 위해 하나로 뭉쳤다. 일본에서는 불황기에 '실패의 경영학'이 유행했다. 눈부신 성공 신화를 좇기보다는 실패에서 교훈을 얻자는 것이 핵심이론이다. 2005 · 2007년 최하위로 떨어지며 암흑기를 보냈던 KIA에게는 과거 성공을 기억하는 것보다 현실을 인정하고 일어설 방법을 찾는 일이 절실했다.

▶ 긍정의 리더가 필요했다

고대 로마제국은 전쟁에서 패한 장수에게 반드시 명예회복 할 기회를 줬다. 당시 관행으로 패장은 곧 역적이었지만 로마의 철학은 달랐다. 패전을 통해 얻는 교훈을 사장시킬 수 없다는 논리였다. '실패의 경영학'의 원조다. 부임한 조 감독은 KIA 선수들을 적정선까지만 다그쳤다. 그는 한국시리즈에 앞선 선수단 미팅에서 "못 치고, 못 던지고, 실수를 하더라도 결국 우리가 이긴다. 우리가 지금까지 얼마나 잘 해왔는가. 해온 대로 하면 여러분은 반드시 우승할 수 있을 것"이라고 말했다. 최강팀 SK와 일전을 앞둔 선수들에겐 힘이나 기술보다는 자신감이 가장 필요하다는 것을 그는 알고 있었다. 조 감독은 평생을 위기에서 살아온 인물이다. OB 선수 시절엔 김경문(현 두산 감독)과 주전 경쟁을 했고, 하위팀 쌍방울에서 코치생활을 시작했다. 2006년을 끝으로 SK 감독직에서 물러난 아픔도 있다. 그러나 KIA 선수들에게는 그보다 더 짙은 패배의식이 드리워져 있었다. 때문에 선수들에게 위기위식을 강조하지만 퇴로가 막힌 위기에서는 포용과 유머를 선물했다. 긍정의 리더십이 KIA를 바꿔놨다.

▶ 포기만 않으면 길은 있다

올 시즌 KIA는 막강한 선발진의 힘을 과시했다. 투수력은 어느 정도 계산했던 결과다. 예상하지 못했던 타선 폭발이 KIA를 1위에까지 올려놓은 힘이다. 주인공은 김상현 · 최희섭 · 이종범 등이다. 이들은 올해까지 사실, 루저(loser)였다.

2000년 해태에 입단했던 김상현은 정성훈에 밀려 2002년 LG로 트레이드 됐다. 힘 하나는 타고났지만 10년 동안 유망주 꼬리표를 떼지 못하고 LG에서 전력 외로 분류, 이듬해 4월 KIA로 다시 트레이드됐다. 김상현은 "술도 먹고 방황도 했다. 그러나 내가 할 수 있는 것은 포기하지 않는 것뿐이었다"고 술회했다. 한 시즌도 10홈런 이상을 때린 적이 없었던 그가 올 시즌 홈런(36개) · 타점(127개)왕에 올랐다. 메이저리그 출신 최희섭은 지난 2년간 14홈런에 그쳤다. 환경 적응을 하지 못했던 탓이다. 기대가 컸던 만큼 갖가지 비난에 시달렸다. 그는 "그만 둘 때 두더라도 뭔가 보여주고 싶었다"며 이를 악물었다. 독한 훈련으로 체중을 15kg이나 뺀 최희섭은 올해 33홈런(2위)을 쳐냈다.

타순 연결의 책임자는 이종범이었다. 최고참인 그는 욕심내지 않고 진루타를 또박또박 쳐냈다. 타율 0.273이었지만 이종범의 플레이를 후배들이 보고 배웠다. 또 한국시리즈 1차전 결승타도 쳐냈다. 올해 마흔인 그는 "지난 2년간 은퇴 압박을 받았다. 굴욕을 느꼈지만 덕분에 더 열심히 했다"고 회고했다.

KIA의 우승 주역들은 지난해만 해도 내일을 기약할 수 없는 이들이었다. 그러나 포기는 하지 않았다. 실패를 냉정하게 돌아보고, 패배에서 교훈을 얻었다. 그리고 함께 일어섰다. 2년만에 꼴찌 팀이 우승 헹가래를 쳤다. 8개 구단 체제로 운영된 91년 이후 최단기간에 꼴찌에서 우승까지 올라선 것이다.

김식 기자 [seek@joongang.co.kr]

2 트레이닝 계획

1) 트레이닝 계획의 구성 요소

신체 기능은 근신경계와 심폐기능 그리고 심리적 성장 단계에 따라 장기적이고 점진적으로 발달하기 때문에 운동형태와 부하도 이를 고려하여 부과되어야 한다. 경기력은 트레이닝 자극(stress)에 적응하면서 향상되고 트레이닝 성과는 각 단계별로 부과되는 자극에 선수가 생리적으로 또는 심리적으로 어떤 반응을 나타내느냐에 따라 좌우된다. 트레이닝의 양과 강도는 각 단계에 대한 선수들의 적응력 향상 여부에 따라 변하기 때문에 새로운 단계에 선수의 적응력이 향상되기 위해서는 전(前) 단계보다 트레이닝의 양과 강도를 증가시키는 것이 원칙이다. 이 같은 현상은 경기력에 영향을 미치는 모든 트레이닝 요소에 공통적으로 적용되기 때문에 트레이닝 계획과 단계에 따라 트레이닝 양과 강도를 적절하게 변화시켜 부과하여야 한다. 트레이닝 단계에 따라 훈련의 양과 강도는 계절이나 경기 또는 선수의 생리적 변화에 능동적으로 대처하며 적절히 변화하여야 하는데, 이를 위해 트레이닝 계획(training schedule)이 필요하다. 내분비 학자 Hans Selye의 일반적응이론(General Adaptation Syndrom: GAS)에 기초하여 트레이닝에도 주기화가 필요하다는 주장이 대두되면서 트레이닝 계획이 일반화되었다. 1960년대 올림픽에 출전하는 선수들이 과훈련(over training)에 따른 부상을 예방하고 트레이닝 효과를 높이기 위한 방안으로 트레이닝을 분리하여 실시하는 트레이닝 계획이 활용되기 시작하였다.

트레이닝 계획(schedule)이란 선수나 팀의 스포츠 목표를 달성하기 위하여 구성원들의 운동능력이나 환경을 트레이닝 내용으로 조립하고 이것을 시간적으로 배분하는 것으로 정의할 수 있다. 트레이닝 계획은 합리적인 사고를 갖고 선수들의 잠재력과 능력 계발을 위해 가능한 모든 트레이닝 시설이나 도구의 사용 등을 종합적으로 고려하여 수립한다. 트레이닝 계획이 성공적으로 이행되기 위하여 선수와 스포츠 지도자는 트레이닝 목표와 내용을 정확하게 파악하고 실현 가능성에 대한 사전 검토는 물론 다음과 같은 요소들이 트레이닝 계획에 포함되어야 한다.

(1) 트레이닝 목표

트레이닝 계획은 트레이닝 목표에 따라 프로그램 내용과 기간이 결정된다. 트레이닝 목표는 다음과 같이 분류할 수 있으며 트레이닝 대상의 운동능력과 숙련 정도에 따라 세분화 되고 특정화 된다.

① 신체 능력의 극대화

체력을 향상시켜 운동능력을 극대화하는 것이 트레이닝의 1차 목표이며 이 같은 목표의 비중은 트레이닝 대상에 따라 유동적이다. 트레이닝 계획의 성공 여부는 트레이닝을 실시함에 따라 운동능력이 어느 정도 향상되느냐에 좌우된다.

② 스포츠 기술 향상

트레이닝의 주요 목표는 신체 능력과 스포츠 기술의 향상이기 때문에 모든 트레이닝 계획의 프로그램은 이들을 실현하기 위한 훈련들로 구성된다.

③ 정신력 강화

신체적 능력과 스포츠 기술이 극대화되기 위해서는 선수 개인이나 팀을 구성하는 구성원들의 정신력이 반드시 강화되어야 하기 때문에 정신력 강화는 트레이닝 계획의 주요 목표 중 하나이다.

④ 전술 숙련

선수 개인이나 팀 구성원들이 전술에 숙련된 정도에 따라 경기력이 결정되기 때문에 전술은 트레이닝의 주요 대상이다.

⑤ 기 타

트레이닝 목표를 달성하기 위한 트레이닝 기간은 트레이닝 목표의 수준에 따라 장기 또는 단기로 계획되는 경우가 있다. 예를 들면 선수들의 인성 함양이나 스포츠 관련 이론 및 경기 규칙 등을 선수들에게 이해시키는 것이 트레이닝 목표인 경우는 단기 동안에 시행될 수 있지만 새로운 스포츠 기술을 숙달시키기 위한 트레이닝은 장기간을 필요로 한다.

(2) 트레이닝 대상

트레이닝 계획은 트레이닝에 참여하는 대상의 운동능력을 향상시키기 위한 목적으로 모든 프로그램이 결정되기 때문에 트레이닝 대상의 체력, 스포츠 기술, 정신력 및 잠재력 등이 트레이닝 실시 전에 정확히 파악되어야 한다. 트레이닝 대상에 맞는 트레이닝 계획을 세우고 이를 이행하기 위하여 다음과 같은 사항들에 대한 사전 파악이 필요하다.

- 트레이닝 대상의 일반체력과 전문체력 수준
- 스포츠 종목에 대한 스포츠 기술의 수행 능력 수준, 스포츠 기술 수행의 자세와 형태, 팀 스포츠 전술 수행을 위한 기술의 이해 수준
- 트레이닝 관련 자료, 트레이닝 대상자의 경기력 발전 수준(체력, 스포츠 기술, 정신력 등), 트레이닝 강도와 양, 트레이닝에 대한 지적 이해도, 심리 · 체력 및 기능 성취도
- 트레이닝 시간에 관한 자료, 연습량의 설정과 반복 시간 또는 스포츠 기술, 전문체력 연습량의 설정과 반복 시간, 학업 또는 일상생활 시간 안배
- 트레이닝 내용과 계획에 대한 이해 수준

(3) 트레이닝 내용과 방법

스포츠 지도자와 선수가 트레이닝 내용과 방법을 충분히 이해하면 트레이닝의 효율성을 높이고 트레이닝을 발전시킬 수 있지만 그렇지 못할 경우에는 트레이닝 목표 달성이 어렵다. 선수들이 트레이닝에 흥미를 잃거나 동기유발을 갖지 못하는 이유 중 하나가 단순하고 변화 없는 트레이닝에서 비롯된다는 것을 고려할 때 정기적으로 트레이닝 내용과 방법을 변화시키고 다양화하여 트레이닝에 대한 선수들의 흥미와 참여 그리고 동기유발을 높여야 한다.

(4) 트레이닝의 양과 강도

장기 트레이닝보다는 단기 트레이닝의 경우 훈련의 양(quantity)과 강도(intensity) 그리고 빈도(frequency)를 구체적으로 제시하는 것이 트레이닝의 효율성을 높일 수 있다. 그렇다고 트레이닝 계획에 제시된 훈련의 양과 강도 및 빈도가 반드시 지켜져야 하는 것은 아니며 선수 또는 트레이닝과 관련하여 전개되는 여러 상황들을 고려하여 적절하게 실시하는 것도 트레이닝 효과를 높이는 방법이다.

(5) 트레이닝 실시 기간

지도자와 선수가 트레이닝 목표를 달성하는데 필요한 기간을 어느 정도로 설정하느냐 문제는 매우 중요한 과제이다. 트레이닝 계획은 트레이닝의 목표나 대상 또는 상황에 따라 실시 일시가 단기, 중기 또는 장기로 조정될 수 있으나 "목표를 짧은 기간에 달성"하는 것이 가장 이상적인 트레이닝 실시 기간이다.

(6) 트레이닝 계획들의 연계와 조화

장기 트레이닝 계획은 미래 트레이닝 방향을 모든 대상자들에게 제시하는 역할을 하기 때문에 장기계획을 작성할 때 지도자는 선수의 미래 경기력을 예견하고 지도하여야 한다. 뿐만 아니라 지도자는 트레이닝 초기에 설정한 주기별 트레이닝 목표를 달성할 수 있는 훈련방법을 선택하거나 새롭게 계발하여야 한다. 장기 트레이닝 계획은 2개 이상의 연간 트레이닝 계획(年間計劃)으로 구성되고 연간계획은 장주기(長週期), 중(中) · 소(小) 주기(週期)에 맞춰 계획된 몇 단계의 훈련 과정과 내용으로 구성된다. 이 들은 트레이닝 실시 과정에서 발생되는 여러 요인(선수의 건강, 트레이닝 장소의 변경, 자연재해, 트레이닝 시설 또는 기구의 변경 등)들에 의해 변화하기도 한다. 트레이닝 초기에 설정한 목표가 트레이닝 수행과정에서 특별한 사유 없이 달라진다면 선수들이 혼선을 일으킬 우려가 있으므로 현재와 미래 트레이닝 계획 사이에는 상호 연계성이 있어야 한다. 이 같은 트레이닝 주기 사이의 상호 연계성이 보다 진취적으로 계획되고 목표에 대한 효율적 평가 기준이나 성취도가 명확하게 제시되어야 트레이닝 진행에 따른 혼선을 예방할 수 있다.

(7) 트레이닝의 중점 과제

지도자는 경기력을 극대화시키기 위해 특별히 필요한 체력이나 스포츠 기술 또는 심리적 요인까지도 중점 훈련 과제로 선정하여 이를 특별 관리하여야 한다. 예를 들면 어떤 선수는 스포츠 기술은 빠르게 발전하는데 체력 향상 속도가 느리다든가 어떤 선수는 체력 발달은 빠른데 스포츠 기술 향상이 느린 경우가 있을 경우 발달이 늦은 요인이 트레이닝의 중점과제가 되어야 한다. 야구선수 K는 체력뿐 아니라 스포츠 기술면에서 탁월한 운동능력을 갖고 있으나 집중력이 부족하여 시합에서 늘 기대 이하의 경기력을 낸다면 K 선수의 집중력 향상을 위한 심리 트레이닝이 중점 과제가 된다.

지도자는 일정 기간마다 선수들의 트레이닝 성과를 평가하고 그 결과가 트레이닝 초기에 설정했던 목표보다 저조할 경우 그 원인을 분석하고 보강 트레이닝 계획을 별도로 수립하여 중점훈련을 실시하여야 한다.

(8) 트레이닝 성과의 주기적 평가

트레이닝 목표를 달성하기 위해 지도자는 선수들에게 일정 주기(週期)의 트레이닝이 끝나는 시점에 트레이닝 성과를 측정하는 계획을 프로그램에 포함시켜 선수들의 트레이닝 결과를 평가하고 그 결과를 트레이닝에 반영하여야 한다. 선수가 주기별 트레이닝 목표를 계속 달성하지 못할 때 선수에게는 좌절감과 패배의식이, 지도자에게는 신뢰성과 지도력의 상실과 같은 후유증이 뒤따르므로 치밀한 연구와 타당성을 토대로 주기별 측정 목표를 수립한다. 또한 주기별 목표 달성에 실패한 선수에게는 트레이닝 재처방과 심리요법 등으로 사기가 저하되는 것을 예방하고 운동능력 향상을 위한 계기를 마련해 주어야 한다.

(9) 트레이닝 단계

트레이닝의 양과 강도를 단계적으로 높이거나 증가시키는 방법이 트레이닝 계획에 제시되어야 한다. 트레이닝 단계별 부하는 트레이닝에 참여한 선수의 운동 능력 변화가 기준이 되어야 한다.

2) 트레이닝 계획의 종류

트레이닝 계획은 트레이닝 목표와 선수의 경기력 수준에 따라 트레이닝 실시 기간을 중심으로 [그림 11-2]와 같이 1일(하루) 트레이닝 계획, 소주기(microcycle, 1주일), 중주기(mezocycle, 1개월 내외), 장주기(macrocycle, 2~4개월 내외) 트레이닝 계획과 연간(annual plan, 1년) 트레이닝 계획 그리고 장기(long term, 2년 이상) 트레이닝 계획으로 구분된다. 트레이닝 계획은 장기계획의 목표를 효과적으로 달성하기 위해 몇 단계의 하위 트레이닝 계획으로 구성되며 하위 트레이닝의 내용과 방법은 상위 트레이닝 계획 실현을 목표로 설정된다.

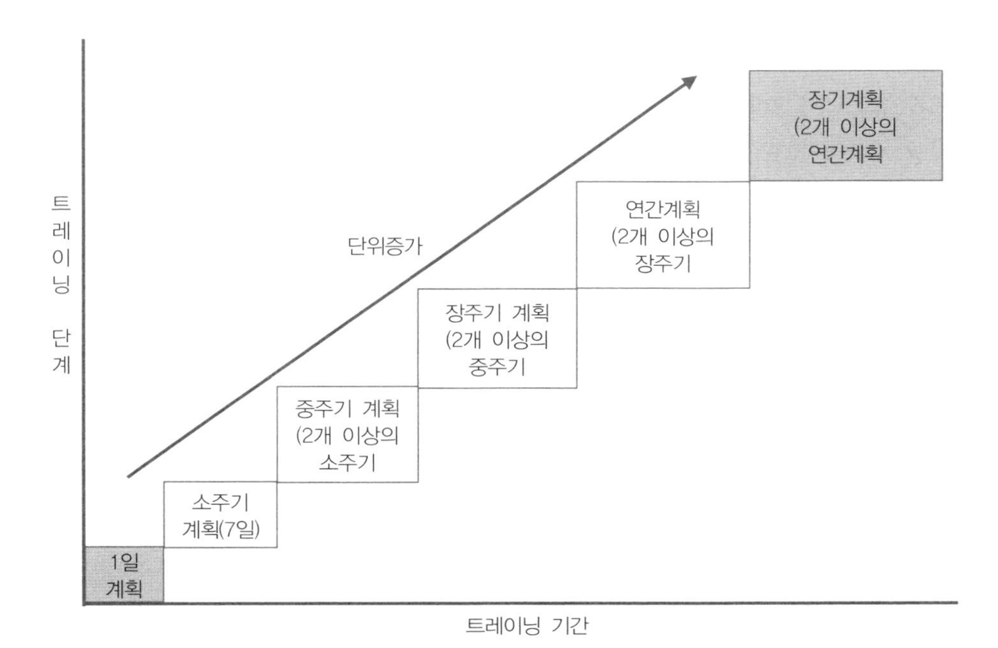

[그림 11-2] 트레이닝 계획의 구성 단위

(1) 장기 트레이닝 계획

① 장기 트레이닝 계획에 포함될 사항

장기 트레이닝 계획(long term training planning)은 선수의 운동능력 수준과 스포츠 종목의 특성은 물론 다음과 같은 사항들을 고려하여 수립되어야 한다.

- 트레이닝의 목표
- 선수의 장 · 단점
- 예상되는 미래 경기력
- 선수가 참여할 경기일정 및 트레이닝 단계
- 선수가 참여할 경기별 지침과 목표

② 장기 트레이닝 계획 과정과 훈련 내용

㉠ 장기 트레이닝 계획 과정

짧게는 2년, 길게는 8~16년 내외의 장기 트레이닝 계획을 수립하고 유소년 어린이들의 운동 잠재력을 장기적으로 관리 육성하여 청 · 장년기에 경기력을 극대화시키는 계획이 장기 트레이닝 계획이다. 1970년대 동독과 체코 및 소련 등에서 우수선수 육성을 위한 기본계획으로 실시되었다. 현대 스포츠에서 정상급 선수를 효과적으로 육성하기 위해서는 장기적인 안목에서 스포츠 영재를 위한 장기 트레이닝 계획이 필요하다. 특히 신경계(cybernetics)의 주된 기능으로 수행되는 체조, 피겨 스케이트, 골프와 같은 스포츠의 경기력은 유소년 시절부터 체계적이고 과학적인 트레이닝을 실시하여야 경기력을 극대화

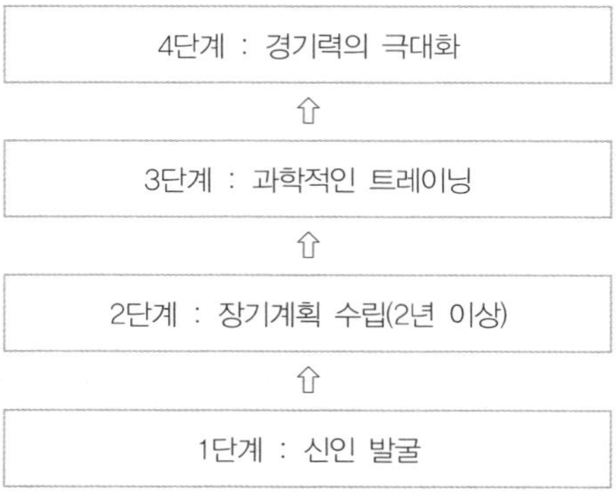

4단계 : 경기력의 극대화

⇧

3단계 : 과학적인 트레이닝

⇧

2단계 : 장기계획 수립(2년 이상)

⇧

1단계 : 신인 발굴

[그림 11-3] 장기 트레이닝 계획의 단계별 목표

시킬 수 있다.

트레이닝 계획은 각 발육단계에 따라 유아단계, 아동단계, 중등단계, 고등단계 및 대학단계로 분류되며 각 단계별 트레이닝은 전 · 후 단계와 밀접한 관련을 갖고 실시되어야 트레이닝 효과를 기대할 수 있다.

ⓛ 장기 트레이닝 계획의 훈련 내용

유소년을 대상으로 수립되는 장기 트레이닝 계획은 다음과 같은 내용들이 포함된다.

- 자연 환경 적응력 배양 : 유소년들의 초기 트레이닝은 자연 환경에 대한 적응력과 의지력 함양을 목표로 실시하여야 한다. 이를 위해서는 야영이나 낚시 또는 산행과 같은 야외활동이 트레이닝의 주된 내용이다.
- 자연환경과 질병에 대한 저항력 향상 : 유소년들이 미래에 감당하게 될 트레이닝과 운동부하를 극복하는 능력을 수영이나 스키와 같은 자연 환경 체험 스포츠를 통해 익힌다.
- 신체 및 건강관리 능력 배양 : 유 · 소년기 또는 청소년기에서부터 지속적으로 실시하는 트레이닝은 자칫 영양섭취의 불균형과 피로 누적 등으로 건강관리가 소홀해 질 수 있다. 이 같은 현상을 예방하고 보다 적극적으로 신체를 관리 할 수 있는 생활태도를 습관화하여 우수선수의 자질을 함양한다.

ⓒ 유소년 시기에 발달시켜야 할 주요 운동능력

- 기초체력과 스포츠 기술의 기초 단계
- 스포츠 기술의 다양화
- 전면체력 육성 후 전문체력 강화
- 실전 트레이닝 적응

장기 트레이닝 계획을 수립할 때는 스포츠 종목에 따라 적정 운동 연령대를 고려하여 선수가 언제까지 선수 생활을 계속할 수 있을지를 고려하여야 한다. 예를 들면 최고의 경기력을 27~30세로 목표를 설정할 경우 [표 11-1]과 같이 연령에 따른 운동능력의 진행과정을 제시할 수 있다.

[표 11-1] 연령에 따른 운동능력

연 령	운동능력	트레이닝 중점 내용
9~15세	기초 능력	기초체력 및 건강증진
16~22세	전문 트레이닝 및 경기력	전문체력과 스포츠 기술
23~26세	경기력의 극대화	스포츠 기술
27~30세	경기력의 극대화 유지	최상의 전문체력과 스포츠 기술 유지
30~32세	트레이닝 양과 강도 감소	트레이닝 양과 강도 조절

③ 장기 트레이닝에 따른 예상 경기력

신인선수를 발굴하고 장기 트레이닝을 실시하여 정상급 선수로 성장되기까지 5년 이상이 소요되지만 선수의 트레이닝 시작 연령과 운동능력, 그리고 트레이닝 요인에 따라 소요 시기는 달라질 수 있다. 따라서 지도자는 장기 트레이닝 실시에 따른 선수의 최고 경기력 성취시기와 연령을 예상하고 다음과 같은 내용을 고려하여 지도하여야 한다.

- 최초 트레이닝 시 운동능력
- 최고의 경기력을 발휘할 수 있는 예상 연령
- 최고의 경기력 발휘에 소요되는 시간
- 전문훈련(체력 및 스포츠 기술) 실시를 위한 적정 연령

Tudor(1999)는 장기 트레이닝 계획에서 경기력 향상 곡선을 [그림 11-4]와 같이 나타냈다.

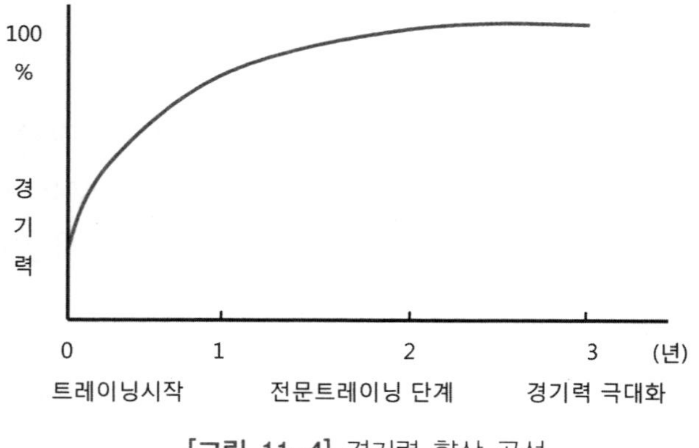

[그림 11-4] 경기력 향상 곡선

신인선수가 트레이닝을 처음 실시할 때에는 전문 스포츠에 관계없이 전면적 신체 기능을 향상시키는 데에 초점이 맞춰지고 이를 토대로 전문훈련을 실시하여야 장기적으로 운동능력을 향상시킬 수 있다. 장기 트레이닝 계획은 기간과 대상자에 따라 다르지만 트레이닝에 대한 선수의 적응력과 발달 정도에 따라 훈련 단위를 1년에서 6개월 또는 3개월로 축소하여 실시한 후 다음 단계로 전환할 수 있다.

(2) 연간 트레이닝 계획

연간 트레이닝 계획(annual plan)은 1년 동안 실시할 트레이닝의 목표와 방향을 설정하고 이에 따라 지도하는 트레이닝 지침서이다. 연간 트레이닝 계획은 몇 개의 트레이닝 단계와 주기(장주기, 중주기 및 소주기)로 이뤄지며 선수의 경기력을 향상시키기 위해 1년 동안 시행될 트레이닝 내용이 조직화되고 체계화 된다.

[그림 11-5]는 연간 트레이닝 계획과 이에 따른 하위주기를 나타내고 있다. 1~3개월 단위의 5개 장주기(A), 1개의 장주기는 2~4주를 단위로 구성된 중주기(B)들로 구성되며 1개의 중주기는 다시 1개의 주를 단위로 구성된 소주기(C)로 구성된다.

<table>
<tr><td></td><td colspan="30">연간계획</td></tr>
<tr><td>트레이닝 단계</td><td colspan="12">준비기</td><td colspan="13">경기기</td><td colspan="5">전이기</td></tr>
<tr><td>하위단계</td><td colspan="6">일반 준비단계</td><td colspan="6">특수 준비단계</td><td colspan="6">경기 전단계</td><td colspan="7">경기 진행단계</td><td colspan="5">전이단계</td></tr>
<tr><td>장주기(A)</td><td colspan="6">Ⅰ</td><td colspan="6">Ⅱ</td><td colspan="6">Ⅲ</td><td colspan="7">Ⅳ</td><td colspan="5">Ⅴ</td></tr>
<tr><td>중주기(B)</td><td colspan="2">1</td><td>2</td><td>3</td><td colspan="2">4</td><td>1</td><td>2</td><td colspan="2">3</td><td colspan="2">4</td><td colspan="2">1</td><td colspan="2">2</td><td colspan="2">3</td><td colspan="2">1</td><td>2</td><td>3</td><td colspan="3">4</td><td>1</td><td colspan="2">2</td><td colspan="2">3</td></tr>
<tr><td>소주기(C)</td><td>①</td><td>②</td><td>③</td><td>④</td><td>⑤</td><td>⑥</td><td>①</td><td>②</td><td>③</td><td>④</td><td>⑤</td><td>⑥</td><td>①</td><td>②</td><td>③</td><td>④</td><td>⑤</td><td>⑥</td><td>①</td><td>②</td><td>③</td><td>④</td><td>⑤</td><td>⑥</td><td>⑦</td><td>①</td><td>②</td><td>③</td><td>④</td><td>⑤</td></tr>
</table>

[그림 11-5] 트레이닝의 연간계획과 하위주기

연간 트레이닝 계획을 수립함에 있어 가장 중요한 목표는 1년 동안 실시되는 주요 경기에서 경기 성과를 최대로 성취하는 것이다. 초보자들에게는 연간 트레이닝 계획의 세부 내용과 방법을 지도자가 먼저 수립하고 트레이닝 전에 선수들에게 알리고 실시하는 것이 효과적이지만 트레이닝과 경기에 많은 경험을 갖고 있는 숙련된 선수들에게는 지도자가 선수들과 함께 협의 후 트레이닝 계획을 세

우는 것이 트레이닝에 대한 선수들의 동기유발을 높이는 방법이 될 수 있다. 연간 트레이닝 계획에 부과되는 트레이닝 부하(load)의 순환(circulation)과 주기화(periodization of training)는 다음과 같은 특성을 갖고 반복된다.

▶ **과부하와 재생**

운동선수들이 경기와 트레이닝에서 받는 트레이닝 부하에 적응하는 능력은 트레이닝으로 향상된 운동능력 결과이며 이 같은 과정에서 형성되는 적응은 트레이닝 부하에 의한 생리적 변화가 인체 내에 발생하였기 때문이다. 적응할 수 없을 정도의 강한 자극(overload)이나 약한 자극(underload)이 인체에 주워 질 때 인체의 적응력은 새롭게 생성되지 못하고 훈련 효과도 얻을 수 없다. 따라서 트레이닝으로 인체의 적응력을 향상시키기 위해서는 인체가 새로운 적응력을 생성시킬 수 있는 적정(optimal) 강도와 양으로 구성된 자극이 필요하다. 과부하(overload)로 인체 내 항상성(恒常性: homeostasis/외부환경과 생물체 내의 변화에 대응하여 생물체 내의 환경을 일정하게 유지하려는 자율신경계와 호르몬의 상호 협조현상)이 재형성되고 적응 수준이 높아지기 위해서는 일정 시간의 적응기가 필요하다.

재형성된 유기체의 적응력은 부하에 의한 자극과 저항으로 향상 되며 이를 초과보상(supercompensation)이라 한다. 이 같은 과정이 이뤄지기 위해서는 일정한 휴식이 필요하고 휴식시간의 크기는 트레이닝 부하(stresser)에 의한 피로물질의 생성과 회복 수준에 좌우된다. 초과보상 단계에서 트레이닝 자극이 부과되면 운동수행력은 향상되지만 자극 사이에 휴식이 너무 짧거나 길면 초과보상은 감소된다. 예를 들면 전 단계에서 획득한 초과보상 단계를 지속적으로 유지시키기 위해서는 훈련 사이에 적절한 휴식과 운동부하를 증가시켜 인체가 이에 적응하여 운동능력을 향상시킬 수 있지만 그렇지 못할 경우 오버 트레이닝(over training)으로 피로물질이 인체 내 과다 축적되고 이에 따라 인체의 생리적 기능이 저하되어 적응력과 운동능력이 감소된다.

트레이닝 연간계획을 수립할 때 이 같은 현상과 원리를 충분히 고려하고 이를 계획에 반영하여야 운동능력의 효과를 극대화시킬 수 있다. [그림 11-6]의 「단계 I」은 훈련 초기 훈련부하에 대한 부적응으로 피로물질이 인체에 축적되어 운동능력이 일시 저하된 상태이다. 그러나 「단계II」 적응기부터는 인체가 자극에 적응하면서 피로물질의 생성량이 줄어들고 운동기능이 급속도로 향상 되면서 보상

단계에 이른다. 「단계Ⅲ」의 초과보상 단계는 인체가 자극에 최대로 적응하면서 이뤄진다. 초과보상 단계에서 다음 보상단계로 이전되기 위해서는 적정 자극과 휴식이 필요하다. 초과보상 단계에서 피로회복이 이뤄지지 않으면 「단계Ⅲ」에서 형성된 초과보상 상태가 지속되기 어려워 「단계Ⅳ」와 같이 운동능력이 감소된다. 따라서 초고보상 상태를 지속적으로 유지시키기 위해서는 적정 부하와 피로회복이 취해져야 한다.

이와 같이 연간 트레이닝 계획은 전(前) 단계의 운동능력을 향상시키기 위한 훈련의 강도와 양을 다음 단계에서 어느 수준까지 높여야 최대보상효과를 극대화시킬 수 있는지에 대한 검토가 필요하다.

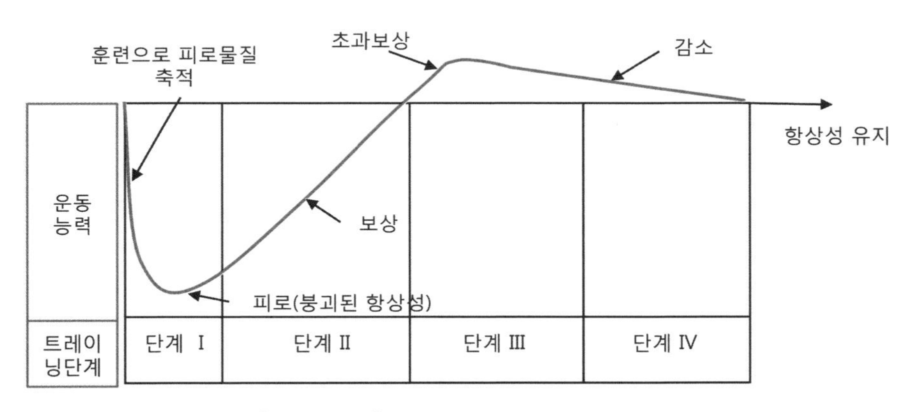

[그림 11-6] 트레이닝 단계와 운동능력

▶ **주기별 트레이닝의 상호 연계**

트레이닝 목표는 트레이닝을 효과적으로 실시하기 위한 기본 방향이며 훈련내용과 훈련방법을 결정하는 주요 기준이 되기 때문에 특정 목표에 따라 편성되는 트레이닝의 장, 중, 소주기의 트레이닝 강도와 양은 트레이닝 목표를 실현하기 위한 하위구조의 의미를 갖는다. Matveyew(1981)는 연간 트레이닝 계획을 준비단계와 경기단계 그리고 전이단계와 같이 3종류의 장주기(macrocycle)로 나누고 장주기의 하위 소단위 계획으로 중주기(mezocycle/2~4주), 중주기의 하위 소단위 계획으로 소주기(microcycle/1주) 그리고 소주기의 하위 소단위 주기는 일일 트레이닝으로 세분화하였다.

트레이닝 장주기를 하위 중 · 소주기 계획으로 세분화 시키는 것은 운동능력을 극대화시키는 집중훈련 방법으로 트레이닝을 단순화시키고 분산지도를 실시하여 훈련 환경의 변화에 적절하게 대응하기 위해서이다.

프로그램에 포함된 훈련은 체력과 스포츠 기술의 극대화나 우수한 경기력의 발휘 및 선수들의 휴식을 목표로 설정하고 각 주기별 목표에 따라 훈련 강도와 양이 다르게 설정된다.

Fry(1986)는 [그림 11-7]에서 (A)는 효과적으로 부과된 훈련부하에 따라 피로가 효율적으로 회복되고 인체의 운동능력이 증가되어 초과보상효과가 이상적으로 성취되고 있음을 나타내고 있지만 그림 (B)는 일관된 높은 훈련부하 때문에 피로가 효율적으로 회복되지 않은 상태에서 훈련을 실시하여 운동능력이 감소되고 있음을 나타내고 있다.

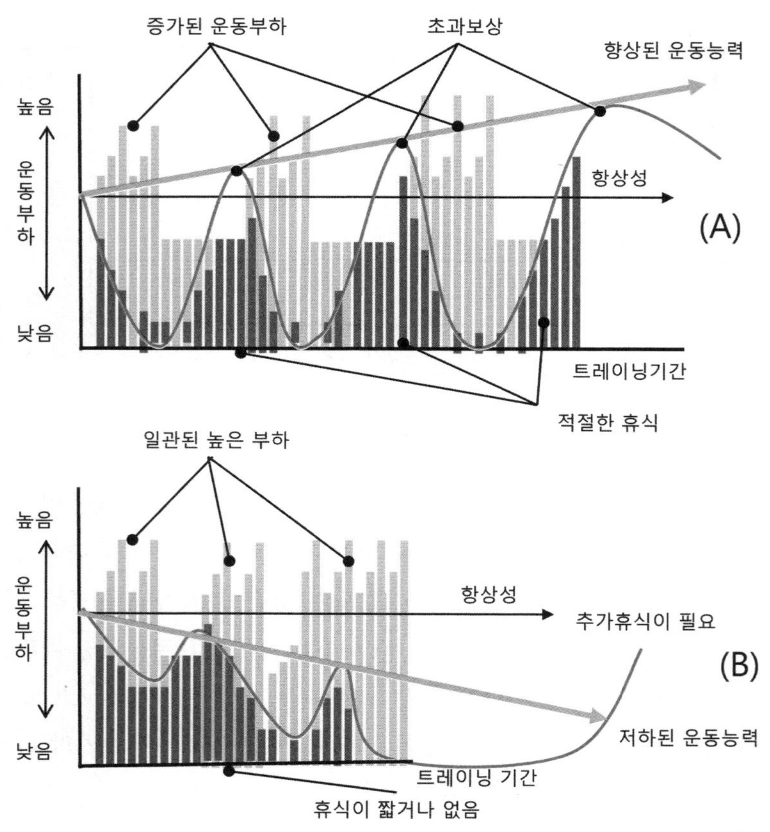

[그림 11-7] 운동부하와 휴식 형태에 따른 운동능력의 향상곡선(A)과 감소곡선(B)

① 연간 트레이닝 계획의 단계

연간 트레이닝 계획은 2~5개월 단위의 준비단계와 경기단계 그리고 전이단계와 같은 장주기(macrocycle)들로 구성된다.

[표 11-2] 연간 트레이닝 계획의 단계별 목표

단 계	트레이닝 목표
전이단계	• 적극적 휴식 • 건강검진, 처방 및 치료 • 전면체력 강화 • 차기 년도 트레이닝 목표 설정
준비단계	• 전문체력 강화 • 스포츠 기술 강화 및 새로운 스포츠 기술 습득 • 훈련량에서 훈련강도 중심 훈련으로 전환 • 훈련 효과 중심 트레이닝 비중 높임 • 연습경기 및 실전 경험 축적
경기단계	• 경기력 강화 • 경기를 통해 체력 및 스포츠 기술 완성 • 중요 경기를 위한 심신안정 • 단계적으로 훈련량 감소, 강도 증가

㉠ 준비단계

준비단계(preparatory phase)는 경기단계에서 경기력을 최대로 발휘하기 위하여 체력, 스포츠 기술, 전술은 물론 심리적 능력을 향상시키기는 훈련단계이다. 준비단계에서 훈련에 실패하면 경기단계에서 우수한 경기 목표를 달성할 수 없을 뿐 아니라 저하된 운동능력을 회복하는 데에 많은 시간과 노력이 요구된다. 따라서 준비단계에서 체력을 강화시키고 스포츠 기술 수준을 높이기 위한 노력이 연간 트레이닝 중 가장 많이 요구된다. 준비단계는 보통 2~4주 단위로 구성된 1~5개의 중주기로 구성된다.

준비단계 훈련은 스포츠의 특성과 트레이닝 목표에 따라 보통 3~10개월 동안 실시하는 경우도 있다. 경기가 많이 실시되지 않는 스키와 같은 계절 스포츠는 준비단계가 길고 경기단계는 짧지만 연중 시합이 많은 스포츠는 1년에 3~5회로 준비단계를 나누어 실시하기도 한다. 선수의 운동능력 수준과 경기일정에 따라 준비단계의 횟수와 기간 그리고 트레이닝의 강도와 양은 유동적이며 준비단계에

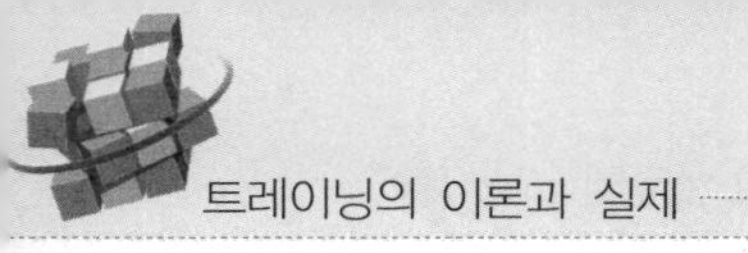

서 실시하는 훈련의 강도와 양은 다른 단계의 훈련보다 높고 일반 준비단계와 특수 준비단계로 나뉘어 실시한다.

• 일반 준비단계

준비단계 전반부에서 체력과 스포츠 기술을 향상시키는 단계이며 전면체력과 전문체력을 동시에 육성하여 이어지는 특수 준비단계에서 훈련효과를 높이기 위한 단계이다. 이 같은 훈련 목표를 일반 준비단계에서 달성하여야 전문체력과 운동능력을 향상시키는 특수 준비단계 트레이닝에서 효과를 얻을 수 있다. 특수 준비단계는 훈련의 진행과 함께 훈련강도와 양을 점차 증가시켜 신체의 적응력을 발달시키는 훈련으로 실시되어야 한다. 준비단계에서 실시되는 훈련은 경기단계에서 경기력을 극대화시키기 위한 준비과정이므로 이 단계의 훈련 결과가 경기력을 결정한다.

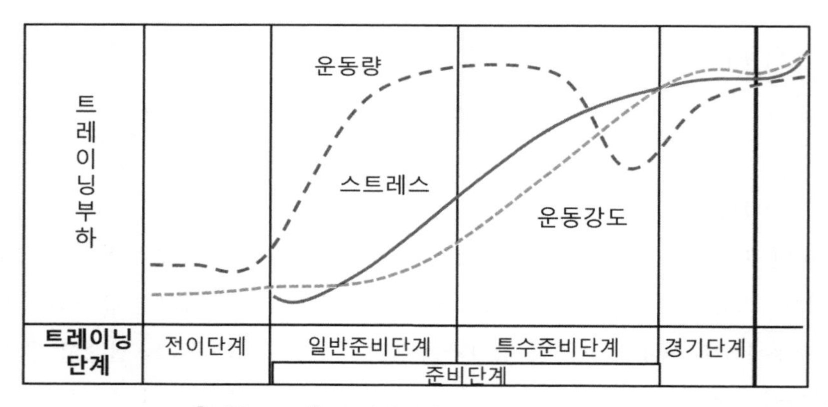

[그림 11-8] 준비단계의 트레이닝 부하곡선

준비단계의 운동강도와 양은 경기단계에 가까워질수록 강도를 높이고 양은 줄이는 것이 일반적이지만 스포츠 종목과 대회의 특성(예선전 또는 대회의 비중…)에 따라 다르다.

• 특수 준비단계

특수 준비단계는 경기단계로 전환되기 직전 단계로서 일반 준비단계에서 향상된 체력과 운동능력을 스포츠 기술(전술과 심리적 요인 포함)과 연계하여 발달시키고 숙련에 집중하는 단계이다. 이 단계의 마지막 부분에서 운동량은 점차 감소시키고 강도는 증가되지만 일반 준비단계의 전체 훈련강도(운동강도×운동량×빈도)보다는 높지 않아야 트레이닝 효과를 경기력으로 전환하는 데 효과적이다.

스포츠 기술이 강조되는 체조나 사격 또는 양궁과 같은 종목은 일반 준비단계보다 특수 준비단계에서 훈련강도와 양을 낮추면서 경기단계로 전환하지만 체력이 중요시되는 마라톤이나 역도와 같은 스포츠는 훈련 양을 30% 이상 줄이고 강도는 20% 정도 높이는 것이 경기단계 트레이닝으로 전환하는데 효과적이다.

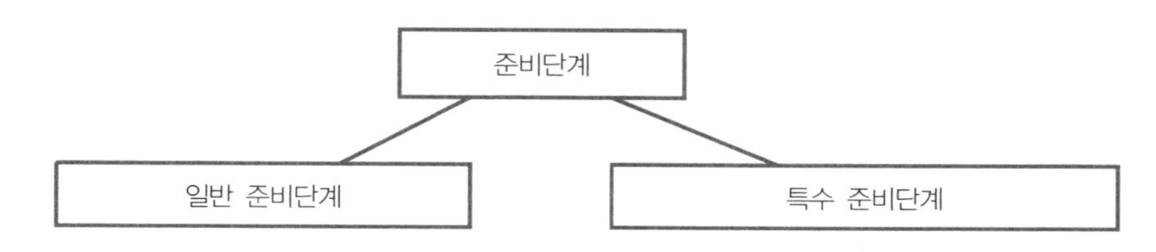

트레이닝 목표	(스포츠 종목)	트레이닝 목표
최대근력, 스포츠기술	체조	전문체력, 스포츠기술
유산소지구력, 최대근력	조정	유산소지구력, 근지구력
유산소지구력, 최대근력	수영	무산소, 유산소지구력, 근지구력
체력, 스포츠기술, 전술	단체경기	실제상황에서 스포츠 기술 및 전술 숙달

[그림 11-9] 스포츠 종목별 준비단계의 트레이닝 목표

㉡ 경기단계

경기단계(competitive phase)는 모든 트레이닝 요소들을 완전히 습득하고 이를 경기력으로 극대화 시켜 우수하게 경기를 수행하는 단계이다. 준비단계에서 향상시킨 운동능력을 경기력 발휘에 최대로 동원될 수 있도록 선수들의 트레이닝 부하와 휴식 방법이 경기단계에서 주요 과제가 된다. 경기단계에서 실시되는 훈련은 경기 수행에 필요한 스포츠 기술이나 실전 능력을 습득하는 것이지 준비단계에서 강화시킨 체력을 향상시키거나 새로운 스포츠 기술을 숙달시키는 것이 아니기 때문에 훈련량과 강도를 증가시키지 않는 것이 원칙이다. 그러나 중 · 장거리 또는 마라톤이나 역도 경기와 같이 근력이나 심폐지구력과 같은 체력이 중요시되는 스포츠는 경기단계에서 훈련강도는 높이고 훈련량은 감소시키는 경우도 있다.

경기단계에서 경기력을 최상으로 발휘하기 위하여 준비단계 후반부에서 운동부하에 대한 조정이 중요하다. 경기력의 극대화라는 목표에 집착하여 후반부에 운동강도와 양을 증가시키면 이로 인해 피로가 누적되고 신경근의 신경 분비물 배출이 감소되어 운동능력의 효율성이 감소되어 경기력을 의도한대로 발휘하기 어렵다. 경기단계는 스포츠 종목이나 연간계획에 따라 차이가 있지만 1년중 첫 번째 경기에서 마지막 경기까지 다음과 같은 사항들을 고려하여 경기력을 유지하여야 한다.

- 1년 전체 경기 중 최대 목표로 하는 경기
- 경기력의 극대화가 필요한 경기의 수
- 경기 사이(예선, 준결승 또는 결승 등)의 기간
- 경기 기간(대회 일시 또는 대회 요일, 시간 등)
- 대회 수준(국내 또는 국제 대회 등)
- 경기 종료 후 피로회복에 필요한 시간

경기단계는 경기 이전단계와 경기 진행단계로 나누어 훈련을 실시한다.

- 경기 이전단계

연습경기나 기록회와 같은 실전에 참석하여 준비단계에서 향상시킨 체력, 스포츠 기술, 전술 및 심리와 같은 운동능력을 실전에 적응하여 경기력을 극대화 시켜야하며 이 같은 과정을 통해 노출되는 문제들을 보완하여 보다 완벽한 경기능력으로 완성해야 하는 과정을 경기 이전단계라 한다. 이 같은 과정은 준비단계에서 준비된 경기력 내용을 실전에 실험하는 성격이 강하므로 선수들에게 스트레스를 주지 말고 선수들이 자유로운 분위기에서 연습경기나 기록회가 진행되고 노출된 문제들은 수정 보안하여야 한다.

- 경기 진행단계

준비단계와 경기 이전단계에서 향상된 운동능력을 최상의 경기력으로 전환하여 주경기에서 최대의 경기성과를 달성하는 단계이다. 경기 진행단계에서 우수한 경기 결과를 성취하기 위해서는 이에 필요한 훈련강도와 양을 유지시키는 것에 초점이 맞춰져 트레이닝이 실시되어야 한다. 예를 들면, 마라톤이나 역도 경기의 훈련강도는 준비단계와 거의 유사하게 부과되는 것이 원칙이지만 협응력이나 스피드 또는 파워와 같은 근신경계의 기능이 강조되는 스포츠는 준비단계의 50~70% 정도로 부하를 낮춰 트레이닝을 실시한다.

경기 진행단계에서 선수들이 적극적 사고를 갖고 자신감과 안정감으로 경기에 임할 수 있도록 심리적 안정을 취하는 것이 경기력의 극대화에 중요하다. 준비단계에서 향상시킨 운동능력이 심리적 불안과 소극적 자세 때문에 경기력으로 발휘되지 못하는 상황이 발생되지 않도록 하여야 한다. 경기 진행단계에서는 경기 참여에 따른 운동강도의 증가와 경기에 대한 부담감으로 선수가 스트레스를 받아 자칫 경기력이 저하될 수 있기 때문에 피로회복에 관심이 필요하다.

잦은 경기 참여에 따른 피로와 스트레스를 해소하고 주요 경기에서 경기력을 극대화 시킬 수 있는 방법으로는 1년 동안 예정된 경기를 중요도에 따라 서열을 정하고 중요도가 높은 경기는 최상의 경기력으로 경기에 참석하지만 중요도가 낮은 경기는 연습경기 수준으로 경기를 수행한다.

선수나 지도자들은 경기일정에 대한 결정권을 갖고 있지 않지만 경기 참여권은 갖고 있기 때문에 선수나 지도자들은 최상의 경기력 발휘와 선수들의 피로누적을 예방할 수 있도록 참여할 경기를 선택하여 선수들의 경기력과 피로회복에 효과적으로 대처하여야 한다.

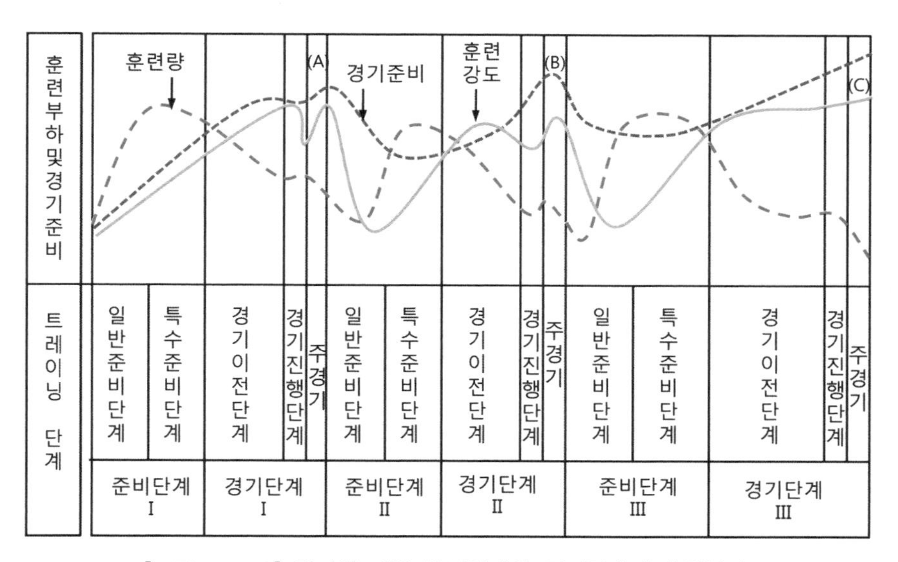

[그림 11-10] 경기에 따른 준비단계와 경기단계의 훈련부하

[그림 11-10]은 준비단계에서 경기단계로의 전환에 따른 훈련 부하와 경기 준비상태를 나타내고 있다. [그림 11-10]의 3경기 (A), (B), (C)는 선수들이 1년 동안 출전할 경기이며 경기의 중요도는 1순위 (C), 2순위 (B) 그리고 3순위가 (A)이다. [그림 11-10]에 따르면 20×0년 연간 트레이닝의 주목표가 (C)경기에서 최상의 경기 성과를 달성하는 것이기 때문에 선수들은 (C)경기에서 최선을 다하여 경기력을 극대화 시킬 예정이다. 따라서 (C)경기를 제외한 나머지 (A)경기와 (B)경기에서 무리하게 운동능력을 소진하면서 경기에 임할 필요가 없다. 이에 따라 선수들은 (A)경기와 (B)경기를 위해 특별하게 경기력을 증진시키기 위하여 평소 트레이닝에 변화를 줄 필요를 느끼지 않고 평소 훈련과 동일하게 훈련하면서 (A)와 (B)경기에 출전하여 평소 연습한 운동능력과 전술을 시험 적용시키며 경기 성과에 부담을 갖지 않고 경기를 치른 후 (C)경기에서 최상의 경기력을 발휘한다.

㉢ 전이단계

준비단계와 경기단계에서 과다한 트레이닝과 경기 참여로 신체적 피로와 정신적 스트레스가 많이 쌓이고 이로 인해 운동능력이 저하되거나 건강에 문제가 생길 수 있다. 이 같은 피로와 스트레스가 충분히 회복되지 않고 다음 년도에 다시 트레이닝을 실시하거나 경기에 참여하는 것은 운동능력을 저하시킴은 물론 건강까지 위험해 질 수 있다.

1년 동안의 트레이닝과 경기가 마무리되는 11~12월(스포츠 종목에 따라 차이가 있음)에 그 동안 쌓인 신체적 피로와 심리적 스트레스를 회복하기 위해 휴식을 취하고 다음년도 훈련을 준비하는 과정을 전이단계(transition phase)라 하며 보통 2~3주 내외를 원칙으로 한다. 전이단계는 보통 비시즌(off season)의 의미를 갖으며 연간 트레이닝 계획의 두 단계(경기단계와 준비단계)를 연결하는 주요 역할을 수행한다. 전이단계의 주요 목표는 생리적 또는 심리적으로 휴식을 취하여 인체의 모든 유기체들을 이완시켜 생화학적 기능을 재충전시키고 경기단계의 60% 내외의 체력을 유지시키는 것 외에 다음 년도에 실시할 트레이닝의 새로운 목표와 훈련내용 그리고 방법을 정한다.

전이단계의 과제를 효과적으로 수행하기 위하여 선수들은 준비단계와 경기단계의 트레이닝과 경기로 소홀히 했던 건강에 대한 의료 또는 영양 조치를 취하고 경기단계에서 유지했던 체력을 유지하는 체력관리(1주에 4~5일 훈련)로 준비단계 훈련에 대비하여야 한다. 또한 지도자와 선수는 전년도(前年度) 연간 트레이닝에서 나타난 문제들에 대한 수정사항(준비단계 또는 경기단계 종료 후 분석 자료)을 검토하여 새로운 훈련내용과 방법을 계발한다.

전이단계의 이 같은 사항들은 준비단계와 경기단계에서 정상적으로 트레이닝과 경기를 실시한 선수들에게 적용되며 그렇지 못한 선수들은 부족한 트레이닝으로 초래된 운동능력 부족을 보완하기 위한 별도의 보강훈련을 실시하여 차기년도(次期年度) 트레이닝에서 동료 선수들과 동일한 수준의 운동능력을 향상시켜야 한다. 전이단계 트레이닝은 경기단계 훈련강도와 양의 60% 수준에서 준비단계를 대비한다.

② 연간 트레이닝 계획 구성 내용

연간 트레이닝 계획은 1년 동안의 트레이닝 내용과 방법에 관한 지침서이다. 연간 트레이닝 계획의 작성 시점은 1년 동안의 트레이닝과 경기가 종료되고 이에 대한 평가와 수정 과정이 마무리되는 전이단계가 끝나는 시점이다. 전년도(前年度)에 실시된 트레이닝과 경기 전반에 걸친 평가자료 뿐 아니라 선수들의 성장과 경기력 향상 정도 그리고 트레이닝이나 경기에서의 문제점 등을 분석하고 차기 년도(次期年度) 트레이닝 계획과 참여 예상 경기를 확인하고 경기일정을 정하는데, 이 같은 일련의 과정은 전이단계가 끝나기 전인 준비단계 시작 전에 모두 완료되어야 한다. 이러한 이유는 경기 일정이 트레이닝 계획 작성에 주요 참고가 되기 때문이다.

연간 트레이닝 계획과 훈련부하를 결정하기 위해서는 트레이닝 방법과 내용에 대한 이론적 지식과 경험은 물론 관련 정보들이 모두 반영되어야 한다. 그러나 이렇게 작성된 연간 트레이닝 계획도 새로운 정보나 상황이 발생하면 훈련내용과 방법을 보완하거나 수정하여 보다 발전된 연간 트레이닝 계획으로 발전시킨다.

연간 트레이닝 계획이 작성되면 지도자는 연간 트레이닝 목표에 따라 선수 개인 또는 팀의 특성에 맞는 "맞춤형 트레이닝 프로그램"을 편성하고 훈련을 실시한다. 이때 트레이닝 내용과 방법에 사용되는 용어나 기호들은 간단명료하게 표현되어야 트레이닝에 참여하는 선수들의 이해를 높일 수 있다. 연간 트레이닝 계획은 다음과 같은 사항들이 포함된다.

㉠ 실시 년도 트레이닝 계획의 개요

연간 트레이닝 계획의 목표, 단계별 하위 주기의 트레이닝 기간, 훈련내용 및 방법 등에 대한 자료와 전반적인 개요를 간단히 파악할 수 있도록 한다.

ⓛ 전년도 연간 트레이닝 계획 결과 분석자료

전년도 연간 트레이닝 계획 및 결과를 분석한 자료

ⓒ 차기년도 경기력 예상

지도자는 차기년도 트레이닝 일정과 주요 경기에서 선수들이 성취할 경기력과 스포츠 기술을 사전에 예측하고 이 같은 예측을 통해 선수들이 보다 높은 수준의 경기력을 성취할 수 있는 자신감과 지도자에 대한 신뢰를 보상 받을 수 있다. 지도자는 선수 개인이나 팀의 경기력 예측의 정확성을 높이기 위해 전년도 경기력 수준과 체력 및 선수의 상태를 기록한 [표 11-3]과 같은 자료를 활용할 수 있다.

[표 11-3] 멀리뛰기 여자선수의 2010년 예상 경기력(예)

구 분		2009년	최근기록(2010.4.17)	2010년 목표
경기력		5m 60cm	5m 55cm	5m 70cm
체력	30m 스타트 대쉬	4.30″	4.25″	4.20″
	제자리 멀리뛰기	275cm	285cm	290cm
	하프 스쿼트(half squat)	105kg	110kg	120kg
	심리상태	안정	안정	안정

[표 11-3]은 2009년 최고기록이 5m 60cm인 여자 멀리뛰기 L 선수의 2010년도 멀리뛰기 목표기록과 체력 측정표이다. 2010년 4월 17일에 측정한 L 선수의 체력은 [표 11-3]과 같이 2009년 체력수준보다 평균 2~3% 향상되었고 심리상태도 매우 안정적이다. 경기력에서도 2009년도 5m 60cm에 근접한 5m 55cm의 기록을 발휘하고 있기 때문에, 지도자는 L 선수가 6월 20일에 실시될 경기에서 2009년보다 향상된 경기력을 발휘할 수 있을 것이란 예상을 할 수 있다.

ⓔ 차기년도 경기 목표

연간 트레이닝 계획의 효율적 수행을 위해 연간 트레이닝 목표와 하위 소단위 트레이닝 계획의 목표를 명시하고 목표 상호간 연계성을 구상하여야 한다. 트레이닝 목표 설정 시 전년도 경기력, 연습 기록 또는 성적, 운동능력 향상률, 주요 경기일자 등은 물론 스포츠에 필요한 훈련요소와 훈련에 방해가 되는 요인들의 순위를 정하여 이를 트레이닝 계획 수립 시 활용한다.

➻ 경기력 진단

경기력을 예측하기 위해서는 정기적으로 경기력을 진단하고 그 결과에 따라 적절하게 보완을 취하여야 한다. 경기력 진단은 선수 개인과 팀을 대상으로 경기력 구조의 기본 구성요소들을 평가하는 것이다. 따라서 팀보다는 선수 개인에 대한 진단이 중요하기 때문에 평소 훈련에서 강조하고 집중적으로 실시되었던 개인의 경기력 구성요소들을 진단한다.

선수 개인의 경기력은 ① 경기에서 나타난 경기력(경기 구간기록, 전술 적응수준, 심리적 요인 등), ② 경기력의 주요 구성 요소들의 현재 수준(근력, 전문체력, 부분적인 스포츠 기술 등) 그리고 ③ 경기력 구조에 가장 많은 영향을 미치는 체력(중 · 장거리 종목은 젖산 · 호흡가스분석, 펜싱 종목은 반응검사 등) 등이 있다. 이 같은 진단 자료들을 비교 분석하면 선수의 경기력을 진단할 수 있고 이를 근거로 선수의 경기력 발달 가능성을 예측할 수 있다. 독일의 Kadow(1996)는 경기력 진단을 위한 요소별 관계를 [그림 11-11]과 같이 나타냈다.

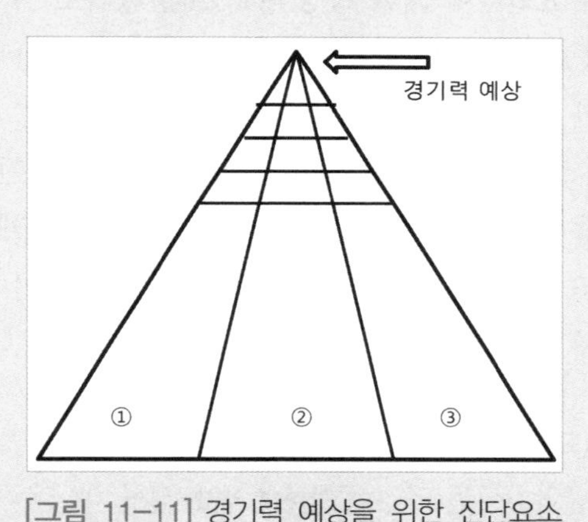

[그림 11-11] 경기력 예상을 위한 진단요소

ⓜ 차기년도 경기일정

연간 트레이닝 계획을 작성하는 데 중요한 요소 중 하나는 선수들이 참가하는 경기의 횟수와 경기의 중요도에 대한 이해이다. 참여할 경기 횟수와 일정은 여러 가지 요인에 의해 좌우되지만 보통 선수들의 스포츠 기술 수준과 심리적 상태 등을 고려하여 참여 경기일정을 정한다.

ⓑ 차기년도 체력 및 경기력 기준 제시 및 측정

선수들이 자신의 잠재된 경기능력과 현재의 운동능력을 알 수 있다면 트레이닝에서 자신의 운동능력을 향상시키기 위한 동기가 강하게 작용하고 자신의 잠재력을 계발하기 위한 노력에 보다 적극적일 것이다. 따라서 경기력이나 운동능력 측정은 선수 각 개인이 수행할 수 있는 경기력의 수준을 알아보고 단점을 보완하며 발전 가능성을 예측하기 위한 일종의 도구로서 다음과 같은 기능을 갖고 실시되어야 한다.

- 연간 트레이닝의 훈련 수준과 내용을 결정하기 위한 기초자료
- 선수 개인이나 팀의 장단점을 파악하기 위한 자료
- 트레이닝 요소들을 결정하기 위한 지침서
- 트레이닝의 효율성을 높이고 동기유발을 높일 수 있는 기회 제공

측정은 공식적으로 실시하는 경우가 대부분이지만 정량화(定量化)할 수 없는 심리적 또는 전술적 요인들에 대한 정성적(定性的) 평가도 있기 때문에 지도자는 항상 선수들의 운동능력과 심리적 상태는 물론 일상생활 중에 나타나는 여러 요인들에 대한 세심한 관심이 필요하다.

지도자가 사전에 선수들에게 측정 기준치를 제시하여 훈련에 대한 의욕과 동기를 제공하면 훈련 성과를 높일 수 있다. 지도자가 선수에게 제시하는 차기 측정 기준치(측정 목표치)는 선수가 달성할 수 있는 범위 내이며 기준치를 달성하였을 경우 선수에게 일정한 보상을 하는 것이 효과적이다.

[표 11-4] 경기를 대비한 단계별 트레이닝 계획

주요단계	단계별 주요 실천 사항
Ⅰ단계 (경기 30일전)	• 마무리 준비단계/전문체력 및 스포츠 기술의 극대화(7～10일) • 적응력 향상/연습경기를 통해 스포츠 기술과 전략 적응
Ⅱ단계 (경기 7일전)	• 정신력 강화 및 컨디션 점검(운동부하 조절) • 섭취열량 및 영양 조절 • 정신연습 및 전략 숙달
Ⅲ단계 (경기일)	• 집중력과 자신감을 높인다 • 경기일정 및 경기시간 확인 • 개인 및 팀 준비물 확인 • 경기장으로 출발

ⓢ 단계설정

경기 성과를 높이기 위해 경기일정에 따라 경기 준비에 필요한 단계를 설정하고 이를 위한 일정과 훈련 장소 및 방법을 정한다.

◎ **연간 트레이닝 프로그램의 약식 모형**

연간 트레이닝의 약식 모형은 연간 트레이닝 프로그램의 개요를 한눈에 알아보기 쉽게 나타낸 표로서 훈련에 따른 각종 요인들의 질(quality)과 양(quantity)은 물론 전년도 계획과 실시년도 계획의 차이를 손쉽게 알 수 있도록 구성한다. 이 같은 약식 모형은 지도자나 선수들이 트레이닝에 필요한 스포츠 기술과 전략을 개발하는 데 소요되는 노력과 목표 달성에 필요한 정보를 용이하게 이용할 수 있는 장점이 있다.

[표 11-5] 남자 멀리뛰기 선수의 20×0년 트레이닝 프로그램 약식 모형(예)

트레이닝 변수	단위	운동량(%)	운동강도(%)	전년도 대비(%)
〈트레이닝 계획의 형태〉	단일주기			
○ 트레이닝 기간				
• 연간 총 훈련기간/일	320			+5
• 준비단계/일	175			+7
• 경기단계/일	123			−4
• 전이단계/일	22			+15
○ 장주기 트레이닝 횟수	6			+11
○ 단주기 트레이닝 횟수	40			
• 학교 트레이닝	17			−7
• 국가대표선수촌	19			+19
• 해외 전지트레이닝	4			+40
○ 경기	9			+30
• 국제경기	3			−25
• 국내경기	4			−25
• 지역경기	2			+7
○ 트레이닝 총 시간	1280.6			
○ 측정횟수	19			−25
• 경기력	11			−14
• 체력	8			−16

[표 11-5] 남자 멀리뛰기 선수의 20×0년 트레이닝 프로그램 약식 모형(계속)

트레이닝 변수	단위	운동량(%)	운동강도(%)	전년도 대비(%)
○ 의료검진 횟수	3			+33
• 내과	1			0
• 외과	2			+33
○ 특수훈련(일)	245			+10
• 정식점프/횟수	950	80	85	+18
• 스피드 훈련/km	568	100	90	+15
• 근 파워 훈련kg.m	215,600	90	85	+33
○ 휴식/일	13			–8
○ 기타	41			

③ 연간 트레이닝 계획의 주기

연간 트레이닝을 계획하고 목표를 세우는 것은 경기력을 극대화하여 1년 동안 실시되는 주요 경기에서 최상의 성과를 획득하기 위해서이다. 따라서 트레이닝 계획은 경기를 중심으로 계획되고 실행되는 것이 가장 이상적이다.

㉠ 단일 연간 트레이닝 계획

주요 경기에서 최상의 경기력을 성취하기 위해서는 모든 훈련내용과 주기별 목표를 세부적으로 작성하고 이들 목표가 연간 트레이닝 계획의 목표와 연계되어야 한다. 연간 트레이닝 계획의 목표와 하위 소주기 트레이닝 계획의 목표는 성취 예정 일자와 경기 일정이 맞춰져있으므로 경기일자를 정확하게 알아야 트레이닝 일정을 배분할 수 있다. 경기를 중심으로 연간 트레이닝 계획을 작성하는 요령은 1년 맨 마지막에 실시되는 경기 일자에서 현재로부터 가장 가까운 일자에 열리는 경기 순으로 성취할 경기 목표를 각 경기별로 설정한다. 올림픽이나 국제대회와 같이 중요한 경기가 경기단계 후반(9~10월)에 있는 경우에는 그 이전에 열리는 경기(중요도가 낮은 경기)는 연습경기로 활용하여 경기력의 극대화를 9~10월에 열리는 올림픽이나 국제대회에 맞춘다.

[표 11-6] 20×0년 ○대학교 테니스부 단일 연간 트레이닝 계획

팀 명	20×0년 트레이닝 목표				
○ 대학교 테니스	경기 및 경기력	체력	스포츠 기술	전술	심리
	1. 국내대회 = 12 2. 국제대회 = 4 목표: 유니버시아드 대회 우승	○ 전년대비 2~3% 근력 강화 ○ 전년대비 2~3% 근지구력 강화 ○ 전년대비 2~3% 유연성 향상	○ 서비스 향상 ○ 개인기술 보완 ○ 전반적인 기술 향상	○ 서브 리시브 & 공격 ○ 패싱공격	○ 집중력 강화 ○ 자신감 육성

경기일정	월	주
	12	5, 12, 19, 26
	1	2, 9, 16, 25, 30
	2	7, 14, 21, 28
	3	4, 11, 18, 25
	4	9, 16, 23, 30
	5	7, 14, 21, 28
	6	4, 11, 18, 25
	7	4, 11, 18, 25
	8	1, 8, 15, 22, 29
	9	6, 13, 20, 27
	10	3, 10, 17, 24
	11	1, 8, 15, 22, 29

경기일정	국내, 국제
트레이닝단계	준비단계 II, 준비단계 III, 경기단계 I, 경기단계 II, 전이단계, 준비단계 I
장주기	1, 2, 3, 4, 5, 6, 7, 8, 9, 10, 11, 12
측 정	
의료 검진	
트레이닝 장소	학교, 전지훈련, 휴식
트레이닝 요소	100, 90, 80, 70, 60, 50, 40, 30, 20, 10, 0

훈련량
훈련강도
경기력

1년을 몇 구간으로 분리하느냐의 문제는 경기횟수와 일정에 좌우된다. 일반적으로 경기 일을 기준으로 할 경우 1년을 1주일 간격으로 45~52개의 간격(1주일을 1간격)을 사용하지만 선수들의 경기력 수준과 스포츠 종목에 따라 다르게 작성하는 경우도 있다.

연간 트레이닝 계획은 1년 365일을 경기일정에 따라 단계별로 나누고 트레이닝 기간에는 모든 일정에서 트레이닝 계획을 최우선으로 실행에 옮겨야 한다. 올림픽이나 세계선수권대회와 같은 주요 경기 1개를 1년 중 가장 중요한 경기로 결정하고 이 경기에서 최고의 경기력을 발휘할 수 있도록 모든 트레이닝 계획을 맞추는 것을 단일 연간 트레이닝 계획(chart of mono-cycle)이라 한다. [표 11-6]은 20×0년 런던에서 개최되는 유니버시아드(Universiade) 대회에 출전하는 ㅇ대학교 테니스 팀이 20×0년 10월 24일 결승전을 대비하여 작성한 단일 연간 트레이닝 계획서이다. ㅇ대학교 테니스 팀은 20×0년 10월 24일 실시되는 유니버시아드 테니스 결승경기(★표)에서 우승하는 것을 20×0년 트레이닝 목표로 정하고 모든 훈련을 이 대회에 집중하고 있다. 이 경기의 우승을 위해 전년(前年) 11월 15일 제I준비단계로부터 6월 4일까지 준비단계III을 실시하였으며 20×0년 3월 18일 이후에 실시되는 모든 경기와 트레이닝은 유니버시아드대회 결승경기에 맞춰져 있다.

20×0년 1년 동안 실시되는 전체 테니스 대회는 12개 국내경기와 4개의 국제경기가 예정되어 있다. ㅇ대학 테니스부는 이중에서 제1, 제2 경기단계인 6월 11일과 9월 27일 국내경기에 출전하여 준비기간에 향상시킨 경기력을 평가하고 경기 중 나타난 문제들을 처방하는 기회로 활용하면서 유니버시아드 테니스 결승전을 준비하고 있다.

㉡ 2중 연간 트레이닝 계획

1년 동안에 개최되는 경기 중에서 가장 중요한 2개의 경기에서 최상의 성적 달성을 목표로 수립한 연간 트레이닝 계획을 이중 연간 트레이닝 계획(chart of bi-cycle)이라 한다. [표 11-7]은 20×0년 5월 21일 국제경기(★)와 10월 24일에 개최되는 국내경기(★★) 2개의 경기에서 최상의 성적을 획득하는 것이 20×0년 연간 트레이닝 목표이다.

[표 11-7] 20×0년 ○대학교 테니스부 2중 연간 트레이닝 계획

팀 명	20×0년 트레이닝 목표				
○ 대학교 테니스	경기 및 경기력	신체적 준비	기술적 준비	전술적 준비	심리적 준비
	1. 국내대회 = 13 2. 국제대회 = 5 목표: 대륙간 국제대회 및 국내선수권대회 우승	○ 전년대비 2~3% 근력 강화 ○ 전년대비 2~3% 근지구력 강화 ○ 전년대비 2~3% 유연성 향상	○ 서비스 향상 ○ 개인기술 보완 ○ 전반적인 기술 향상	○ 서브 리시브 & 공격 ○ 패싱공격	○ 집중력 강화 ○ 자신감 육성

경기일정	월	12	1	2	3	4	5	6	7	8	9	10	11
	주	5 12 19 26	2 9 16 25 30	7 14 21 28	4 11	18 25 9 16 23 30	7 14 21 28	4 11 18 25	4 11 18 25	1 8 15 22 29	6 13 20 27	3 10 17 24	1 8 15 22 29
	국내											★★	
	국제						★						

트레이닝단계	준비단계 I	준비단계 II	경기단계 I	준비단계 III	경기단계 II	전이단계	준비단계 I

장주기	1	2	3	4	5	6	7	8	9	10	11	12

측 정	●	●	●	●	●	●
의료 검진	●	●	●	●	●	

트레이닝 장소	학교
	전지훈련
	휴식

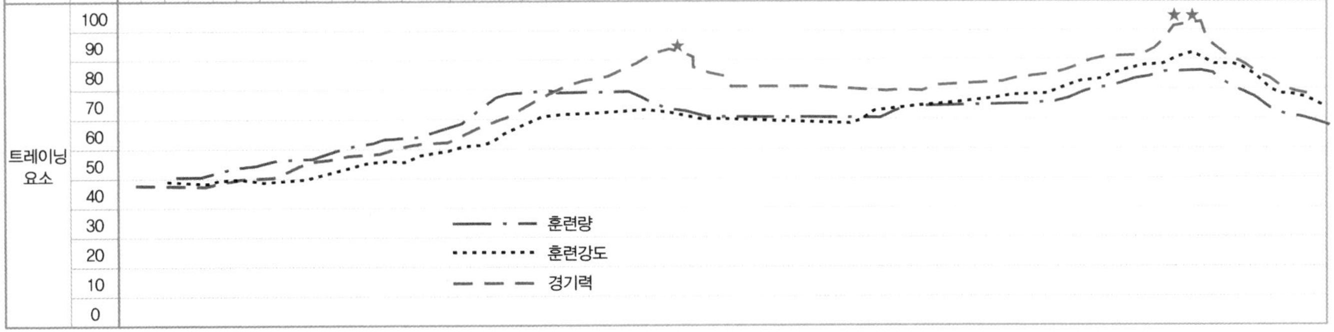

트레이닝 요소
100
90
80
70
60
50
40
30
20
10
0

— · — 훈련량
······· 훈련강도
— — — 경기력

5월 21일 경기를 대비하여 전년(前年) 11월 22일부터 20×0년 2월 사이의 준비단계 I (일반 준비단계)과 준비단계 II(특수준비단계)를 3월과 4월 16일까지 실시하여 신체적, 기술적, 전술적 능력을 증가시켜 5월 21일 개최되는 대륙간 국제대회를 준비하고 있다. 대륙간 국제 경기 이후에는 심리적 준비를 강화시키는 준비단계III(20×0년 6~9월)과 경기단계 II(20×0년 10월)에서 10월 24일 경기를 준비하고 있다. 4월 23일 경기와 9월 27일 경기에 참여하여 5월 20일 대륙간 국제경기와 10월 24일에 실시되는 국내경기를 위해 연습경기로 실시한다. 이 같은 과정을 통해 선수들의 경기력을 향상시켜 20×0년 트레이닝 목표인 2 경기에서 최상의 경기력이 발휘될 수 있도록 하였다.

ⓒ 3중 연간 트레이닝 계획

[표 11-8]과 같이 1년에 3개의 경기에서 최상의 성적을 획득하는 것을 연간 트레이닝 목표로 삼는 것을 3중 연간 트레이닝 계획(chart of tri-cycle)이라 한다. [표 11-8]에 의하면 20×0년 1년 동안 9개의 국내경기와 4개의 국제대회가 예정되어 있는데, ㅇ대학교 테니스 부는 5월 21일 국제대회 (★)1개와 9월 27일 국내대회(★★) 그리고 10월 24일 국제대회(★★★) 총 3개의 경기에 참석하여 최상의 성적을 획득하는 것이 20×0년 트레이닝 목표이다. 5월 21일에 실시되는 국제경기는 전년(前年) 11월 29일부터 20×0년 4월 30일까지 실시한 준비단계 I 과 국내경기(3월 18일)에 이어서 실시되기 때문에 경기 참여에서 획득한 실전 경험과 준비단계 I 에서 향상된 경기력으로 5월 21일 경기를 별 어려움 없이 치를 수 있다. 9월 27일에 실시되는 경기는 6월 25일~8월 29일까지 실시된 준비단계 II와 경기단계 II 그리고 2번에 걸친 국내대회(6월 25일, 8월 29일)에 참여하여 경기력 유지에 큰 문제가 없다. 다만 트레이닝과 경기 참여에 따른 피로를 회복하고 심적 안정을 위한 휴식이 필요하다.

두 번째 경기 종료 후 10월 10일 국내경기는 10월 24일 국제경기를 위한 연습경기로 참여 한다(10월 3일 국제대회는 불참). 연습경기에 참여하면서 경기 중에 나타난 전술적 또는 스포츠 기술의 문제점들은 계속 수정 보완하면서 최종 10월 24일 경기에 대비한다.

[표 11-8] 20×0년 ○대학교 테니스부 3중 연간 트레이닝 계획

팀 명	20×0년 트레이닝 목표				
	경기 및 경기력	체력	스포츠 기술	전술	심리상태
○ 대학교 테니스	1. 국내대회 = 9 2. 국제대회 = 4 목표: 국내대회 2회 우승 국제대회1회 우승	○ 전년도 대비 2~3% 근력 강화 ○ 전년도 대비 2~3% 근지구력 강화 ○ 전년도 대비 2~3% 유연성 향상	○ 서비스 향상 ○ 개인기술 보완 ○ 전반적인 기술 향상	○ 서브 리시브 & 공격 ○ 패싱공격	○ 집중력 강화 ○ 자신감 육성

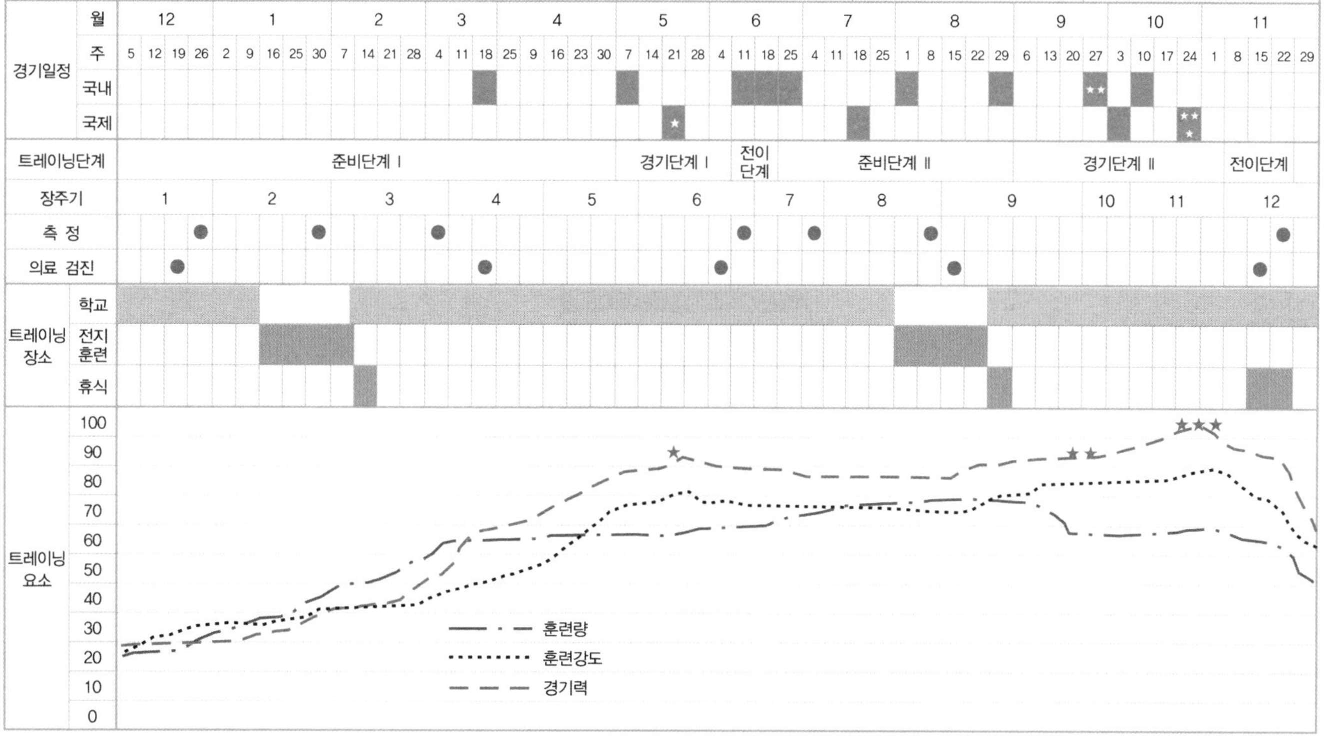

경기일정												
월	12	1	2	3	4	5	6	7	8	9	10	11
주	5 12 19 26	2 9 16 25 30	7 14 21 28	4 11 18 25	9 16 23 30	7 14 21 28	4 11 18 25	4 11 18 25	1 8 15 22 29	6 13 20 27	3 10 17 24	1 8 15 22 29
국내				18 ■		7 ■	11·18·25 ■		1 ■, 29 ■	27 ★★	10 ■	
국제						21 ★		18 ■			3 ■, 24 ★★★	

트레이닝단계	준비단계 I	경기단계 I	전이단계	준비단계 II	경기단계 II	전이단계

장주기	1	2	3	4	5	6	7	8	9	10	11	12

측 정	●	●	●	●	●	●	●
의료 검진	●	●	●	●	●		

트레이닝 장소	
학교	12월~1월 초, 2월~7월, 9월~11월
전지훈련	1월, 8월
휴식	2월 초, 8월 말, 11월 중순

트레이닝 요소 (0, 10, 20, 30, 40, 50, 60, 70, 80, 90, 100)

—·— 훈련량
······ 훈련강도
— — 경기력

(3) 중주기 · 장주기 트레이닝 계획

중주기(mezocycle) 트레이닝 계획은 트레이닝 기간이 2~4주 내외, 장주기(maceocycle) 트레이닝 계획은 2~3개의 중주기 트레이닝 계획을 하위 구조로 갖는다. 장주기 트레이닝 초기는 새로운 트레이닝의 적응단계이며 초기 중간단계 또는 후기단계가 트레이닝 보상단계로서 운동능력 향상 단계이다. [그림 11-12]의 (A)는 4개의 주(週)가 한 단위로 형성된 중주기 트레이닝 3개가 모여 1개의 장주기 트레이닝 계획을 구성하고 있다. 중주기 트레이닝 계획 (B)는 장주기 트레이닝 계획 (A)를 구성하고 있는 3개의 중주기 중에서 1개의 중주기 트레이닝 계획(5~8번째 주)을 확대한 그림이다.

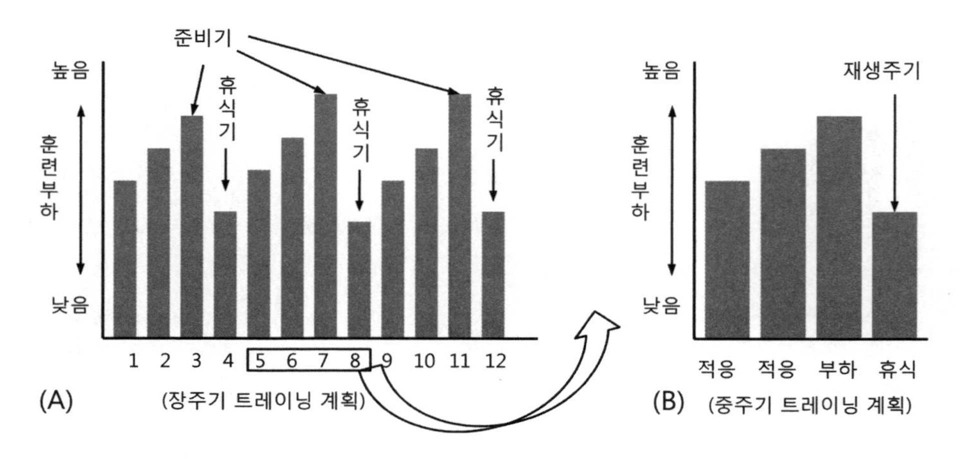

[그림 11-12] 장주기 트레이닝 계획에서 중주기 트레이닝 계획의 진행

중주기 트레이닝 계획은 연간 트레이닝 목표의 일부를 달성하기 위한 일련의 하위 소단위 계획이므로 중주기 트레이닝 성과가 연간 트레이닝 목표 달성에 많은 영향을 미친다. 중주기 트레이닝도 트레이닝 목표가 있고 중주기 트레이닝 마지막 단계에서 이 목표가 성취되어야 다음 단계의 중주기 트레이닝과 연결되면서 트레이닝 부하를 조정할 수 있다.

1개의 중주기 트레이닝은 트레이닝 목표를 달성하기 위해 몇 개의 소주기(주간) 트레이닝 계획으로 구성되며 소주기(주간) 트레이닝의 성과가 중주기 트레이닝의 훈련 목표 달성에 결정적 역할을 하고 소주기(주간) 트레이닝은 7개의 일일

(一日) 트레이닝으로 구성된다. 따라서 연간 트레이닝 목표는 일일 트레이닝과 소주기(주간) 트레이닝 계획, 중주기 트레이닝 계획과 장주기 트레이닝 계획으로 연계된 하위 소단위 주기들의 트레이닝 성과에 의해 결정된다. 트레이닝 기간과 관계없이 모든 트레이닝 성과는 부과된 목표를 일정 기간 내에 성취하여야 트레이닝 효과를 성취할 수 있는데, 이 같은 주기별 트레이닝 목표는 각 트레이닝 주기에 적합한 훈련부하와 피로회복의 적절한 배분으로 성취가 가능해진다.

(4) 소주기(주간) 트레이닝 계획

소주기(microcycle) 트레이닝 계획을 주간 트레이닝 계획이라 하며 트레이닝 계획의 최소 소단위로서 모든 트레이닝 계획의 성공 여부를 결정한다. 장기간 반복적으로 훈련을 실시하는 운동선수들에게 소주기(주간) 트레이닝은 실제 훈련으로서 의미를 갖는다.

월요일부터 토요일 또는 일요일까지 계속되는 소주기(주간) 트레이닝은 운동능력의 향상 여부는 물론 연간 트레이닝의 성패를 결정한다. 소주기(주간) 트레이닝도 중주기 또는 장주기 트레이닝과 마찬가지로 트레이닝 실시 초반(월요일)에는 적응 중심의 훈련이지만 후반에 이르면 보상효과의 극대화와 다음 주(週) 훈련을 위한 피로 회복이 필요하다.

① 소주기(주간) 트레이닝 계획의 구성 요소

소주기(주간) 트레이닝 계획은 연간 트레이닝 계획을 비롯한 상위 장주기 또는 중주기 트레이닝 계획의 목표를 이행하기 위한 최하위 소단위 트레이닝 계획으로서 의미를 갖기 때문에 장기 트레이닝 계획과의 통합 과정이 중요하다. 소주기(주간) 트레이닝 계획의 성패는 체력과 스포츠 기술과 같은 트레이닝 요인들의 능력 향상에 필요한 훈련내용과 방법에 따라 결정된다.

소주기(주간) 트레이닝 계획은 다음과 같은 사항들이 포함되어야 한다.

- 소주기(주간) 트레이닝의 목표와 중점 훈련내용
- 경기력 향상에 필요한 운동능력의 반복 훈련
- 훈련내용에 따라 훈련부하의 절대 수준 결정
- 새로운 스포츠 기술이나 연습에 대한 강도 조절

- 훈련 내용 및 방법의 다양화
- 연간 트레이닝 계획에 의한 운동능력 측정 일시
- 월요일에는 중간 강도의 훈련으로 시작하여 화, 금요일에 강도 증가
- 주요 경기 7일 전 훈련부하 조정

소주기(주간) 트레이닝의 성공은 연간 트레이닝과 모든 트레이닝의 단계별 목표 달성을 위해 가장 중요하다. 소주기 (주간) 트레이닝 계획은 일주일 동안 반복되는 일일(一日) 훈련내용의 반복 횟수와 부하를 요일별로 배정한다.

② 소주기(주간) 트레이닝 계획의 종류

㉠ 훈련 일시를 중심으로 한 분류

소주기(주간) 트레이닝 계획은 훈련의 내용과 방법은 물론 훈련 시기에 따라 다양하게 훈련 목표를 설정하고 이에 따라 융통성 있게 실시할 수 있으며 선수들의 운동능력 발전 정도나 진행에 맞게 "맞춤형 트레이닝"으로 실시한다.

[표 11-9] 훈련 일시 중심의 소주기(주간) 트레이닝 형태

	구분 요일	월	화	수	목	금	토	일
(A)	오전							
	오후	○	○	○	○	○	○	

	구분 요일	월	화	수	목	금	토	일
(B)	오전	○	○	○	○	○	○	
	오후	○	○	○		○		

소주기(주간) 트레이닝 계획은 1주(7일) 동안에 계획된 훈련 횟수와 훈련 부하에 따라 분류된다. [표 11-9]의 (A)는 오전 훈련은 실시하지 않고 오후 훈련(○표시)만 6일 실시하는 훈련 형태로서 전이단계에서 주로 활용되는 사례이다. (B)는 1주에 오전 훈련을 6일 실시하고 오후 훈련을 4일 실시하는 준비단계의 소주기(주간) 트레이닝 계획으로 합숙훈련과 같은 집중훈련 시 주로 이용된다. 이때 오전 훈련은 선수들의 컨디션이나 체력을 강화시키는 목적으로 보강 또는 보조훈련

형태로 보통 실시된다.

소주기(주간) 트레이닝은 트레이닝 환경이 고려되고 선수가 트레이닝의 내용과 방법에 숙달되어야 효과를 높일 수 있다. 합숙훈련과 같이 트레이닝의 목적과 내용이 연간 트레이닝 계획에 명시된 집중훈련은 트레이닝 부하의 증가 폭을 보다 구체화하여 합수훈련 전과 종료 후 훈련효과에 대한 평가를 실시하는 것이 효과적이다. 평가항목은 합숙훈련 시 중점적으로 강조하였던 전문체력이나 스포츠 기술이 바람직하다.

㉡ 훈련 강도를 중심으로 한 분류

소주기(주간) 트레이닝 훈련 계획은 항상 동일한 훈련내용과 방법으로 진행되는 것은 아니며 훈련 환경과 선수의 운동능력 또는 상태에 따라 훈련 부하가 달라진다. 마라톤과 같이 심폐지구력이 경기 결과에 중요한 요소가 되는 특수종목의 경우를 제외(극히 일부)하면 1주(一週)에 하루 정도 휴식을 갖는 것이 보통이다.

체력을 강화하거나 스포츠 기술의 숙달을 훈련목표로 실시하는 집중훈련의 경우 평소 훈련보다 훈련강도가 높아 [그림 11-13]의 (A)나 (B)와 같이 1주에 1~2회(일) 또는 3회에 걸쳐 훈련강도를 최고부하로 실시한다. 훈련강도를 높일 때는 인체가 훈련에 어느 정도 적응된 화요일에서 금요일 사이에 실시하는 것이 바람직하며 1회 강도 높은 훈련을 실시한 후에는 휴식을 겸해 낮은 훈련강도로 1~2일 실시한 후 다시 강도를 높여 훈련을 실시하는 것이 효과적이다.

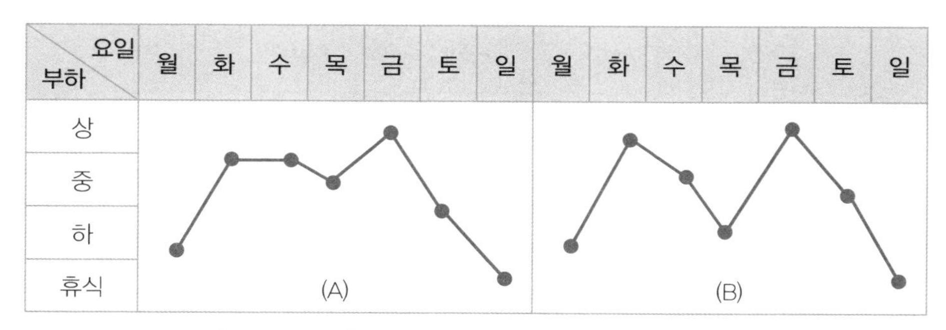

[그림 11-13] 소주기(주간) 트레이닝의 요일별 부하

[표 11-10] 창던지기 선수의 소주기(주간) 트레이닝 계획

트레이닝 내용 \ 요일		월	화	수	목	금	토
준비운동		○	○	○	○	○	○
관성달리기 : 120～150m		○	○	○	○	○	○
가속달리기 : 100～120m(80～90%)		○	○	○	○	○	○
스타트대쉬 : 20～30m		○	○	○	○	○	○
뛰기(jump)		○		○		○	
허들 넘기			○		○		
구기				○			
도움닫기		○	○		○	○	
크로스 스텝(cross step)		○	○		○	○	
크로스 스텝+리버스(reverse)			○			○	
도움닫기+크로스스텝+던지기+리버스			○		○		○
서키트 트레이닝					○		
웨이트 트레이닝		○				○	
기록회							○
정리운동		○	○	○	○	○	○
사우나(온탕)			○			○	○
토의 및 평가		○	○	○	○	○	○
트레이닝 강도		중	강	중	중	강	중
트레이닝목표	체력	스피드	근력	순발력	근지구력	근력	기록회
	기술	크로스스텝	전체	협응	크로스스텝	전체	

(5) 일일 트레이닝

모든 트레이닝 계획은 1일 트레이닝으로 시작되며 하루 트레이닝의 성공이 모든 트레이닝의 목표 달성 여부를 결정한다. 따라서 선수의 일상생활과 트레이닝의 조화는 경기력 발전과 일상생활에 많은 영향을 미친다. 스포츠 지도자들은 트레이닝 계획에 따라 1일 트레이닝과 일상생활이 조화를 이룰 수 있도록 하루를 오전과 오후 그리고 선수 개인이 선택한 시간대를 트레이닝 시간으로 활용하는

1일 1~3회로 시간을 분할하여 트레이닝을 실시하는 것이 바람직하다. 1일 트레이닝의 성공은 소주기(주간) 트레이닝을, 소주기(주간) 트레이닝은 중주기 또는 장주기 트레이닝을, 중주기 · 장주기 트레이닝은 연간 트레이닝 또는 장기 트레이닝의 목표 달성에 직접적으로 영향을 미친다.

선수들의 하루 트레이닝 내용과 방법은 소주기(주간) 트레이닝 계획에 의하며 1일 트레이닝 주기는 [표 11-11]과 같이 3~6단계 중 하나의 형태로 실시한다.

[표 11-11] 1일 트레이닝 형태

트레이닝 형태	훈련 내용	적 용
3단계	① 준비운동, ② 본 운동, ③ 정리운동	1회 운동 또는 개인운동, 단련자
4단계	① 개요설명, ② 준비운동 ③ 본 운동, ④ 정리운동	초보자 또는 경기를 대비한 특수 합숙 훈련
5단계 또는 6단계	① 개요 설명, ② 준비운동, ③ 본 운동, ④ 정리운동, ⑤ 평가, ⑥ 보강운동	초보자, 단련기 또는 새로운 요인 강화 훈련

[표 11-11]의 트레이닝 형태는 트레이닝 과제와 내용, 시기 또는 선수들의 상태에 따라 지도자나 선수가 적절하게 선택할 수 있다. 3단계 트레이닝 형태는 트레이닝 경험이 많고 운동능력이 우수한 단련선수들에게 적용하는 트레이닝 형태이며 모든 트레이닝 과정에 포함되는 필수 내용이다. 4~6단계는 트레이닝에 대한 사전 정보와 실시 상 유의점 등에 대해 세심한 설명이 필요한 초보자들이나 경기에 대비한 합숙, 특수 체력 및 새로운 스포츠 기술을 집중적으로 강화시키는 트레이닝에 주로 적용된다.

① 트레이닝 개요 설명

트레이닝 실시 전 트레이닝에 참여하는 선수들에게 트레이닝의 목표와 내용을 설명하고 트레이닝을 시작한다. 스포츠 지도자는 트레이닝에 대한 선수들의 동기 유발과 트레이닝 실시에 따른 유의점, 훈련방법 등을 설명하여 선수들에게 트레이닝에 대한 이해를 높이는 것이 주요 목적이다.

② 준비운동

준비운동은 주 훈련이 시작되기 전 선수들의 신체 상태를 최상으로 조성하여 운동능력을 극대화시키고 운동 상해를 예방하기 위한 과정이다.

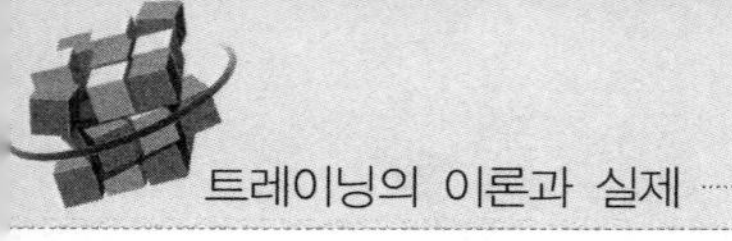

③ 본 운동

본 운동에서 실시하는 훈련내용은 경기종목, 성별, 연령 그리고 훈련단계에 따라 다르게 실시한다. 일반적으로 스포츠 기술 연습은 트레이닝 초기단계에서 실시하고 체력 훈련은 트레이닝 후반단계에서 실시하는 것이 보통이지만 체력 자체가 스포츠 기술에 차지하는 비중이 큰 역도경기나 마라톤 경기 등은 체력 훈련을 트레이닝 초기에 배정하는 경우도 있다.

④ 정리운동

운동으로 흥분된 신체기관의 기능을 점차적으로 안정시키고 운동으로 형성된 피로 물질을 효과적으로 제거하기 위하여 정리운동을 실시한다.

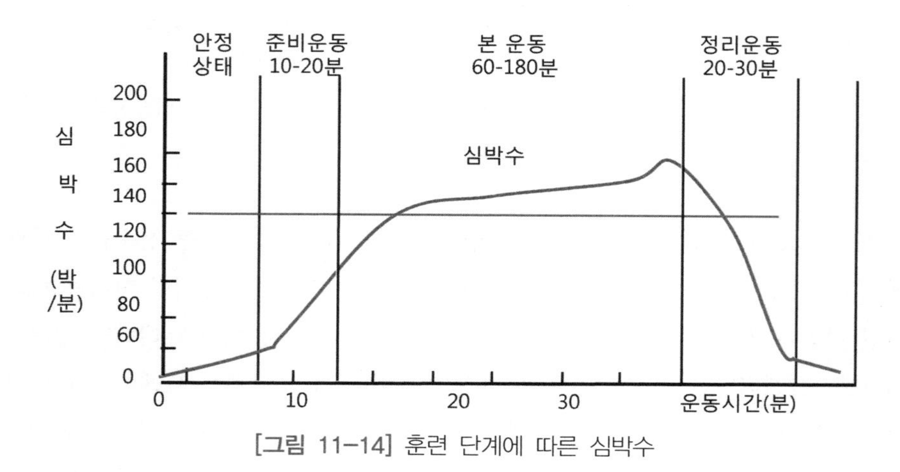

[그림 11-14] 훈련 단계에 따른 심박수

⑤ 트레이닝 평가

트레이닝 종료 후 지도자는 트레이닝에서 나타난 문제들을 파악하고 이의 개선점을 제시하는 평가를 하여 차기 트레이닝에서 실수를 반복하지 않도록 한다. 트레이닝에 대한 평가는 트레이닝 상태와 선수들의 분위기를 고려하여 트레이닝 직후 또는 평가 시간을 별도로 정하여 실시한다.

⑥ 보강운동

계획된 트레이닝만으로 운동능력 향상이 미진할 경우 지도자는 선수에게 보충훈련 성격의 보강운동을 권고하거나 선수 스스로 이의 필요성을 갖고 정식 트레이닝과 별도 시간에 운동능력을 보완하기 위해 보강운동을 한다. 보강운동은 주

운동에 지장을 주지 않는 범위에서 1~2가지 목표를 정하여 집중적으로 실시하는 것이 효과적이다.

[표 11-12] 준비기의 1일 트레이닝 계획

시 간	주요일과	트레이닝 목표	기 타
06:00	기상		
06:30~07:30	아침운동	유연운동 및 신체 상태 조절	지도자의 조언 또는 계획
09:00~14:30	학교생활		
15:30~18:00	오후운동	트레이닝(운동능력 극대화)	정규 트레이닝
19:00~20:00	저녁식사		
21:30~22:30	보강운동	부족한 운동능력 보완	선수 개인의 필요
23:00~	취침		

3 경 기

경기(대회: athletic competition)는 경기력을 최상으로 발휘하여 트레이닝 목표를 달성하는 기회인 동시 트레이닝에 참여한 선수의 경기력을 평가하여 훈련 과정을 수정하는 수단이라는 2가지 기능을 갖는다.

선수들은 연간계획의 목표인 주요 경기에서 최상의 경기력으로 우수한 성과를 획득하기 위해 연습경기에서 운동능력을 평가하고 실전 경험을 쌓을 수 있도록 경기를 트레이닝의 일부로 활용하며 이 같은 과정을 통하여 선수들의 경기 경험을 축적하고 스트레스를 극복한다.

1) 경기의 종류와 특성

(1) 공식경기

공식경기는 올림픽을 대비한 국가대표 선발전이나 선수권과 같은 경기이며 경기의 성격이 중요하고 참가하는 선수들이 전력을 다하여 치르는 경기로서 연간 트레이닝 계획의 목표와 트레이닝 내용을 선정하거나 트레이닝 계획을 장기 또는 단기로 분류하는 지침이 된다.

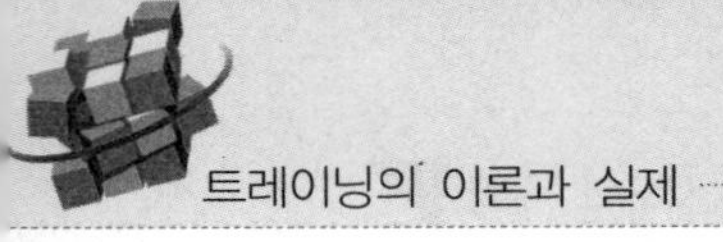

(2) 연습경기

선수나 팀이 트레이닝에서 습득한 스포츠 기술과 운동능력을 피드백(feed back)하거나 시험하기 위해 계획된 트레이닝의 한 방법으로 실시하는 경기이다. 연습경기는 트레이닝 계획의 이행을 위해 한 부분으로 실시하는 트레이닝이기 때문에 이 경기를 위하여 훈련계획을 특별히 변경하여 경기 준비를 할 필요는 없으며 우수한 경기 성적보다는 경기 참여를 통해 경기 실전 경험을 쌓고 그동안 훈련한 운동능력을 경기력으로 전환시키는 수준을 시험하고 심리적 부담을 덜어주는 것을 목적으로 실시한다.

2) 경기일정

1년 동안 개최되는 경기 일정은 스포츠 종목을 관장하는 해당 기구나 협회에서 결정하고 주관하기 때문에 지도자는 이를 참고로 경기 참여 계획을 세운다. 참여할 경기를 선택하고 일정을 수립하는 것은 연간 트레이닝 계획의 목표가 되는 주요 경기에서 성과를 좌우하고 선수 개인이나 팀 전체의 경기력에 미치는 영향이 크다.

연간 트레이닝 계획에서 지도자는 1년 동안 실시되는 전체 경기 중 참여할 경기를 선택하고 이 중 2~3개 경기에서 최고의 성적을 얻기 위해 경기일정을 세우고 모든 노력을 집중한다. 1년 동안 예정된 모든 경기에 참여할 경우 선수들은 경기에 참여할 때마다 전력을 다 기울여야 하는 부담 때문에 피로와 스트레스가 쌓여 정상적인 훈련을 수행할 수 없고 주요경기에서 좋은 결과를 달성할 수 없다. 따라서 지도자는 경기일정을 세우면서 1년 동안 실시되는 모든 경기에서 중요도가 떨어지는 경기는 연습경기로 활용하여 평소 운동능력과 전술을 시험하는 기회로 삼고 이를 통해 선수들의 경기력과 심리 상태를 최대로 높여 가장 중요한 경기에서 운동능력과 경기력을 최상으로 발휘할 수 있도록 다음 사항들을 고려하여 연간 경기일정을 수립한다.

(1) 경기일정은 연간 트레이닝 계획의 한 부분으로 수립한다

연간 트레이닝의 일부로 실시되는 경기는 평소 훈련 때와 같은 수준의 긴장을 유지하여 경기를 치러야 경기 종료 후 후유증을 최소화할 수 있다.

(2) 경기일정은 소주기(주간) 트레이닝 계획을 적용한다

보통 소주기(주간) 트레이닝 계획은 화요일~금요일 사이에 트레이닝 부하를 높이고 월요일과 토요일에 부하를 낮춘다. 일요일에 취한 휴식의 후유증이 월요일 훈련에 지장을 주며 토요일은 월요일부터 금요일까지 지속된 훈련으로 누적된 피로를 덜기 위함이다.

경기일정은 소주기(주간) 트레이닝 계획 작성 방법과 유사하게 수립하는 것이 선수들에게 피로와 심적 스트레스를 최소화할 수 있다. 이를 위해서는 첫째, 연간 트레이닝 계획을 수립하기 전 1년의 경기 일정표에 따라 경기일정을 반대 순(연간 트레이닝 계획의 경기단계 마지막에 실시되는 경기를 1순위, 경기단계 맨 처음에 실시되는 경기를 끝 순위)으로 연간 경기일정을 수립하고 소주기(주간) 트레이닝 틀에 경기일정을 맞추는 방법과 둘째, 경기일정과 무관하게 연간 트레이닝 계획을 정하고 경기단계에서 경기 2~3주 전에 주간 트레이닝 계획을 다시 수립하여 경기에 참여하는 방법이 있다. 주요경기에 참여하는 경우는 첫 번째 방법이 효과적이며 연습경기 수준의 경기는 두 번째 방법을 채택한다. 소주기(주간) 트레이닝은 월요일 훈련강도와 양은 중간 수준이지만 화요일부터는 훈련강도와 양을 높여 훈련을 실시하며 토요일과 일요일은 휴식을 취한다. 이 같은 방법으로 경기를 대비하여 훈련의 강도와 양을 조정하며 경기 종료 후에는 휴식을 취하는 방법으로 경기일정을 수립한다.

연습경기의 경우 트레이닝의 일부분으로 경기에 참여하지만 경기에 참여하는 선수들은 심적 또는 육체적 피로가 누적되고 이로 인해 주요 경기에서 최상의 경기력 발휘에 지장이 초래될 수 있으므로 선수들은 연습경기 전 후에 이어지는 트레이닝에서 훈련강도와 양을 적절하게 조절하여 주요경기를 대비하는 것이 중요하며 [그림 11-15]를 활용할 수 있다. [그림 11-15]의 (B)경기(화요일 경기)는 (A)경기(전 주 금요일 경기) 종료 후 3일 동안 피로를 회복하고 경기를 준비하여야 하기 때문에 3일 동안의 훈련부하는 당연히 낮아야 한다.

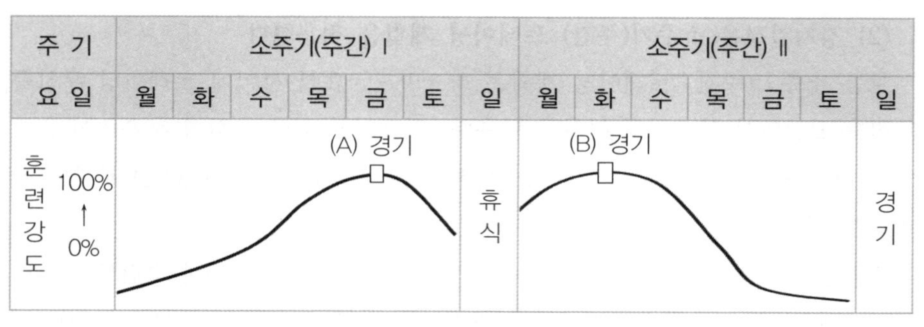

[그림 11-15] 경기 사이의 훈련강도

(3) 경기수와 참여 빈도

1년 동안 예정된 모든 경기 중에서 참여할 경기의 횟수를 결정하기 위해서는 선수 개인의 운동능력과 특성, 경험, 연령과 스포츠 종목이 주요 변수로 작용하며 특히 스포츠 종목의 특성이 경기 수와 참여 빈도를 결정하는 주요 변수가 된다. 경기 수행시간이 짧은 단거리 경기나 다이빙 또는 높이뛰기 경기에 참가하는 선수들은 신체적으로 또는 심리적으로 스트레스를 적게 받고 다른 운동 종목보다 피로가 빠르게 회복되기 때문에 경기 참여 빈도가 경기력 발휘에 큰 문제가 되는 경우가 적을 수 있다. 그러나 지구력과 근력이 경기 수행의 주요 인자인 중 · 장거리, 마라톤, 사이클, 복싱 및 레슬링 종목은 선수들의 심리적 스트레스가 높고 피로 회복률이 낮기 때문에 경기 참여율과 빈도가 일반적으로 낮다. 선수들은 연

[표 11-13] 경기단계에서 경기력 발휘를 위한 실행내용

단 계	경기 단계		
하위단계	경기 이전단계	경기 직전단계	경 기
목 표	• 경기력 향상 및 경기경험 축적 • 훈련과정에서 습득한 스포츠 기술과 전술 적용	경기 이전에 결점 파악 및 수정	경기력의 극대화
실행내용	• 난이도와 훈련강도 증가 • 경기빈도는 높이고 훈련량 감소	• 훈련강도 높이고 양 감소 • 경기에 영향을 미치지 않을 정도의 연습경기	트레이닝으로 향상된 운동능력을 최대로 발휘

습경기를 포함하여 예선전과 2~4개의 주경기에 참여하기 때문에 경기력을 지속적으로 유지하는 것이 경기 목표 달성에 매우 중요하며 이를 위해 [표 11-13]과 같은 사항들이 고려될 수 있다.

3) 트레이닝 효과의 절정

트레이닝 효과가 최상으로 형성되는 현상을 트레이닝 효과의 절정(peak of training effect)이라 한다. 트레이닝 효과의 절정이 주요 경기에서 발휘되어야 연간 트레이닝 계획이 성공적으로 실시되고 트레이닝 목표도 달성될 수 있다. 이 같은 목표를 달성하기 위하여 모든 트레이닝 계획은 주요 경기에서 트레이닝 효과가 절정상태로 형성될 수 있도록 상호 조화와 연계를 이뤄 실시되어야 한다. [그림 11-16]은 연간 트레이닝 계획의 전이단계와 준비단계에서 실시된 모든 트레이닝이 경기단계 후반부에 예정된 주경기(A)에서 최고의 경기력이 발휘될 수 있도록 트레이닝의 강도와 양이 조정되어 있다.

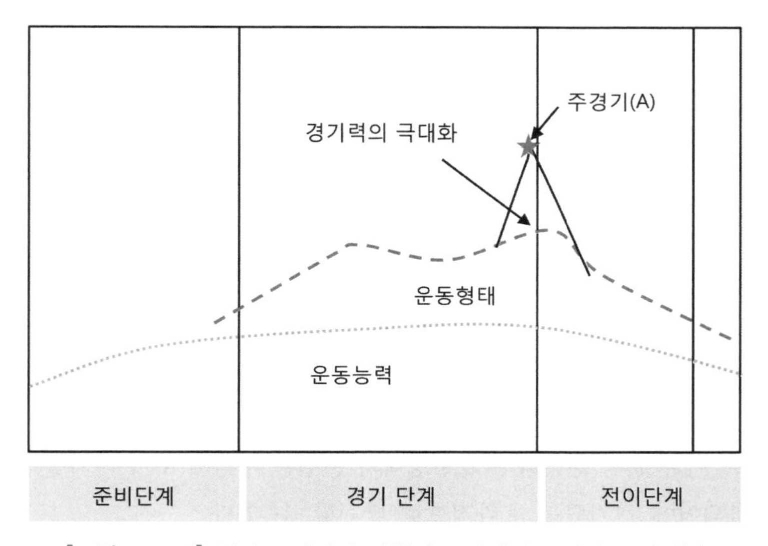

[그림 11-16] 연간 트레이닝 계획의 트레이닝 요인과 주경기(A)

(1) 트레이닝 효과의 절정 요인

트레이닝을 지속적으로 실시하면 다음과 같은 스포츠 관련 요인들의 능력이 향상되어 훈련효과가 절정상태에 이르고 경기력이 상승한다.

① 운동능력

트레이닝을 수행하면 인체기관의 기능과 효율성이 높아져 체력과 스포츠 기술이 향상되며 전술에 숙달되고 심리적으로 안정되어 경기에 필요한 운동능력이 발달된다. 트레이닝에서 가장 중요한 것은 트레이닝 효과가 운동능력으로 전환되어 주요경기에서 경기 성과를 최상으로 달성하는 것이다. William(1991)은 운동능력의 구성요소를 신체능력과 스포츠 기술 그리고 심리상태로 보고 이들의 운동 수행요소를 [그림 11-17]과 같이 나타냈다.

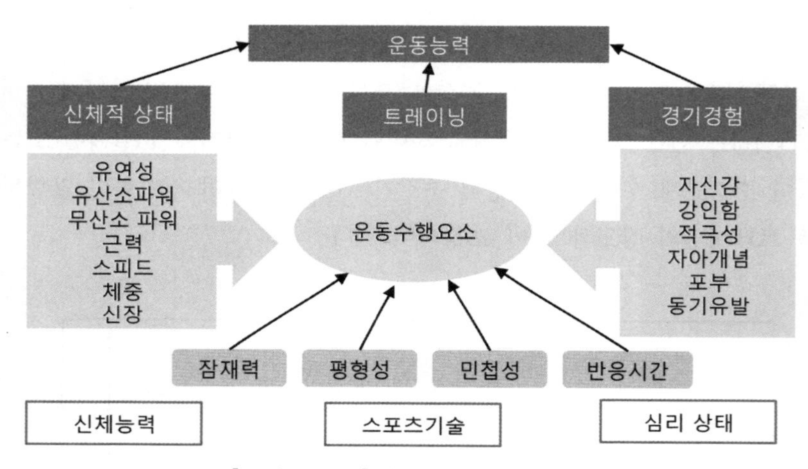

[그림 11-17] 운동능력의 구성 요소

② 운동형태

운동선수들은 트레이닝 과정에서 여러 형태의 훈련을 실시한다. 특히 경기단계 초기에서부터 [그림 11-16]의 주경기 (A)가 실시되는 날까지 스포츠에 필요한 운동형태의 훈련을 집중적으로 실시하여 경기에서 전개되는 운동형태에 숙달되도록 한다. 이와 같이 전문화된 운동형태의 훈련은 주경기(A)가 다가올수록 질적으로 강화되어야 경기력을 효과적으로 발휘할 수 있다.

③ 경기력의 극대화

준비단계와 경기단계에서 향상된 선수의 운동능력과 안정된 심리상태는 연간 트레이닝의 목표인 [그림 11-16]의 주경기(A)에서 경기력으로 극대화 되고 최상의 성과를 획득할 수 있다. 이를 위해서는 인체의 기능과 적응력이 최대로 발휘되고 근신경(neuro muscle)의 협응력(co-ordination)과 반응이 빨라야 한다. 또한 선수들은 심리적으로 경기에 대한 스트레스와 욕구에 효과적이고 빠르게 적응할 수 있는 신경계통이 발달되고 높은 자신감과 의욕은 물론 동기유발도 높아야 한다. Tudor(1999)는 경기력의 극대화를 위한 최적의 심리상태를 객관적 특성과 주관적 특성으로 분류하여 [그림 11-18]과 같이 나타냈다.

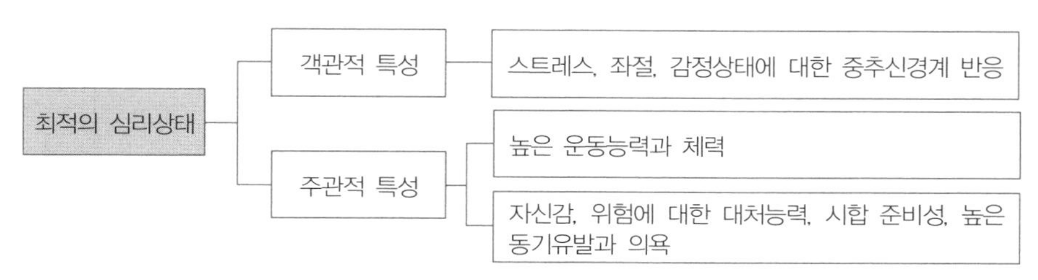

[그림 11-18] 트레이닝 효과의 절정단계에 미치는 심리적 특성

(2) 트레이닝 효과의 절정에 영향을 미치는 요인

① 인체의 잠재력과 빠른 피로회복

운동부하에 효과적으로 적응하고 이를 극복할 수 있는 인체의 잠재능력과 피로를 빠르게 회복시킬 수 있는 능력은 운동효과의 절정을 형성시키는 필수조건이다.

② 근신경의 우수한 협응력

스포츠 기술과 전술을 수준 높게 구사할 수 있는 능력은 선수의 우수한 근신경과 협응력에 좌우된다. 스포츠 기술이 부족하거나 실수가 많다는 것은 운동 수행 인자들의 협응력과 근육의 신경소통성(neural facilitation) 부족이 주요 원인이다.

③ 트레이닝 부하의 최소화

스포츠 종목과 선수의 운동능력에 따라 신경계(cybernetics) 기능이 강조되는 스포츠의 경우 주요 경기 전에 일정 기간 훈련 부하(load) 없이 또는 최소화 상태에서 훈련을 실시하여야 경기력이 극대화되는 경우가 있다.

④ 초과보상과 경기일

주요 경기일과 트레이닝 효과의 절정상태를 일치시키는 것은 경기력의 극대화를 위해 필수적이다. [그림 11-19]는 트레이닝 효과의 절정상태를 주요 경기일에 맞춰 트레이닝을 실시한 경우이다. II, III단계 트레이닝은 초기 트레이닝에 적응하는 과정에서 선수의 피로가 축적된 단계이다. 이 단계에서 경기력의 향상을 기대할 수 없지만 IV단계부터는 선수가 트레이닝에 적응하고 인체기능과 운동능력이 향상되면서 피로물질의 축적이 감소되는 단계이며 V단계는 선수의 트레이닝 효과가 절정으로 나타나는 초과보상(overcompensation) 단계인데, 여기에 경기일을 일치시키면 극대화된 경기력으로 경기를 수행할 수 있다.

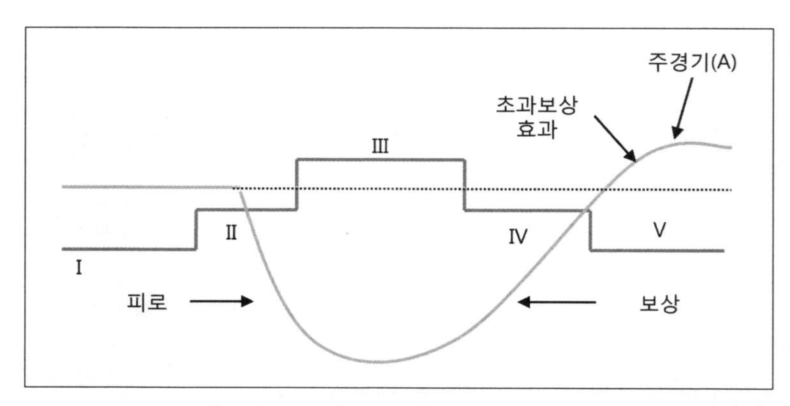

[그림 11-19] 초과보상효과와 주경기

⑤ 피로회복

트레이닝으로 축적된 피로는 경기력을 저하시킬 뿐 아니라 자칫 선수의 건강까지 위험해 질 수 있기 때문에 트레이닝 효과를 극대화시키기 위해서는 트레이닝으로 초래된 피로를 빠르게 회복시키고 피로가 누적되지 않도록 해야 한다.

⑥ 동기유발

선수 자신이 경기에 참여한 동기와 목표를 알고 있느냐 여부에 따라 경기 결과가 다르게 나타난다. 높은 동기유발과 자신감을 갖고 경기에 참여한 선수는 경기를 긍정적으로 수행할 수 있으며 경기력도 우수하게 나타난다.

⑦ 신경세포의 작업능력

경기력이 우수한 선수라도 중추신경계(central nervous system)의 기능이 정상적이지 못하면 경기에서 우수한 경기력을 발휘할 수 없다. 일반적으로 경기 전 7~10일 전 트레이닝에 의한 긴장을 완화시키고 트레이닝 부하를 감소시켜 피로를 회복시키면 인체의 컨디션이 상승하여 경기력을 높일 수 있는데, 이는 운동능력에 영향을 미치는 신경세포의 흥분이 운동 수행에 필요한 수준으로 안정되기 때문이다.

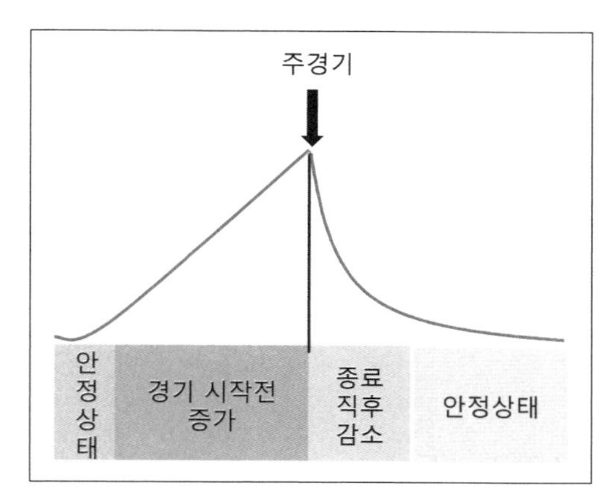

[그림 11-20] 경기 진행에 따른 중추신경계 흥분의 변화곡선

경기 종목에 따라 다소 차이는 있으나 트레이닝으로 향상된 신경계의 작업능력은 적정한 자극과 긴장으로 일정 기간 경기력을 유지할 수 있다. 따라서 준비단계에서 경기단계로 전환하는 과정에서 훈련 자극이나 심적 긴장을 적정 수준에서 유지하여야 경기력의 극대화를 경기가 종료될 때까지 유지할 수 있다. 신경세포의 흥분은 [그림 11-20]과 같이 경기가 다가옴에 따라 변화한다. 경기 직전에 서서히 흥분이 증가되다가 경기 시 최고도에 달하며 경기 종료 후에는 급속도로 감소된다.

트레이닝 효과의 절정은 중추신경계의 흥분과 마찬가지로 초과보상에 의해 영향을 받는다. [그림 11-21]의 (A)는 트레이닝 효과의 절정이 주경기 후에 형성되어 트레이닝 절정을 주경기와 일치시키지 못하여 경기 성적이 저조하였는데, 이 같은

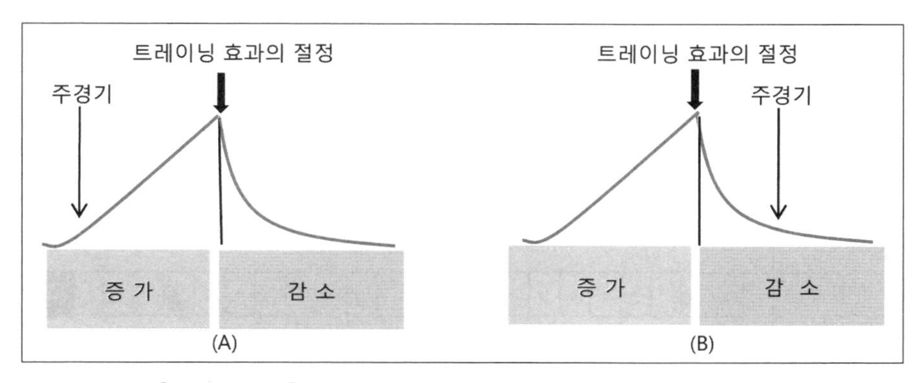

[그림 11-21] 트레이닝 효과의 절정단계 형성시점과 주경기

현상은 경기를 대비해 실시한 트레이닝 양과 강도가 높았거나 피로가 누적되었을 경우 또는 경기가 임박해 짐에 따라 심리적 불안이 증가되는 데에 원인이 있다.

[그림 11-21]의 (B)는 트레이닝 효과의 절정이 주경기 전에 형성되어 트레이닝 효과를 경기력으로 전환시키지 못하였고 그 결과 경기 결과가 저조했다. 이 같은 원인은 주경기에 임하는 선수의 심리상태가 이완되었거나 휴식 기간이 너무 길어 경기에서 운동능력 발휘를 위한 중추신경계의 흥분이 적절하게 유지되지 못했기 때문이다.

⑧ 트레이닝 효과 절정의 빈도

트레이닝을 효과적으로 실시하였어도 트레이닝으로 형성되는 효과의 절정 빈도와 지속시간이 일정하지 않고 불규칙적으로 나타나는 경우가 있다. 이 같은 경우를 예방하기 위하여 스포츠 지도자는 트레이닝 절정에 영향을 미치는 여러 요인들을 분석하고 이를 효율적으로 통합하여 선수들의 트레이닝 효과 절정이 주경기 일에 발휘될 수 있도록 트레이닝 진행을 조절하여야 한다.

스포츠 종목에 따라 다소 차이는 있지만 1년 중 4~7개의 경기가 2~4개월 사이, 심지어는 10개 이상의 경기가 4~5개월 사이에 실시되는 경우가 있다. 모든 경기에서 트레이닝 효과가 절정상태에서 경기에 참여한다는 것은 사실상 어렵기 때문에 트레이닝 효과의 절정을 1년에 3~4개의 주요경기에 맞춰야 하며 이 같은 3~4개의 경기 중에서도 가장 중요한 1~2개 경기에서 최상의 경기력이 발휘될

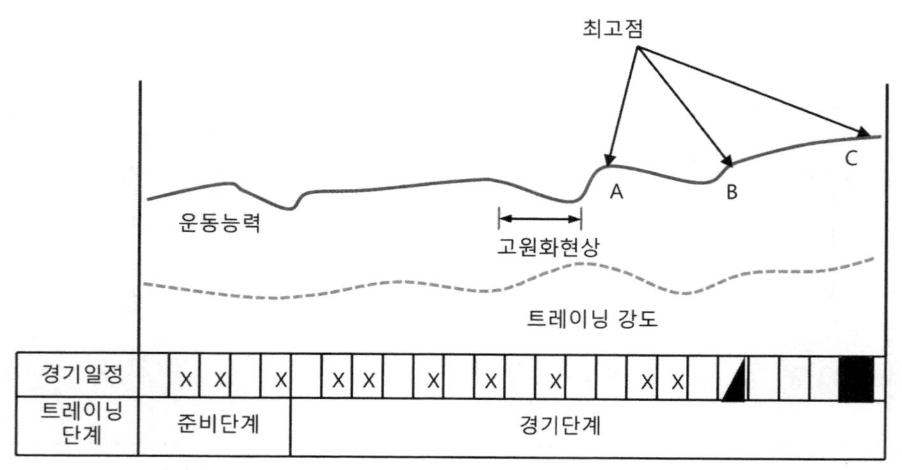

[그림 11-22] 경기일정에서 훈련효과의 절정과 고원화 현상

수 있도록 한다. 선수들의 운동능력은 경기 수준에 따라 다르고 이를 정량적(定量的)으로 나타내는데 다소 무리가 있지만 트레이닝 효과가 절정을 형성하기 위해서는 75~90%의 훈련강도로 40회 이상의 주간 트레이닝, 10회 이상의 월간 트레이닝 또는 1년에 250일 이상의 트레이닝이 필요하다.

따라서 우수한 경기력을 발휘하기 위해서는 훈련강도와 훈련량을 최대로 유지하고 트레이닝 효과의 절정을 1년에 3~4회 발휘할 수 있도록 트레이닝 과정을 조정하여야 한다.

⑨ 트레이닝과 지도자

선수의 운동능력 수준에 비해 훈련강도나 양이 너무 높거나 많으면 선수는 이에 적응하지 못하고 트레이닝 효과를 성취할 수 없으며 이 같은 트레이닝에서 누적된 선수의 피로와 심적 불안은 선수의 트레이닝 자체를 불가능하게 만들 수 있다. 특히 지도자의 성격, 행동, 말씨 또는 지식수준 등이 선수들에게 모범적이지 못할 경우 선수들의 트레이닝 효과는 감소된다.

⑩ 선수의 상태

지도자는 선수의 트레이닝 효과에 영향을 줄 수 있는 트레이닝의 외적 요인들에 대한 관심도 필요하다. 오랜 기간 트레이닝으로 향상된 선수의 트레이닝 효과가 술, 담배, 약물과 같은 선수의 잘못된 습관이나 생활태도가 경기력을 향상시키지 못해 경기 결과가 기대 이하로 나타나는 경우가 있다.

(3) 트레이닝 효과의 절정 확인

트레이닝 효과가 절정 단계에 이르렀는지를 확인하는 것은 지도자는 물론 선수에게도 매우 중요하다. 선수의 트레이닝 효과가 절정에 이르렀음이 확인되면 경기참여를 위한 후속 단계를 취하여 선수가 경기에서 최고의 경기력을 발휘할 수 있도록 조치하여야 하지만 그렇지 못한 경우 선수의 트레이닝 효과가 절정에 이르도록 훈련강도나 훈련량을 조정하여야 한다. 트레이닝 효과의 절정을 확인하는 것은 매우 까다롭지만 다음과 같은 방법으로 확인할 수 있다.

① 운동 수행력

선수들의 운동 수행력으로 트레이닝 효과의 절정을 확인하는 방법으로 현장에서 간편하게 이용되고 있다. 기록경기의 경우 전년도 최고기록을 기준치(100%)

로 설정하고 금년도 트레이닝에서 측정한 연습 또는 경기 기록이 전년도 기록보다 2% 내외가 초과(+)되면 현재 트레이닝이 선수에게 효과가 있고 절정상태에 있음을 의미하지만 (−) 상태가 지속되면 트레이닝 효과를 기대하기 어렵다는 것을 의미한다.

단체경기의 경우 전년도 선수들의 체력과 스포츠 기술 구사 능력에 대한 측정을 통해 현재 실시하고 있는 트레이닝이 선수들에게 효과가 있는지에 대한 평가를 정기적으로 실시하고 필요한 경우 트레이닝 내용과 방법을 수정하여야 한다.

② 의학적 검사

선수들의 트레이닝 효과를 소변검사, 혈압측정, 심전도 검사 또는 유산소·무산소 능력 검사와 같은 특수 기능에 대한 의료검사를 통해 전년도 준비단계 또는 경기단계 때의 상태와 비교하여 트레이닝 효과와 절정상태를 확인 할 수 있다.

③ 선수의 개인적 상태

훈련 중이거나 경기에 임박한 선수의 불안감, 경계심, 자신감, 식욕과 수면상태, 의지력 등과 같은 선수 개인이 행하는 모든 생각과 행동을 통해 선수의 운동효과 절정의 형성 가능성을 평가할 수 있다.

[그림 11-22]는 준비단계에서 향상시킨 운동능력이 경기단계에 이르러 향상되지 않고 있으며 중반부터는 고원화 현상까지 나타나고 있다. 이 같은 현상은 준비단계 트레이닝 부하가 높아 트레이닝 효과가 늦게 나타나는 경우인데, 이 경우 경기단계 초반부 경기력은 높지 않지만 후반부는 트레이닝 부하에 대한 적응과 트레이닝 효과가 절정(A, B, C)에 이르게 되어 경기력 향상을 기대할 수 있다. 이 같은 현상은 준비단계 트레이닝이 경기력 향상과 트레이닝 효과의 절정 시기에 미치는 영향이 크다는 것을 의미한다.

(4) 트레이닝 효과 절정의 지속

트레이닝 효과 절정의 지속 기간은 훈련내용과 방법은 물론 선수의 신체적 요인과 심적 상태에 따라 다르다. 연간 트레이닝 계획의 단계별 트레이닝에서 가장 강조되는 것은 준비단계 트레이닝 기간이며 준비단계의 훈련내용이 트레이닝 효과의 절정단계를 결정한다. 주요 경기일이 20×0년 11월경에 있을 경우 준비단계는 전년도 12월경에 시작하여 20×0년 10월까지 계속하면서 트레이닝 효과를 극대화시켜야 한다. 물론 이 기간 하위 실행단계에서 일부 경기에는 참여하겠지만 이들 경기 참여는 20×0년 11월에 실시되는 경기를 대비한 연습경기에 불과하다.

경기에서 누적된 피로를 충분히 회복하여야 다음 훈련이나 경기에서 보다 효과적으로 트레이닝 효과의 절정 상태를 형성할 수 있다. 트레이닝 효과의 절정을 지속시키는 기간은 선수가 참여하는 경기 수에 따라 영향을 받는다. 연간 트레이닝에서 경기단계가 길고 선수들의 참여 경기 수가 증가할수록 트레이닝 효과의 절정상태가 짧아져 경기 결과가 저조하게 나타나므로 참여하는 경기의 수를 조정해야 한다.

경기가 계속 이어지고 트레이닝 효과의 절정상태를 지속시키기 위해서는 주간 트레이닝 계획을 3~4회 실시한 후 경기에 참여하는 것이 바람직하다. 이 같은 까닭은 전(前) 경기에서 소진된 체력과 심적 스트레스 및 피로를 회복하고 전(前) 경기에서 노출된 문제들을 보완하여 경기력 수준을 높인 후 다음 경기에 참여하는 것이 트레이닝 효과의 절정상태에서 경기를 수행할 수 있기 때문이다.

4) 오버 트레이닝

오버 트레이닝(over training)이란 누적된 선수의 피로를 회복하지 않고 피로 상태에서 훈련의 강도와 양을 높여 선수가 병적 상태에 이른 현상을 의미한다. 트레이닝 효과의 절정은 성공적 트레이닝의 결과이며 이를 통해서 경기력이 향상되고 우수한 경기 결과를 성취할 수 있지만 이를 위한 과다 집착과 무리한 훈련은 오히려 선수의 운동능력을 저하시키고 오버 트레이닝을 초래할 수 있다.

[표 11-14] 오버 트레이닝 증상

심리적 증상	신체적 증상	의학적 증상
▶ 흥분의 증가 ▶ 집중력 감소 • 비난에 민감 • 동료들로부터 고립 • 우울 • 자신감 부족 ▶ 의지력 부족 • 경쟁의지 부족 • 경기에 대한 불안 • 경기에 대한 적극성 결여	▶ 체력 저하 ▶ 협응력 감소 • 긴장감 증가 • 실수의 계속 • 반복적 움직임의 비능률 • 스피드, 근력, 지구력 저하 • 피로 회복율 저하 • 반응시간 저하 ▶ 상해 빈도 증가	▶ 불면증 ▶ 식욕감퇴 ▶ 소화 장애 ▶ 잦은 땀 ▶ 활동성 감소 ▶ 심박수 회복 지연 ▶ 피부 감염증세 증가

(1) 오버 트레이닝의 원인

피로한 상태에서 강도 높은 훈련을 지속적으로 수행하면 피로는 회복될 수 없으며 인체의 생리적 자극과 반응은 일어나지 않고 완전 탈진(all out) 상태에 빠져 운동 수행력은 감소되고 일상생활에도 부정적 영향을 미쳐 정상적인 생활까지 불가능해진다.

(2) 오버 트레이닝의 예방

트레이닝의 과다로 부작용이 나타나면 트레이닝 부하를 낮추거나 트레이닝을 중단하고 그 원인을 규명하여 트레이닝을 재처방하여야 한다. 특히 이 같은 현상에서 경기나 트레이닝에 계속 참여하는 것은 선수의 상태를 더욱 악화시키는 결과를 초래시킨다. 오버 트레이닝으로 선수의 감정이 격해지고 이로 인해 흥분하며 스트레스가 높아져 신진대사율이 증가되거나 땀을 많이 흘리면 혈액 속에 LATS(Long Acting Thyroid Stimulator)라는 자기항체가 많아져 신경과민과 같은 바세도우씨(basedowid, 갑상선 기능항진증) 증상, 장기 훈련으로 빈혈이나 저혈압 또는 소화기 장애와 같은 애디슨노이드(addisonoid) 증상이 나타난다. 오버 트레이닝은 주로 능력 이상의 부하가 트레이닝으로 부과되었을 때 신경계의 흥분과 억제 기능에 장애가 초래되어 발생되며 [표 11-15]와 같은 처방이 응용된다.

[표 11-15] 오버 트레이닝의 치료

바세도우씨(basedowid) 증상	애디슨노이드(addisonoid) 증상
▶ 식이요법 • 우유, 과일 또는 채소와 같은 알칼리성 (alkaline) 음식 섭취 • 자극성 음식 자제 • 비타민(A, B, C_1) 섭취 증가 ▶ 컨디션 조절 • 야외 수영 • 35~37℃에서 20분 내외 목욕 • 냉수 샤워 또는 타월 마사지 • 가벼운 리듬 체조	▶ 식이요법 • 치즈, 고기, 케이크 또는 달걀과 같은 산 (acid) 음식 섭취 • 비타민 B와 C 섭취 증가 ▶ 컨디션 조절 • 중간 온도의 샤워 짧게 반복(냉, 온) • 마사지 및 활동적 움직임

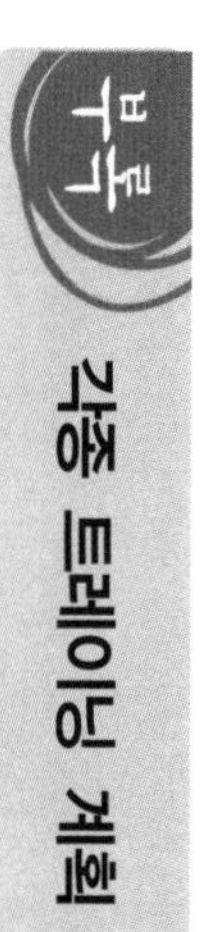

부록 각종 트레이닝 계획

[표 11-16] 연간 트레이닝 계획 모형

팀 명		20×0년 트레이닝 목표											
		경기 및 경기력		체 력			스포츠 기술			전 술		심리상태	
		○ 경기수(년간) ○ 경기목표 :											
경기일정	월	12	1	2	3	4	5	6	7	8	9	10	11
	주												
	국내												
	국제												
트레이닝단계													
장기-주기(월)		12	1	2	3	4	5	6	7	8	9	10	11
측 정													
의료 검진													
트레이닝 장소	학교												
	전지 훈련												
	휴식												
트레이닝 요소	100												
	90												
	80												
	70												
	60												
	50												
	40												
	30												
	20												
	10												
	0												

[표 11-17] 20×0년 트레이닝 목표 진행 현황

측정일 / 트레이닝 목표 / 구 분	월 일	월 일	월 일	월 일	월 일
트레이닝 목표					
경기력					
체 력					
스포츠 기술					
전 술					
심 리					
트레이닝요소 (---- 양, - - - - 강도, * * * 절정, ▮ 체력, ▨ 기술, ≡ 전술, ‖‖ 심리) / 100 90 80 70 60 50 40 30 20 10 0 / 10 9 8 7 6 5 4 3 2 1 0					

참고

- [표 11-17]은 [표 11-16]의 「20×0년 트레이닝 목표」의 추진현황을 기록하여 트레이닝 목표가 계획대로 성취되고 있는지를 파악하는 표이다.
- 이 같은 표는 트레이닝 진행과 목표 성취 정도를 쉽게 파악할 수 있을 뿐 아니라 경우에 따라서는 연간 트레이닝 계획과 훈련 내용 및 방법을 수정하기 위한 자료를 얻는 데 활용된다.

[표 11-18] 트레이닝 일지(선수용)

<table>
<tr><td>이름</td><td></td><td>종목</td><td></td></tr>
<tr><td>소속</td><td></td><td>출생년도</td><td></td></tr>
<tr><td rowspan="4">목표 기록</td><td>운동시작(경기수준)</td><td colspan="2">년 월 일 (경기수준 :)</td></tr>
<tr><td>전년도 최고경기수준 (달성일)</td><td colspan="2">년 월 일 (경기수준 :)</td></tr>
<tr><td>금년도 최고경기수준 (달성일)</td><td colspan="2">년 월 일 (경기수준 :)</td></tr>
<tr><td>금년도 경기목표</td><td colspan="2"></td></tr>
<tr><td colspan="4">□ 경기력의 특이사항
* 장점:
* 단점:
□ 전년도 경기력 목표에 대한 전체 평가와 경기력 구조 분석(선수가 작성)</td></tr>
</table>

주요 훈련 영역(Ⅰ~Ⅴ)에서 개인의 경기 수준/목표 경기력 (선수가 작성)	영역에 대한 평가일	전년도 기록
영역 Ⅰ : /	년 월 일	
영역 Ⅱ : /	년 월 일	
영역 Ⅲ : /	년 월 일	
영역 Ⅳ : /	년 월 일	
영역 Ⅴ : /	년 월 일	

<table>
<tr><td colspan="3">□ 현재 건강상태, 부상, 특별한 예방책 또는 치료방안에 대한 의견(선수가 기록)</td></tr>
<tr><td rowspan="2">일일 평가</td><td>선 수</td><td></td></tr>
<tr><td>지도자</td><td></td></tr>
<tr><td>지도자 확인</td><td colspan="2"></td></tr>
</table>

[표 11-19] 트레이닝 일지(지도자용)

(선수명:)

<table>
<tr><td>훈련 일시</td><td colspan="5">월 일 요일/ 날씨( )</td></tr>
<tr><td colspan="6">20×0년 경기력 및 체력목표</td></tr>
<tr><td rowspan="3">경기력</td><td rowspan="3" colspan="2"></td><td rowspan="3">체력(예)</td><td>근력</td><td></td></tr>
<tr><td>심폐지구력</td><td></td></tr>
<tr><td>순발력</td><td></td></tr>
<tr><td colspan="6">훈련시간 및 장소</td></tr>
<tr><td>오전</td><td></td><td>오후</td><td></td><td>기타</td><td></td></tr>
<tr><td colspan="6">훈련내용(예)</td></tr>
<tr><td>스포츠 기술</td><td></td><td>체력</td><td></td><td>기타</td><td></td></tr>
<tr><td colspan="6">선수 훈련상태 및 개선점</td></tr>
<tr><td>스포츠 기술</td><td>(개선점:)</td><td>체력</td><td>(개선점:)</td><td>기타</td><td></td></tr>
<tr><td>훈련 총평</td><td colspan="5"></td></tr>
<tr><td>확 인</td><td colspan="5"></td></tr>
<tr><td>기타</td><td colspan="5"></td></tr>
</table>

연구과제

01 스포츠 지도자의 이상형(理想型)을 제시하시오.

02 스포츠 지도자의 지도철학과 일상생활이 선수의 경기력에 미치는 영향을 설명하시오.

03 트레이닝 계획의 우수성이 트레이닝을 성공시키는 이유를 설명하시오.

04 확정된 연간 트레이닝 계획을 수정할 필요가 발생하는 경우를 설명하시오.

05 소, 중, 장주기 트레이닝 계획이 상호 연계되어야 하는 이유를 설명하시오.

06 연간 트레이닝 계획에서 준비단계가 경기력에 미치는 영향이 가장 큰 이유를 설명하시오.

07 차기 년도 경기력을 예상할 때 가장 중요한 선수의 운동능력 평가 항목을 설명하시오.

08 개인훈련에서 보강훈련이 필요한 때를 설명하시오.

09 경기단계에서 하부 경기(중요도가 떨어지는 경기)에 발휘하는 운동수행 수준을 스포츠 종목을 예로 들어 설명하시오.

10 운동효과의 절정단계가 주경기와 일치되기 위한 조건을 설명하시오.

11 소주기(주간) 트레이닝에서 트레이닝의 양과 강도가 가장 높은 요일과 그 까닭을 설명하시오.

12 트레이닝 시 오버 트레이닝(over training) 여부의 판단 기준을 설명하시오.

참고문헌

고병규(2002). 선수 발굴을 위한 스포츠 적성 진단 모형 개발. 국민체육진흥공단 체육과학연구원.

______(2004). 엘리트 구기종목 선수들의 체력 프로파일. 국민체육진흥공단 체육과학연구원.

고영환 외(1998). 트레이닝 방법론. 서울: 태근문화사.

권정두(2004). 최대하 운동 후 향기요법이 회복기 심박수 변화 및 혈중 카테콜라민과 젖산에 미치는 영향. 미간행 석사학위논문. 대전대학교보건스포츠대학원.

구해모(2003). 선수발굴을 위한 구기종목 우수선수의 심리적 프로파일 분석. 국민체육진흥공단 체육과학연구원.

김기영(1983) 외. 각근력 향상을 위한 훈련모형의 실험적 연구. 한국체육학회지, 22(2). 63-70.

______(1983). 기초체력향상을 위한 훈련모형. 서울: 체육부.

______(1987). Speed 향상을 위한 훈련모형의 실험적 연구. 강릉대학 자연과학연구소 논문집, 3(2).

김명순(1982). 체력의 요인과 지능요인과의 상관관계. 미간행 석사학위 논문. 이화여자대학교 대학원.

김병준(2004). 코칭과학. 서울: 대한미디어.

김병현(2004). 아테네올림픽 대비 최우수국가대표선수의 심리개입 사례 연구. 국민체육진흥공단 체육과학연구원.

김선길(1984). 톱밥 코스를 이용한 훈련이 행동체력에 미치는 영향에 관한 연구. 미간행 석사학위 논문. 인천대학교육대학원.

김선진(2000). 운동학습과 제어. 서울: 대한미디어.

김용근(1982). 경기종목별 합리적인 시즌화 방안에 관한 연구. 스포츠과학연구소.

김진묵(1997). 경사도에 따른 Interval Training이 호흡순환계 지구력 향상에 미치는 영향에 관한 연구. 강릉대학교 체육과학연구소 논문집, 7(1).

김창규 외(2000). 스포츠 트레이닝의 주기화. 서울: 대한미디어.

김창규 외(2006). 선수 트레이닝. 서울: 대한미디어.

대한체육회 훈련원(1985). 트레이닝의 이론과 방법. 스포츠과학연구소.

대한체육회(1983). 근력트레이닝의 과학적 원리와 방법. 스포츠과학연구소.

대한체육회(1983). 스포츠인간학. 스포츠과학연구소.

성봉주(2004). 아테네올림픽 대비 투창 대표선수의 기술 향상을 위한 전문체력 훈련프로그램 개발 및 적용. 국민체육진흥공단 체육과학연구원.

송홍선(2005). 운동선수의 성장단계별 표준 훈련 지침서 개발. 국민체육진흥공단 체육과학연구원.

안용문(1998). "지능지수와 운동지수가 운동기능 학습에 미치는 영향". 한국체육대학 학술논문집, 21권.

안종철(1993). 파워 웨이트 트레이닝. 서울: 삼호미디어.

위승두(2002). 운동생리학. 서울: 대한미디어.

이근일 외(1998). 스포츠영양학. 서울: 도서출판 태근.

이명천 외(2003). 스포츠영양학. 서울: 라이프사이언스.

이상철(2006). "스포츠 선수의 오버트레이닝 시 피로와 성과저하 현상 고찰". 한국스포츠리서치, 17(3). 285-290.

이진영(1983). "지능과 체격 및 체력과의 상관관계(여고생 중심)". 미간행 석사학위논문. 이화여자대학교 교육대학원.

이현기(1989). 특수영양학. 서울: 교문사.

장경태 외(2006). 운동프로그램의 과학적 기초. 서울: 대한미디어.

정일규 외(2005). 운동생리학. 서울: 대경북스.

정청희 외(1987). "우수선수를 위한 정신훈련 프로그램 개발연구". 스포츠과학연구과제종합보고서 I, 스포츠과학 연구원.

채홍원 외(1992). 엘리트 스포츠 트레이닝론. 서울: 보경문화사.

최경훈(1991). "일부 남자고등학생의 지능지수와 체력과의 상관관계에 관한 연구". 미간행 석사학위논문, 명지대학교대학원.

최대혁 외(2001). 운동생리학. 서울: 라이프사이언스.

최성규(1981). "체격 · 체력과 I.Q간의 상관관계". 미간행 석사학위논문. 동아대학교 대학원.

한국심리학회(2007). 운동제어와 학습. 서울: 레인보우북스.

한국육상진흥회(1996). 육상경기. 재단법인 한국육상진흥회.

한용봉 외(1999). 최신 영양 생리학. 효일문화사

Andrew, B. (1982). *FUTURE SPORT.* Pan Books Ltd, 58-62.

Barnard, R.J., & Foss, M. L. (1969). Oxygen debt: Effect of beta adrenergic blockade on the lactacid and lactacid components, *J. Appl. Physiol, 27*, 816.

Bergstrom, J. (1967). *Acta Physiology.* Scand.

Brooks, G. A., Hittelman, K. J., Faulkere, J. A., & Beyer, R. E. (1971). Temperature, liver mitochondrial respiratory functions and oxygen debt,

Med. Sci. Sports Exerc, 3(2). 74-76.

Clark, N. (2003). *Nancy Clark's sports nutrition guide-book.* 3rd ed. Champaign, IL. Human Kinetics.

Claudine S. (1986). *Sport and Disabled Athletes.* Human Kinetics Publishers Inc.

Corbin, C. (1972). Mental practice. In W. P. Morgan (Ed), *Ergonomics aids and muscular performance*, Academic Press. 93-118.

Cureton, T. K. (1947). *Physical fitness: Appraisal and Guidance.* St. Louis. C. V. Mosby Co. 64.

Daniel, D. A. (1989). *Modern Principle of Athletic Training.* Mosbey College Publishing, 69.

David, S. M. (1983). *Sports injuries.* Orie.

Delorme, T. L. & Watkins, A. L. (1948). Techniques of progressive resistance exercise. *Archives of Physical Medicine, 29*, 263.

Derek, B. (1980). *The Jumps.* Beatrice Publishing PTY. LTD.

Eugene, F. G. (1988). Mental Training for Peak Performance. *Sport Science Associates*, 54-61.

Fitts, P. M. & Posner, M. I. (1967). *Human performance.* Belmont, CA Brooks/Cole.

Foster, J. (1986). *The mental athlete*, Dubuque, Iowa: WM. C. Brown publishers.

Frank, S. P. (1984). *Towards Better Coaching*, Austrian coaching council, 93-104.

Frank, W. D. (1989). *Sports Training Principles.* A & C Black Ltd,.

Fry, R. W., Morton, A. R., & Keast, D. (1991). Overtraining in athletes An update. *Sports Med, 12*, 32-51.

George, M. (1996). *Dynamics of Fitness.* Brown & Benchmark.

Harre, D., Delton, B., & Ritter, J. (1964). Eimfuhmmg in die allgemeine Training und Wettkamplehre. Anleitung fur das Fernstudium Leipzing *Deutsche Hochschule fur korperkultur, S23* bis30.

Hays, R. T., & Singer, M. J. (1989). *Simulation Fidelity in Training System Design.* Springer-Verlag.

Hermansen, L., Hultman, E., & Saltin, B. (1967). Muscle glycogen during prolonged severe exercise., *Acta. Physiol, Scand., 71*, 129-131.

Hermansen, L., & Stenvold, I. (1977). Production and removal of lactate during exercise in man. *Acta. Physiol. Scand., 86*, 191-201.

Hettinger, T. & Muller, E. (1953). Die mushelleistung und Muskeltrainerung.

Arbeitsphysiologie, 15, 111.

Ikai, M., & Steinhans, A. H. (1961). Some psychological factors modifying the expression of human strength. *J. Appl. Physiol,* 159-165.

Iliuta, G., & Dumitrescu, C. (1978). Criterii medicale si psihice ale evaluarii si conducerii antrenamentului atletilor(Medical and psychological criteria of assessing and directing athlete's training). *Sportul de performanta, 53*: 49-64.

Jack, H. W. (1999). *Physiology of Sport And Exercise.* Human Kinetics.

Jacqueline (1984). *The Menstrual Cycle and Physical Activity.* Human Kinetics Publishers.

James, C. R. (1985). *Plyometrics.* Human Kinetics Books.

James, S. S. (1984). Aspects of Anaerobic Performance, 26.

Jerrold, S. G. (1986). Physical Fitness A Wellness Approach. Prentice-hall, Inc, 154-161.

Jimmy, P. (1985). Updated Acquisitions About Training Periodization, 62-64.

John Patrick O'shea(1983). Neuromuscular Basis of Athletic Strength Training.

Johnson, H. W. (1961). Skilll=speed×accuracy×form× adaptability. *perceptual and Motor Skills, 13*, 163-164.

Kugler, P. N., Kelso, J. A. S., & Turvey, M. T. (1980). On the concept of coordinative structures as dissipative structures: Theoretical lines of convergence. In G. E. Stelmach, & J. Requin (Eds.), Tutorials (6th ed.). Dubuque. Wm C Brawn.

Launder, A. (2001). *Play practice: The Games Approach to teaching and coaching sport.* Champaign, IL. Human Kinetics.

Lazarus, R. S. (1976). *Patterns of Adjustment.* McGraw Hill Book Co.

Lydiard, Arthur., & Gilmour, Garth (1962). *Run to the Top.* London: H. Jenkins

Macqueen, I. J. (1954). Recent advances in the teaching of progressive resistance exercise. *British Mediel Journal, 11*: 1193-1199.

Matwejew, L. P. (1965) Die periodisierung des sportlichen trainings. Moskau (1965). Fisuklturai sport 1965. Deutsche ubersetzung. Herausgeber: Staatliches Komitee fur korperkultur und sport, S. If.

Melvin, H. W. (1989). *Beyond training.* Leisure press.

Michael, Y. (1988). *Secrets of Soviet Fitness & Training.* Library of Congress Cataloging-in-Publication Data.

Michael, J. A. (1988). *Science Of Stretching.* Human Kinetics Books, 92-95.

Michael, L. P. (1999). *Exercise in health and disease*, 3rd ed. W. B. SAUNDERS COMPANY, 19-21.

NSCA JOURNAL(1982). 4(5), 10-11.

O'Shea, J. P. (1973). *Scientific and methods of strength fitness.* Oregon State University.

Pat Croce, L. (1987). *Stretching for athletics.* Leisure press. New York.

Powers, S., & Howley, E. (2001). *Exercise Physiology.* McGrew-Hill.

Reilly, T. (1990). *Physiology Of Sports.* E. & F. N. Spon.

Richardson(1967). Mental practice: A review and discussion. part Ⅰ. Research Quarterly, 38, 95-102.

Robert, G. H. (1983). *Solving coaching problem.* Allyn and Bacon, Inc, 9.

Robert, W. C., & Daniel M. C. (1988). Coaches guide to teaching sport skills. Human Kinetics Books, 3-8.

Selye, H. (1957). *The Stress of Life.* London: Longmans Green.

Siegler, J., Ruby B., & Gaskill, S. (2003). Changes evaluated in soccer-specific power endurance either with or without a 10-week, in-season, intermittent, high-intensity training protocol. *Journal of Strength and Conditioning Research.*

Sinkkonen, K. (1975). *The Programming of Distance Running.* Paper to E. L. L. V., Congress, Budapest.

Steinhaus, A. H. (1963). *Tower an understanding of health and physical education.* Iowa WMC Brown Co.

Steven J. F., & William J. K. (1987). *Designing resistance training programs.* Human Kinetics Books.

Stewart, M. T. (1984). *Mathematics in sport.* Ellis holwood Limited.

Thomas D. F. (1986). *Athletic Training.* Mayfield.

Tudor O. B. (1999). *Theory and Methodology of Training.* 4th edition. Human Kinetics.

William E. W. (1983). *Coaching & motivation.* Prentice Hall.

William J. S. (1988). *Sports conditioning and weight training.* WCB, 67-68.

William P. M. (1984). Selected Psychological Factors Limiting Performance: A Mental Health Model, 45.

金子公宥 (1971). Power 能力의 發達. 體育硏究所, 10(1), 205.

高本公三郎 (1987). スポーツと キポシオロジー. 大修館書店, 163-166.

橋本公雄 (1982), スポーツ 選手の 競技不安の 解消に 關する (Ⅰ), 工業大學エレクトロニクス 研究, 第1, 77.

宮村実晴・矢部京之助 (1985). 体力 トレーニング. 真興交易医書出版部, 107-111.

渚飼道夫 (1970). 加騰橋夫, 前川峯雄(1970). 青少年の 體格と 體力, 東京, 香林書院 172-174.

浅見俊雄 (1992). スポーツトレーニング. 朝倉書店, 73.

横堀栄 (1987). スポーツ 適性, 大修館書店, 173-176.

http://www.kmib.co.kr

http://rundiary.co.kr

http://www.sportnest.kr

http://www. hermes.hhp.utl.edu

http://blog.daum.net/ohchacha5/15574361

찾아보기

ㅈ

ㅊ

저자 | 김기영 bskky@gwnu.ac.kr

서울대학교 사범대학 체육교육학과
서울대학교 대학원(체육교육전공)
고려대학교 대학원(체육전공) 이학박사
이화여자고등학교 교사
서울대학교, 고려대학교, 숙명여자대학교, 이화여자대학교 강사
그리스 IOA 올림피아 교육자 과정 이수
독일 UNESCO-S 지도자 과정 수료
86, 88 올림픽 신인선수 기초체력 육성 교재 개발
우수 지도자상, 우수 논문상 수상
현) 국립강릉원주대학교 체육학과 교수

트레이닝 방법 관련 주요 논문
- 각근력 향상을 위한 훈련 모형 개발에 관한 실험 연구
- 우수선수 발굴을 위한 체력 평가 프로화일 개발에 관한 연구
- Speed 향상을 위한 훈련모형의 실험적 연구
- 각근력 트레이닝방법에 따른 혈중젖산과 도약력의 변화분석
- 중 · 장거리 경기의 효율적 주행을 위한 준비운동 프로그램의 모형 개발

저 서
- 육상경기총론
- 86-88 신인선수 훈련을 위한 기초체력 육성 교재
- 생활과 건강